KOMPAKTWISSEN GEOGRAFIE

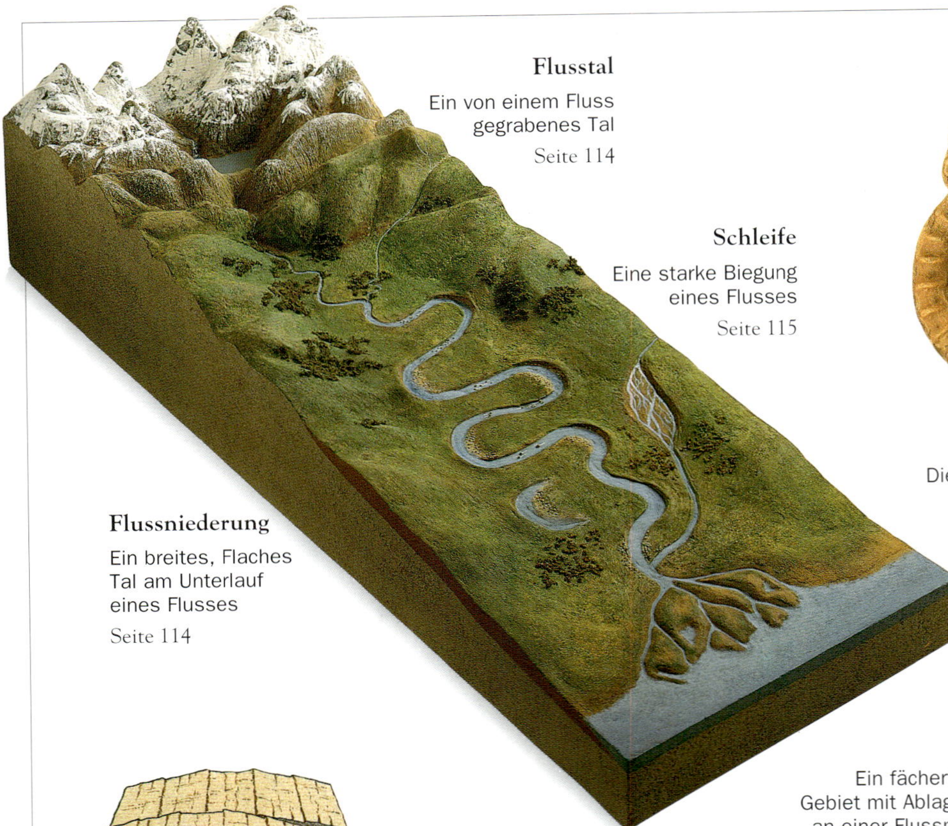

Flusstal

Ein von einem Fluss gegrabenes Tal

Seite 114

Schleife

Eine starke Biegung eines Flusses

Seite 115

Fossil

Die erhaltenen Spuren eines früheren Lebewesens

Seite 70

Flussniederung

Ein breites, Flaches Tal am Unterlauf eines Flusses

Seite 114

Delta

Ein fächerförmiges Gebiet mit Ablagerungen an einer Flussmündung

Seite 115

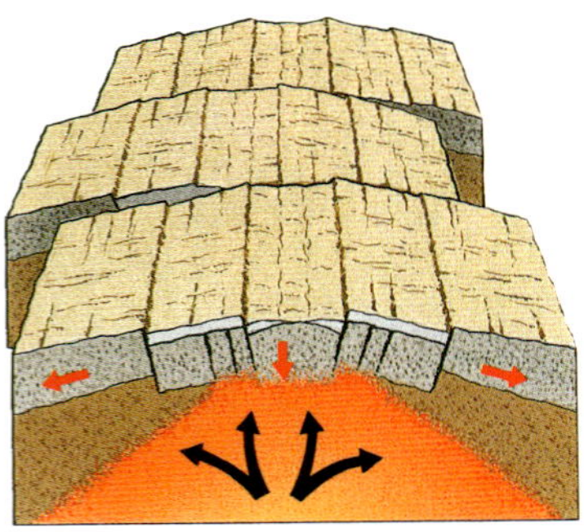

Konstruktiver Rand

Eine Grenze zwischen tektonischen Platten, an der neues Plattenmaterial entsteht

Seite 50

Vulkanasche

Teilchen mit weniger als 2 mm Durchmesser

Seite 55

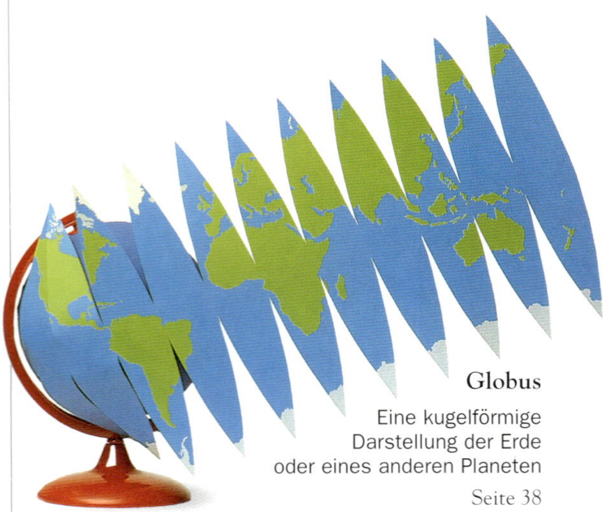

Globus

Eine kugelförmige Darstellung der Erde oder eines anderen Planeten

Seite 38

KOMPAKTWISSEN

Geografie

John Farndon

coventgarden

coventgarden
BEI DORLING KINDERSLEY

Projektbetreuung Stephen Setford

Bildbetreuung (Projekt) Christopher Howson

Redaktion Gillian Cooling

Bildbetreuung Karen Fielding, Carole Oliver

Design Nicola Webb, Jessica Cawes

Herstellung Louise Barratt

Cheflektorat Helen Parker

Chefbildlektorat Peter Bailey

Spezialaufnahmen Michael Dunning

Bildrecherche Sharon Southren

Pädagogische Beratung Frances Halpin,
The Royal Russell School, Croydon, Surrey
Jefferey Kaufmann, Ph.D., Irvine Valley College, California

Wissenschaftliche Beratung Dr. John Nudds, Geologe,
The Manchester Museum

Bibliografische Information Der Deutschen Bibliothek
Die Deutsche Bibliothek verzeichnet diese Publikation in der Deutschen Nationalbibliografie; detaillierte bibliografische Daten sind im Internet über http://dnb.ddb.de abrufbar.

Titel der englischen Originalausgabe:
Concise Encyclopedia Earth

Übersetzung Dr. Sebastian Vogel
Redaktion Michael Holtmann
Satz Verlagsbüro Michael Holtmann, Bayreuth

ISBN 3-8310-9026-2

Printed and bound in Slovakia

Besuchen Sie uns im Internet
www.dk.com

Vorsicht beim Sammeln

Unmittelbares Beobachten ist zweifellos der Schlüssel aller Erkenntnisse über die Erde. Systematisches Vorgehen und Sicherheitsüberlegungen sind dabei aber unverzichtbar. Flüsse, Berge, Wellen und viele andere geowissenschaftliche Phänomene können gefährlich werden, wenn man ihnen nicht mit dem erforderlichen Respekt gegenübertritt. Außerdem kann achtloses Einsammeln von Fundstücken wichtige wissenschaftliche Belege zerstören.

Geografische Begriffe

Viele geografische Begriffe sind zwar allgemein verbreitet, in manchen Ländern gibt es aber Besonderheiten. Die vom Eis gegrabenen Vertiefungen (Seite 122) heißen beispielsweise in Frankreich »cirques«, in Wales »cwms« und in Schottland »corries«; in anderen Ländern gibt es viele weitere Namen. Aus Platzgründen können hier nicht alle Bezeichnungen aufgeführt werden; in diesem Buch wird deshalb meist der gebräuchlichste oder wissenschaftlich genaueste Name verwendet. Auch bei der erdgeschichtlichen Zeittafel und den Namen der geologischen Epochen gibt es von Land zu Land beträchtliche Unterschiede. Auch hier wurden die gebräuchlichsten Bezeichnungen gewählt. Wenn man sich aber mit einem bestimmten Gebiet beschäftigt, muss man überlegen, ob man eine dort übliche, abweichende Zeitskala oder Nomenklatur benutzt.

Inhalt

Geodimeter (Seite 16)
Die Herstellung von Landkarten erfordert genaue Messungen. Zur Entfernungsmessung dienen Geodimeter und Theodoliten. Mehr über geowissenschaftliches Arbeiten auf Seite 12–27.

Spiralgalaxis (Seite 31)
Im Weltraum verteilen sich viele Millionen Galaxien, jede davon mit Milliarden Sternen wie unsere Sonne. Mehr über Galaxien, Sterne und das Sonnensystem findet sich auf Seite 30–36.

Chemie des Erdinneren (Seite 42–43)
In der Frühzeit der Erde sanken dichte Elemente wie das Eisen in die Mitte und bildeten einen Kern aus flüssigem Metall. Mehr über den chemischen Aufbau der Erde findet sich auf Seite 40–65.

DAS ALTER DER ERDE 66–79

Wie man anhand von Gestein, Fossilien und anderen Merkmalen das Alter und die Entwicklungsgeschichte der Erde aufklärt

GESTEIN & MINERALIEN 80–97

Mineralien im Gestein der Erdkruste, Gesteinstypen und der ständige Auf- und Abbau der Gesteine

DIE VERÄNDERUNGEN DER LANDSCHAFT 98–129

Entstehung und Veränderung von Landschaften durch die Einwirkung von Wind, Regen, Eis, Wärme, Flüssen und Meereswellen auf das Gestein

BODEN 130–133

Zusammensetzung, Eigenschaften, Entstehung, Entwicklung und Klassifikation des Bodens

MEERE & OZEANE 134–137

Entstehung der Strömungen und Gezeiten in den Ozeanen und die Landschaften am Meeresboden

Unterbrochene Gesteinsschichten (Seite 68–69)
In der Geologie sucht man häufig nach Unterbrechungen (»Diskordanzen«) in den Gesteinsschichten. Mehr über die in Gestein und Fossilien festgeschriebene Erdgeschichte findet sich auf Seite 66–79.

Kristallgruppe (Seite 83)
Gesteine bestehen aus Mineralien, die vielfach Kristalle bilden. Diese Kristallgruppe enthält Feldspat, Quarz und Glimmer, die Hauptbestandteile des Granits. Mehr über Gestein, Mineralien und Kristalle auf Seite 80–97.

Bodenprofil (Seite 130–131)
Boden ist eine Mischung aus verwitterten Gesteinstrümmern und den Resten von Tieren und Pflanzen, ein komplexes, sich ständig wandelndes System. Mehr über den Boden findet sich auf Seite 130–133.

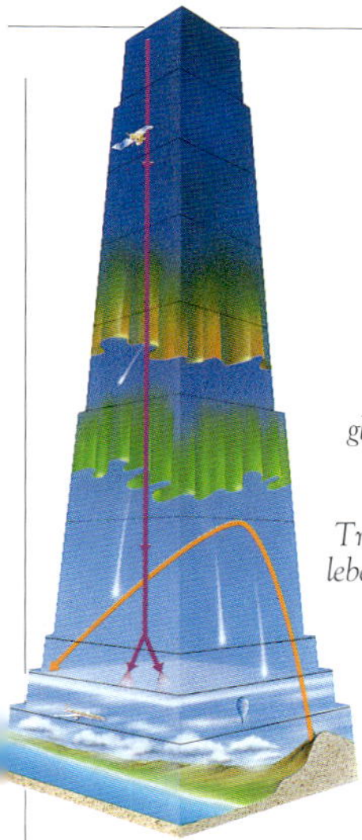

Die Atmosphäre (Seite 138–139)
Die Erde ist von einer dünnen Gashülle umgeben, der Atmosphäre. Diese gliedert sich in mehrere Schichten, von der dichten, wolkigen Troposphäre, in der wir leben, bis zu der dünnen Exosphäre in großer Höhe. Mehr über die Erdatmosphäre findet sich auf Seite 138–157.

ATMOSPHÄRE, WETTER & KLIMA 138–157

Aufbau der Atmosphäre, Wirkung der Sonnenenergie, Wetterphänomene und ihre Vorhersage

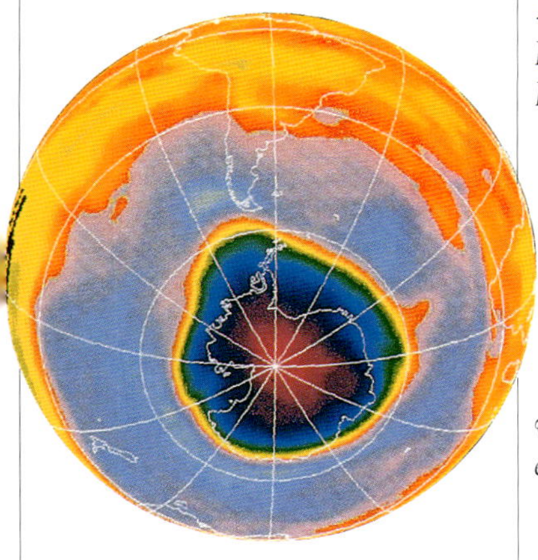

Das Ozonloch (Seite 175)
Die Ozonschicht in der Atmosphäre schützt uns vor gefährlicher Sonnenstrahlung – aber sie wird immer dünner. Mehr über das Ozonloch und andere Auswirkungen menschlicher Tätigkeit auf die Umwelt findet sich auf Seite 166–179.

DIE LEBEWESEN DER ERDE 158–165

Die Wechselbeziehungen zwischen lebenden und unbelebten Teilen der Erde und die Auswirkungen der Landwirtschaft auf Tiere und Pflanzen

DER MENSCH UND DIE NATUR 166–179

Die Tätigkeiten der Menschen: Ressourcennutzung, Landschaftsveränderung, Auswirkungen auf die Umwelt und die Notwendigkeit einer nachhaltigen Lebensweise

Inge Lehmann (Seite 181)
Die dänische Geophysikerin Inge Lehmann zeigte durch Erdbebenmessungen, dass das Erdinnere entgegen früheren Annahmen nicht geschmolzen, sondern fest ist. Eine Liste vieler berühmter Geowissenschaftler findet sich auf Seite 180–181.

PIONIERE DER GEOWISSENSCHAFT 180–181

Über 70 besonders einflussreiche Persönlichkeiten aus der Geschichte der Geowissenschaft

REGISTER 182–192

Über 2000 Stichworte, Begriffe und Konzepte der modernen Geowissenschaften

DANK 192

Wie man dieses Buch benutzt

Diese Enzyklopädie erläutert die wichtigsten Begriffe und Theorien aus der Geowissenschaft sowie ihren Gebrauch. Sie ist nach Themen gegliedert, d.h., die Begriffe sind nicht alphabetisch, sondern nach Sachgebieten wie »Boden« oder »Meere« geordnet. So kann man nicht nur einzelne Begriffe, sondern ganze Themenbereiche auffinden. Abschnitte und Themen sind im Inhaltsverzeichnis auf Seite 5–7 aufgeführt. Einzelne Wörter kann man im Register nachschlagen.

Überschrift und Einleitung
Die Überschrift nennt das Thema. Hier haben z.B. alle Stichworte mit dem inneren Aufbau der Erde zu tun. Jedes Sachgebiet beginnt mit einer Einleitung, welche die folgenden Erläuterungen kurz umreißt.

40 • Der Aufbau der Erde

Das Innere der Erde

Früher glaubte man, die Erde sei durch und durch fest. Die wissenschaftliche Interpretation von Erdbeben hat jedoch zu einem komplexeren Bild geführt. Heute wissen wir, dass unter der starren Hülle ein weiches Inneres und ein fester Metallkern liegen.

Seismologie

Die Erforschung des Aufbaus der Erde anhand der Erschütterungen bei Erdbeben und Explosionen

Ein Erdbeben lässt seismische Wellen entstehen, die sich nicht nur an der Oberfläche, sondern auch im Erdinneren ausbreiten. Solche Raumwellen werden als primäre (P-) und sekundäre (S-) Wellen bezeichnet. Wenn sie durch die Schichten des Erdinneren laufen, werden sie abgelenkt wie Lichtstrahlen, die durch eine Linse fallen. Aus dieser Beugung der Wellen kann man auf den Aufbau der Erde schließen. In der **seismischen Tomografie** konstruiert man anhand der kreuz und quer laufenden Wellen mit dem Computer dreidimensionale Bilder der Dichte- und Temperaturverteilung im Erdmantel. Ein **seismisches Reflexionsprofil** ist ein Querschnitt durch die Erde, erstellt durch Untersuchung der reflektierten Schallwellen nach einer Serie großer Explosionen. Eine **Schattenzone** wird nicht von den Wellen weit entfernter Erdbeben durchquert.

Seismische Wellen
Die Bewegung der S- und P-Wellen durch die Erde liefert Aufschlüsse über den Aufbau des Erdinneren.

Erdkruste

Die harte Außenhaut der Erde

Die Erde besteht aus drei konzentrischen Schichten mit unterschiedlicher chemischer Zusammensetzung. Ganz innen liegt der **Kern**, darüber der **Mantel** und außen die **Kruste**. Die dünne Kruste schwimmt auf dem weichen, dichteren Mantel.

Ozeanische Kruste

Der Teil der Erdkruste unter den Ozeanen

Am dünnsten (nur 6–11 km) ist die Kruste unter den Ozeanen. Ihr Gestein ist nirgendwo älter als 200 Millionen Jahre und damit relativ jung.

Kontinentale Kruste

Der Teil der Erdkruste unter den Kontinenten

Unter den Kontinenten ist die Erdkruste durchschnittlich 30–40 km dick, unter den größten Gebirgen aber bis zu 70 km. Sie ist älter als die ozeanische Kruste – manche Gesteine entstanden vor 3,8 Milliarden Jahren. Die Kruste schwimmt auf dem Mantel in einem Gleichgewichtszustand (Isostasie).

Grundgebirge

Das massive, alte Gestein, aus dem ein Kontinent besteht

Die kontinentale Kruste besteht vorwiegend aus altem, kristallinem Gestein. Dieses »Grundgebirge« gliedert sich in zwei Schichten. Die obere besteht aus granitähnlichem Gestein, Schiefer und Gneis , die untere aus Basalt und Diorit .

Diskontinuität

Eine Grenze zwischen den Schichten des Erdinneren

Die **Mohorovicic-Diskontinuität** oder **Moho** ist die Grenze zwischen Kruste und Mantel; zwischen Mantel und Kern liegt die **Gutenberg-Diskontinuität**.

Stichwort
Dieses Stichwort lautet »Seismologie«.

Definition
Die Definition ist eine kurze, genaue Beschreibung. Hier besagt sie, dass man mit der Seismologie den Aufbau des Erdinneren untersucht.

Erklärung
Hier wird das Stichwort genauer erläutert. Es wird beschrieben, wie man Erdbebenwellen untersucht und daraus Aufschlüsse über das Erdinnere gewinnt.

Legenden und Beschriftungen
Eine mit einer Überschrift versehene Legende erläutert den Bildinhalt. Hier erklärt sie, dass man den Weg bestimmter Erdbebenwellen durch das Erdinnere verfolgt. Bildbestandteile wie das Erdbebenzentrum werden durch Beschriftungen kenntlich gemacht.

Gebrauch des Registers
Im Register sind alle Stichworte alphabetisch und mit ihrer Seitenzahl aufgeführt. Unter »Chondritentheorie« erfährt man z.B., dass das Stichwort auf S. 43 steht. Bei dem gesuchten Begriff kann es sich um ein Hauptstichwort, ein in der Erklärung fett gedrucktes Unterstichwort oder einen Begriff aus einer Tabelle handeln.

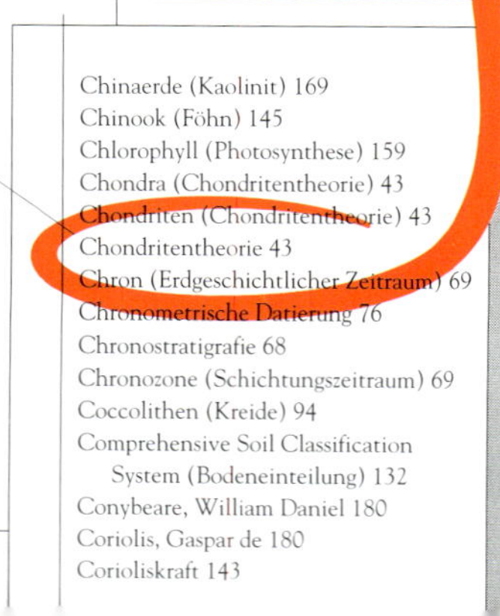

Unterstichwort
Die ***fett gedruckten*** *Unterstichworte sind Begriffe, die mit dem Hauptstichwort zusammenhängen. Hier wird die »Gutenberg-Diskontinuität« erklärt, die Grenze zwischen Erdkern und Erdmantel.*

Hauptabbildung

Meist werden mehrere zusammenhängende Stichworte in einem großen Foto oder einer Zeichnung wiedergegeben. Sie verdeutlicht die Stichworte oder ihren Zusammenhang. In dieser Schnittzeichnung erkennt man die Schichten des Erdinneren.

Schemazeichnungen & andere Abbildungen

Schemazeichnungen verdeutlichen physikalische Eigenschaften der Erde oder Prinzipien der Geowissenschaft. In diesem Schema zeigt ein vergrößerter Teil der Hauptabbildung, wie die oberen Schichten der Erde zusammengesetzt sind.

Kolumnentitel

Der Kolumnentitel gibt den Buchabschnitt an und erleichtert das Nachschlagen. Diese Seite gehört zum Abschnitt »Der Aufbau der Erde«.

Tabellen und Kästen

Mehrere Tabellen bieten zusätzliche, nicht in den Stichworterklärungen enthaltene Informationen. Auf S. 85 sind z. B. 30 häufige Mineralien mit ihren Eigenschaften aufgeführt. Kästen – hier ein Vergleich der Korngröße unterschiedlicher Granitgesteine – geben die Information besonders einprägsam wieder.

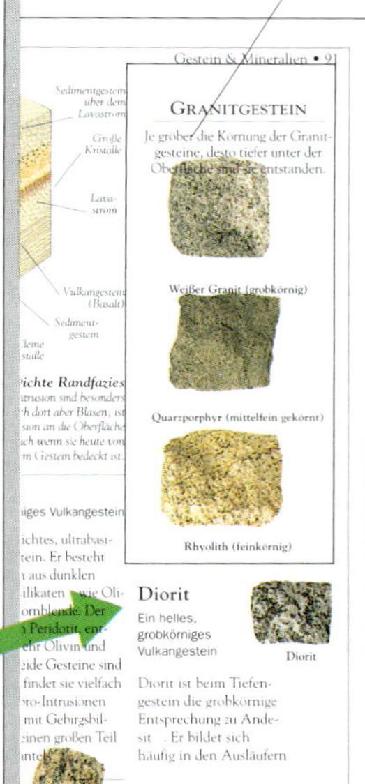

Biografien

Auf Seite 65 findet sich eine Biografie des Wissenschaftlers Grove Karl Gilbert, der die Gebirgsentstehung erforschte. Viele berühmte Geowissenschaftler werden im Zusammenhang mit ihren Arbeitsgebieten in kurzen Biografien vorgestellt. Eine alphabetische Liste findet sich auf S. 180–181.

Querverweise

Ein Zeichen (■) nach einem Wort weist darauf hin, dass es sich um ein Haupt- oder Unterstichwort an anderer Stelle in der Enzyklopädie handelt. Die zugehörige Seitenzahl findet sich im »Siehe auch«-Kasten.

»Siehe auch«-Kasten

Bei jedem Thema steht ein »Siehe auch«-Kasten, der auf andere, zum besseren Verständnis nützliche Haupt- oder Unterstichworte verweist. Hier nennt er die Isostasie und das Gestein Diorit, einen Bestandteil der kontinentalen Kruste.

Die Wissenschaft von der Erde

Auf einem Hügel steht im Wind ein riesiger schwarzer Felsblock. Wie eine seltsame Statue thront er auf einem steinernen Sockel. Bei näherem Hinsehen erkennt man, dass der Fels in der Sonne glitzert, ganz anders als das stumpfbraune Gestein darunter. Warum ist er hier? Woher kommt er? Woraus besteht er? Warum ist er anders als das übrige Gestein? Für solche Fragen interessieren sich die Erd- oder Geowissenschaftler. Sie untersuchen die physikalischen Eigenschaften der Erde, fragen nach ihrer Entstehung und wollen wissen, wie sie sich ständig wandelt und wie sie umgeformt wird. Nach und nach zeichnen sie ein Bild unserer Heimat, des Planeten Erde, und seiner Funktionsweise.

Erdverbunden

Die Erde ist ein winziger Punkt in einem riesigen Universum mit Sternen, Galaxien und leerem Raum. Satelliten umrunden sie in wenigen Stunden, und doch ist sie so groß, dass wir sie bisher nur recht oberflächlich kennen. Die Geowissenschaft ist vergleichsweise jung. Vor noch nicht einmal 200 Jahren glaubten die meisten Menschen, die Erde sei nur wenige tausend Jahre alt und habe sich seit ihrer Erschaffung kaum verändert; entsprechend gering war das Interesse, sie zu erforschen. Aber Anfang des 19. Jahrhunderts entdeckte man, dass die Erde ein gewaltiges Alter hat – heute schätzt man es auf über 4,5 Milliarden Jahre – und in ihrer Geschichte tief greifenden Veränderungen unterworfen war. Mit der Erkenntnis, dass diese faszinierende Geschichte im Gestein der Erdkruste festgeschrieben ist, war die Wissenschaft der Geologie geboren.

Auf der Suche nach Öl
Die beiden Geologen untersuchen Bohrkerne aus der Nordsee auf Anzeichen für Erdöl.

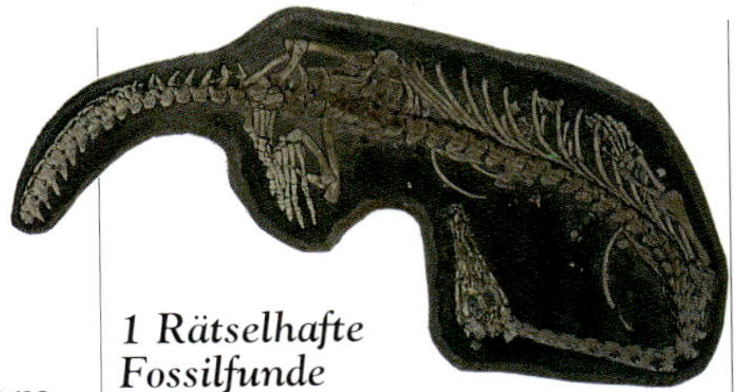

1 Rätselhafte Fossilfunde
Im 19. Jahrhundert fanden Naturforscher zu ihrer Verblüffung sowohl in Südamerika als auch in Afrika Fossilien des ausgestorbenen Reptils Mesosaurus (oben). Wie konnten in verschiedenen Kontinenten die gleichen Lebewesen entstehen? Waren die Kontinente einst durch eine Landbrücke verbunden, die heute im Ozean versunken ist?

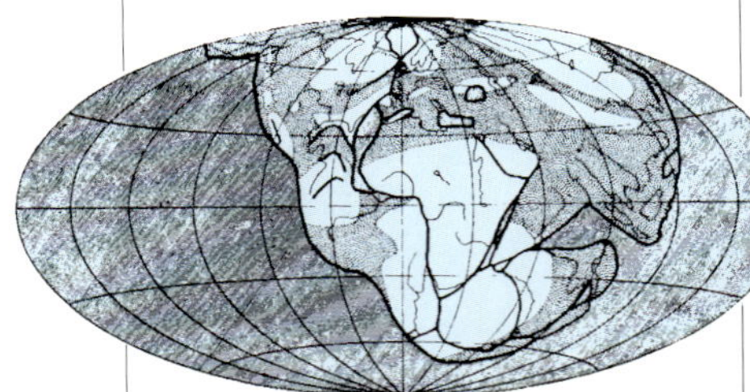

2 Eine mögliche Erklärung
In den 1920er-Jahren behauptete Alfred Wegener, alle Kontinente seien früher wie Puzzlesteine verbunden gewesen und später langsam auseinander getrieben. Die Abbildung zeigt Wegeners Karte des urzeitlichen »Superkontinents« Pangäa.

3 Indiziensuche
In den 1960er-Jahren konnte man mit Tauchbooten wie Alvin zum ersten Mal den Meeresboden erforschen. Die mit Alvin gesammelten Gesteinsproben zeigten, dass das Material am Meeresboden durch unterseeische Vulkanausbrüche entlang eines riesigen Gebirgsrückens im Atlantik ständig zunimmt.

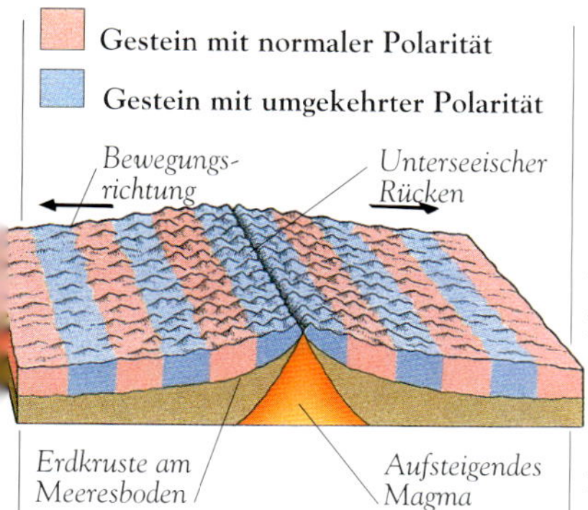

4 Neue Anhaltspunkte
Im Jahr 1962 fand man am Meeresboden magnetische »Streifen«. Alle paar Millionen Jahre tauschen die Magnetpole der Erde ihren Platz. Das neu hinzukommende Gestein am unterseeischen Rücken wird entsprechend der jeweiligen Polarität magnetisiert. Das im Gestein vorliegende, wechselnde Magnetfeld weist darauf hin, dass die Ozeane immer breiter werden.

5 Der überzeugende Beweis
Die Glomar Challenger holte Bohrkerne vom Meeresboden, mit denen man nachwies, dass weiter vom mittelatlantischen Rücken entferntes Gestein älter ist. Nun waren die Fachleute überzeugt, dass der Meeresboden sich ausdehnt und die Kontinente stetig auseinander weichen.

6 Ursache und Wirkung
Heute weiß man, dass die Erdkruste aus beweglichen Stücken oder Platten besteht. Kontinentalverschiebung, Erweiterung des Meeresbodens, Erdbeben – immer sind Bewegungen der Platten die Ursache.

Revolution der Platten

Hin und wieder erlebt jede Wissenschaft eine Revolution: Eine wichtige Entdeckung schafft nicht nur gewaltige neue Kenntnisse, sondern eröffnet ganz neue Forschungsgebiete. Das geschah in den letzten 25 Jahren in der Geowissenschaft: Man erkannte, dass die Erdoberfläche keineswegs fest und unbeweglich ist, sondern aus Bruchstücken besteht, die sich verschieben und auch zusammenstoßen können. Durch diese Entdeckung, mit der sich das neue geowissenschaftliche Gebiet der Plattentektonik befasst, lässt sich leichter erklären, wie Kontinente und Meere sich in der Erdgeschichte verändert haben, warum es Erdbeben gibt, warum Vulkane ausbrechen, wie Gebirge sich in die Höhe schieben, warum das Klima sich in der Vergangenheit verändert hat, und vieles andere. Man musste eine ganze Reihe beliebter Theorien aufgeben, und viele neue Forschungsrichtungen eröffneten sich. Besonders wichtig sind solche Forschungen wegen der Aussicht, eines Tages u. U. Erdbeben und Vulkanausbrüche vorauszusagen, und damit Menschenleben zu retten.

Gefrorene Geschichte
In Bohrkernen, die man aus dem Eispanzer der Polargebiete gewinnt, findet man Spuren früherer Klimaveränderungen und Aufschlüsse über die heutige Entwicklung der Luftverschmutzung.

Erforschung der Erde – wozu?

Die Kenntnisse der Geowissenschaftler sind schon heute für unser Leben von großer Bedeutung. Geologen arbeiten z. B. mit, um wertvolle Mineralien und Energiereserven zu finden. Hydrologen helfen bei der Vorbeugung von Überschwemmungen und der Suche nach Trinkwasser, und Meteorologen warnen uns im Voraus vor Stürmen und Unwettern. Und die Geowissenschaft macht uns auch bewusst, welche Gefahr unsere Aktivitäten für das Wohlergehen des ganzen Planeten darstellen können, sei es durch industrielle Umweltverschmutzung, Landwirtschaft oder die Verschwendung kostbarer, begrenzter Ressourcen. Immer mehr wird deutlich, dass Kenntnisse über die Erde und ihre Funktionen für unser Überleben unentbehrlich sind. Wenn wir über unseren Planeten, die Erde, nicht besser Bescheid wissen, zerstören wir möglicherweise eines Tages unsere Lebensgrundlage.

Was ist Geowissenschaft?

Die Wissenschaft von der Erde widmet sich unserem ganzen Planeten mit allen seinen physikalischen Eigenschaften. Die Biologie befasst sich mit dem Leben auf der Erde, die Geowissenschaft praktisch mit allem anderen – von der Atmosphäre bis zu Gesteinsentstehung und Vulkanausbrüchen.

Geologie

Die Wissenschaft von Vergangenheit, Aufbau und Zusammensetzung der Erde

Die Geologie umfasst praktisch alle Gebiete der Geowissenschaften außer der Meteorologie. Vor allem konzentriert sie sich auf das Gestein ■ und die Zusammensetzung der Erdkruste ■.

Historische Geologie

Die Erforschung der Erdgeschichte

Die historische Geologie befasst sich mit der Geschichte der Erde von den Anfängen vor rund 4,6 Milliarden Jahren bis heute. Zu ihr gehören die Stratigrafie ■ und die **Paläogeografie**, die untersucht, wie Land und Ozeane ihre Gestalt im Laufe der Zeit verändert haben.

Petrologie

Die Erforschung der Gesteine

Die Petrologie befasst sich mit der eingehenden Erforschung von Entstehung, Struktur und Zusammensetzung der Gesteine. Die **Mineralogie** geht der Frage nach, aus welchen Mineralien ■ das Gestein aufgebaut ist.

Geophysik

Die Erforschung der physikalischen Vorgänge auf der Erde und um sie herum

Zur Geophysik gehört zwar auch die Meteorologie, vor allem aber erforscht sie die Plattentektonik ■ und die Vorgänge im Erdinneren. Die **Geochemie** untersucht die chemische Zusammensetzung von Erde, Mond und Planeten.

Ozeanografie: Erforschung der Meere

Meteorologie: Erforschung des Wetters und seiner Entstehung

Die Welt erforschen
Geowissenschaftler befassen sich mit allen physikalischen Eigenschaften der Erde.

Vulkanologie

Die Erforschung der Vulkane

Die Vulkanologie befasst sich mit den **Vulkanen** und ähnlichen Phänomenen, z. B. den Geysiren ■. Erdbeben ■ und Erschütterungen im Erdinneren sind das Forschungsgebiet der Seismologie ■.

Stein gewordene Vergangenheit
Tiefere Schichten von Sedimentgestein sind stets älter sind als die darüber liegenden, es sei denn, sie wurden durch Verwerfungen auf den Kopf gestellt.

Vulkanausbruch
Lava spritzt aus dem Yasur-Vulkan auf der Insel Tanna im Südpazifik.

Paläontologie

Die Erforschung der Fossilien

Die Untersuchung von Fossilien vermittelt ein Bild von der Geschichte des Lebens auf der Erde. Das Teilgebiet der Biostratigrafie ermöglicht auch die Altersbestimmung von Gestein.

Im Stein bewahrt
An versteinerten Lebewesen wie dem Trilobiten sieht man das Alter von Gestein.

Geografie

Die Erforschung der Erdoberfläche

Die Geografie befasst sich mit den räumlichen Veränderungen der Erdoberfläche im Lauf der Zeit. Sie wird auch »Wissenschaft der räumlichen Verhältnisse« genannt, weil sie die räumlichen Beziehungen auf der Erdoberfläche erforscht. Gegenstand der **Bevölkerungsgeografie** sind die Phänomene, die mit den Menschen auf der Erde zu tun haben – Bevölkerungsverteilung, Industrie und Verkehr. Die **physikalische Geografie** untersucht die physikalische Umwelt vom Wetter bis zur Landschaftsform.

Geomorphologie

Die Erforschung der Landgestalt

Die Geomorphologie befasst sich mit den Landschaftsformen und ihrer Entstehung. Ihr Gegenstand sind Hügel und Täler, Gebirge und Ebenen, Flüsse und Gletscher, die Wirkung der Meereswellen auf das Land und die Verwitterung des Gesteins. Die **Hydrologie** erforscht die Verteilung und das Verhalten des Wassers auf der Erde, insbesondere im Binnenland und unter der Oberfläche.

Landschaft nimmt Gestalt an
Der Grand Canyon in Arizona (USA) wurde vom Colorado River gegraben.

Siehe auch

Atmosphäre 138 • Biostratigrafie 72
Erdbeben 58 • Erdkruste 40 • Fossilien 70
Gestein 80 • Geysir 53 • Klima 154
Mineralien 82 • Ökosystem 158
Ozean 134 • Plattentektonik 46
Seismologie 40 • Stratigrafie 68
Verwitterung 98 • Vulkan 52 • Wetter 139

Ozeanografie

Die Erforschung der Meere

Die Ozeanografie untersucht die chemischen Verhältnisse in den Ozeanen sowie Meeresströmungen und -lebewesen. **Hydrografie** ist die Erfassung und Kartierung großer Gewässer. **Seekarten** zeigen Küsten, Strömungen, Gezeiten und die Gestalt des Meeresbodens.

Ökologie

Die Erforschung der Beziehungen zwischen Lebewesen und ihrer Umwelt

Gegenstand der Ökologie sind die Ökosysteme, Gesellschaften von Lebewesen und ihre Umgebung.

Meteorologie

Die Erforschung der Atmosphäre

Gegenstand der Meteorologie sind die Vorgänge in der Atmosphäre, die das Wetter entstehen lassen. Die **Klimatologie** befasst sich mit dem Weltklima, das heißt mit Gesetzmäßigkeiten der typischen Wetterverhältnisse auf der Welt.

Sturmwarnung
Durch meteorologische Beobachtungen kann man das Wetter vorhersagen.

Geowissenschaftler bei der Arbeit

Geowissenschaftler können ihre Annahmen nur selten mit kontrollierten Laborversuchen überprüfen. Sie müssen im Freiland Daten sammeln, um ihre Überlegungen zu prüfen. Dabei müssen sie dann auch schon einmal auf einen tätigen Vulkan steigen.

Datenerfassung im Freiland
Ein Geologe überwacht mit einem Lasermessinstrument eine langsam wachsende Ausbeulung an der Nordwestflanke des Vulkans Mount St. Helens im US-Bundesstaat Washington. Später, am 18. Mai 1980, explodierte die Ausbeulung; die Messwarte wurde zerstört.

Freilandarbeit

Datenerfassung im Freien

Das Sammeln von Daten im Freiland ist ein entscheidender Teil der Geowissenschaft. Man misst zum Beispiel Strömungen ■ und Niederschläge oder untersucht Gesteinsschichten ■. Sorgfältige Planung ist nötig, damit man bei einem Freilandprojekt die richtigen Daten gewinnt.

Siehe auch

Gesteinsschichten 68 • Meteorologie 13
Ökosystem 158 • Strömung 112
Tiefdruckgebiet 142 • Wellen 127

Stichprobennahme

Sammeln einer repräsentativen Auswahl von Messwerten

Da man nicht jedes Sandkorn vermessen kann, führt man wenige Messungen als **Stichproben** durch. Ihr Spektrum muss so breit sein, dass man Schwankungen erkennt. Bei der **systematischen Stichprobennahme** entnimmt man Proben in regelmäßigen Abständen – man zerlegt ein Objekt beispielsweise in Teile und nimmt in jedem Teil eine Messung vor. **Zufallsstichproben** werden an zufällig ausgewählten Orten vorgenommen. **Geschichtete Zufallsstichproben** stammen von einer beliebigen Stelle in jedem Teil. Bei **Klumpenstichproben** sammelt man Daten nur an bestimmten Stellen in ausgewählten Gebieten.

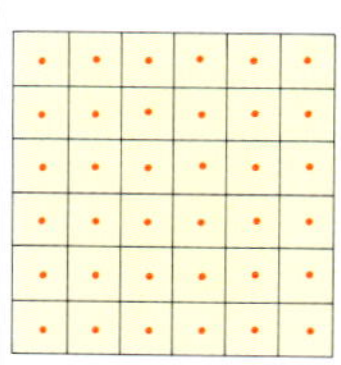

Systematische Stichproben

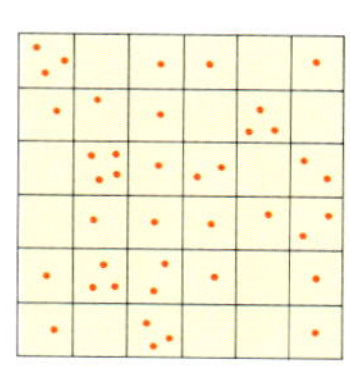

Zufallsstichproben

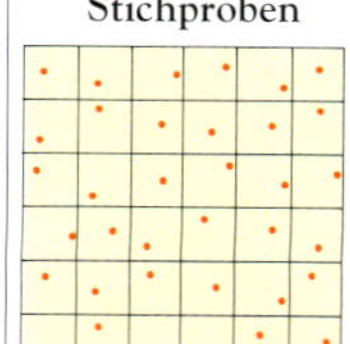

Geschichtete Zufallsstichproben

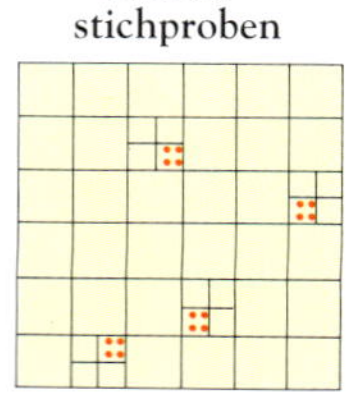

Klumpenstichproben

Ableitung

Das Finden einer Erklärung durch theoretische Überlegungen

Die ersten Theorien über die Erde hatte man vielfach theoretisch abgeleitet – das heißt ausschließlich durch logische Gedankengänge. Ein Geologe konnte z. B. eine Theorie der Landschaftsentwicklung ableiten und damit dann die Form eines Hügels erklären. Heutige Theorien sind meist **induktiv**: Man sammelt zunächst Daten und stellt dann durch ihre Analyse die Zusammenhänge her.

Hypothese

Mutmaßliche Erklärung, die man an der Wirklichkeit überprüfen kann

Zu Beginn ihrer Untersuchungen haben Wissenschaftler häufig eine Hypothese, die sie prüfen wollen. Zur Vermeidung von Voreingenommenheit versuchen sie, ihre Idee durch Überprüfung einer **Nullhypothese** zu widerlegen, die das genaue Gegenteil der Hypothese darstellt. Hat man die Nullhypothese widerlegt, kann die Hypothese sich nach weiteren Untersuchungen als richtig erweisen.

Modell

Eine theoretische Wiedergabe der Wirklichkeit

In der Geowissenschaft dienen theoretische Abbilder der Wirklichkeit vielfach zu Voraussagen, zur Steuerung von Vorgängen oder einfach zur Erklärung. In der Meteorologie ■ sagt man mit dem theoretischen Modell eines Tiefdruckgebiets ■ das Wetter voraus. **Maßstabsgerechte Modelle** geben die Wirklichkeit vergrößert oder verkleinert wieder. **Begriffliche Modelle** sind völlig theoretisch und lassen sich manchmal als Schema darstellen. **Mathematische Modelle** beschreiben wirkliche Vorgänge ausschließlich mit mathematischen Ausdrücken.

System

Eine Gruppe von Gegenständen und Vorgängen, die in einer Beziehung zueinander stehen

Ein System kann alles Mögliche sein. Beispiele sind Wettersysteme, Ökosysteme und Fluss-Systeme. In **Energiesystemen** fließt Energie, in **Materiesystemen** feste Materie. Die **Systemanalyse** versucht, Energie- und Materialströme in einem System vollständig zu erfassen und zu erklären.

Offenes System

Ein System, das ständig Energie aufnimmt und abgibt

Ein offenes System nimmt ständig an einer Stelle Energie auf und gibt sie an anderer Stelle ab. In ein Fluss-System zum Beispiel gelangt die Energie als Regen, und sie verlässt es als Strom, der ins Meer fließt. Energie und Materie, die in ein System eintreten, sind der **Input**, verlassen sie es, sind sie der **Output**. Im **geschlossenen System** gibt es keinen nennenswerten In- oder Output: Energie und Materie fließen innerhalb des Systems, aber nicht hinein oder hinaus.

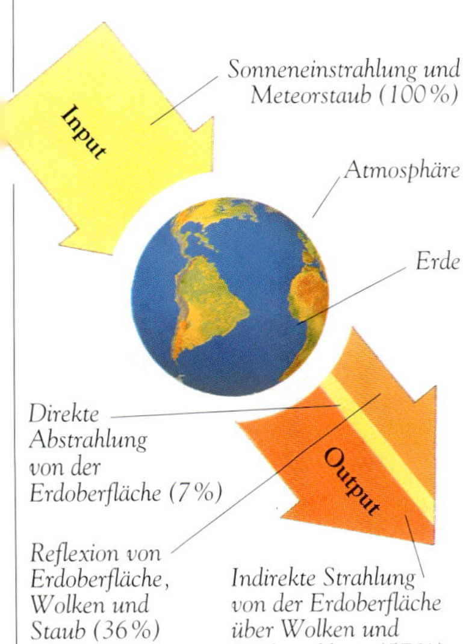

Ein offenes System

Die Erde ist ein offenes System: Energie strömt hinein und hinaus.

Negative Rückkopplung

Beispiel Fluss-System: Durch starke Niederschläge beschleunigt sich die Strömung; dies führt zu weiteren Veränderungen, und schließlich wird die Fließgeschwindigkeit wieder geringer.

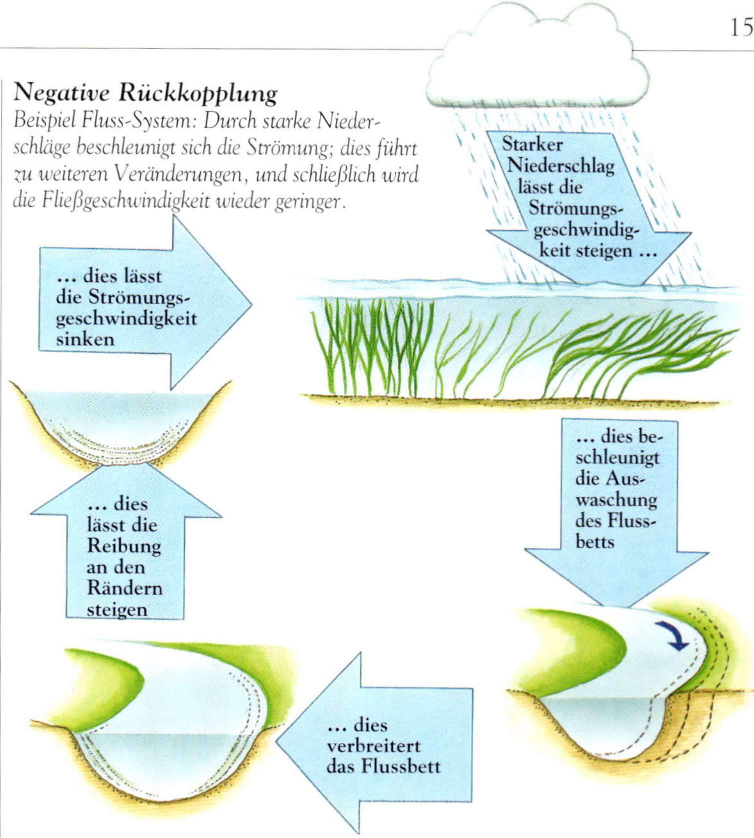

Fließgleichgewicht

Gleichgewicht zwischen Input und Output

Wenn ein System Energie oder Substanzen in gleicher Menge aufnimmt und abgibt, spricht man von einem Fließgleichgewicht. Befindet sich das System nicht im Fließgleichgewicht, wird die Materie- oder Energiemenge im System entweder größer oder geringer. Fließt Wasser z. B. mit der gleichen Geschwindigkeit in die Badewanne, mit der es auch durch den Abfluss strömt, ist die Wanne im Fließgleichgewicht. Dreht man den Hahn ab, wird die Wassermenge geringer, steckt man den Stöpsel hinein, nimmt sie zu. Im Fließgleichgewicht befinden sich viele natürliche Systeme, so Ökosysteme wie z. B. Flüsse. In einem Flussabschnitt besteht nicht nur ein Gleichgewicht zwischen hinzukommendem und abfließendem Wasser, sondern auch zwischen der Strömung und der Form des Flussbettes.

Rückkopplung

Selbstregulation eines Systems zur Aufrechterhaltung des Gleichgewichts

Das Gleichgewicht in einem System bleibt durch Rückkopplung erhalten. Sie setzt ein, wenn eine Veränderung in einem Teil des Systems zu Abweichungen in anderen Teilen führt. Werden die Wellen größer, die an einen Strand rollen, spülen sie mehr Sand weg, und der Strand wird flacher. Ein flacherer Strand hat höhere Wellen zur Folge: Diese werden durch die Rückkopplung also noch höher, und der Strand flacht sich noch weiter ab. So etwas nennt man **positive Rückkopplung**: Die Veränderungen verstärken die ursprüngliche Abweichung. Häufiger ist die **negative Rückkopplung**, bei der die Veränderungen zurückwirken und für eine Abschwächung des ursprünglichen Vorganges sorgen.

Freilandmethoden

Es gibt drei Arten geowissenschaftlicher Freilandmethoden: das Sammeln von Proben (z. B. Fluss-Sedimente), die Messung von Bewegungen (z. B. Kontinentalverschiebung), und die Kartierung von Geländemerkmalen (z. B. Böschungen), deren Beziehungen man erforscht. Für manche Arbeiten braucht man spezielle Instrumente, für andere genügt eine einfache Ausrüstung.

Fossiliensuche
Mit dem Geologenhammer sucht die Forscherin im kreidezeitlichen Gestein von Yorkshire (England) nach Fossilien.

Probensuche

Die Suche nach Gegenständen, die man im Labor katalogisieren oder analysieren will

Früher war die Probensuche ein wichtiges Gebiet der Geologie ■. Die ersten Geologen trugen gewaltige Sammlungen von Gestein und Fossilien ■ zusammen, die sie aufgesammelt oder mit dem Geologenhammer losgeschlagen hatten. Leider wurden viele wertvolle Fundstellen beschädigt. Heute beschränkt man das Probensammeln auf ein Minimum.

Landvermessung

Die Ausmessung eines bestimmten Gebiets

Ein schnelles, aber teures Verfahren zur Vermessung großer Gebiete ist die Luftbildfotografie. Kleinere Flächen vermisst man besser genau am Boden, und zwar unter anderem durch Triangulation.

Direkte Entfernungsmessung

Ein Vermessungsverfahren, bei dem Abstände gemessen werden

Zur Vermessung kleiner Gebiete misst man die Abstände zwischen einzelnen Punkten. Dazu benutzt man häufig ein Maßband aus Metall oder Stoff.

Entfernungsberechnung
Mit diesem Entfernungsmesser wird ein Abschnitt der libyschen Wüste vermessen.

Triangulation

Ein Vermessungsverfahren auf der Grundlage von Dreiecken

Die Triangulation dient der Landvermessung. Man vermisst eine **Grundlinie**, die eine Seite eines Dreiecks bildet. Vervollständigt wird das Dreieck durch Linien von den Enden der Grundlinie zu einem weit entfernten Punkt. Auf diesen Punkt richtet man von den Enden der Grundlinie aus den **Theodoliten**. Man misst den Winkel zwischen der Grundlinie und den Seiten des Dreiecks, deren Länge man nicht kennt. Daraus lässt sich dann mit einfachen geometrischen Methoden der Abstand zum entfernten Punkt berechnen. Anschließend dienen die Linien zum weit entfernten Punkt als neue Grundlinien für die weitere Vermessung. Entfernungen misst man auch mit dem Geodimeter, das einen Infrarot-Lichtstrahl aussendet.

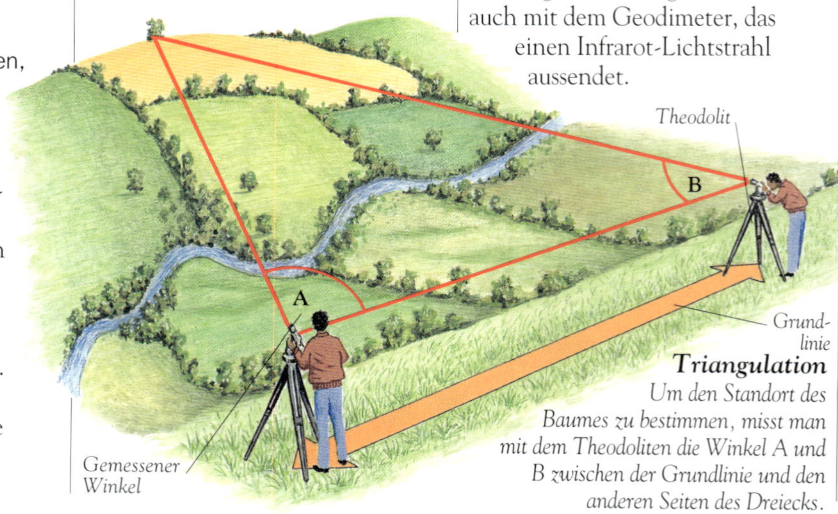

Triangulation
Um den Standort des Baumes zu bestimmen, misst man mit dem Theodoliten die Winkel A und B zwischen der Grundlinie und den anderen Seiten des Dreiecks.

Morphologische Kartierung

Vermessung der genauen Gefälleform und anderer Merkmale der Landschaft

Um die Form einer Landschaft zu verstehen, muss man in der Geomorphologie ■ genaue Karten erstellen. Morphologische Karten zeigen mit Symbolen wichtige Geländemerkmale. Zur Erstellung eines Gefälleprofils muss man den Steigungswinkel an verschiedenen Stellen messen. Dies geschieht mit einem selbstgebauten Gerät oder dem Abney Level, einem Gefällemesser.

Messung des Steigungswinkels
Mit einem einfachen Neigungsmesser misst das Mädchen die Steigung einer Böschung.

Neigungsmesser

Ein Instrument zur Messung von Steigungen oder Gefällewinkeln

Im **Watts-Neigungsmesser** schwingt ein Pendel an einem Bogen mit Gradeinteilung entlang. Die **Neigungswasserwaage** enthält ein durchsichtiges Rohr mit einer Wasserwaage und einer einstellbaren Gradanzeige. Am genauesten misst man einen Böschungswinkel mit dem **elektronischen Neigungsmesser**, aber dieses komplizierte Instrument ist teuer und unhandlich.

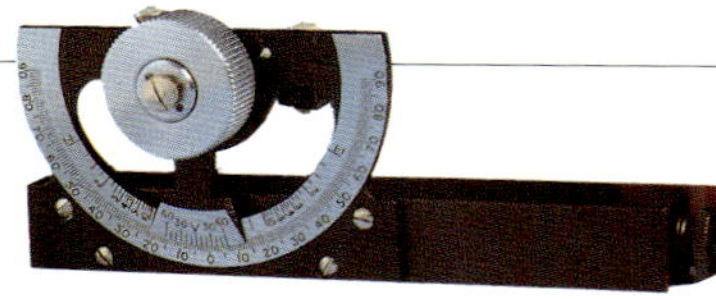

Abney Level
Mit diesem einfachen Instrument kann man schnell einen Steigungswinkel berechnen.

Abney Level

Ein einfaches Instrument zur Messung von Böschungswinkeln

Das Abney Level besteht aus einem Tubus, der mit einer Wasserwaage verbunden ist. Die Blase der Wasserwaage wird in das Okular eingespiegelt. Um den Winkel eines Gefälles zu messen, stellt man oben und unten einen Pfosten mit bekannter Höhe auf, dann peilt man von dem unteren Pfosten mit dem Abney Level den oberen an. Danach wird der Tubus so eingestellt, dass die Blase der Wasserwaage sich mit dem oberen Pfosten deckt. Der Winkel des Tubus entspricht dann dem Böschungswinkel.

Young-Grube

Methode zur Messung des Bodengekriechs an einer Böschung

Mit der Young-Grube kann man das Bodengekriech ■ an einer Böschung sehr einfach messen. Man gräbt in der Böschung eine tiefe Grube und schlägt an ihrer Hinterwand einen kräftigen Markierungspfahl ins Gestein. Dann treibt man in einer senkrechten, mit dem Senkblei markierten Linie neben dem Pfahl mehrere Stäbe in den Boden. Man beschichtet die Rückwand mit Polyethylen, fotografiert sie, füllt die Grube wieder auf und wartet einige Monate oder ein Jahr. Wandert der Boden die Böschung hinunter, bekommt die Reihe der Stäbe entsprechend dieser Bewegung einen Knick. Dann hebt man die Grube vorsichtig wieder aus und legt die Rückwand frei. Die neue Lage der Stäbe relativ zu dem Markierungspfosten gibt an, wie weit der Boden die Böschung hinuntergewandert ist.

Sedimentfalle

Zur Messung der Schichtflut

Dies ist ein einfaches Hilfsmittel zur Messung der Schichtflut ■, ein Kunststoffbehälter, den man in eine Grube an der Böschung stellt. Eine schmale, nach oben gerichtete Öffnung ähnlich einem Briefkastenschlitz nimmt Wasser und Sedimente ■ auf, die den Abhang hinuntergespült werden.

Durchfluss-Sammler

Zur Messung des Durchflusses

Um in der Hydrologie ■ den Durchfluss zu messen, gräbt man an der Böschung zunächst ein Loch. Darin bringt man in verschiedenen Höhen Kunststoffrinnen quer zur Böschung an. Diese führen das durch den Boden fließende Wasser zu einem Sammelbehälter, wo seine Menge gemessen wird.

Messung des Durchflusses
Der Durchfluss wird in verschiedenen Tiefen mit einem Sammelgerät gemessen.

Siehe auch

Bodengekriech 105 • Durchfluss 108
Fossilien 70 • Geologie 12
Geomorphologie 13
Hydrologie 13
Schichtflut 108 • Sediment 92

Fortsetzung nächste Seite ➤

Strömungsmesser

Gerät zur Messung der Strömungsgeschwindigkeit eines Gewässers

Die Strömung ■ eines Gewässers lässt sich mit dem Strömungsmesser sehr einfach ermitteln. Meist ist ein Propeller an einen Stab montiert, der auf dem Flussbett steht. Der Propeller ist über ein Kabel mit einem Zähler verbunden, der die Umdrehungszahl pro Zeiteinheit festhält. Für eine genaue Messung muss der Strömungsmesser sorgfältig in Position gebracht werden. Meist macht man in 1/6 der Tiefe 20 Messungen in regelmäßigen Abständen quer über den Fluss. Durch Multiplikation des Flussquerschnitts mit der Geschwindigkeit erhält man die Schüttung ■.

Strömungsgeschwindigkeit
Mit dem Strömungsmesser wird die Fließgeschwindigkeit ermittelt.

Verdünnungsmessung

Ein elektrisches Verfahren zur Messung der Schüttungsmenge

Die Schüttung eines Flusses kann man mit einem **Leitfähigkeitsmesser** unmittelbar ermitteln, sodass man weder die Querschnittsfläche noch die Strömungsgeschwindigkeit kennen muss. Man gibt einen **Markierungsstoff** – z. B. Salz – ins Wasser und misst, wie schnell er sich verteilt. Die Salzkonzentration wirkt sich auf die Leitfähigkeit aus; indem das Gerät sie misst, zeigt es also die wechselnde Salzkonzentration an.

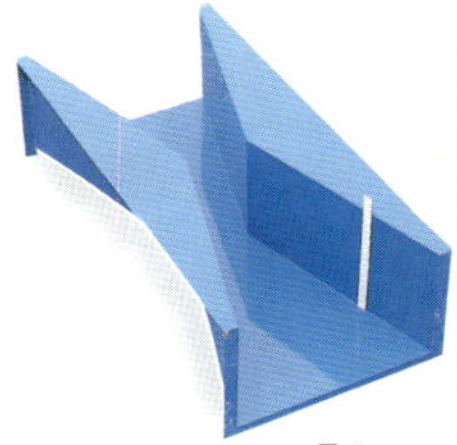

Rinne

Pegelstation

Eine Stelle zur Strömungsmessung

Strömungs- und Verdünnungsmesser eignen sich eigentlich nur für kleine Fließgewässer. An großen Flüssen baut man Pegelstationen, wo das Wasser durch eine Wehranlage – häufig mit 90°-**V-Kehle** – fließt oder durch eine enge **Rinne** strömt. Da man den Querschnitt der Kehle oder Rinne kennt, kann man mit einfachen Gesetzen der **Hydrodynamik** die Strömungsgeschwindigkeit berechnen. Hydrodynamik ist die Wissenschaft der Wasserströmungen durch Kanäle, Rohre und Wehre. Die Schüttung ermittelt man einfach mit einem **Messstab**, der die Tiefe anzeigt.

Geschiebefänger

Ein Graben in einem Fluss zur Messung des Geschiebes

In flachen Fließgewässern kann man das Geschiebe ■ mit einem quer durch das Flussbett gezogenen Graben messen. Nach einer gewissen Zeit entnimmt man das Material und misst es – oder man beobachtet, nach welcher Zeit eine bestimmte Füllhöhe erreicht ist. Wo sich der Geschiebefänger nicht anwenden lässt, kann man ein **quadratisches Netz** unmittelbar auf den Gewässerboden legen.

Verdunstungspfanne

Zur Verdunstungsmessung

Eine Verdunstungspfanne ist eine meist 1,8 m^2 große Wasserpfanne, die man an einem überdachten Platz im Freien stehen lässt. Die Änderung des Wasserstandes in der Pfanne liefert nach Abzug der Niederschläge Aufschlüsse über die Verdunstung in einem Bereich.

Potometer

Ein Gerät zur Messung der Transpiration von Pflanzen

Die Wassermenge, die eine Pflanze über die Wurzeln aufnimmt, ist proportional zu der Menge, die sie durch Transpiration ■ über die Blätter abgibt. Das Potometer misst die Wasseraufnahme durch die Wurzeln, sodass man die durch Transpiration abgegebene Menge berechnen kann.

Lysimeter

Zur Messung der Evapotranspiration

Evapotranspiration ■ ist die Summe von Transpiration und Verdunstung. Man stellt eine Säule aus Erdboden und Bewuchs in einen Behälter und setzt sie dann wieder an ihrer Herkunftsstelle ein. Die Wasseraufnahme wird durch Niederschlagsmesser ermittelt, die Abgabe misst man als Menge, die aus dem Behälter abfließt. Um die Veränderung der Bodenfeuchtigkeit zu beurteilen, wiegt man den Boden.

Lysimeter in der Wüste
Die großen runden Lysimeter messen Wasseraufnahme, -abgabe und -speicherung.

◄ *Fortsetzung von der vorherigen Seite*

Niederschlagsmesser

Zur Messung der Niederschlagsmenge

Die Niederschlagsmenge misst man als Wassertiefe in einem Niederschlags- oder Regenmesser. Dieser besteht aus einem Trichter mit einem Randdurchmesser von 125 oder 200 mm, der 30 cm über dem Boden angebracht wird. Das Wasser fließt in ein enges Sammelgefäß, das zur Mengenbestimmung regelmäßig in einen Messzylinder entleert wird.

Regenmesser und Messflasche
Mit diesem einfachen Instrument wird der Niederschlag gesammelt und gemessen.

Hygrometer

Ein Instrument zur Messung der Luftfeuchtigkeit

Es gibt viele verschiedene Hygrometertypen. Das **Absorptionshygrometer** besteht aus zwei Skalen und einer absorbierenden Substanz wie Papier, die in feuchter Luft Wasser aufnimmt und schwerer wird. Das **Ausdehnungshygrometer** nutzt die Tatsache, dass Stoffe wie Holz sich bei Wasseraufnahme ausdehnen. Das **Haarhygrometer** ist ein Ausdehnungshygrometer mit einem menschlichen Haar, das in feuchter Luft länger wird. Wetterhäuschen sind einfache Haarhygrometer, in denen je nach der Luftfeuchtigkeit eine »Schönwettermarie« oder ein »Regenpeter« erscheint.

Wetterfahne

Ein Zeiger für die Windrichtung

Eine Wetterfahne ist ein großes Metallblatt an einem drehbaren Arm. Der Luftdruck an dem Blatt sorgt dafür, dass die Fahne sich in den Wind dreht und seine Richtung anzeigt. Der **Wetterhahn** ist eine Wetterfahne in Form eines Hahns. Sein Kopf zeigt immer in Windrichtung.

Psychrometer

Ein Gerät zur Messung der relativen Luftfeuchtigkeit

Das Psychrometer ist ein Hygrometer, das die relative Luftfeuchtigkeit anzeigt. Ein Typ besteht aus zwei Thermometern: einem normalen (dem trockenen Thermometer) und einem feuchten Thermometer, dessen unteres Ende in feuchten Stoff gehüllt ist. Durch die Verdunstung der Feuchtigkeit aus dem Stoff sinkt die Temperatur des feuchten Thermometers. Wie stark die Abkühlung ist, hängt von der Verdunstungsgeschwindigkeit ab, und die wiederum korreliert mit der relativen Luftfeuchtigkeit. Deshalb ist der Temperaturunterschied zwischen dem feuchtem und dem trockenem Thermometer ein direktes Maß für die relative Luftfeuchtigkeit.

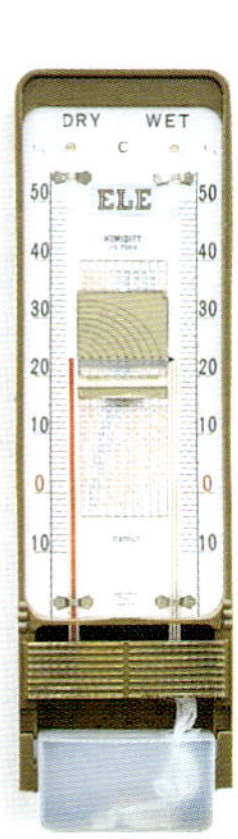

Psychrometer

Anemometer

Ein Gerät zur Messung der Windgeschwindigkeit

Es gibt vielen Typen von Anemometern. Am gebräuchlichsten ist das **Schalenkreuz-Anemometer**, bei dem drei oder vier Halbkugeln um eine Achse rotieren; sie erzeugen dabei einen elektrischen Strom, der die Windgeschwindigkeit angibt. Beim **Druckplatten-Anemometer** wird eine Metallplatte durch den Druck des Windes bewegt. Ein **Staurohr-Anemometer** misst den Luftdruckunterschied zwischen zwei Rohren, von denen das eine in Windrichtung, das andere entgegengesetzt orientiert ist. Das **Ultraschall-Anemometer** funktioniert genauso, aber mit hochfrequenten Schallwellen an Stelle des Luftdrucks.

Einrichten einer Wetterstation
Zwei Meteorologen bauen Schalenkreuz-Anemometer und andere Instrumente auf, um Windgeschwindigkeit, Temperatur und Luftfeuchtigkeit auf der kanadischen Ellesmere-Insel zu messen.

Siehe auch

Evapotranspiration 108 • Geschiebe 112
Luftdruck 142 • Luftfeuchtigkeit 146
Schüttung 109 • Strömung 112
Transpiration 108

Datenauswertung

Die Geowissenschaften stützen sich vor allem auf Beobachtungen und kaum auf Experimente. Beobachtungsdaten sind also das Rohmaterial, das statistisch aufbereitet und analysiert werden muss.

Sammeln von Rohdaten
Durch Messung der schwankenden Schüttung eines Flusses erhält man eine Reihe von Zahlenwerten. Diese Rohdaten müssen geordnet und analysiert werden.

Statistik

Beobachtungen und Daten in Zahlenform

In der Statistik meint **Rangfolge** einfach nach Größe sortierte Zahlen. Die **Schwankungsbreite** ist der Unterschied zwischen kleinster und größter Zahl, und das **Mittel** ist der Durchschnitt, berechnet durch Addition aller Werte und Division durch ihre Anzahl. Der **Median** ist die mittlere Zahl in einer Rangfolge, als **Modal** bezeichnet man die am häufigsten vorkommende Zahl.

Diagramm

Grafische Darstellung der Beziehung zwischen zwei Datenmengen

Ein Diagramm zeigt, wie zwei Zahlenwerte (**Variablen**) sich in gegenseitiger Abhängigkeit ändern. Der Wert der **unabhängigen Variablen** ist festgelegt, die **abhängige** ist der Wert, der sich ändert. In einem Diagramm der monatlichen Niederschlagsmenge ■ sind die Monate die unabhängige und die Regenmengen die abhängige Variable.

Liniendiagramm

Ein Diagramm, in dem die Mengen der veränderlichen Werte durch eine Linie verbunden sind

Ein Liniendiagramm enthält meist die **Koordinaten** von Punkten, die zwischen zwei rechtwinklig angeordneten Achsen stehen. Liniendiagramme eignen sich für zusammenhängende Werte, die sich kontinuierlich ändern, wie die monatliche Durchschnittstemperatur. Unzusammenhängende oder additive Werte stellt man in einem **Balkendiagramm** dar, das die abhängige Variable als Reihe entsprechend langer Balken wiedergibt. Ein **Tortendiagramm** zeigt Anteile; jeder Wert erscheint als Ausschnitt eines Kreises.

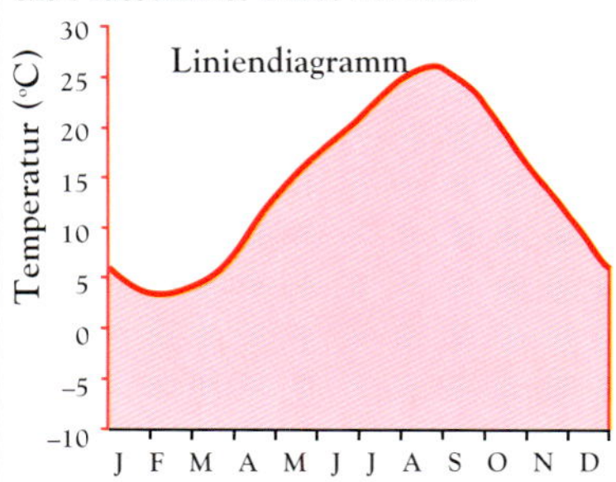

Monatliche Temperatur Tokio

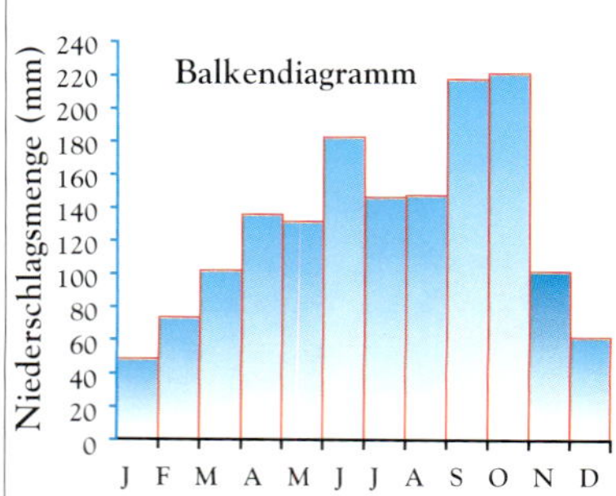

Monatliche Niederschlagsmenge Tokio

Sterndiagramm

Ein Diagramm mit Speichen, deren Länge die Größe und Richtung angibt

In einem Sterndiagramm stellt die Länge jeder Speiche den Wert für eine bestimmte Richtung dar. In der **Windrose** entsprechen die Speichen z. B. den Himmelsrichtungen. Ihre Länge kann dabei je nach der Stärke des Windes ■ oder nach der Zahl der Tage, an denen der Wind aus der jeweiligen Richtung kam, unterschiedlich sein.

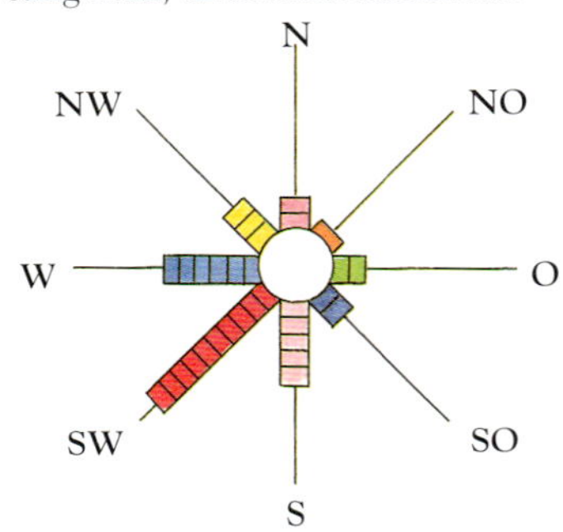

Eine einfache Windrose
Jeder farbige Bereich an den Speichen der Windrose entspricht einem Tag, an dem der Wind aus dieser Richtung kam.

Flussdiagramm

Diagramm, das eine komplizierte Abfolge von Ereignissen oder Tätigkeiten darstellt

Mit einem Flussdiagramm kann man z. B. zeigen, wie oberirdische Strömung ■ und Grundwasser ■ gemeinsam die Schüttung ■ eines Flusses ergeben. Die Breite der Pfeile entspricht dabei der Wassermenge.

Schüttung eines Flusses
Das Flussdiagramm zeigt die Schüttung in den Armen eines Fluss-Systems. Die Breite der Pfeile entspricht der Wassermenge.

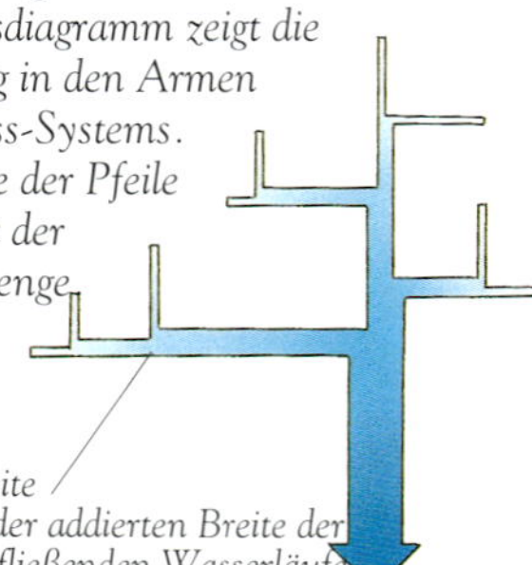

Proportionalitätskreis

Ein Kreis, dessen Größe einen bestimmten Wert an einer Stelle auf der Landkarte symbolisiert

Proportionalitätskreise sind nützlich, wenn man Schwankungen von Messwerten auf einer Landkarte eintragen will. Man zeichnet die Kreise an den einzelnen Orten jeweils so groß, wie es dem Wert entspricht. Ein Gebiet mit hohem Niederschlag erhält z. B. einen großen Kreis; wo es trockener ist, wird der Kreis entsprechend kleiner. Oft zeigen Proportionalitätskreise auf Landkarten auch die Einwohnerzahl von Städten an.

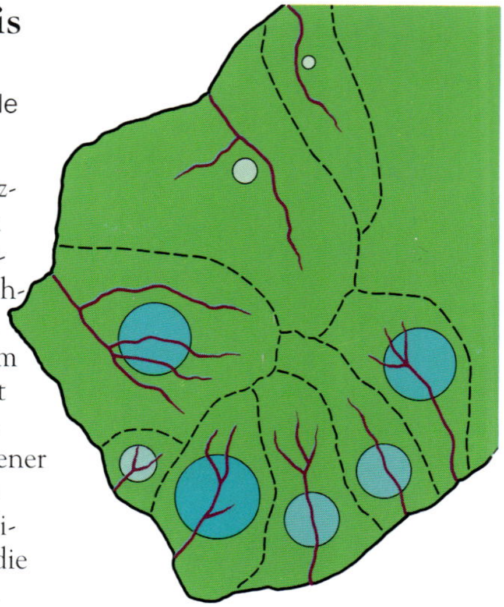

Siehe auch

Grundwasser 108 • Landkarte 22
Niederschlag 149 • oberirdische Strömung 108 • Schüttung 109
Wind 142

Schüttung der Flüsse in Kubikmeter pro Sekunde:

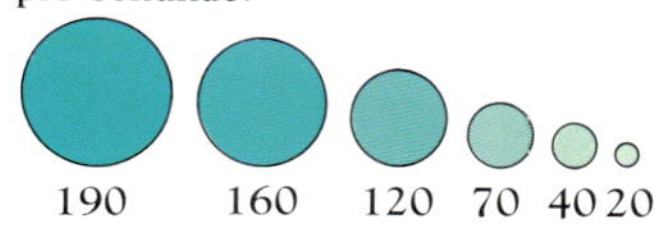

Schüttungsverhältnisse

Das Diagramm zeigt die Wassermenge von Flüssen in verschiedenen Einzugsgebieten. Die Grenzen zwischen diesen Gebieten sind durch gestrichelte Linien dargestellt.

Messungen & Umrechnungsfaktoren

Dezimalsystem -> angelsächsisches System		Angelsächsisches System -> Dezimalsystem	
Länge			
1 Kilometer (km)	= 0.621 mile	1 mile (mi.)	= 1,609 Kilometer
1 Meter (m)	= 1.094 yards	1 yard (yd.)	= 0,914 Meter
1 Meter (m)	= 3.281 feet	1 foot (ft.)	= 0,305 Meter
1 Zentimeter (cm)	= 0.394 inch	1 foot (ft.)	= 30,48 Zentimeter
1 Millimeter (mm)	= 0.039 inch	1 inch (in.)	= 25,4 Millimeter
Fläche			
1 Quadratkilometer (km^2)	= 0.386 square mile	1 square mile (sq. mi.)	= 2,589 Quadratkilometer
1 Hektar (ha)	= 2.471 acres	1 acre	= 0,405 Hektar
1 Hektar = 10000 Quadratmeter		*1 acre = 4,840 square yards*	
1 Quadratmeter (m^2)	= 10.764 square feet	1 square foot (sq. ft.)	= 0,093 Quadratmeter
1 Quadratzentimeter (cm^2)	= 0.155 square inch	1 square inch (sq. in.)	= 6,452 Quadratzentimeter
Volumen			
1 Kubikmeter (m^3)	= 35.315 cubic feet	1 cubic foot (cu. ft.)	= 0,028 Kubikmeter
1 Liter (l)	= 0.22 gallon	1 gallon (gal.)	= 4,546 Liter
1 Liter (l)	= 1.76 pints	1 pint (pt.)	= 0,568 Liter
1 Liter = 1000 Kubikzentimeter		*1 pint = 34.68 cubic inches*	
1 Kubikzentimeter (cm^3)	= 0.061 cubic inch	1 cubic inch (cu. in.)	= 16,387 Kubikzentimeter
Masse			
1 Tonne (t)	= 0.984 brit. Tonnen	1 brit. Tonne	= 1,016 Tonnen
1 Tonne = 1000 Kilogramm		*1 brit. Tonne = 2,240 pounds*	
1 Kilogramm (kg)	= 2.205 pounds	1 pound (lb.)	= 0,454 Kilogramm
1 Gramm (g)	= 0.035 ounce	1 ounce (oz.)	= 28,35 Gramm
Amerikanische Maße			
1 Liter (l)	= 0.264 gallon	1 gallon	= 3,785 Liter
1 Liter (l)	= 2.113 pints	1 pint (*28.88 cu. in.*)	= 0,473 Liter
1 Tonne (t)	= 1.102 amerik. Tonnen	1 amerik. Tonnen (*2,000 lb.*)	= 0,907 Tonnen

Um beispielsweise 16,5 Inch in Millimeter umzurechnen, multipliziert man einfach 16,5 mit 25,4: Das Ergebnis sind 419,1 mm oder 41,91 cm.

Temperatur

Zur Umrechnung von Celsius in Fahrenheit multipliziert man mit 9, dividiert durch 5 und addiert 32.
Zur Umrechnung von Fahrenheit in Celsius subtrahiert man 32, multipliziert mit 5 und dividiert durch 9.

Landkarten & Kartografie

Zu den nützlichsten Hilfsmitteln der Geowissenschaft gehören die Landkarten. Auf ihnen kann man Daten wie Niederschlagsmengen oder die Lage von Vulkanen anschaulich wiedergeben. Sie sind ein Mittel zur Untersuchung großer Landflächen und sagen viel über die Beschaffenheit eines Gebietes aus.

Legende

Die Erklärung der Symbole auf einer Landkarte

Auf genauen Karten sind die verschiedenen Landschaftsmerkmale mit Symbolen gekennzeichnet. Mit Hilfe der Legende versteht man Symbole, deren Aussage sonst nicht gleich klar würde.

Landkarte

Zweidimensionale Darstellung eines Teils der Erdoberfläche

Auf den meisten Karten haben Landschaftsmerkmale die gleichen Abstands- und Richtungsverhältnisse wie in der Natur. Aber das gilt nicht immer: Verkehrswegekarten zeigen häufig nur die Haltestellen an einer Strecke; Richtung und Entfernung sind dabei nur angedeutet.

Maßstab

Das Größenverhältnis zwischen einer Landkarte und der Natur

Eine Strecke auf einer maßstabsgetreuen Karte (z. B. 1 cm) entspricht immer einer bestimmten Strecke in der Natur (z. B. 1 km). Wegen der Kugelform der Erde sind manche Teile einer Landkarte aber stärker verzerrt als andere, sodass ein Maßstab nie ganz genau ist. Zeigt die Karte nur eine Stadt oder ein kleines Gebiet, fällt die Abweichung nicht ins Gewicht. Karten mit **kleinem Maßstab** geben ein großes Gebiet mit wenig Einzelheiten wieder; ein **großer Maßstab** zeigt die Details in einem kleinen Gebiet.

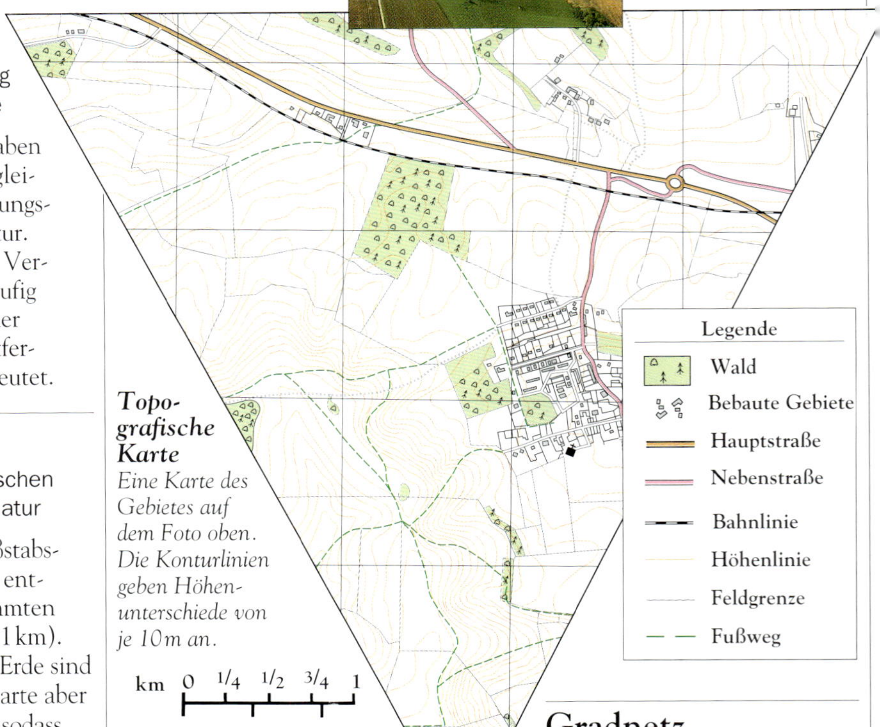

Topografische Karte
Eine Karte des Gebietes auf dem Foto oben. Die Konturlinien geben Höhenunterschiede von je 10 m an.

Maßstabsangabe

Der Maßstab, in Worten ausgedrückt

Ist 1 km in der Natur durch 1 cm auf der Karte wiedergegeben, spricht man von einem Maßstab »1 cm auf 1 km«. Häufig wird der Maßstab aber auch in Zahlen angegeben: Eine Karte von 1 cm zu 1 km hat den Maßstab 1:100 000. Der Maßstab ist für alle Maßeinheiten der gleiche. Zur Verdeutlichung dient häufig eine unterteilte Linie, in der die Entfernungen in der Natur eingetragen sind.

Gradnetz

Ein Zeilen- und Spaltensystem auf einer Landkarte zum Auffinden bestimmter Stellen

Auf manchen Karten dienen die Längen- ▪ und Breitengrade ▪ als Gradnetz. In einem **alphanumerischen Netz** sind die Zeilen mit Buchstaben und die Spalten mit Zahlen gekennzeichnet, sodass man die Lage eines Punktes mit einer Zahl und einem Buchstaben angeben kann. Viele Länder haben auch ein **nationales Gradnetz**. Dabei werden Orte durch **Koordinaten** angegeben.

Siehe auch

Geografische Breite 37 • geografische Länge 37 • geografischer Nordpol 44 Isobare 142 • Isotherme 141 • Kartenprojektion 38 • magnetischer Nordpol 44

Township- und Range-System

Das Gradnetz der USA

Die USA sind in Quadrate eingeteilt **(Townships)**, abgegrenzt durch nord-südlich verlaufende **Hauptmeridiane** und durch **Basislinien** in ost-westlicher Richtung. Jedes Quadrat hat eine **Township-Nummer** (Zahl der Quadrate nördlich oder südlich einer Basislinie) und eine **Bereichsnummer** (Zahl der Quadrate östlich oder westlich eines Hauptmeridians).

Topografische Karte

Zeigt Landschaftsmerkmale

Topografische Karten zeigen viele Landschaftsmerkmale, z. B. Hügel, Täler, Wälder und Wiesen.

Farbkolorit

Unterschiedliche Messwerte durch Schattierungen dargestellt

Solche Karten zeigen Messwerte in verschiedenen Gebieten durch unterschiedliche Farben an.

Punktkarte

Karte, auf der Daten durch Punkte dargestellt sind

Sie zeigt Verteilung und Dichte. Daten werden an den jeweiligen Stellen durch Punkte dargestellt.

Landnutzungskarte

Zeigt, wie Land genutzt wird

Auf ihr wird die Nutzung einzelner Flächen mit verschiedenen Farben dargestellt.

Azimut

Richtung im Verhältnis zur geografischen/magnetischen Nordrichtung

Eine Richtung oder **Kompasspeilung** kann man als Azimut angeben, d.h. als Winkel zwischen dem geografischen ▪ und dem magnetischen Norden ▪.

Isoplethenrelief

Dieses Modell wurde nach den Konturlinien des Kilimandscharo in Tansania erstellt. Jede Stufe zeigt alle Punkte, die auf einer bestimmten Höhe liegen.

Isoplethe

Verbindungslinie zwischen Punkten mit gleichem Wert

Auf einer **Isoplethenkarte** sind alle Punkte mit gleichem Wert durch Linien verbunden. Isothermen ▪ verbinden Orte gleicher Temperatur, **Isobaren** solche mit gleichem Luftdruck, **Isohyeten** solche mit gleicher jährlicher Regenmenge und **Isobathen** oder **Tiefenlinien** solche mit gleicher Wassertiefe.

Reliefkarte

Karte mit Bergen und Tälern

Am genauesten lässt sich die Geländeform mit **Kontur-** oder **Höhenlinien** wiedergeben. Zwischen ihnen liegt jeweils der **Höhenlinienabstand**, der je nach Maßstab und Geländeform unterschiedlich ist. Bei einem kleinem Maßstab wird der Höhenlinienabstand manchmal farbig dargestellt, damit man hoch gelegene Gebiete sofort erkennt. **Schummerung** zeigt die Geländeform mit realistischen Schattierungen, fast wie ein plastisches Modell. Oft wird auch an einzelnen **Höhenpunkten** die genaue Höhe angegeben. Bei der **Bergschraffierung** stellen kurze Schraffurlinien die Geländeform dar.

Landkartentypen

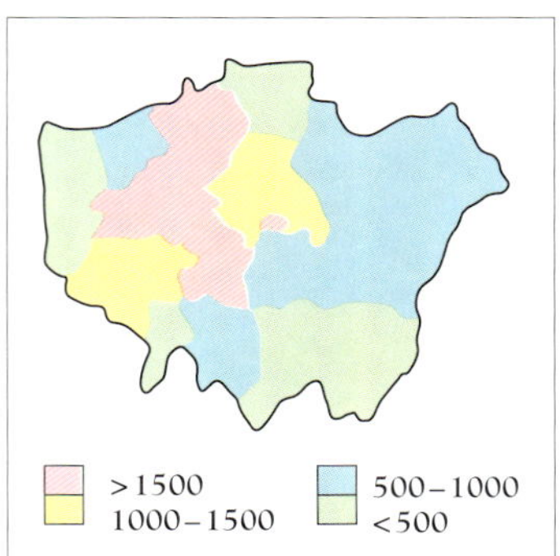

Bevölkerungskarte mit Farbkolorit

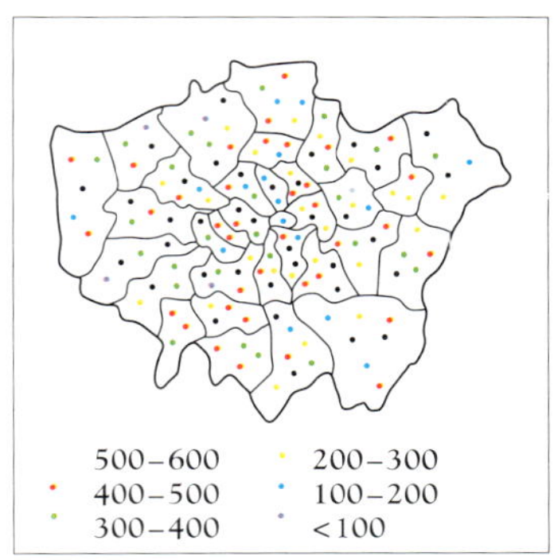

Punktkarte der Bevölkerungsverteilung

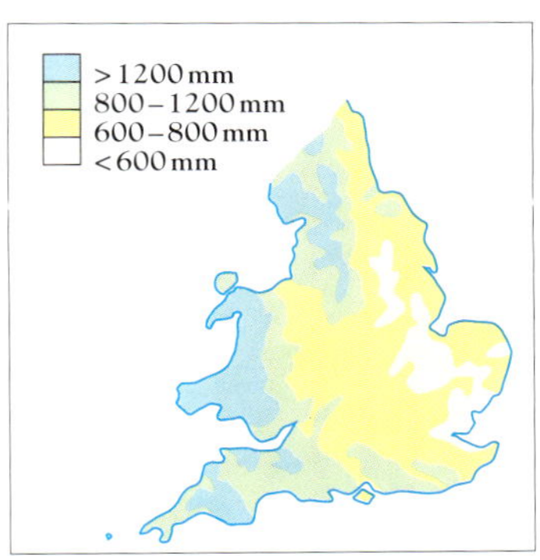

Isohyetenkarte der Niederschlagsmenge

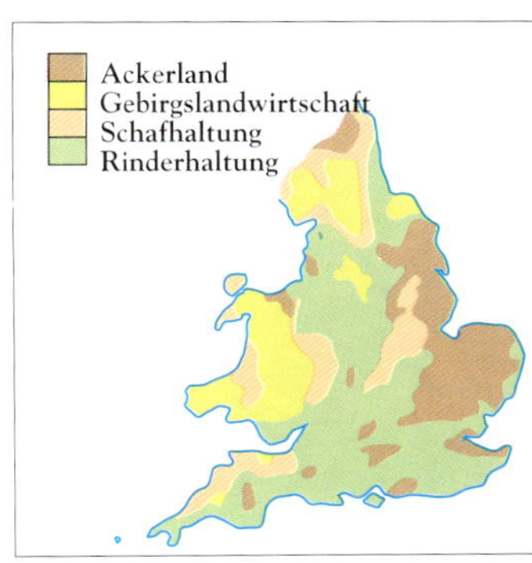

Karte der landwirtschaftlichen Nutzung

Geologische Karten

Geologische Karten sind für die Arbeit in diesem Fachgebiet äußerst wichtig. Sie zeigen, welches Gestein an einem Ort vorkommt. Daraus kann man Schlüsse auf den räumlichen Aufbau der Formationen, ihre Wechselbeziehungen und ihre Vergangenheit ziehen und sogar Aufschlüsse über die Entstehung der Landschaftsform gewinnen.

Geologische Karte

Karte der Gesteinsvorkommen

Manche geologischen Karten, die so genannten **Ablagerungskarten**, zeigen nur lockere Sedimente ■, wie sie z. B. von Gletschern ■ abgelagert wurden. Meist ist aber auch das feste Gestein darunter dargestellt (**Gesteinskarten**).

Legende

Eine Erklärung der Kartensymbole

Auf geologischen Karten werden die Gesteinsformen eines Gebietes meist mit verschiedenen Farben dargestellt. Vulkangestein ■ ist z. B. dunkel-rot (Intrusivgestein) oder violett (Extrusivgestein). Metamorphes Gestein ■ wird meist rosa oder grau-grün wiedergegeben, Sedimentgestein ■ in Braun-, Gelb- und Grüntönen; nur Kalkstein ■ ist in der Regel blau-grau. Schwarzweißkarten enthalten zu diesem Zweck verschiedene Schattierungen oder Muster.

Gesteinsarten: **Ton** **Obere Kreide** **Untere Kreide**

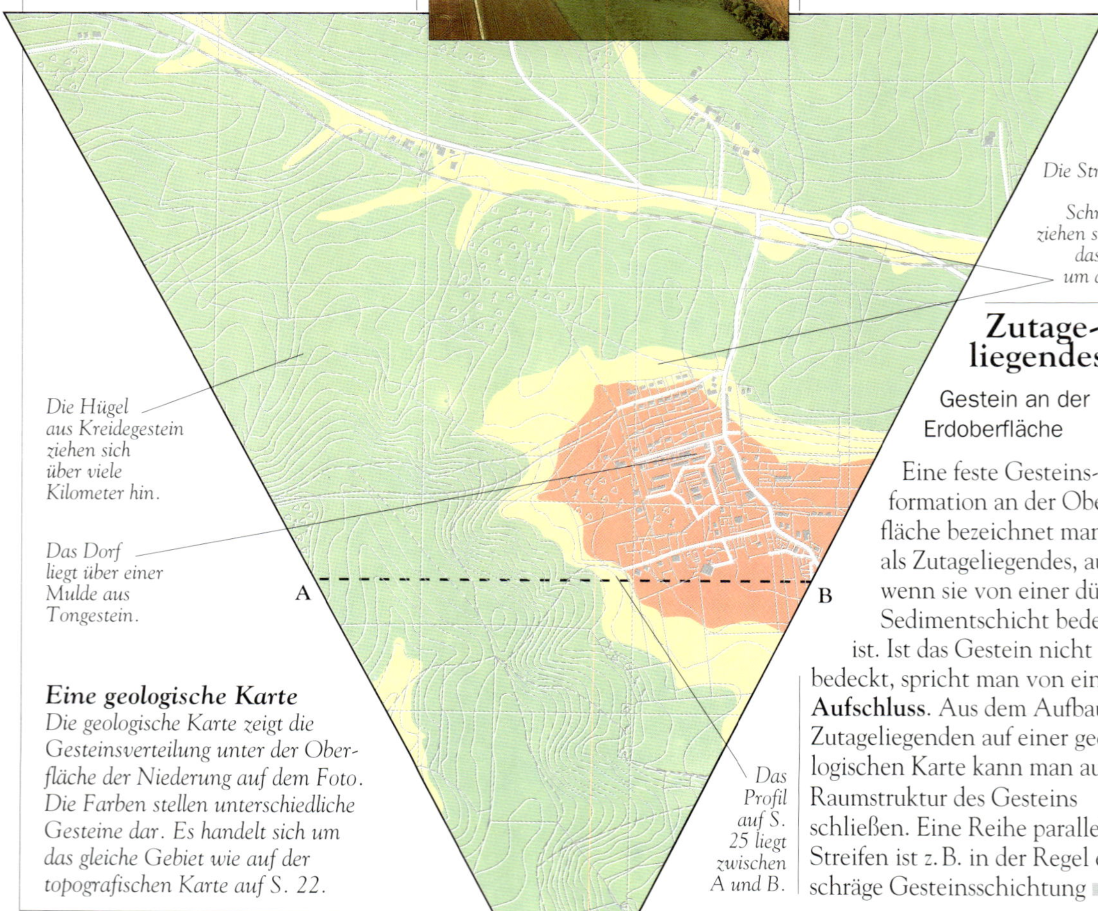

Die Streifen aus unterer Schreibkreide ziehen sich durch das Tal und um das Dorf.

Die Hügel aus Kreidegestein ziehen sich über viele Kilometer hin.

Das Dorf liegt über einer Mulde aus Tongestein.

Das Profil auf S. 25 liegt zwischen A und B.

Eine geologische Karte
Die geologische Karte zeigt die Gesteinsverteilung unter der Oberfläche der Niederung auf dem Foto. Die Farben stellen unterschiedliche Gesteine dar. Es handelt sich um das gleiche Gebiet wie auf der topografischen Karte auf S. 22.

Zutageliegendes

Gestein an der Erdoberfläche

Eine feste Gesteinsformation an der Oberfläche bezeichnet man als Zutageliegendes, auch wenn sie von einer dünnen Sedimentschicht bedeckt ist. Ist das Gestein nicht bedeckt, spricht man von einem **Aufschluss**. Aus dem Aufbau des Zutageliegenden auf einer geologischen Karte kann man auf die Raumstruktur des Gesteins schließen. Eine Reihe paralleler Streifen ist z. B. in der Regel eine schräge Gesteinsschichtung ■.

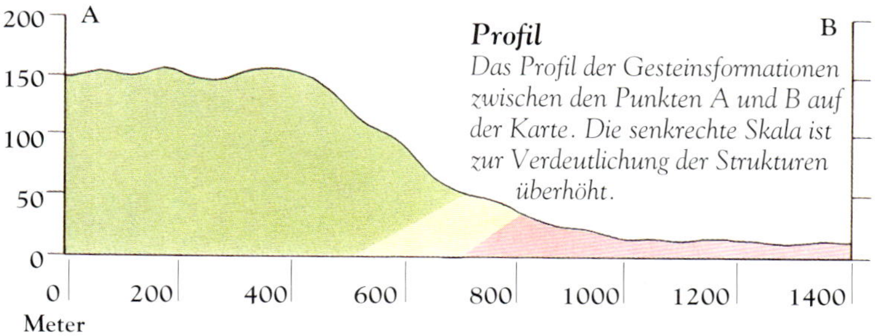

Profil
Das Profil der Gesteinsformationen zwischen den Punkten A und B auf der Karte. Die senkrechte Skala ist zur Verdeutlichung der Strukturen überhöht.

Siehe auch

Bohrloch 41 • Faltung 62
Gesteinsschichten 68 • Gletscher 120
Kalkstein 94 • metamorphes Gestein 96
Neigung 62 • Öl 168 • Sediment 92
Sedimentgestein 92 • seismische Messung 171 • Streichrichtung 62
Verwerfung 60 • Vulkangestein 88

Profil

Diagramm der senkrechten Gesteinsverteilung entlang einer Linie

Ein Profil ist ein senkrechter Schnitt durch das Gestein, an dem man seinen unterirdischen Aufbau erkennt. Ein erfahrener Geologe kann ein Profil häufig allein anhand einer geologischen Karte rekonstruieren. Auch Bohrlöcher und seismische Messung ermöglichen die Konstruktion eines Profils. Meist zeichnet man Profile im rechten Winkel zur Streichrichtung des Gesteins.

Vertikale Überhöhung

Übertreibung der Tiefe in einem Profil im Verhältnis zur Länge

Manche geologischen Strukturen messen mehrere hundert Kilometer. Um sie wiederzugeben, muss das Profil vertikal überhöht sein, d.h. der Maßstab ist in der Senkrechten größer als in der Waagerechten. Damit erscheinen auch die Strukturen ein wenig dicker, und die Neigung tritt deutlicher hervor als in Wirklichkeit.

Bezugsniveau

Die Grundlinie eines Profils

Die waagerechte Linie am unteren Ende eines Profils nennt man Bezugsniveau, weil die Gesteinsformationen relativ zu ihr dargestellt werden. Meist dient die Meereshöhe als Bezugsniveau, bei großem Maßstab wird aber auch oft ein lokales Bezugsniveau verwendet.

Schichtenprofil

Das Profil zeigt Gesteinsschichten in der Reihenfolge ihrer Ablagerung

Schichtenprofile konstruiert man zur Darstellung der Gesteinsschichten, wie sie bei der Ablagerung aussahen – bevor sie z. B. durch Verwerfungen oder Faltung verändert wurden. Eine Gesteinsschicht dient als Bezugsniveau und wird als gerade Linie gezeichnet; alle anderen sind dann an ihrer Höhe darüber oder darunter zu erkennen. Solche Profile verwendet man häufig bei der Ölsuche. Ein Profil mit den Schichten in ihrer heutigen Form bezeichnet man als **Strukturprofil**.

Paneeldiagramm

Ein dreidimensionales Schema der Gesteinsstruktur aus ineinander greifenden Profilen

Eines der einfachsten Mittel zur Darstellung der dreidimensionalen Gesteinsstruktur ist eine Reihe rechtwinklig zueinander stehender Profile. Diese schneidet man als **Paneele** aus Karton aus und stellt sie senkrecht, sodass sie an den richtigen Stellen ineinander greifen. Oft stellt man Paneeldiagramme nicht aus Karton her, sondern man zeichnet sie auf.

Blockdiagramm

Die schematische Darstellung eines dreidimensionalen »Landschaftsblocks«

Hierbei bilden zwei rechtwinklig angeordnete Profile die vordere Ecke des Blocks, und darüber legt man eine Oberflächenkarte der Landschaft. In einem **isometrischen Blockdiagramm** ist der senkrechte Maßstab genau der gleiche wie in den Profilen, sodass die Kanten parallel sind. Im **perspektivischen Blockdiagramm** werden vertikaler und horizontaler Maßstab zur Hinterkante hin kleiner; das sieht relistischer aus, führt aber auch zu Verzerrungen.

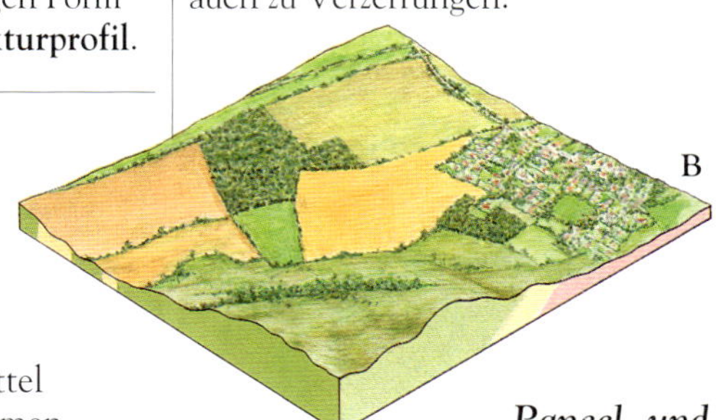

Paneel- und Blockdiagramm
Das Paneeldiagramm (unten) besteht aus vier Profilen aus der Karte auf S. 24, darunter das zwischen A und B. In dem Blockdiagramm (oben) wurde die Oberfläche mit ihren Einzelheiten über die Profile gelegt.

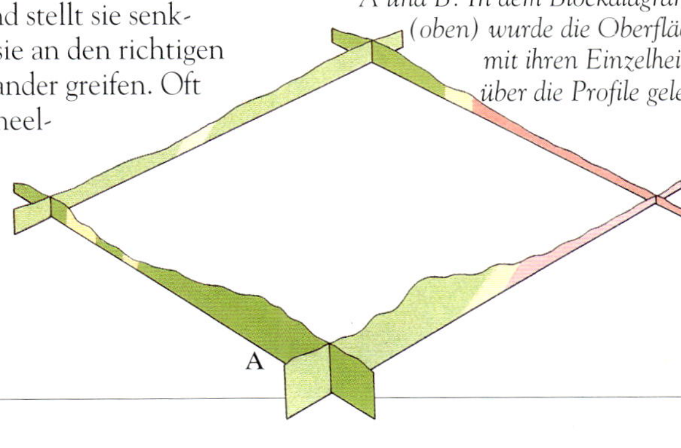

Bilder aus großer Höhe

Fotos der Erde von oben, ob vom Flugzeug oder von einem Satelliten aus aufgenommen, gehören heute zu den wertvollsten Hilfsmitteln der Geowissenschaft. Sie bieten einen schnellen, genauen Überblick über große Gebiete und zeigen vielfach Strukturen, die man anders nicht erkennen kann.

Fernerkundung

Aufzeichnung von Informationen aus großer Entfernung

Das bekannteste und am häufigsten verwendete **Fernerkundungsgerät** ist eine Kamera, die weit entfernte Bereiche mit Hilfe des Lichtes einfängt. Landschaftsaufnahmen, die man vom Flugzeug aus macht, nennt man **Luftaufnahmen**. Auch mit Infrarot, Radar und Echolot ist Fernerkundung möglich.

Stereoskopie

Die Erzeugung einer dreidimensionalen Ansicht des Bodens mit Fotos, die sich überschneiden

Bei der Stereoskopie nimmt man mit Kameras, die an beiden Seiten eines Flugzeugs angebracht sind, zwei Fotos gleichzeitig auf. Die Kameras liefern wie unsere Augen zwei geringfügig unterschiedliche Bilder. Diese werden dann mit dem **Stereoskop**, einem Gerät aus zwei auf einem Stativ montierten Linsen, gleichzeitig betrachtet. Auf diese Weise erhält man ein dreidimensionales Bild, in dem man die Höhe einzelner Gegenstände ablesen kann.

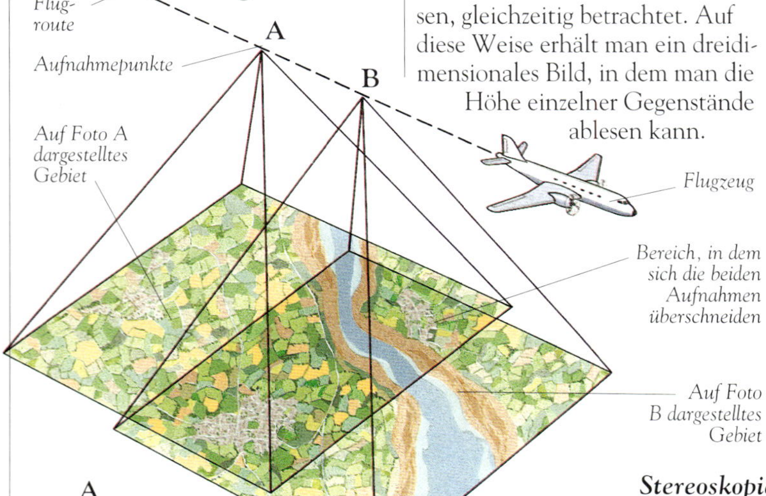

Stereoskopie
Mit Luftaufnahmen kann man große Gebiete sehr schnell kartieren. Eine einfache Aufnahme gibt die Erde nur flach und zweidimensional wieder. Deshalb konstruiert man mit der Stereoskopie oft ein dreidimensionales Bild.

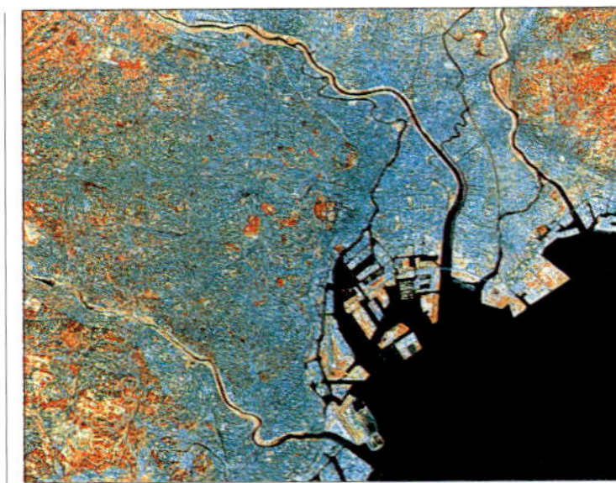

Eine Stadt in Falschfarben
Dieses Falschfarbenfoto zeigt Tokio aus der Luft. Pflanzen erscheinen rot, Gebäude blau. Der schwarze Bereich ist das Meer.

Falschfarbenaufnahme

Ein Foto, aufgenommen mit Licht, das die Augen nicht wahrnehmen

Ein **Infrarotfilm** zeichnet nicht nur sichtbares Licht auf, sondern auch Wellenlängen jenseits dieses Spektrums. Fotos auf Infrarotfilm haben oft unnatürliche Farben, und deshalb spricht man von Falschfarbenaufnahmen. Nützlich sind sie vor allem für die land- und forstwirtschaftliche Erkundung. Gesunde Laubpflanzen erscheinen darauf z. B. rot, Nadelbäume sind braun bis lila, und kranke Pflanzen sind dunkel-rot bis blau. Mit Infrarotfilmen kann man auch im Nebel fotografieren.

Infrarot-Strahlungsmesser

Ein Gerät zur Aufzeichnung von Wärmestrahlung

Heiße Gegenstände senden infrarotes Licht aus – je höher die Temperatur, desto intensiver die Strahlung. Der **Strahlungsmesser** zeichnet Intensitätsschwankungen des Infrarotlichtes auf und gibt Auskunft über Temperaturveränderungen von Wolken, Land, Meer oder Gebäuden. Das ist nützlich zum Aufspüren von Wolken, Meeresströmungen, Waldbränden, Wärmesmog und Wärmeverlust an Häusern. Der Infrarot-Strahlungsmesser ist keine Infrarotkamera.

Radar

Fernerkundung mit Radiowellen

Radar bedeutet »radio detection and ranging«. Ein Radargerät sendet Radiowellen aus, die von jedem Gegenstand auf ihrem Weg zurückgeworfen und von einer Antenne aufgefangen werden. Die Zeit, die vergeht, bis der Strahl zurückkehrt, entspricht der Entfernung des Gegenstandes. Mit Radar kann man Flugzeuge und Schiffe aufspüren, aber auch Regengebiete, Wirbelstürme und Gewitter verfolgen. Der Satellit **Seasat 1**, der 1978 insgesamt 99 Tage in Betrieb war, lieferte mit Radar viele neue Erkenntnisse über die Meere.

Sonar

Fernerkundung mit Schallwellen

Sonar heißt »sound navigation ranging«. Das Gerät sendet hochfrequente Schallwellen aus, und die Zeit, die vergeht, bis sie von einem Gegenstand zurückgeworfen werden und wieder beim Gerät eintreffen, gibt die Entfernung des Gegenstandes an. In der Ozeanografie vermisst man mit dem Sonar den Meeresboden sowie Dicke und Art der dort vorhandenen Sedimente.

Erkundung mit Sonar
Das Sonargerät GLORIA erfasst einen bis zu 60 km breiten Streifen am Meeresboden. Der »Schleppfisch« macht zwei Aufnahmen, sodass man die unterseeischen Strukturen von beiden Seiten sehen kann und ein genaueres Bild erhält.

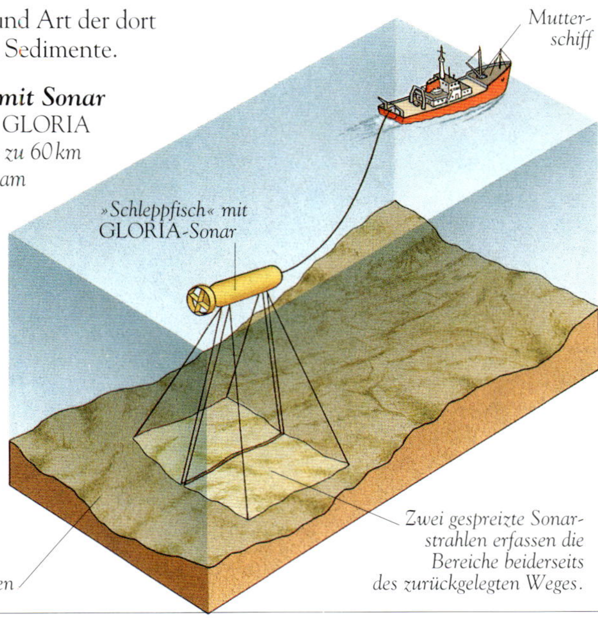

Multispektralaufnahmen

Fernerkundung mit verschiedenen Strahlungsarten

Für Multispektralaufnahmen braucht man eine **Multispektralkamera**. Diese spricht nur auf ausgewählte Wellenlängen an und zeichnet sie gleichzeitig in einem Bild auf.

Satellitenfotografie

Fernerkundung mit Satelliten auf Erdumlaufbahnen

Satelliten können aus einer Erdumlaufbahn große Gebiete schnell fotografieren. **Geostationäre Satelliten** kreisen in 35 900 km Höhe über dem Äquator und bleiben dort immer über der gleichen Stelle. Solche Satelliten eignen sich besonders gut zur Aufzeichnung meteorologischer Daten und für die Telekommunikation. **Polumkreisende Satelliten** umrunden die Erde in weniger als 1000 km Höhe von Pol zu Pol und liefern genauere Bilder von kleineren Gebieten.

Wettersatellit

Ein Satellit zur Wetterüberwachung

Die USA, die Europäische Raumfahrtagentur, Japan und Russland betreiben dutzende von Wettersatelliten ■. Unter ihnen sind auch die amerikanischen **NOAA-Satelliten (National Oceanic and Atmospheric Administration)**, die zweimal täglich von einer Polarumlaufbahn in 854 km Höhe aus die Atmosphäre erfassen. Ihre Multispektralkameras zeigen Wolkenformationen sehr genau.

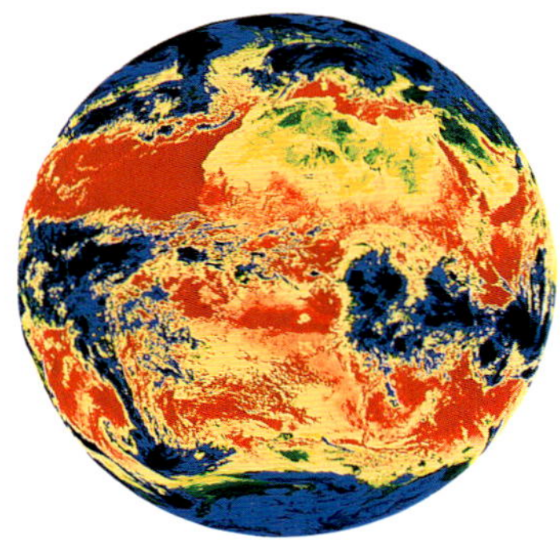

Nächtliche Wärmestrahlung
Infrarotaufnahme von einem Wettersatelliten: Die blauen (kältesten) Bereiche sind Wolkenformationen; am wärmsten (rot) sind in der Regel die Ozeane.

Landsat

Ein Satellit, der die Ressourcen der Erde überwacht

Der amerikanische Landsat kreist in 900 km Höhe 14-mal am Tag um die Erde und überquert ungefähr alle 18 Tage jeden Teil der Erdoberfläche. Seine Falschfarben- und Multispektralkameras liefern genaue Bilder von Mineralien ■, Wasservorräten, Landnutzung und Umweltverschmutzung. Ein ähnlicher, französischer Satellit ist **SPOT (Satellite Probatoire pour l'Observation de la Terre)**

Siehe auch
Atmosphäre 138 • Mineralien 82
Satellitenmeteorologie 157
Umlaufbahn 32 • Wetter 139

Weltkarte

Nord
NORDPOLARMEER
Eurasische Platte
Wolga
Ob
Jenissei
Lena
Baikalsee
Amur
Giant's Causeway
Ostsee
EUROPA
Rhein
Jura
Donau
Puy-de-Dôme
Alpen
A S I E N
Pyrenäen
Tiber
Vesuv
Kaspisches Meer
K2 (Mt. Godwin Austen)
Gobi
Gelber Fluss
Fudschijama
Kaukasus
Mittelmeer
Iranische Platte
Himalaya
Östlicher Großer Erg
Totes Meer
Mt. Everest
Jangtse
Kattara-Senke
Sinai
Ganges
Marianengraben
Kharga-Senke
Sahara
Rotes Meer
Arabische Platte
Philippinenplatte
Sahel
AFRIKA
Niger
Nil
Philippinengraben
Afrikanische Platte
Pinatubo
Ruwenzori-Gebirge
Großes Rift-Tal
Lake Toba
Victoriasee
Kongo
INDISCHER OZEAN
Sundainseln
Kilimandscharo
Mt. Tambora
Sambesi
Victoriafälle
Indoaustralische Platte
AUSTRALIEN
Uluru (Ayers Rock)
Große Victoriawüste
Murray
Namib
Kalahari
ikanische
tte
Antarktische Platte
SÜDPOLARMEER
Legende:
Subduktionszone
Mittelozeanische Rücken u. Gräben
Kollisionszone
Unsichere Plattengrenze
Bewegungsrichtung der Platte
Vulkan
Erdbebenzone

Yukon
Mt. Denali
Rocky Mountains
Devil's Tower
NORD-AMERIKA
Nordamerikanische Platte
Mt. St. Helens
Juan-de-Fuca-Platte
Emperor Seamounts
Missouri
Große Seen
Mississippi
Niagarafälle
Mendocino-Bruchzone
Grand Canyon
Monument Valley
Sierra Nevada
Andreasgraben
Rio Grande
Mittelatlantischer Rücke
Hawaii-Inseln
Sonorawüste
Baja California
ATLANTISCHE OZEAN
Pazifische Platte
Karibische Platte
Cocosplatte
PAZIFISCHER OZEAN
Angel Falls
Amazonas
SÜD-AMERIKA
Anden
Ostpazifischer Rücken
Titicacasee
Atacamawüste
Tongagraben
Nazcaplatte
Südamerikanische Platte
Aconcagua
Mt. Cook
Sutherlandfälle
Scotia-Platte
ANTARKTIS

Das Universum

Unsere Erde ist ein winziges Körnchen in der Weite des Weltraums, das als einer von neun Planeten um die Sonne kreist und mit ihnen das Sonnensystem bildet. Die Sonne ist nur einer von rund 200 Milliarden Sternen in unserer Galaxis, der Milchstraße. Im ganzen Universum gibt es etwa 100 Milliarden Galaxien.

Universum

Die unzähligen Planeten, Sterne und Galaxien – alles, was existiert, die Erdbevölkerung eingeschlossen

Das Universum erstreckt sich in alle Richtungen. Wie groß es ist, wissen wir nicht; man hat schon Galaxien entdeckt, die 132 Trilliarden Kilometer von uns entfernt sind.

Ursprung des Universums
In den ersten Minuten entstanden kleine Atome. Erst eine Milliarde Jahre später fand die Materie sich zu Galaxien zusammen. Die Explosion war so gewaltig, dass alles noch heute mit riesiger Geschwindigkeit auseinander fliegt.

Urknall

Entstehung des Universums

Nach Ansicht der meisten Astronomen entstand das Universum vor rund 15 Milliarden Jahren in einer gewaltigen Explosion, dem Urknall. Einen Augenblick lang existierte eine unvorstellbar heiße Materieansammlung, kleiner als ein Atom ■; sie explodierte und setzte die Entstehung des Universums in Gang. Fünf Milliarden Jahre später entstand die **Milchstraße**, und nach zehn Milliarden Jahren die Sonne ■. Die Planeten einschließlich der Erde entwickelten sich aus Stücken der Sonne. Etwa zwölf Milliarden Jahre nach dem Urknall tauchten auf der Erde die ersten Lebensformen auf.

Nebel

Gewaltige Staub- und Gaswolke

Ein Stern entsteht aus Staub- und Gasklumpen, die in einem Nebel von ihrer eigenen Schwerkraft zusammengezogen werden. Während sie sich zu lichtlosen Brocken (den **dunklen Nebeln**) zusammenballen, werden die Gase in ihrem Zentrum durch den Druck sehr heiß. Hat der Kern 10 Millionen °C erreicht, setzen Kernreaktionen ein, und der Stern leuchtet.

Ausdehnung des Universums

Die stetige Erweiterung des Universums

Wie der Astronom **Edwin Hubble** (1889–1953) entdeckte, bewegen sich die Galaxien im Universum immer weiter voneinander weg. Deshalb sind die meisten Astronomen überzeugt, dass das Universum immer größer wird. Manche glauben, es werde immer so weitergehen – sie vertreten die **Theorie des offenen Universums**. Die Mehrheit nimmt aber an, die Urknallenergie werde irgendwann erschöpft sein, und dann werde das Universum im **großen Kollaps** zusammenbrechen.

Der Orionnebel
Heiße, junge Sterne in dieser Staub- und Gaswolke geben ultraviolette Strahlung ab, die den Wasserstoff in dem Nebel rot aufleuchten lässt.

Stern

Eine riesige leuchtende Gaskugel im Weltraum

Was man nachts sieht, ist nur ein winziger Bruchteil der 20 Trilliarden Sterne, die im Universum verstreut sind. Die meisten von ihnen sind ungefähr gleich groß. Es gibt aber auch **Superriesen** wie Antares, der mehrere hundertmal so groß wie die Sonne ist, und **Zwergsterne** von der Größe der Erde. **Neutronensterne** haben nur einen Durchmesser von 15 km, aber eine sehr hohe Dichte. Die Farbe der Sterne schwankt je nach der Temperatur: es gibt kühlere rote, heißere gelbe wie unsere Sonne und sehr heiße bläulichweiße Sterne. Das Licht stammt aus **Kernfusionsreaktionen**. Im Inneren aller Sterne verschmilzt Wasserstoff zu Heliumatomen; dabei entsteht so viel Energie, dass die Temperatur mehrere Millionen Grad erreicht und der Stern hell leuchtet. Wenn der Wasserstoff aufgebraucht ist, erlischt und stirbt der Stern.

Gravitation

Die Kraft, die das Universum zusammenhält

Die unsichtbare Gravitation oder Schwerkraft lässt Dinge zu Boden fallen, lenkt die Erde auf ihrer Bahn um die Sonne und hält Sterne und Galaxien zusammen. Ihre Wirkungsweise ist immer noch ein Rätsel, aber auch der kleinste Gegenstand kann andere Dinge anziehen. Die Stärke der Anziehung hängt von seiner Masse ab, und deshalb haben sehr große Körper wie Planeten und Sterne eine große Schwerkraft. Nichts anderes hält uns auf der Erde fest. Die Gravitation der Sonne hält die Erde auf ihrer Umlaufbahn ■.

Schwarzes Loch

Ein Gebiet im Weltraum, in dem die starke Gravitation sogar das Licht festhält

Riesensterne »sterben« in einer gewaltigen Explosion, einer **Supernova**. Das Material in ihrem Zentrum kann sich dabei so verdichten, dass es unter seiner eigenen Gravitation voller Vehemenz zusammenbricht und nichts es aufhalten kann. Je kleiner es wird, desto stärker nimmt die Gravitation zu, bis sie bei einem Durchmesser von wenigen Kilometern sogar das Licht festhält: Ein Schwarzes Loch ist entstanden.

Eine Supernova
Die Supernova 1987a, der große helle Stern unten rechts, befindet sich nahe der Großen Magellanschen Wolke.

Galaxie

Eine riesige Ansammlung aus Sternen, Staub und Gas

Die größten Galaxien sind wohl fast so alt wie das Universum; kleinere entstehen auch heute noch. Rotierende Gaswolken kondensieren zu Sternen, die von der Gravitation zu Galaxien zusammengezogen werden. Am größten sind die **elliptischen Riesengalaxien** mit über einer Billion Sternen. Unsere Sonne gehört zu den 200 Milliarden Sternen der Milchstraße, einer **Spiralgalaxie**. Ein dritter Typ ist die **unregelmäßige Galaxie** ohne feste Form.

Spiralgalaxie
Die Spiralgalaxie M99 gehört zum Virgo-Galaxienhaufen. Eine Supernova ist durch einen gelben Kreis gekennzeichnet.

Lichtjahr

Die Entfernung, die das Licht in einem Jahr zurücklegt

Die gewaltigen Entfernungen im Weltraum misst man in Lichtjahren. Ein Lichtjahr ($9{,}465 \times 10^{12}$ km) legt das Licht in einem Jahr zurück. Die entfernteste bisher entdeckte Galaxie ist 13 Milliarden Lichtjahre weit weg; wir sehen sie also so, wie sie vor 13 Milliarden Jahren aussah, kurz nach der Entstehung des Universums.

Siehe auch

Atom 42 • Nebelhypothese 32
Planetenumlaufbahn 32
Sonne 32

Das Sonnensystem

Die Erde ist einer von neun Planeten, riesigen Kugeln, die ständig im Weltraum um die Sonne kreisen. Auch Kometen, Asteroiden und andere Körper umrunden die Sonne, während Monde, Gasringe und Staub um die Planeten rotieren. Alle zusammen bilden das Sonnensystem.

Sonnensystem

Die Sonne, die neun Planeten und alle andere Materie, die die Sonne umkreist

99,8 Prozent der Masse im Sonnensystem entfallen auf die Sonne, der Rest zum größten Teil auf Planeten und Kometen. Ein **Planet** ist eine große Gas- oder Gesteinskugel wie die Erde, die um einen Stern kreist.

Sonne

Ein riesiger, heißer Gasball, der die Erde mit Energie versorgt

Die Sonne ist ein Stern ■ wie Milliarden andere im Universum ■. Sie ist durchschnittlich groß, hat aber den 1000-fachen Durchmesser der Erde und besteht vorwiegend aus Wasserstoff- und Heliumgas. Ihre Oberflächentemperatur beträgt 5500 °C, aber schon in ihrer Außenschicht wird fast 1 Mio. °C erreicht. In ihrer Mitte verschmelzen Wasserstoffatome unter gewaltigem Druck, und die Temperatur steigt auf über 15 Millionen °C. Diese ungeheure Hitze bricht in den **Granula** an der Oberfläche aus. **Sonnenflecken** sind dunklere, kühlere Bereiche.

Planetenumlaufbahn

Weg eines Planeten um die Sonne

Die Gravitation zwingt Sterne, Planeten und andere Himmelskörper häufig in geschlossene Umlaufbahnen. Im Sonnensystem kreisen die Planeten und andere Materie um die Sonne, weil diese eine gewaltige Schwerkraft ausübt. Die Planetenumlaufbahnen sind Ellipsen. Sie liegen mit Ausnahme der Umlaufbahn des Pluto in derselben Ebene, und die Planeten wandern in der gleichen Richtung. Pluto hat eine schräge Umlaufbahn und kommt der Sonne manchmal näher als der Neptun. Je weiter ein Planet von der Sonne entfernt ist, desto länger dauert ein Umlauf.

Das Sonnensystem
Die neun Planeten kreisen auf ihren Bahnen um die Sonne.

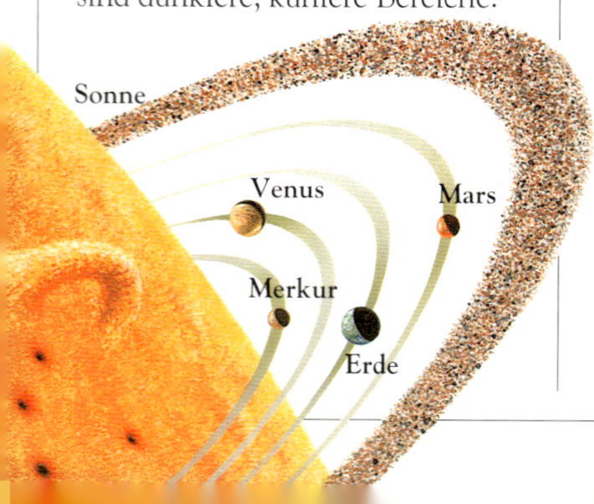

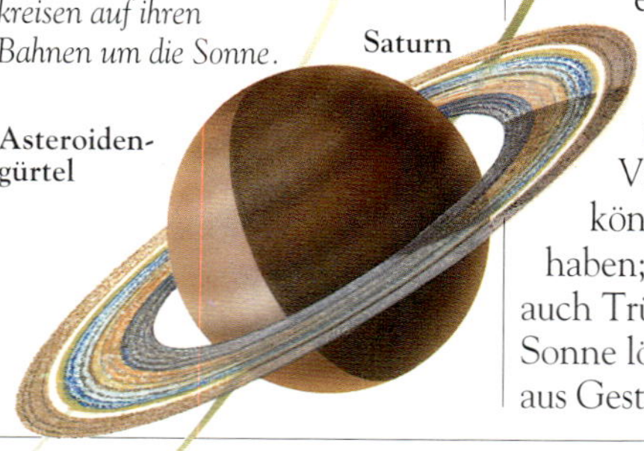

Innere Planeten

Die vier Gesteinsplaneten, die der Sonne am nächsten sind

Die vier Gesteinsplaneten sind Merkur, Venus, Erde und Mars. Jeder von ihnen hat einen Kern aus heißem Eisen und eine Gesteinskruste. **Merkur** ist der Sonne so nah, dass die Tagestemperatur dort bis auf 425 °C steigt. Da aber fast keine Atmosphäre vorhanden ist, die die Wärme festhalten könnte, sinkt sie nachts bis auf −180 °C. **Venus** ist der Erde am nächsten. Sie ist neben dem Mond das hellste Objekt am Nachthimmel. Ihre dichten weißen Wolken entstehen durch die Wärme der Sonne und erzeugen einen ständigen Treibhauseffekt ■, der die Oberflächentemperatur bis auf 470 °C steigen lässt. Die **Erde** besitzt als einziger Planet eine Atmosphäre ■, die Leben möglich macht. **Mars** wird als der Rote Planet bezeichnet, weil die Krater, Schluchten und riesigen Vulkane seiner Oberfläche mit rötlichem Eisenoxidstaub bedeckt sind. An seinen Polen liegen wie auf der Erde Eiskappen, und auch unter seiner Oberfläche dürfte es gefrorenes Wasser geben.

Nebelhypothese

Die Vorstellung, dass das Sonnensystem aus Gas- und Staubwolken entstanden ist

Vor rund fünf Milliarden Jahren war das Sonnensystem vermutlich nur ein Nebel ■ aus Staub und Gas. Sein Zentrum ballte sich allmählich zusammen, schrumpfte und bildete die Sonne. Auf die gleiche Weise entstanden die Gasplaneten (Jupiter, Saturn, Uranus und Neptun). Auch die inneren Planeten (Merkur, Venus, Erde und Mars) könnten sich so gebildet haben; vielleicht waren sie aber auch Trümmer, die sich von der Sonne lösten und zu **Protoplaneten** aus Gestein wurden.

Äußere Planeten

Die vier Planeten unseres Sonnensystems, die vorwiegend aus Gas bestehen

Die vier großen äußeren Planeten des Systems – Jupiter, Saturn, Uranus und Neptun – haben nur einen kleinen Gesteinskern und bestehen vorwiegend aus Wasserstoff. Am größten ist **Jupiter**: Er hat einen mehr als 11-mal so großen Durchmesser wie die Erde, rotiert aber in nur zehn Stunden um seine Achse. Seine Oberfläche ist von Gasstreifen umgeben, und dort befindet sich knapp unterhalb des Äquators ein Wirbel, der **Große Rote Fleck**. Die hübschen Ringe des **Saturn**, die aus kleinen Eis- und Gesteinsbrocken bestehen, sind im Teleskop deutlich zu erkennen. Saturn hat eine so niedrige Dichte, dass er in einem Ozean von ausreichender Größe schwimmen würde. **Uranus** ist wegen der Mischung aus Methan, Wasserstoff und Helium, die seine Außenschicht bildet, blaugrün. Seine Achse ist um 98° gekippt. **Neptun** ähnelt dem Uranus, aber da seine Außenschicht weniger Methan enthält, sieht er hell-blau aus. Er hat einen **Großen Dunklen Fleck**, der an den Roten Fleck des Jupiter erinnert.

Uranus

Pluto

Äußerster Planet im Sonnensystem

Pluto ist weit von der Sonne entfernt und deshalb sehr kalt. Er besteht vor allem aus Eis und gefrorenen Gasen; seine Oberflächentemperatur sinkt bis auf –230 °C. Pluto ist mit einem Fünftel des Erddurchmessers auch der kleinste Planet – selbst unser Mond ist größer. Sein Mond Charon ist halb so groß wie Pluto selbst.

Pluto

Kometen

Eis- und Gesteinsklumpen, die um die Sonne kreisen

Neptun

Kometen stammen wahrscheinlich aus der Oort-Wolke, einer riesigen Materieansammlung, die sich jenseits des Pluto an den Grenzen des Sonnensystems befindet. Hin und wieder schlagen Klumpen aus dieser Wolke den Weg zur Sonne ein, und manchmal kann man sehen, wie sie über den Nachthimmel schießen und einen langen Schweif hinter sich herziehen. Der Kern eines Kometen ähnelt einem schmutzigen Schneeball von weniger als einem Kilometer Durchmesser, der von einem Halo oder **Koma** aus Gas und Staub umgeben ist. Auch der Schweif besteht aus Gas und Staub.

Nikolaus Kopernikus

Poln. Astronom (1473–1543)

Kopernikus war Geistlicher an der Kathedrale von Frauenburg. Er beobachtete viele Jahre lang den Nachthimmel und wies nach, dass alle Planeten einschließlich der Erde um die Sonne kreisen und nicht um die Erde.

Asteroid

Ein Gesteinsbrocken, der die Sonne umkreist

Die meisten Asteroiden umkreisen die Sonne im **Asteroidengürtel** zwischen Mars und Jupiter. Ceres, der größte von ihnen, hat einen Durchmesser von 920 km, die meisten sind aber viel kleiner. Auch Milliarden winzige Brocken **(Meteoroide)** rasen durch das Sonnensystem. Treten sie in die Erdatmosphäre ein, bezeichnet man sie als **Meteore**. Meist verglühen sie auf ihrem Weg durch die Atmosphäre, größere Exemplare erreichen aber auch als **Meteoriten** den Boden. Die vielen Krater auf der Oberfläche des Mondes sind durch Meteoreinschläge entstanden, weil es dort keine schützende Atmosphäre gibt.

Mond

Natürlicher Satellit eines Planeten

Um die meisten Planeten kreisen wiederum Himmelskörper, die kleiner sind als der Planet selbst. Der irdische Mond z. B. erreicht nur 27 Prozent des Erddurchmessers.

Die Planeten in Zahlen

Planet	Durchmesser	Mittlere Entfernung von der Sonne	Dauer eines Umlaufes u. d. Sonne	Zahl der Monde
Merkur	4878 km	57 910 000 km	88 Tage	0
Venus	12 103 km	108 200 000 km	225 Tage	0
Erde	12 756 km	149 600 000 km	365 Tage	1
Mars	6786 km	227 940 000 km	687 Tage	2
Jupiter	142 984 km	778 330 000 km	12 Jahre	16
Saturn	120 536 km	1 426 980 000 km	29 Jahre	18
Uranus	51 118 km	2 870 990 000 km	84 Jahre	15
Neptun	49 528 km	4 497 070 000 km	165 Jahre	8
Pluto	2284 km	5 913 520 000 km	249 Jahre	1

Hintergrundbild: *die Mondoberfläche*

Siehe auch

Äquator 37 • Atmosphäre 138
Erdachse 34 • Nebel 30 • Stern 31
Treibhauseffekt 140 • Universum 30

Erde, Sonne & Mond

Die Erde unter unseren Füßen scheint still zu stehen, aber sie rotiert wie ein Kreisel und kreist um die Sonne. Vom Mond begleitet, legt sie bei einer Geschwindigkeit von 105 000 km/h jedes Jahr viele Millionen Kilometer im Weltraum zurück.

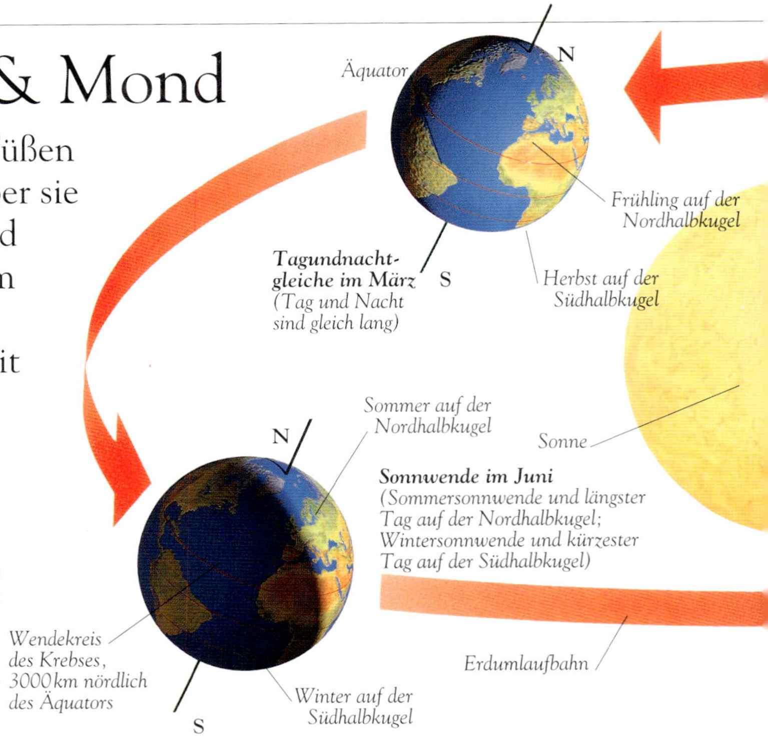

Schnelle Drehung
Verschiedene Punkte auf der Erdoberfläche bewegen sich unterschiedlich schnell. In der Nähe der Pole wandern sie kaum, am Äquator liegt die Umlaufgeschwindigkeit dagegen bei 1600 km/h.

Erddrehung

Die tägliche Rotation der Erde

Die Erde dreht sich in 24 Stunden einmal um ihre **Achse** – zuerst der Sonne entgegen, sodass es Tag wird, und dann am Abend von der Sonne weg. Die Enden der Erdachse sind der **Nord-** und der **Südpol**. Sie steht nicht genau rechtwinklig zur Sonne, sondern ist um einen **Neigungswinkel** von 23,5° gekippt. Dennoch umrundet unser Planet die Sonne in einer stabilen Ebene, der **Ekliptik**. Diese Ebene schneidet der Äquator in einem Winkel von 23,5°.

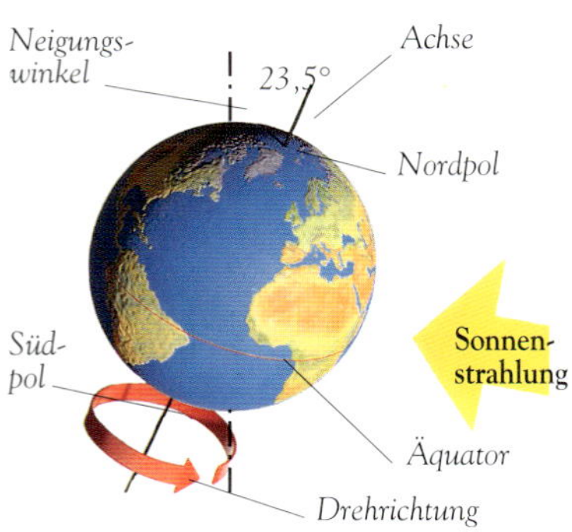

Die Erddrehung
Da die Erde von Westen noch Osten rotiert, sehen wir die Sonne im Osten auf- und im Westen untergehen.

Kalenderjahr

Die Zeit, die vergeht, bis das gleiche Datum wiederkehrt

Da die Erde nur wenig mehr als 365 Tage für einen Umlauf um die Sonne braucht, hat das abendländische Kalenderjahr 365 Tage. Die Sonne steht am gleichen Datum also immer an der gleichen Stelle am Himmel, anders als im islamischen Jahr mit 354 oder 355 Tagen oder im jüdischen Jahr mit 353 bis 385 Tagen. Aber auch ein Kalenderjahr mit 365 Tagen entspricht nicht genau einem Umlauf, denn dieser dauert 365,242 Tage. Zum Ausgleich kennt der abendländische Kalender alle vier Jahre ein **Schaltjahr**, das aber in drei von vier Jahrhunderten einmal ausfällt.

Jährlicher Umlauf

Der Weg der Erde um die Sonne

Die Erde legt bei einem Umlauf 939 886 400 km zurück. Da die Umlaufbahn kein Kreis, sondern eine Ellipse ist, steht die Erde der Sonne zu manchen Zeiten näher als zu anderen: Der Abstand am sonnennächsten Punkt, dem **Perihel** am 3. Januar, beträgt 147 097 800 km. Am größten ist der Abstand am **Aphel**, dem 4. Juli, mit 152 098 200 km.

Sonnentag

Die Zeit von Mittag bis Mittag

Ein Sonnentag dauert 24 Stunden. Als **Sterntag** bezeichnet man die Zeit, die vergeht, bis die Sterne wieder dieselbe Position am Himmel einnehmen – 23 Stunden, 56 Minuten und 4,09 Sekunden. Der Sonnentag ist länger, weil die Erde jeden Tag ein wenig weiter um die Sonne läuft. Deshalb muss sie sich um rund 1° weiter drehen, bis die Sonne wieder dieselbe Stelle am Himmel erreicht.

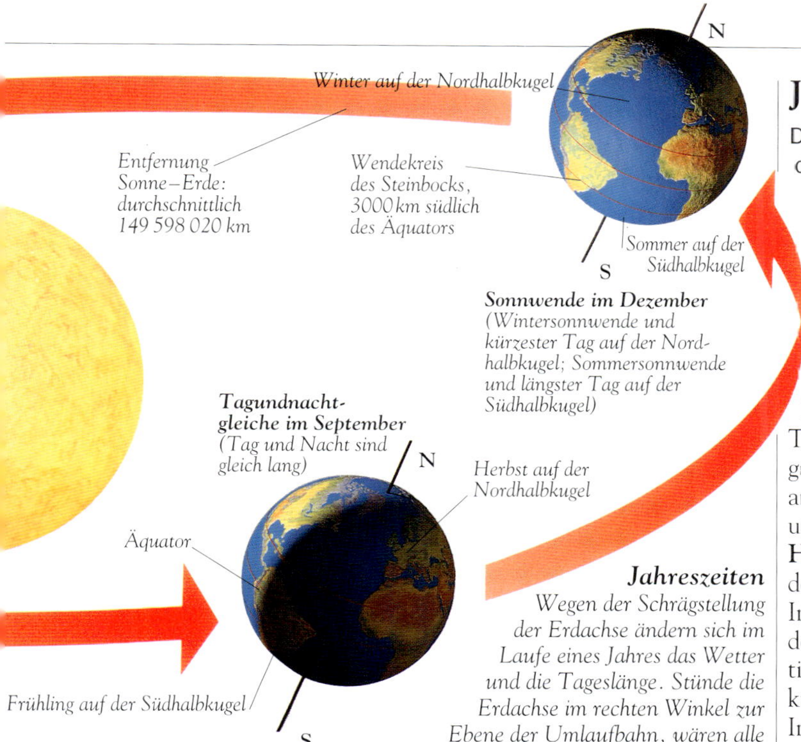

Jahreszeiten
Wegen der Schrägstellung der Erdachse ändern sich im Laufe eines Jahres das Wetter und die Tageslänge. Stünde die Erdachse im rechten Winkel zur Ebene der Umlaufbahn, wären alle Tage gleich lang, und es gäbe das ganze Jahr über nur eine »Jahreszeit«.

Tageslichtstunden

Die Zeit zwischen Sonnenaufgang und Sonnenuntergang

Wegen der Schrägstellung der Erdachse ist es im Jahresverlauf unterschiedlich lange hell. Am größten sind die Unterschiede an den Polen: Dort ist es im Sommer nie ganz dunkel und im Winter nie ganz hell. Am Äquator dagegen dauert das Tageslicht immer fast genau zwölf Stunden.

Tropen

Das Gebiet beiderseits des Äquators, in dem die Mittagssonne senkrecht steht

Ungefähr am 21. März steht die Sonne am Äquator senkrecht. In den folgenden drei Monaten wandert dieser Bereich nach Norden, und um den 22. Juni hat er den **Wendekreis des Krebses** erreicht. In den nächsten sechs Monaten, bis zum 22. Dezember, wandert die Sonne nach Süden bis zu der Breite ■ südlich des Äquators, die man **Wendekreis des Steinbocks** nennt. Dann beginnt die Wanderung nach Norden aufs Neue.

Sonnwende

Der Tag, an dem die Sonne an einem Wendekreis senkrecht steht

Jedes Jahr hat eine **Sommer-** und eine **Wintersonnwende.** Die Erste ereignet sich am 22. Juni, wenn die Sonne über dem Wendekreis des Krebses (23° 30' N) steht, sodass die Nordhalbkugel den längsten und die Südhalbkugel den kürzesten Tag des Jahres erlebt. Umgekehrt am 22. Dezember: Die Sonne steht über dem Wendekreis des Steinbocks (23° 30' S), der Tag ist auf der Nordhalbkugel der kürzeste und auf der Südhalbkugel der längste. Zwischen den Sonnwenden, am 21. März und 22. September, liegen die **Tagundnachtgleichen**, an denen die Sonne den Äquator überquert. An diesen Daten sind Tag und Nacht überall auf der Erde genau gleich lang (12 Stunden).

Jahreszeiten

Die vier Wetterperioden des Jahres

Wegen der Schrägstellung der Erdachse neigt sich jeder Ort auf der Erde während ihres jährlichen Umlaufes einmal mehr und einmal weniger zur Sonne, sodass vier verschiedene Wetterphasen entstehen. Im **Sommer** ist der betreffende Teil der Erde stärker zur Sonne geneigt. Die Sonne steht hoch am Himmel, die Tage sind lang und das Wetter ist warm. Im **Herbst** neigt sich das Gebiet von der Sonne weg, und es wird kühler. Im **Winter** ist es am weitesten von der Sonne weg geneigt, sodass sie tief am Himmel steht; die Tage sind kurz, und manchmal ist es sehr kalt. Im **Frühjahr** beginnt die Neigung zur Sonne aufs Neue.

Sommer im Norden
Wenn die Nordhalbkugel sich zur Sonne neigt, kommen warme Sommertage.

Winter im Norden
Auf dem Weg der Erde um die Sonne neigt die Nordhalbkugel sich von der Sonne weg und es wird Winter.

Siehe auch

Äquator 37 • Breite 37
Sonne 32

Fortsetzung nächste Seite ➤

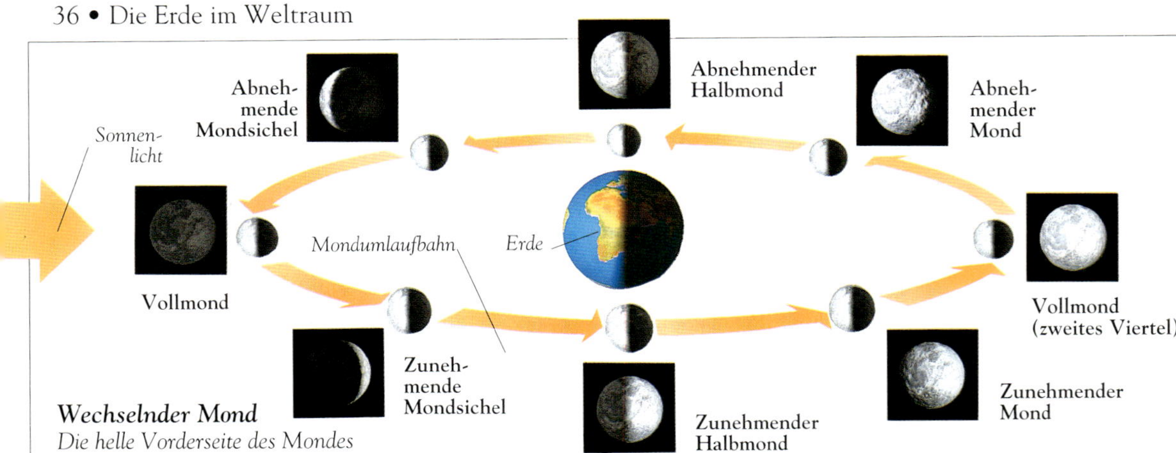

Wechselnder Mond
Die helle Vorderseite des Mondes wird von der Sonne beleuchtet; die dunkle Rückseite ist von der Erde aus nicht zu sehen. Da der Mond die Erde umkreist, sehen wir unterschiedliche Anteile seiner hellen Seite.

Zeitzone

Ein Gebiet auf der Erde, in dem die gleiche Uhrzeit herrscht

Durch die Erddrehung ■ geht die Sonne immer irgendwo auf und irgendwo unter, sodass die Tageszeit von Ort zu Ort unterschiedlich ist. Wenn beispielsweise in den USA der Morgen dämmert, ist es in Europa Mittag und in Australien Abend. Um das Uhrenstellen zu vereinfachen, teilt man die Welt in 24 Zeitzonen für die 24 Stunden des Tages ein. Wenn man nach Osten reist, muss man die Uhr in jeder Zeitzone um eine Stunde vorstellen, bis man im Pazifik die **Datumsgrenze** erreicht. Überquert man sie, stellt man die Uhr wiederum um eine Stunde vor, aber das Datum ist das des vorherigen Tages. Jede Zeitzone ist etwa 15 Längengrade breit. Die Zeit bei 0° geografischer Länge nennt man **Greenwich Mean Time (GMT)**. Die Datumsgrenze folgt ungefähr dem 180. Längengrad.

Siehe auch

Erddrehung 34 • geografische Länge 37
Meridian 37 • Mond 33

Mondphasen

Veränderungen in der sichtbaren Form des Mondes

Bei **Neumond** ist der Mond völlig dunkel, bei **Vollmond** sehen wir seine gesamte Vorderseite. Der **zunehmende Mond** wächst in zwei Wochen vom Neu- zum Vollmond, um anschließend zwei Wochen lang **abzunehmen**. Die am hellsten erleuchtete Seite des Mondes ist der Sonne zugewandt.

Mondmonat

Die Zeit, in der der Mond alle Phasen durchläuft

Der Mond umkreist die Erde in 27,3 Tagen, aber von einem Vollmond bis zum nächsten vergehen 29,53 Tage, weil auch die Erde sich bewegt. Den Zyklus von 29,53 Tagen nennt man Mondmonat.

Sonnenfinsternis

Wenn der Mond in gerader Linie zwischen Erde und Sonne steht

Manchmal läuft der Neumond unmittelbar zwischen der Sonne und der Erde hindurch. Dann verdeckt er die Sonne, und in manchen Gebieten der Erde gibt es eine **totale Sonnenfinsternis**. Ein viel größerer Bereich erlebt eine **partielle Sonnenfinsternis** mit teilweise verdeckter Sonne. Bei einer **Mondfinsternis** wandert der Mond durch den Erdschatten und erscheint schwarz oder dunkel-rot.

Sonnen- und Mondfinsternis
Im Gebiet des Mond-Kernschattens kommt es zu einer totalen Sonnenfinsternis; im Halbschatten tritt eine partielle Finsternis ein. Bei einer Mondfinsternis ist der Mond durch die an der Erdatmosphäre gebeugten Lichtstrahlen noch schwach erleuchtet.

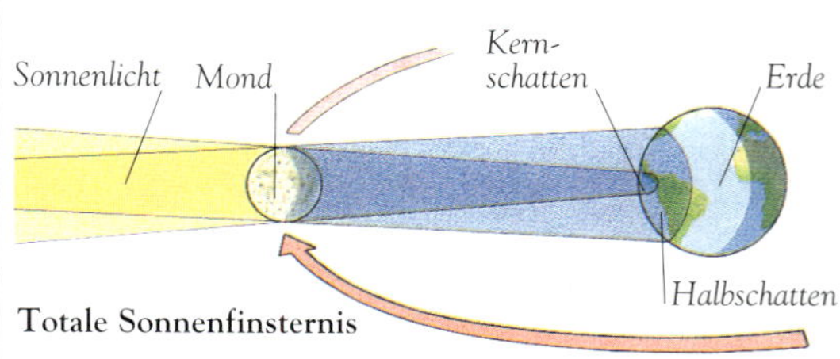

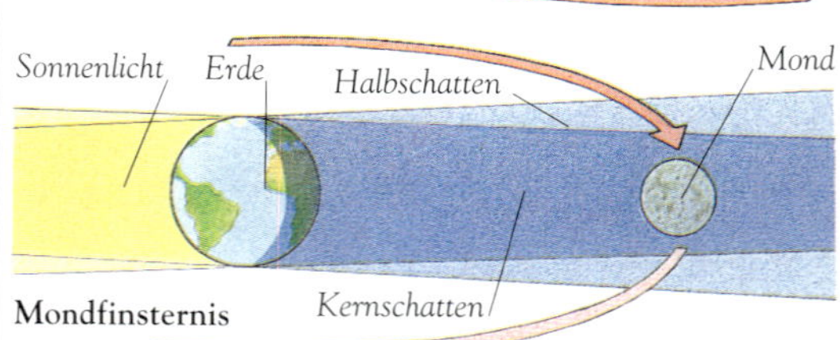

◂ Fortsetzung von der vorherigen Seite

Die Gestalt der Erde

Bilder aus dem Weltraum beweisen endgültig, was man schon lange herausgefunden hatte, aber nie mit eigenen Augen sehen konnte: Die Erde ist eine Kugel.

Geoid

Ein erdförmiges Objekt

Die Erde ist keine vollkommene Kugel. Da sie am Äquator schneller rotiert als an den Polen, ist der Äquator ein wenig ausgebeult, und die Pole sind abgeflacht. Früher bezeichnete man die Erde als **abgeplattet** oder als **Rotationsellipsoid**. Heute spricht man einfach von einem Geoid, weil Satellitenaufnahmen viele Unregelmäßigkeiten zeigen.

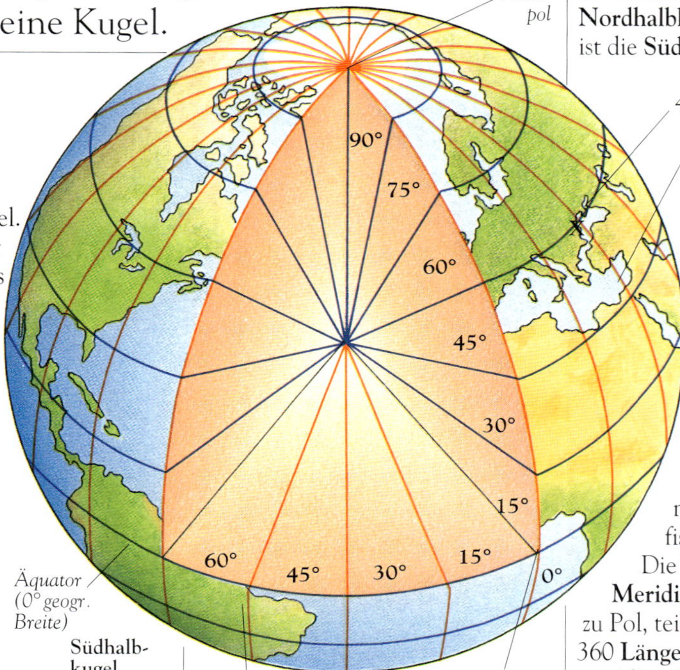

Die Welt wird eingeteilt

Kartierung und Orientierung werden durch die Einteilung der Erdkugel mit Meridianen (Längengraden) und Breitenkreisen erleichtert. Beide werden in Grad angegeben, als ob man den Winkel am Erdmittelpunkt mäße. Mit diesen Linien kann man jeden Ort auf der Erde benennen. Der Punkt X oben liegt bei 45° N, 30° O.

Erdumfang

Die Länge des Äquators

Neuesten Messungen zufolge hat die Erde am Äquator einen Umfang von 40 024 km. Der Durchmesser am Äquator beträgt 12 758 km, 43 km mehr als der Durchmesser zwischen den Polen. Die Ausbeulung am Äquator ist an manchen Stellen südlich davon um 8 m größer als auf der nördlichen Seite.

Siehe auch

Erddrehung 34 • Globus 38
Großkreis 38 • Kartenprojektion 38

Äquator

Die Linie in der Mitte zwischen den Polen

Der Äquator teilt die Erde in zwei Hälften oder Hemisphären. Die nördliche nennt man die **Nordhalbkugel**, die südliche ist die **Südhalbkugel**.

Geografische Länge

Die Ost-West-Einteilung der Erde

Wie weit östlich oder westlich man sich befindet, kann man mit der geografischen Länge angeben. Die Längengrade oder **Meridiane**, Kreise von Pol zu Pol, teilen die Erde in 360 **Längengrade**. Der **Nullmeridian** (0°) läuft durch Greenwich in England; die Bezeichnungen »östlich« und »westlich« beziehen sich auf diese Linie.

Der beleuchtete Meridian

Der Nullmeridian (0°) ist seit 1851 durch eine Linie definiert, die von Nord nach Süd durch die Sternwarte im englischen Greenwich verläuft.

Geografische Breite

Die Süd-Nord-Einteilung der Erde

Breitenkreise sind gedachte Linien, die sich parallel zum Äquator um die Erde ziehen. Die Breite wird in Grad südlich oder nördlich des Äquators angegeben. Der Äquator selbst liegt auf 0° geografischer Breite, der Nordpol bei 90° Nord und der Südpol bei 90° Süd.

Fortsetzung nächste Seite ➤

Globus

Ein kugelförmiges Modell der Erde oder eines anderen Planeten

Da die Erde rund ist, kann man sie am besten mit einem Globus darstellen. Flache Karten sind immer verzerrt, ein guter Globus dagegen zeigt Kontinente und Meere in ihren richtigen Größenverhältnissen. Zur Herstellung eines Globus wird ein Bild meist auf mindestens zwölf längliche Papiersegmente gedruckt, die man dann sorgfältig auf eine Kugel klebt. **Reliefgloben**, die auch Höhenunterschiede auf der Erdoberfläche wiedergeben, werden in einer Gussform hergestellt.

Aufbau eines Globus
Das Modell zeigt den Aufbau eines Globus. Meist werden die Oberflächendetails auf längliche Segmente gedruckt, die man dann auf eine Kugel klebt.

Siehe auch

Äquator 37 • geografische Breite 37
geografische Länge 37
Gradnetz 22 • Halbkugel 37
Landkarte 22

Kartenprojektion

Methoden zur Wiedergabe der gewölbten Erdoberfläche auf einer flachen Karte

Bei der Kartenprojektion kann man es sich so vorstellen, dass Licht durch einen Globus fällt und das Gradnetz ■ der Breiten ■- und Längengrade auf Papier projiziert. In Wirklichkeit werden Landkarten ■ mathematisch berechnet, aber nach dem gleichen Prinzip. In das Gradnetz zeichnet man die geografischen Einzelheiten ein. Es gibt viele Projektionen, aber alle sind ein Kompromiss: Manche Eigenschaften werden richtig dargestellt, andere verzerrt.

Großkreis

Eine Linie, die dem Erdumfang entspricht

Der bekannteste Großkreis ist der Äquator ■, aber jede Linie, die im größtmöglichen Umfang um die Erde gezogen wird, ist ein Großkreis. Der kürzeste Weg zwischen zwei Punkten auf dem Globus ist ein Teil des Großkreises, der durch die beiden Punkte führt. Nur die **gnomonische Projektion**, eine Form der Azimutalprojektion, zeigt Großkreise als Geraden. Wer den kürzesten Weg suchen will, muss eine gekrümmte Route wählen.

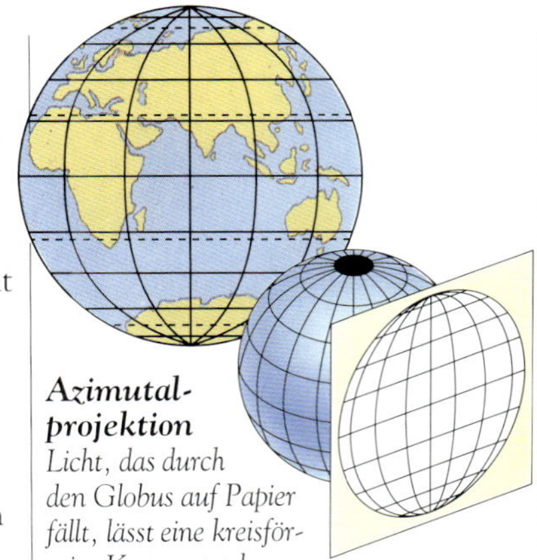

Azimutalprojektion
Licht, das durch den Globus auf Papier fällt, lässt eine kreisförmige Karte entstehen.

Azimutalprojektion

Kartenprojektion auf eine glatte Fläche

Diese entsteht so, als würde man Licht durch einen halben Globus auf ein Blatt Papier fallen lassen. Dabei ergibt sich eine kreisförmige Karte, aus der man ein Rechteck herausschneiden kann. Eine solche Projektion zeigt höchstens die halbe Erde auf einmal. Als Mittelpunkt (**Azimut**) wählt man meist einen Pol, sodass entweder die Nord- oder die Südhalbkugel ■ abgebildet wird. Man kann den Mittelpunkt aber auch an jede andere Stelle legen. Eine Azimutalprojektion gibt die wirkliche Richtung zwischen zwei Punkten wieder.

Winkeltreue Projektion

Die richtige Wiedergabe von Formen

Keine Karte bildet die Form ganzer Kontinente und anderer großer Flächen vollkommen korrekt ab, aber bei winkeltreuer Projektion sind auch z. B. kleine Inseln gut zu erkennen. Dazu müssen sich die Längen- und Breitengrade wie in Wirklichkeit rechtwinklig kreuzen. Ebenso kann keine Karte für große Entfernungen einen konstanten Maßstab zeigen, aber **längentreue Karten** geben Abstände in einer Richtung oder von einem Mittelpunkt aus richtig wieder. **Flächentreue** Karten geben die richtige Fläche aller Gebiete an, dafür sind die Formen verzerrt.

◄ *Fortsetzung von der vorherigen Seite*

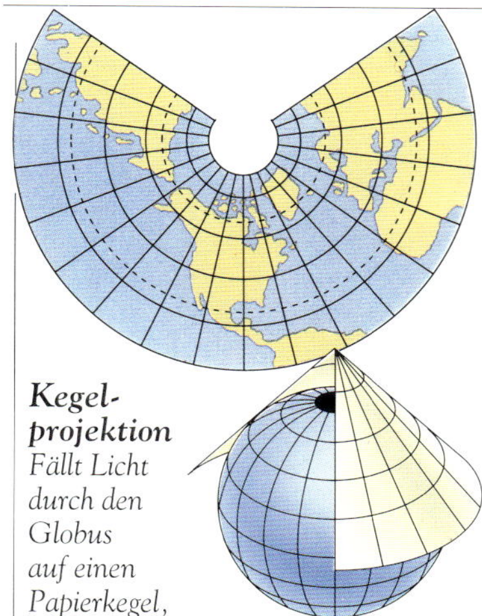

Kegel-projektion
Fällt Licht durch den Globus auf einen Papierkegel, ergibt sich eine fächerförmige Karte.

Kegelprojektion

Kartenprojektion auf einen Kegel

Eine Kegelprojektion entsteht so, als würde man Licht durch einen halben Globus auf einen Kegel aus Papier fallen lassen. Durch Entrollen des Kegels erhält man eine flache Karte, die einen Kompromiss zwischen Azimutal- und Zylinderprojektion darstellt. Die Formen sind darauf fast ebenso genau abgebildet wie bei der Zylinderprojektion, die Gebiete in hohen Breiten sind aber nicht so stark verzerrt. Sehr genau ist die Wiedergabe an dem Breitenkreis, an dem der Kegel die Erdkugel berührt.

Kurslinie

Ein gerader, vom Kompass angegebener Kurs

Richtungen lassen sich auf Karten besonders schwer korrekt angeben. Eine Karte gibt vielleicht die Lage des Bestimmungsortes richtig an, nicht aber die **Kompassrichtung**, die z.B. ein Pilot einhalten muss. Wegen der Krümmung der Erdoberfläche erscheint nämlich eine in Wirklichkeit gerade Kompassrichtung (die Kurslinie oder Loxodrome) auf vielen Karten als Bogen. Nur bei der Mercatorprojektion ist eine Gerade auf der Karte auch in Wirklichkeit eine gerade Kurslinie.

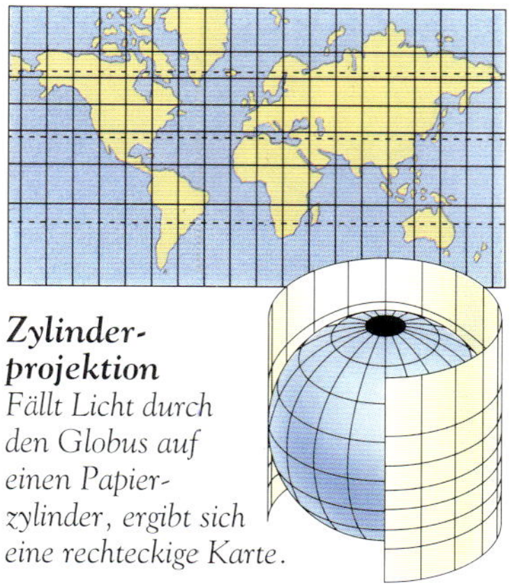

Zylinder-projektion
Fällt Licht durch den Globus auf einen Papierzylinder, ergibt sich eine rechteckige Karte.

Zylinderprojektion

Kartenprojektion auf einen Zylinder

Eine Zylinderprojektion entsteht so, als würde man Licht vom Mittelpunkt eines Globus auf einen herumgewickelten Zylinder aus Papier fallen lassen. Durch Entrollen des Zylinders erhält man die Karte. Diese Projektion hat den Vorteil, dass man die ganze Erde auf einer einzigen Karte abbilden kann. Meist ist die Zylinderprojektion winkeltreu und zeigt die richtigen Formen. Länder in Polnähe wie Grönland erscheinen aber zu groß, und tropische Länder wie Indien wirken unverhältnismäßig klein.

Eratosthenes

Griechischer Astronom (ca. 290–214 v. Chr.)

Eratosthenes berechnete den Erdumfang auf 24 km genau. Dazu maß er den Winkel des Schattens, den ein Obelisk im ägyptischen Alexandria am Mittag der Sommersonnwende warf. Eratosthenes wusste bereits, dass die Sonne zur gleichen Zeit 800 km weiter südlich genau senkrecht über einem Brunnen stand. Daraus errechnete er mit geometrischen Verfahren den Erdumfang.

Mercatorprojektion

Eine in der Seefahrt verbreitete Zylinderprojektion

Die Mercatorprojektion entsteht mathematisch: Die Abstände zwischen den Breitengraden werden zu den Polen hin größer. Das Verfahren entwickelte der niederländische Kartograf **Gerardus Mercator** (1512–1594).

Navigationshilfen
Mercatorkarten sind in der Schifffahrt sehr gebräuchlich, weil man einen geraden Kurs darauf einfach als gerade Linie eintragen kann; auch die Form der Kontinente stimmt.

Das Innere der Erde

Früher glaubte man, die Erde sei durch und durch fest. Die wissenschaftliche Interpretation von Erdbeben hat jedoch zu einem komplexeren Bild geführt. Heute wissen wir, dass unter der starren Hülle ein weiches Inneres und ein fester Metallkern liegen.

Seismologie

Die Erforschung des Aufbaus der Erde anhand der Erschütterungen bei Erdbeben und Explosionen

Ein Erdbeben lässt seismische Wellen entstehen, die sich nicht nur an der Oberfläche, sondern auch im Erdinneren ausbreiten. Solche Raumwellen werden als primäre (P-) und sekundäre (S-) Wellen bezeichnet. Wenn sie durch die Schichten des Erdinneren laufen, werden sie abgelenkt wie Lichtstrahlen, die durch eine Linse fallen. Aus dieser Beugung der Wellen kann man auf den Aufbau der Erde schließen. In der **seismischen Tomografie** konstruiert man anhand der kreuz und quer laufenden Wellen mit dem Computer dreidimensionale Bilder der Dichte- und Temperaturverteilung im Erdmantel. Ein **seismisches Reflexionsprofil** ist ein Querschnitt durch die Erde, erstellt durch Untersuchung der reflektierten Schallwellen nach einer Serie großer Explosionen. Eine **Schattenzone** wird nicht von den Wellen weit entfernter Erdbeben durchquert.

Erdkruste

Die harte Außenhaut der Erde

Die Erde besteht aus drei konzentrischen Schichten mit unterschiedlicher chemischer Zusammensetzung. Ganz innen liegt der Kern, darüber der Mantel und außen die Kruste. Die dünne Kruste schwimmt auf dem weichen, dichteren Mantel.

Ozeanische Kruste

Der Teil der Erdkruste unter den Ozeanen

Am dünnsten (nur 6–11 km) ist die Kruste unter den Ozeanen. Ihr Gestein ist nirgendwo älter als 200 Millionen Jahre und damit relativ jung.

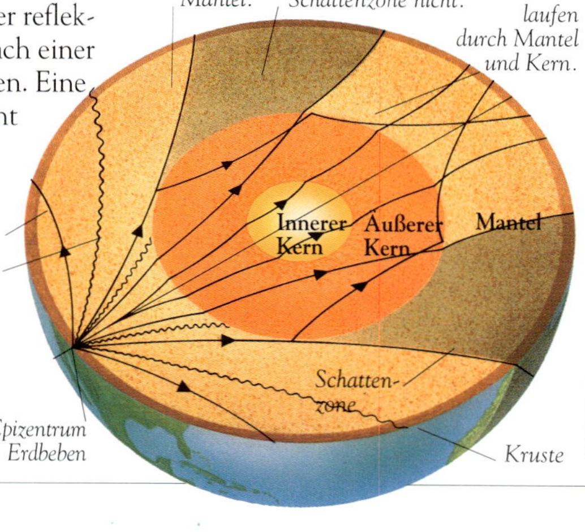

Seismische Wellen
Die Bewegung der S- und P-Wellen durch die Erde liefert Aufschlüsse über den Aufbau des Erdinneren.

Kontinentale Kruste

Der Teil der Erdkruste unter den Kontinenten

Unter den Kontinenten ist die Erdkruste durchschnittlich 30–40 km dick, unter den größten Gebirgen aber bis zu 70 km. Sie ist älter als die ozeanische Kruste – manche Gesteine entstanden vor 3,8 Milliarden Jahren. Die Kruste schwimmt auf dem Mantel in einem Gleichgewichtszustand (Isostasie).

Grundgebirge

Das massive, alte Gestein, aus dem ein Kontinent besteht

Die kontinentale Kruste besteht vorwiegend aus altem, kristallinem Gestein. Dieses »Grundgebirge« gliedert sich in zwei Schichten. Die obere besteht aus granitähnlichem Gestein, Schiefer und Gneis, die untere aus Basalt und Diorit.

Diskontinuität

Eine Grenze zwischen den Schichten des Erdinneren

Die **Mohorovicic-Diskontinuität** oder **Moho** ist die Grenze zwischen Kruste und Mantel; zwischen Mantel und Kern liegt die **Gutenberg-Diskontinuität**.

Erdmantel

Das weiche Erdinnere über dem Kern

Unter der Kruste liegt der rund 2900 km dicke Erdmantel, der 80 % des Erdvolumens ausmacht. Er besteht vorwiegend aus Peridotit ▪, einem Gestein, das manchmal bei Vulkanausbrüchen an die Oberfläche gelangt. Der Mantel ist sehr heiß und an vielen Stellen teilweise geschmolzen.

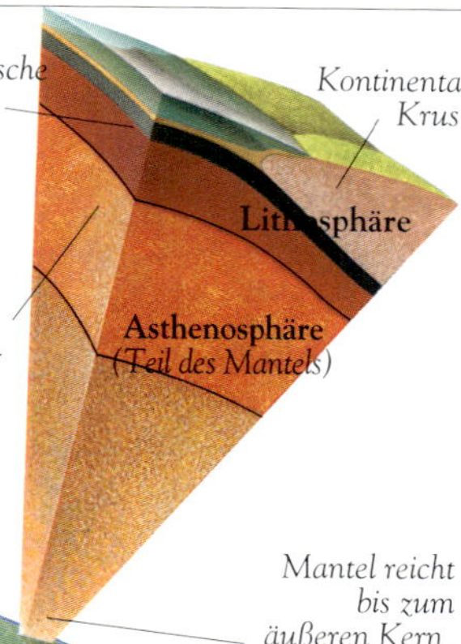

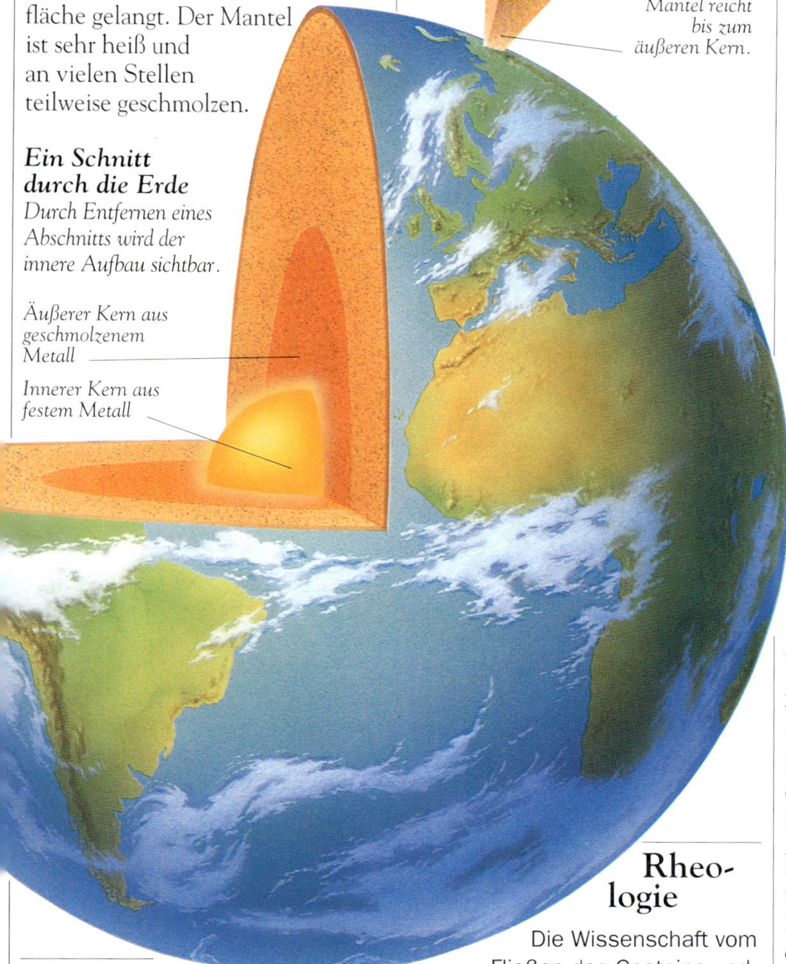

Ein Schnitt durch die Erde
Durch Entfernen eines Abschnitts wird der innere Aufbau sichtbar.

Lithosphäre

Die starre Außenschicht der Erde

Die Lithosphäre besteht aus der Kruste und den festen Außenschichten des Mantels. Ihre Dicke beträgt durchschnittlich rund 100 km, schwankt aber von wenigen Kilometern unter den Ozeanen bis zu 300 km unter den Kontinenten.

Asthenosphäre

Die weiche Schicht unter der Lithosphäre

Die Temperatur des Erdinneren nimmt mit der Tiefe zu. In etwa 100 km Tiefe liegt sie bei 1400 °C, genug, damit ein Teil des Gesteins im Mantel schmilzt. Deshalb kann es langsam fließen und bildet so die weiche, rund 200 km dicke Asthenosphäre, auf der die harte Lithosphäre treibt wie Eis auf einem See.

Mesosphäre

Die Mantelschicht unter der Asthenosphäre

Über die Mesosphäre weiß man wenig; vermutlich ist sie weniger flüssig als die Asthenosphäre.

Bohrloch

Ein in die Erde getriebenes Loch, das Aufschlüsse über das Gestein in der Tiefe erlaubt

Keine Bohrung reichte jemals tiefer als 15 km. Deshalb sagen Bohrlöcher nur über die Kruste etwas aus.

Erdkern

Die metallische Mitte der Erde

Der Erdkern ist eine dichte Kugel aus den Elementen ▪ Eisen und Nickel. Der **äußere Kern** ist heiß und ständig flüssig, der **innere Kern** dagegen schmilzt wegen des hohen Druckes trotz einer Temperatur von 3700 °C nicht.

Rheologie

Die Wissenschaft vom Fließen des Gesteins und anderer Stoffe

Die Kruste und die oberen Mantelschichten sind chemisch verschieden, verhalten sich aber ähnlich. In der Plattentektonik ▪ unterscheidet man die Schichten der Erde meist nicht nach ihrer Zusammensetzung, sondern nach den Fließeigenschaften. So nennt man sie Lithosphäre, Asthenosphäre und Mesosphäre.

Siehe auch

Basalt 89 • Diorit 91 • Element 42
Erdbeben 58 • Gneis 97 • Granit 90
Isostasie 65 • kristalliner Schiefer 97
Peridotit 91 • Plattentektonik 46
P-Welle 59 • Raumwelle 59
seismische Wellen 58
S-Welle 59

Die Chemie der Erde

Woraus die Erde besteht, lässt sich nicht genau sagen, denn aus Tiefen von über 15 km kann man keine Gesteinsproben gewinnen. Hilfreich sind aber Untersuchungen der anderen Planeten und der Sonne sowie die Analyse von Meteoriten.

Element

Eine chemische Grundsubstanz

Alle Materie im Universum besteht aus **Atomen**, winzigen Bausteinen, die selbst aus noch kleineren Teilchen zusammengesetzt sind: **Protonen** und **Neutronen** bilden den **Atomkern**, um den die **Elektronen** kreisen. Es gibt mindestens 109 Typen von Atomen, jeder mit anderer Protonen- und Neutronenzahl sowie mit einem charakteristischen **Atomgewicht**. Ein Atom ist der kleinste eigenständige Baustein eines Elements. Wie es 109 Atomtypen gibt, so gibt es auch 109 Elemente. Alle anderen Substanzen bestehen aus diesen Elementen in unterschiedlicher Kombination – sie sind entweder einfach gemischt oder chemisch zu **Verbindungen** verknüpft. Mehrere derart verbundene Atome bilden ein **Molekül**.

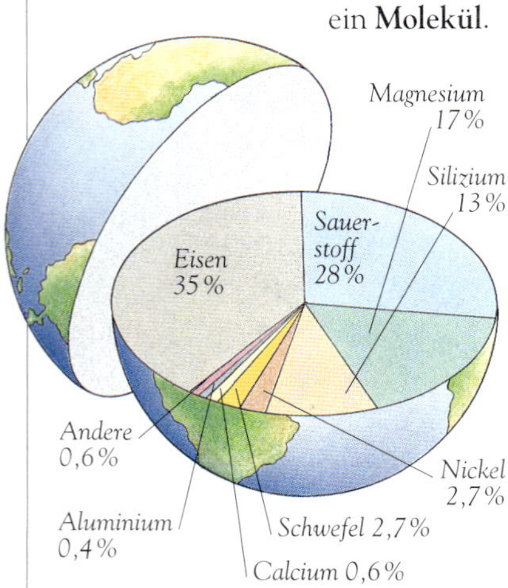

Elemente der Erde
Die Anteile der Elemente, aus denen die Erde aufgebaut ist.

Gesamtzusammensetzung

Die chemische Zusammensetzung

Auf der Erde kommen über 80 Elemente natürlich vor. Der Löwenanteil entfällt aber auf Eisen, Sauerstoff, Magnesium und Silizium. Dies schließt man aus seismischen, gravimetrischen und magnetischen Vermessungen und aus Kenntnissen der Zusammensetzung von Sternen, Meteoriten und anderen Teilen des Sonnensystems.

Krustenbestandteile

Substanzen der Erdkruste

Die häufigsten Elemente der Erdkruste sind Sauerstoff und Silizium, gefolgt von Aluminium, Eisen, Calcium, Magnesium, Natrium, Kalium und Titan. In geringen Mengen enthält die Erdkruste noch 64 weitere Elemente, darunter Mangan und Wasserstoff.

Mantelbestandteile

Substanzen des Erdmantels

Der äußere Mantel besteht wahrscheinlich aus Eisen- und Magnesiumsilikaten, der innere vor allem aus Sulfiden und Oxiden von Silizium und Magnesium.

Kernbestandteile

Substanzen des Erdkerns

Der Erdkern besteht vorwiegend aus Eisen, außerdem aus ein wenig Nickel und winzigen Mengen einiger leichter Elemente – vermutlich Schwefel, Kohlenstoff, Sauerstoff, Silizium und Kalium.

Ausschnitt aus der Erdkugel
Der Ausschnitt aus der Erdkugel zeigt, wie Elemente und Verbindungen in der Erdfrühzeit an ihre heutigen Positionen gewandert sind, sodass sie heute Kern, Mantel und Kruste bilden.

Große Klumpen aus lithophilen Elementen und Verbindungen steigen auf und bilden die Oberfläche.

Dichte Eisenkügelchen sinken ab und bilden den Kern.

Ein Eisenkern
Durch seismische Studien und Untersuchungen der Erdschwerkraft weiß man, dass die Erde einen sehr dichten, magnetischen Kern hat, der ziemlich sicher aus Eisen besteht. Er hat aber nicht ganz die Dichte reinen Eisens, muss also auch kleine Mengen anderer Elemente enthalten.

Zusammensetzung der Kruste
Wie Gesteinsanalysen und seismische Untersuchungen zeigen, sind Sauerstoff und Silizium die häufigsten Elemente der Kruste – sie sind leicht und stiegen nach oben, als die flüssige Erde sich abkühlte.

Große Brocken aus chalkophilen Elementen und Verbindungen breiten sich wie Wolken nach oben aus und bilden den Mantel.

Aufbau des Mantels
Der obere Teil des Mantels besteht wahrscheinlich aus Eisen- und Magnesiumsilikaten, in seinen unteren Schichten sind Oxide und Sulfide von Silizium und Magnesium häufiger.

Lithophiles Element

Ein Element, das leicht Sauerstoff- und Siliziumverbindungen bildet

Als die junge Erde sich abkühlte, sanken schwere Elemente wie Eisen zur Mitte. Leichtere, z. B. Sauerstoff und Silizium, stiegen an die Oberfläche und bildeten die Kruste. Auch manche schweren Elemente wie Uran und Thorium blieben trotz ihres Gewichts in der Kruste, weil sie sich mit Sauerstoff leicht zu **Oxiden** und mit Sauerstoff und Silizium zu **Silikaten** verbinden. **Chalkophile** Elemente wie Zink und Blei dagegen bilden mit Schwefel leicht **Sulfide**. Solche Verbindungen kommen vor allem im Erdmantel vor. **Siderophile** Elemente wie Nickel und Gold verbinden sich gern mit Eisen und sind deshalb wahrscheinlich in großen Mengen im Erdkern vorhanden.

Zusammensetzung der Sonne

Der chemische Aufbau der Sonne

Wie man aufgrund der Analyse des Sonnenlichtes weiß, besteht die Sonne aus Wasserstoff, Helium und kleinen Mengen anderer Elemente. Da die Erde aus derselben Gas- und Staubwolke hervorgegangen ist wie die Sonne, war sie anfangs vermutlich genauso zusammengesetzt. Wasserstoff und Helium gingen in den ersten Lebensstadien der Erde weitgehend verloren.

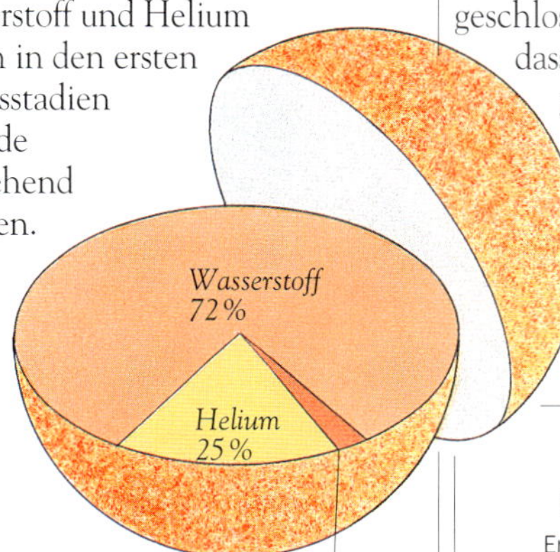

Elemente der Sonne
Die Sonne besteht wie andere Sterne zum weitaus größten Teil aus Wasserstoff und Helium.

Weltraumgestein
Die Erde dürfte aus den gleichen kosmischen Trümmern entstanden sein wie die Meteoriten. Die meisten Meteoriten sind Chondriten oder Achondriten

Chondritentheorie

Die Theorie, dass die Erde wie ein Meteorit zusammengesetzt ist

Es gibt zwei Haupttypen von Meteoriten, vielleicht ein Spiegelbild von Eisenkern und Gesteinsmantel der Erde. Fast 90 Prozent aller auf die Erde stürzenden Meteoriten bestehen aus Gestein, und zwar vorwiegend aus Silikaten. Man unterscheidet Chondriten und Achondriten. **Chondriten** enthalten **Chondra**, ehemals geschmolzene Silikatkügelchen, die in den **Achondriten** fehlen. Chondriten haben sich anscheinend seit ihrer Entstehung in der Frühzeit des Sonnensystems kaum verändert. In den **kohlenstoffhaltigen Chondriten** sind Bläschen mit Kohlendioxidgas eingeschlossen, ein Hinweis darauf, dass sie fast unverändert geblieben sind. Nach Ansicht mancher Geochemiker könnte die Erde ähnlich zusammengesetzt sein wie kohlenstoffhaltige Chondriten.

Siehe auch

Erdkern 41 • Erdkruste 40
Erdmantel 41 • gravimetrische Vermessung 171 • Oxid 83
seismische Vermessung 171
Silikat 82 • Sonne 32 • Sulfid 82

Die Erde, ein Magnet

Wegen ihres dichten Eisenkerns wirkt die Erde wie ein riesiger Magnet. Seeleute finden mit Hilfe des Erdmagnetismus schon seit langem ihren Kurs. Heute liefern Spuren aus der magnetischen Vergangenheit der Erde neue Aufschlüsse über die Geschichte unseres Planeten.

Magnetischer Nordpol

Die Richtung, in die ein Magnetkompass zeigt

Der Eisenkern der Erde beeinflusst mit seinem Magnetismus alle Magneten auf der Erde. Ein frei drehbarer Magnet zeigt letztlich immer mit einem Ende zum magnetischen Nordpol und mit dem anderen zum **magnetischen Südpol**. Eine **Kompassnadel** ist ein kleiner Magnet, der sich auf den magnetischen Norden einstellt. Der magnetische Nordpol wandert ständig. Derzeit liegt er auf der Prince-of-Wales-Insel in Nordkanada, der magnetische Südpol befindet sich im South Victoria Land in der Antarktis.

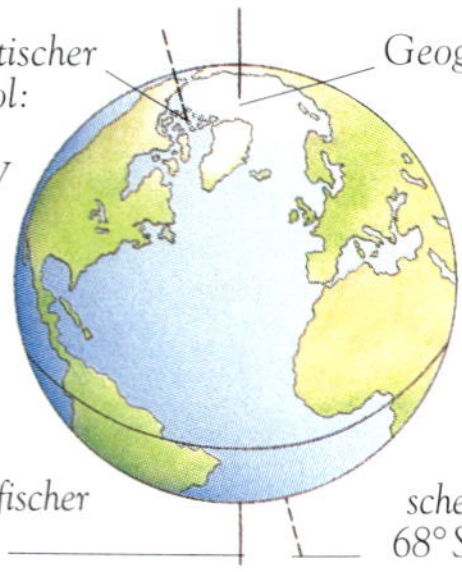

Eine Erde, vier Pole
Die Lage der magnetischen und geografischen Nord- und Südpole.

Siehe auch

Atmosphäre 138 • Atom 42
Erdkern 41 • Kontinentalverschiebung 46
Magnetit 85 • Meeresbodenspreizung 50
Mineralien 82 • Molekül 42
Vulkangestein 88

Erdmagnetfeld

Der Bereich, der vom Erdmagnetismus beeinflusst wird

Der Erd- oder **Geomagnetismus** dürfte durch die enorme Hitze im Erdkern entstehen, die für ständige Bewegungen des äußeren Kerns sorgt. Der Kern enthält viel magnetisches Eisen, sodass der Kreislauf elektrischen Strom erzeugt wie ein Fahrraddynamo. Der Strom lässt das Erdmagnetfeld entstehen, das örtlichen und zeitlichen Schwankungen unterliegt. Manche Veränderungen sind kurzfristig oder **temporär**, andere langfristig oder **säkular**.

Magnetische Deklination

Der Winkel zwischen geografischer und magnetischer Nordrichtung

Kompassnadeln zeigen nicht zum geografischen, sondern zum magnetischen Nordpol. Um nach dem Kompass zu navigieren, muss man den Unterschied – die Deklination – kennen und berücksichtigen. Karten, in denen sie eingetragen ist, nennt man **Isogonenkarten**. Diese müssen häufig aktualisiert werden, weil die Deklination nicht überall gleich ist und sich mit der Zeit ändert. Auf einer Isogonenkarte sind Punkte mit gleicher Deklination durch Linien (**Isogonen**) verbunden.

Magnetische Mineralien

Natürliche Magnetsubstanzen

Kompassnadeln werden künstlich magnetisiert, aber manche Mineralien ■ sind von Natur aus magnetisch. Zwei starke Magnetsubstanzen sind Magnetkies oder **Pyrrhotin** und Magnetit ■ oder **Magneteisenstein**.

Magnetgestein
Magnetit ist dauerhaft magnetisch. Er zieht Gegenstände aus Eisen oder Stahl an und wurde schon vor über 1500 Jahren für Kompasse verwendet.

Magnetische Inklination

Die Neigung eines frei schwingenden Magneten

Ein frei beweglicher Magnet zeigt nicht nur nach Norden, sondern auch schräg nach unten. Der Winkel, um den er von der Horizontalen abweicht (Inklination) beträgt fast 0° am Äquator und fast 90° an den Magnetpolen.

Paläomagnetismus

Die Geschichte des Erdmagnetismus

Die meisten Vulkangesteine ■ enthalten Teilchen der magnetischen Verbindung Eisenoxid. Bei der Entstehung des Gesteins richten diese Teilchen sich nach dem Erdmagnetfeld aus wie winzige Kompassnadeln. Damit halten sie die Lage des Magnetfeldes zur Zeit der Entstehung des Gesteins fest. Ihre Untersuchung zeigt, dass magnetischer Nord- und Südpol regelmäßig die Plätze tauschen, ein Vorgang, den man **geomagnetische Umkehr** nennt. Die Beobachtung der so entstandenen **magnetischen Streifen** am Meeresboden stützt die Theorie, dass der Meeresboden sich ausweitet ■. Der Paläomagnetismus bestätigt die Kontinentalverschiebung ■, denn man kann mit seiner Hilfe den Weg der Kontinente über Jahrmillionen hinweg verfolgen.

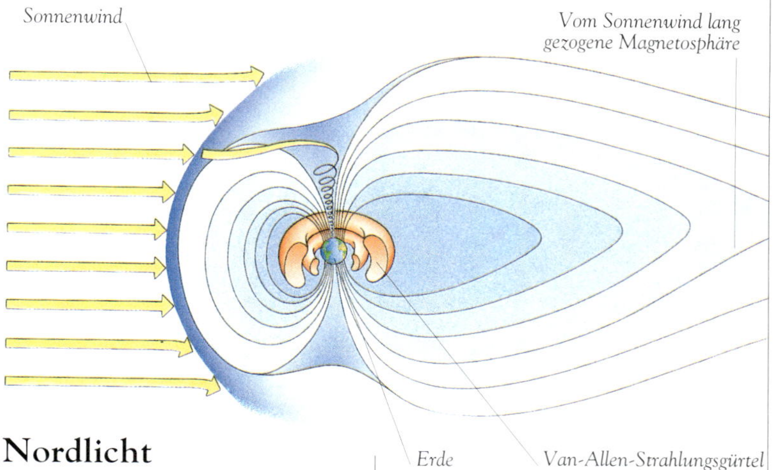

Die Magnetosphäre der Erde
Die Magnetosphäre lenkt den Sonnenwind von der Erde weg. Nur wenige geladene Teilchen werden von den Van-Allen-Strahlungsgürteln eingefangen. Andere gelangen durch Lücken der Magnetosphäre oder an den Magnetpolen in die Atmosphäre und verursachen das Nordlicht.

Nordlicht

Spektakuläre farbige Lichterscheinungen am Polarhimmel

Das Nordlicht (**Aurora borealis**) sieht man in der Arktis; im Südpolargebiet heißt es **Südlicht** oder **Aurora australis**. Seine Ursache sind vermutlich geladene Teilchen von der Sonne, die auf Atome ■ und Moleküle ■ in den oberen Schichten der Atmosphäre ■ treffen.

Magnetosphäre

Der Bereich um die Erde, in dem sich das Erdmagnetfeld in den Weltraum erstreckt

Der Erdmagnetismus wirkt nicht nur auf Kompassnadeln und andere Gegenstände an der Erdoberfläche, sondern auch auf elektrisch geladene Teilchen außerhalb der Atmosphäre. Dieser Bereich reicht 60 000 km weit in den Weltraum, auf der Seite, die der Sonne abgewandt ist, sogar viermal so weit. Der Grund: Er wird vom **Sonnenwind** verformt, einem ständigen Strom elektrisch geladener Teilchen von der Sonne. Der Sonnenwind ist wahrscheinlich auch die Ursache des Nordlichts.

Nordlicht über Alaska
Am nächtlichen Himmel des US-Bundesstaats Alaska glüht das Nordlicht. Es kommt nur in hohen Breiten vor und kann aus Strahlen, Bögen, Streifen, Bändern und sogar pulsierenden »Vorhängen« aus Licht bestehen, die vielfach rot oder grün gefärbt sind.

Plattentektonik

Während Sie diese Seite lesen, teilen sich die Kontinente und stoßen wieder zusammen, neue Ozeane tun sich auf, und alte verschwinden. Der Grund: Die Erdkruste besteht aus einer Reihe beweglicher Platten, die ständig kollidieren oder auseinander weichen.

Schädel eines Lystrosaurus

Ein Reptil aus Pangäa

Lystrosaurus *war wahrscheinlich ein teilweise im Wasser lebendes, Pflanzen fressendes Reptil mit gewaltigen Kiefern.*

Kontinentalverschiebung

Die Theorie, dass die Kontinente im Laufe der Jahrmillionen langsam über die Erdoberfläche wandern

Ein Blick auf die Weltkarte zeigt, wie gut die Ostküste Südamerikas zur Westküste Afrikas passen würde. Tatsächlich waren beide früher verbunden. Vor etwa 220 Millionen Jahren bildeten alle heutigen Erdteile einen als **Pangäa** bezeichneten »Superkontinent«. Er war von dem riesigen Ozean **Panthalassa** umgeben. Pangäa teilte sich, und das **Tethysmeer** tat sich auf. Zu der Landmasse südlich davon, **Gondwanaland** genannt, gehörten Südamerika, Indien, Afrika, Sri Lanka, Madagaskar, Neuseeland, Australien und die Antarktis. Im Norden lag **Laurasia** mit Asien, Europa, Nordamerika und Grönland. Mit der Bildung des Atlantiks zerbrachen auch Laurasia und Gondwanaland.

Siehe auch

Divergenzzone 50 • Erdbeben 58 • Erdkruste 40 • Erdmantel 41 • Fossilien 70 • Gebirge 64 • Gesteinsschichten 68 • konservierende Ränder 50 • Konvergenzränder 48 • Lithosphäre 41 • Meeresbodenspreizung 50 • mittelozeanischer Rücken 50 • Triangulation 16 • Vulkan 52

Lystrosaurus

Ein Reptil der südlichen Pangäa

Lystrosaurus lebte vor 200 Millionen Jahren im heutigen Afrika, Indien und China. Als man in den 1960er-Jahren in der Antarktis ein *Lystrosaurus*-Fossil entdeckte, war die Kontinentalverschiebung bewiesen: Die Kontinente mussten früher verbunden gewesen sein. Auch andere Fossilfunde demonstrierten es: das Reptil ***Mesosaurus*** in Afrika und Südamerika und der Farn ***Glossopteris*** in Australien und Indien. Weitere Beweise waren gleiche Schildkröten-, Echsen- und Schlangenarten, die man beiderseits des Atlantiks fand.

Fossil eines Farns

Die versteinerten Blätter gehören zu Glossopteris, *einem baumgroßen Farn der Permzeit.*

Tektonische Platten

Die Stücke, aus denen die harte äußere Hülle der Erde besteht

Die Außenhülle oder Lithosphäre der Erde gliedert sich in neun große und rund ein Dutzend kleinere Platten. Die Kontinente liegen auf **kontinentalen Platten, ozeanische Platten** dagegen machen einen großen Teil des Meeresbodens aus. Die Wissenschaft von diesen Platten ist die **Plattentektonik**.

Mantelkonvektion

Gesteinsströmungen im Erdmantel, welche die Platten bewegen

Die tektonischen Platten werden wahrscheinlich durch die langsamen Umwälzungen im darunter liegenden Erdmantel ▪ bewegt. Das Mantelgestein wird durch die gewaltigen Temperaturen des Erdinneren ständig zur Oberfläche gedrückt. Dort kühlt es ab und sinkt über Jahrmillionen hinweg wieder nach unten. Die tektonischen Platten werden möglicherweise nur von riesigen **Konvektionsströmungen** mitgerissen, die durch den ganzen Mantel verlaufen. Sie könnten aber auch aktive Teile vieler kleinerer Konvektionsströmungen in den oberen Mantelschichten sein.

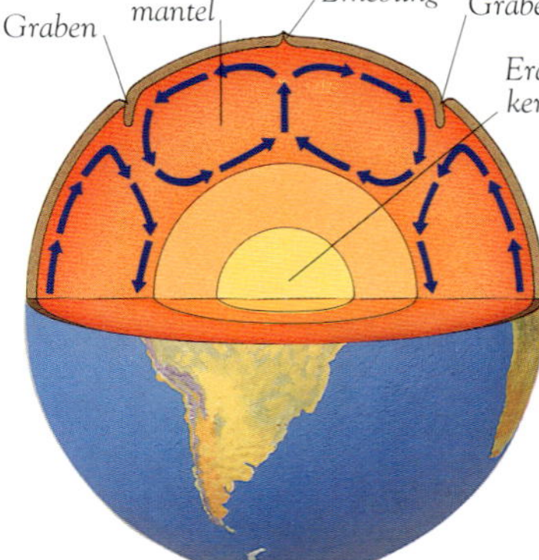

Konvektionsströmungen

Große Konvektionsströmungen im Erdmantel bewegen die Platten der Lithosphäre wie auf einem Förderband.

Vor 220 Millionen Jahren
Eine einzige Landmasse, Pangäa, ist von dem riesigen Meer Panthalassa umgeben.

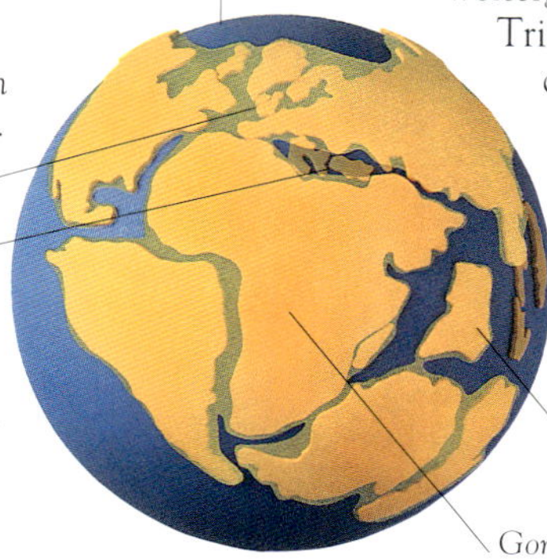

Vor 200 Millionen Jahren
Das wachsende Tethysmeer spaltet Pangäa in Gondwanaland und Laurasia.

Plattenzug

Die Bewegung tektonischer Platten unter ihrem eigenen Gewicht

Die ozeanischen Platten werden von einem Rand aus durch ihr eigenes Gewicht in den Erdmantel gezogen. Diesen Vorgang nennt man Plattenzug. Die mittelozeanischen Rücken ■, wo neues Material der Erdkruste aus dem Mantel aufsteigt, sind 2–3 km höher als die Ränder der ozeanischen Platten. Möglicherweise gleiten die Platten auch einfach abwärts von den Rücken weg, was man **ridge push** nennt.

Plattenränder

Die Grenzen zwischen tektonischen Platten

Gebirge, Erdbeben ■ und Vulkane entstehen meist an den Grenzen zwischen den Platten. An manchen Grenzen weichen die Platten auseinander (Divergenzzonen ■), an anderen drücken sie gegeneinander (Konvergenzränder ■), oder sie gleiten aneinander vorüber (konservierende Ränder ■). Gelegentlich tritt auch eine Mischung aller drei Formen auf.

Laservermessung

Ein Verfahren zur Messung der Kontinentalverschiebung

Ein Laserstrahl wird von einem Observatorium ausgesendet und vom Spiegel eines Weltraumsatelliten zu einem zweiten Observatorium auf einem anderen Kontinent weitergeleitet. Durch Triangulation ■ der reflektierten Strahlen erhält man die Entfernung zwischen den Observatorien.

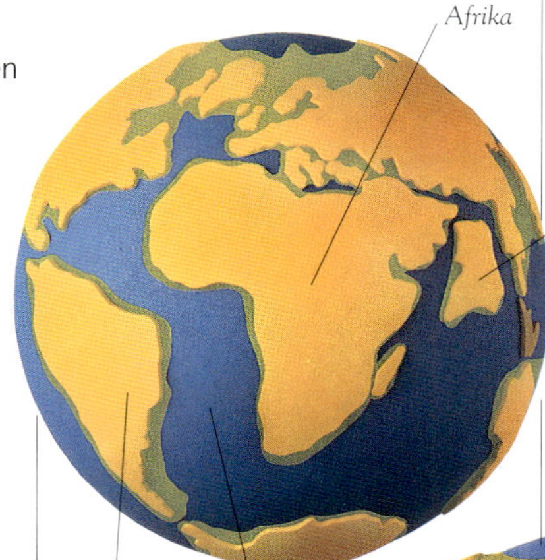

Vor 135 Millionen Jahren
Mit der Entstehung des Südatlantiks spaltet sich Gondwanaland in Afrika und Südamerika. Indien treibt auf Asien zu.

Vor 10 Millionen Jahren
Die Antarktis und Australien treiben auseinander. Der Nordatlantik tut sich auf, Laurasia zerfällt, und Nordamerika entfernt sich von Europa. Die Weltkarte sieht fast aus wie heute.

Alfred Lothar Wegener

Deutscher Meteorologe, 1880–1930

Wegener vertrat als Erster ernsthaft die Theorie der Kontinentalverschiebung. Als Beleg nannte er nicht nur die Küstenformen, sondern auch gleiche Gesteinsschichten ■ in weit auseinander liegenden Kontinenten. Die Kontinentalverschiebung erklärte laut Wegener auch, warum es auf der Arktisinsel Spitzbergen Fossilien ■ tropischer Farne gibt. Er wurde von seinen Zeitgenossen ausgelacht; erst seit einigen Jahren sind seine Vorstellungen allgemein anerkannt.

Kollidierende Platten

An vielen Stellen treiben die Platten der Erdoberfläche aufeinander zu – langsam, aber mit unvorstellbarer Kraft. Manchmal wird der Rand einer Platte dabei allmählich zerstört und durch die Kollisionskraft ins Erdinnere gedrückt. In anderen Fällen schieben sich die Plattenränder zu großen Gebirgen zusammen.

Subduktionszone

Ein Gebiet, in dem eine tektonische Platte unter eine andere taucht

Durch **Subduktion** wird eine tektonische Platte an der Kollisionsstelle unter eine andere gedrückt. Meist geschieht das, wenn eine ozeanische Platte ■ einer kontinentalen Platte ■ entgegen treibt wie an der südamerikanischen Pazifikküste. Die dichte ozeanische Platte taucht unter die leichtere kontinentale in die Asthenosphäre ■, wo sie unter hohen Temperaturen schmilzt. Deshalb bezeichnet man eine Subduktionszone oft auch als **Konvergenzrand**. Die Subduktion lässt charakteristische Phänomene entstehen: Auf einen Ozeangraben folgt ein Akkretionsprisma, dann ein Inselbogen usw. Treiben die Platten sehr langsam aufeinander zu, bilden sich nicht alle Phänomene aus. Vor der Westküste der USA z. B., wo die Juan-de-Fuca-Platte auf die nordamerikanische Platte trifft, gibt es keinen Graben.

Siehe auch

Asthenosphäre 41 • Erdbeben 58
Erdkruste 40 • Erdmantel 41
Gebirge 64 • kontinentale Platte 46
Magma 52 • ozeanische Platte 46
Sediment 92 • Seismologie 40
tektonische Platte 46 • Vulkan 52

Kollisionszone

Ein Gebiet, in dem kontinentale Platten zusammenstoßen

Bei der Kollision kontinentaler Platten spaltet eine von ihnen sich in zwei Schichten: eine untere aus dichtem Mantelgestein ■ und eine andere, deren leichtes Krustengestein ■ nicht abtauchen kann. Wenn die untere Schicht in den Mantel taucht, wird die obere abgetrennt und an der anderen Platte zusammengeschoben.

Die Alpen: ein Faltengebirge
Blick auf die Schweizer Alpen: die Erdkruste hat sich durch die Kraft der kollidierenden Platten zum Gebirge gefaltet.

Tiefseegraben

Ein langer, tiefer Graben im Meeresboden

Die meisten besonders tiefen unterseeischen Gräben liegen im Pazifik; der Marianengraben reicht dort 10 863 m weit hinab. Tiefseegräben sind selten breiter als 100 km, können aber viele tausend Kilometer lang sein. Meist bilden sie sich durch die Subduktion einer ozeanischen Platte.

Vulkangipfel auf Java
Die Gipfel der Vulkankette von Java ragen über die Wolken. Die Insel Java ist entstanden durch die Kollision tektonischer Platten.

Inselbogen

Eine lange Kette von Vulkaninseln

Eine ozeanische Platte, die in die Asthenosphäre sinkt, schmilzt. Heißes Magma ■ steigt in großen Brocken nach oben, brennt sich durch die darüber liegende Platte und lässt an der Oberfläche Vulkane ■ entstehen. Solche Vulkane bilden am Rand der Platte lange Inselketten wie die Philippinen, Japan oder die Sundainseln.

Wenn Platten zusammenstoßen
Das Schema zeigt die mutmaßlichen Vorgänge an der Subduktionszone vor Japan, wo die eurasische, die Philippinen- und die pazifische Platte zusammenstoßen.

Akkretionsprisma

Eine Anhäufung von Sedimenten am Rande eines Tiefseegrabens

Wenn eine ozeanische Platte in die Asthenosphäre sinkt, schabt die darüber liegende Platte viele Sedimente des Meeresbodens ■ von ihrer Oberseite ab. Diese Sedimente häufen sich vor dem Rand der oberen Platte als großes Akkretionsprisma an.

Bogen-Graben-Lücke

Der Bereich zwischen einem Inselbogen und einem Tiefseegraben

Zwischen dem Graben, in den eine Platte taucht, und dem dahinter entstehenden Inselbogen liegt in der Regel ein Abstand von 100 km, der meist durch die Anhäufung eines großen Akkretionsprismas breiter wird. Am Ostrand der Aleuten im Nordpazifik ist die Lücke z. B. 570 km breit.

Hugo Benioff

Amerikanischer Seismologe, 1899–1968

Hugo Benioff trug viel zu unseren Kenntnissen über Erdbeben bei. Der japanische Seismologe **Kiyoo Wadati** (1902–1995) hatte 1927 nachgewiesen, dass viele Erdbeben tief in der Erdkruste entstehen. Benioff erkannte in den 1950er-Jahren, dass solche Zonen oft neben Ozeangräben liegen, und kartierte später diese heute als Wadati-Benioff-Zonen bezeichneten Bereiche.

Hugo Benioff an einem unterirdischen Seismografen.

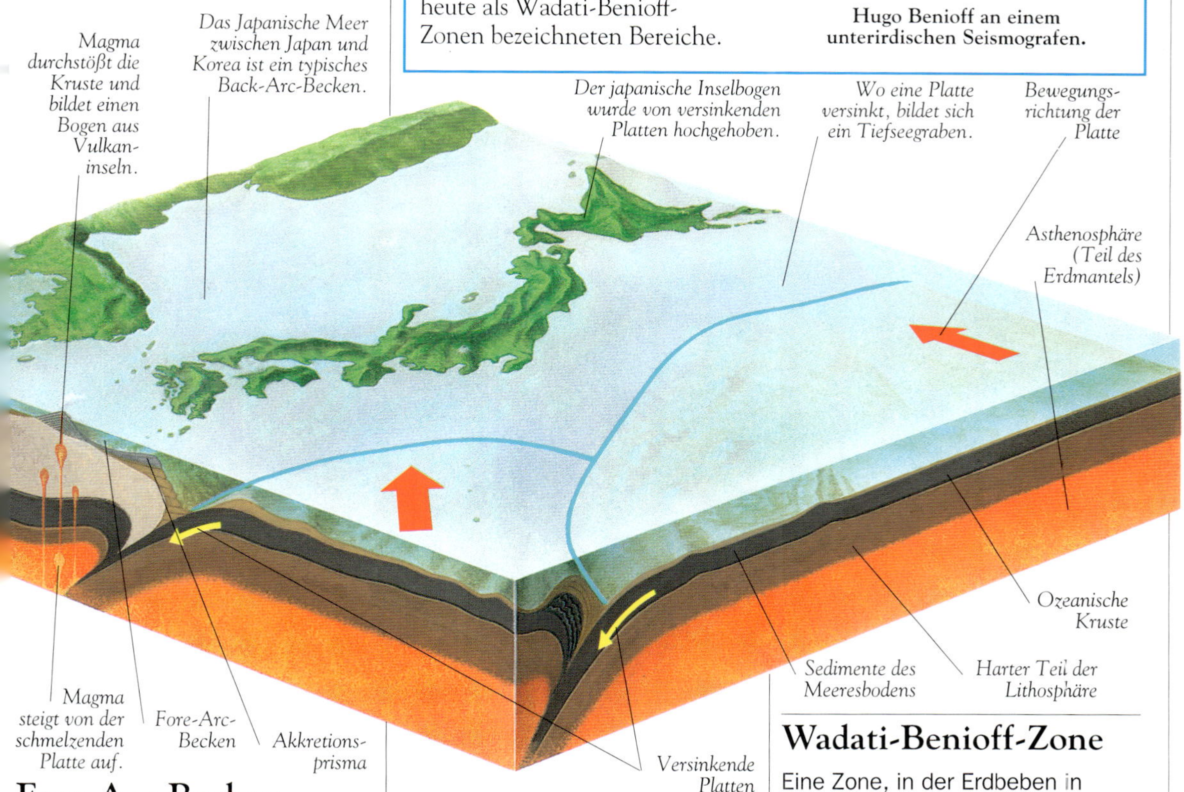

Fore-Arc-Becken

Der Bereich mit flachen Sedimenten in der Bogen-Graben-Lücke

Vor einer einsinkenden ozeanischen Platte bildet das Akkretionsprisma einen Kamm neben dem Tiefseegraben. Zwischen diesem Kamm und dem Inselbogen liegt das flache Fore-Arc-Becken. Dieses wird von dem Material, das die Vulkane des Inselbogens ausspucken, allmählich aufgefüllt.

Back-Arc-Becken

Der Bereich mit flachen Sedimenten hinter der Bogen-Graben-Lücke

Als Back-Arc-Becken bezeichnet man das große Gebiet mit flachen Bodensedimenten auf der dem Graben abgewandten Seite eines Inselbogens. Sedimente werden von Flüssen ins Meer gespült, können aber auch aus Vulkanen und anderen Quellen stammen.

Wadati-Benioff-Zone

Eine Zone, in der Erdbeben in großer Tiefe entstehen

An einem Tiefseegraben entstehen Erdbeben knapp unter der Oberfläche; weiter vom Graben weg liegt der Ausgangspunkt der Beben aber immer tiefer (bis zu 700 km). Nach Ansicht der Seismologen stammen solche Beben von Platten, die sich ruckartig in die Asthenosphäre schieben. Solche Zonen liegen immer in der Nähe von Tiefseegräben.

Auseinander weichende Platten

Unter den Weltmeeren bewegen sich einige große tektonische Platten ständig auseinander und machen den Weg für flüssiges Gestein frei. Es steigt an die Oberfläche, ergänzt die Platten und ersetzt das bei ihren Kollisionen »zerstörte« Material.

Divergenzzone

Eine Plattengrenze, an der neues Material zur Platte hinzukommt

Wenn zwei ozeanische Platten ■ auseinander weichen, entsteht ein mittelozeanischer Rücken. Durch den langen Zentralgraben steigt aus der Asthenosphäre ■ ständig flüssiges Magma ■ auf, das als Lava ■ an die Oberfläche tritt und sich zu neuem Meeresboden verfestigt. Das Gestein in der Nähe des Rückens ist sehr jung, in größerem Abstand wird es immer älter. Die Bildung einer neuen ozeanischen Kruste und die allmähliche Vergrößerung der Ozeane nennt man **Meeresbodenspreizung**.

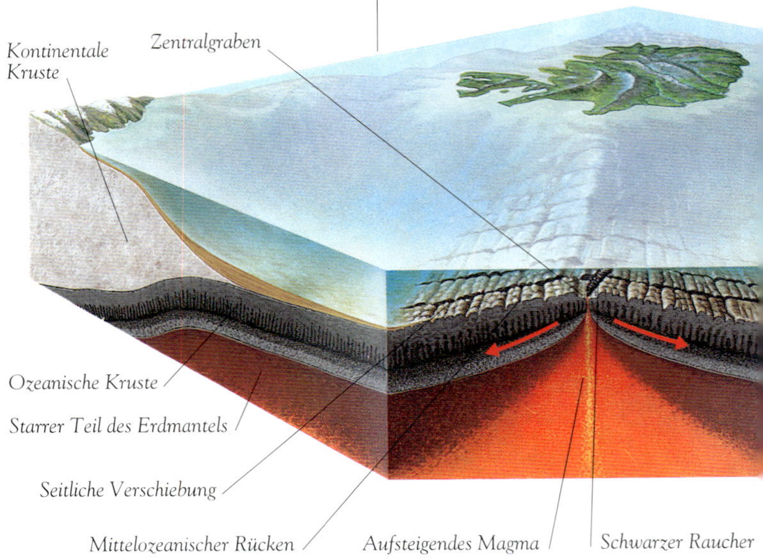

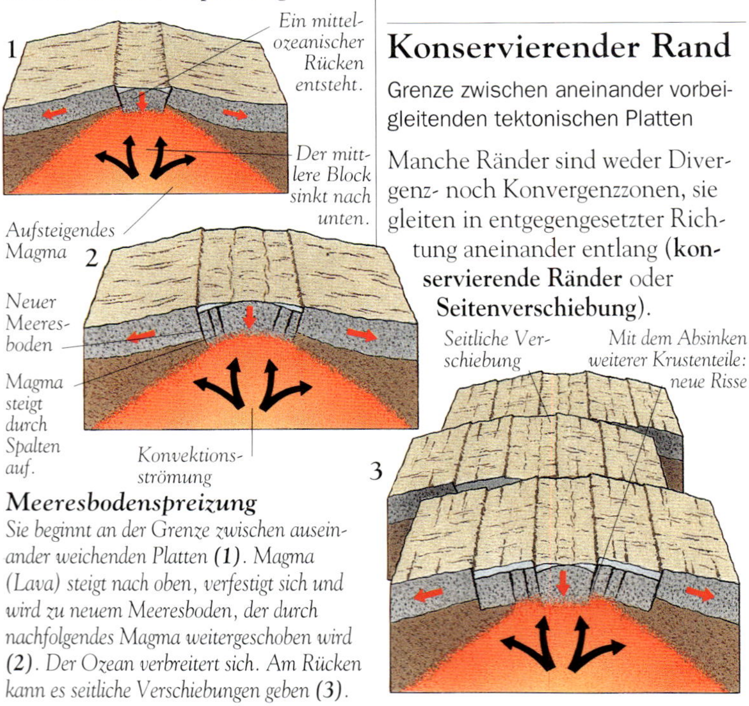

Meeresbodenspreizung

Sie beginnt an der Grenze zwischen auseinander weichenden Platten **(1)**. *Magma (Lava) steigt nach oben, verfestigt sich und wird zu neuem Meeresboden, der durch nachfolgendes Magma weitergeschoben wird* **(2)**. *Der Ozean verbreitert sich. Am Rücken kann es seitliche Verschiebungen geben* **(3)**.

Zentralgraben

Ein langer Graben im mittelozeanischen Rücken

Der Zentralgraben ist die Kluft im Kamm des mittelozeanischen Rückens zwischen zwei auseinander weichenden Platten. Im mittelatlantischen Rücken ist er so groß wie der Grand Canyon und erstreckt sich fast über den ganzen Rücken.

Konservierender Rand

Grenze zwischen aneinander vorbeigleitenden tektonischen Platten

Manche Ränder sind weder Divergenz- noch Konvergenzzonen, sie gleiten in entgegengesetzter Richtung aneinander entlang (**konservierende Ränder** oder **Seitenverschiebung**).

Mittelozeanischer Rücken

Ein langer, gewundener Gebirgszug am Meeresboden

Mittelozeanische Rücken entstehen da, wo die tektonischen Platten ■ auseinander weichen. Sie sind meist nicht höher als 1500 m, ziehen sich aber viele tausend Kilometer weit über den Meeresboden. Solche Gebirgszüge gibt es in allen Ozeanen. Der **mittelatlantische Rücken** erstreckt sich z. B. vom Nord- bis zum Südpol durch den Atlantik. Der **ostpazifische Rücken** erstreckt sich im Pazifik von Mexiko bis zur Antarktis. Mittelozeanische Rücken sind Gebiete starker Erdbeben- ■ und Vulkantätigkeit ■.

Ein mittelozeanischer Rücken steigt auf
Im isländischen Thingvellir ist die Spalte zwischen der eurasischen und der nordamerikanischen Platte als langer Einschnitt in der Landschaft zu erkennen.

Der wachsende Atlantik
Island liegt genau auf dem mittelatlantischen Rücken. Auf der Zeichnung erkennt man, was durch das Auseinanderweichen der nordamerikanischen und der eurasischen Platte geschieht. Der Rücken – hier von Süden gesehen – setzt sich jenseits der Nordspitze Islands fort.

Seitenverschiebung

Eine seitliche »Scherung« im Meeresboden

Ein mittelozeanischer Rücken ist keine ununterbrochene Linie: Durch die Krümmung der Erdoberfläche zerfällt er in eine Reihe kurzer, abgestufter Abschnitte, die jeweils durch lange Spalten getrennt sind. Wenn der Meeresboden sich vom Rücken aus spreizt, reiben sich die Abschnitte aneinander, was zu Erschütterungen und damit zu Erdbeben führt.

Zerrüttungszone

Langer, schmaler Streifen aus Bergrücken und Tälern am Meeresboden

Im rechten Winkel zu den mittelozeanischen Rücken liegen die Zerrüttungszonen. Sie sind rund 60 km breit und ziehen sich in sanften Kurven oft tausende Kilometer weit über den Meeresboden. Die **Mendocino-Zerrüttungszone** erstreckt sich quer über zwei Drittel des Pazifiks. Vermutlich handelt es sich um Bereiche mit Seitenverschiebung.

Triple-Junction

Stelle, wo sich Kontinente trennen

Wie mittelozeanische Rücken entstehen, weiß man nicht genau. Manche sind anfangs vielleicht Zerrüttungszonen, andere bilden sich an einem **Mantel-Plume**, einer heißen Magmasäule, die sich ihren Weg durch eine ozeanische Platte bahnt. So etwas geschieht wahrscheinlich bei den Galapagos-Inseln. Nach Ansicht vieler Fachleute kann ein Mantel-Plume auch eine kontinentale Platte durchdringen und eine Triple-Junction erzeugen: Durch Spaltung der Platte in drei Richtungen entstehen tiefe tektonische Gräben ■, die zu Ozeanen werden können.

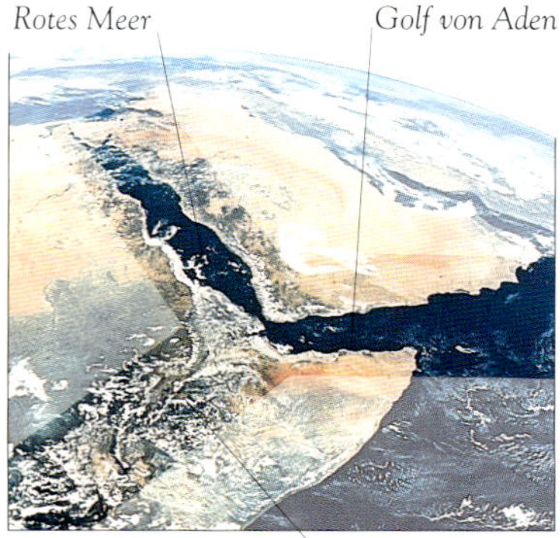

Eine Triple-Junction?
Die Y-förmige Verbindung zwischen Golf von Aden, Rotem Meer und dem Großen Rift-Tal in Afrika dürfte eine Triple-Junction sein. Rotes Meer und Golf von Aden werden vielleicht einmal zu großen Meeren.

Kissenlava

Unter Wasser entstehende Lavatürme

Heißes Magma erscheint an mittelozeanischen Rücken als Lava am Meeresboden. Sobald die Lava das kalte Wasser berührt, bildet sich eine glasartige Kruste, die wieder zerbricht und die noch geschmolzene Lava herausquellen lässt. Immer wieder kühlt Lava sich ab und reißt auf; die so entstehende Gesteinsformation ähnelt einem Kissen- oder Sandsackstapel.

Steinerne Kissen
Diese Kissenlava-Kugeln bestehen aus heißem Magma, das bei den Galapagos-Inseln im Pazifik aus dem Meeresboden gequollen ist.

Schwarzer Raucher

Eine heiße Quelle am Meeresboden

An manchen Stellen eines mittelozeanischen Rückens strömt Flüssigkeit, die vom Magma erhitzt wurde, aus Schloten ■ im Meeresboden. In der Flüssigkeit gelöste Metalloxide ■ und -sulfide ■ fallen dabei sofort aus, sodass dicke, schwarze, rauchähnliche Wolken aus den Schloten aufsteigen.

Siehe auch

Asthenosphäre 41 • Ausfällung 94
Erdbeben 58 • Konvergenzzone 48
Lava 55 • Magma 52 • Oxid 43
ozeanische Kruste 40 • ozeanische Platte 46 • Plattenränder 47
Schlot 52 • Sulfid 43
tektonische Platte 46
tektonischer Graben 61 • Vulkan 52

Vulkane

Beim Ausbruch eines großen Vulkans werden geschmolzenes Gestein, rot glühende Asche und brennende Gase von gewaltigen unterirdischen Explosionen an die Oberfläche und hoch in die Luft geschleudert, sodass in weitem Umkreis alles verwüstet wird.

Vulkan

Öffnung in der Erdkruste, durch die geschmolzenes Gestein und anderes Material an die Oberfläche gelangen

Manche Vulkane sind einfach Risse in der Erdkruste ■, andere öffnen sich als Löcher in einem Berg. Sie entstehen, wenn Magmablasen durch die Kruste brechen und an die Oberfläche kommen. **Magma** ist geschmolzenes Gestein, das durch die hohen Temperaturen in großer Tiefe in Erdkruste und Erdmantel entsteht. Dringt es an die Oberfläche, nennt man es Lava ■.

Aktiver Vulkan

Ein Vulkan, der ausbricht oder ausbrechen kann

Auf den Landflächen der Erde sind wahrscheinlich rund 1300 Vulkane aktiv – das heißt, sie können jeden Augenblick ausbrechen. Viele weitere liegen im Meer an den mittelozeanischen Rücken ■. Manche, z. B. auf Hawaii, »brodeln« ständig und geben Lava oder heiße Gase ab. Andere sind jahrhundertelang **untätig**, um dann plötzlich auszubrechen. Es gibt auch viele **erloschene** Vulkane, die wahrscheinlich nicht mehr ausbrechen werden.

Siehe auch

Erdkruste 40 • Erdmantel 41 • Lava 55
Mantel-Plume 51 • mittelozeanischer Rücken 50 • Subduktionszone 48
tektonische Platte 46
Wasser führende Schicht 109

Spaltenvulkan

Ein langer Riss in der Erdkruste, aus dem Magma austritt

Spaltenvulkane entstehen, wenn das Magma durch senkrechte Risse in der Kruste an die Oberfläche gelangt. Die Spalten können sich zwischen auseinander weichenden tektonischen Platten bilden.

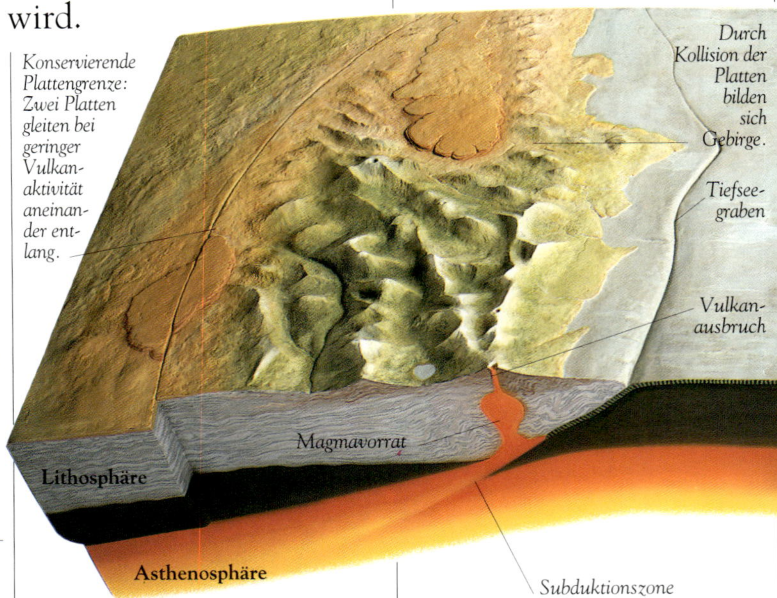

Entstehung von Vulkanen
Vulkane brechen oft in Subduktionszonen aus, wo eine ozeanische Platte unter einer kontinentalen in den Erdmantel taucht. Sie entstehen aber auch an Hotspots des Mantels, die durch die Erdkruste brechen.

Vulkankegel

Ein durch Vulkanausbrüche entstandener Bergkegel

Tritt Magma aus einem einzigen **Schlot** aus, entsteht aus dem Material ein **Vulkankegel. Stratovulkane** wie der Fudschijama in Japan bestehen aus abwechselnden Schichten aus Lava und Asche, andere sind **Asche-Schlacken-Kegel. Schweißschlackenkegel** sind kleine, steile Kegel aus pfannkuchenförmigen Lavabrocken, wie sie z. B. die Hawaii-Vulkane ausstoßen.

Andesitvulkan

Ein Vulkan, der heftig ausbrechen kann

Am aktivsten sind die Andesitvulkane. Der Name ihres Gesteins erinnert an die Anden, wo sie in besonders großer Zahl vorkommen. Sie befinden sich in Subduktionszonen, wo eine Platte unter eine andere sinkt, schmilzt und Magmablasen aufsteigen lässt. Das Magma vermischt sich mit dem Material der darüber liegenden Platte, sodass es dickflüssig wird. Diese zähe Masse verstopft den Vulkankrater, bis das darunter angesammelte Magma unter gewaltigem Druck explodiert. Vulkane in Subduktionszonen brechen nur selten, dafür aber sehr heftig aus.

Schildvulkan

Ein breiter, flacher Vulkankegel aus dünnflüssiger Lava

Aus manchen Vulkanen, z. B. auf Hawaii, fließt dünnflüssige Lava. Das Magma tritt hier meist langsam an die Oberfläche und breitet sich zu einem flachen Kegel aus, dem **Schild**.

Hotspot-Vulkan

Ein Vulkan weit weg von den Rändern tektonischer Platten

Vulkane wie die der Hawaii-Inselkette, die weitab von Plattenrändern liegen, befinden sich auf den heißen so genannten **Hotspots** der Erdoberfläche, wo vielleicht auch Mantel-Plumes ■ vorhanden sind. Hotspots bleiben wohl meist an einer Stelle, brennen sich aber immer wieder durch die wandernde Platte darüber und lassen eine Reihe von Vulkanen entstehen.

Vulkangürtel

Ein Bereich rund um den Pazifik mit vielen Vulkanen

Fast alle Vulkane der Erde liegen in wenigen Zonen, z. B. im großen Vulkangürtel rund um den Pazifik. Die Gürtel entsprechen den Rändern der tektonischen Platten ■, aus denen die Erdkruste besteht.

Dampfender Geysir
Im unterirdischen Wasserreservoir bildet sich Dampf, der plötzlich entweicht und zusammen mit dem Wasser eine Fontäne bildet.

Geysir

Öffnung in der Erdkruste, aus der kochende Wasserfontänen schießen

Geysire entstehen, wenn heißes Gestein das Wasser in einer unterirdischen Wasser führenden Schicht bis zum Siedepunkt aufheizt. Jedes Mal, wenn das Wasser siedet, wird es in einer Fontäne bis zu 500 m hoch in die Luft geschleudert. **Fumarolen** sind kleine Schlote, die Dampf und Gase ausstoßen.

Krater

Die flache Vertiefung am Gipfel eines Vulkankegels

Die meisten Vulkankegel haben oben einen flachen Krater, der durch die Eruption entstanden ist. Die größten Krater **(Calderas)** haben bis zu 100 km Durchmesser.

VULKANTYPEN

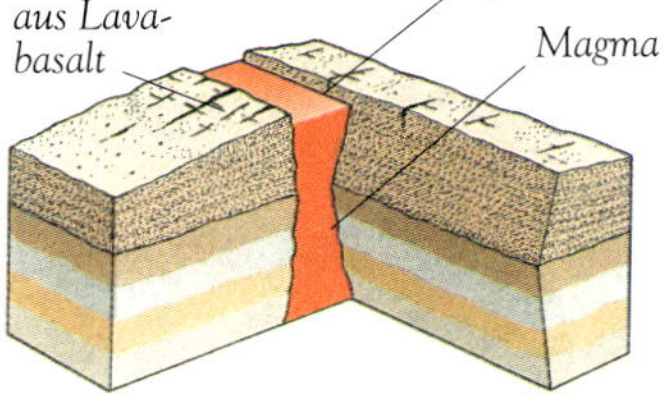

Spaltenvulkan

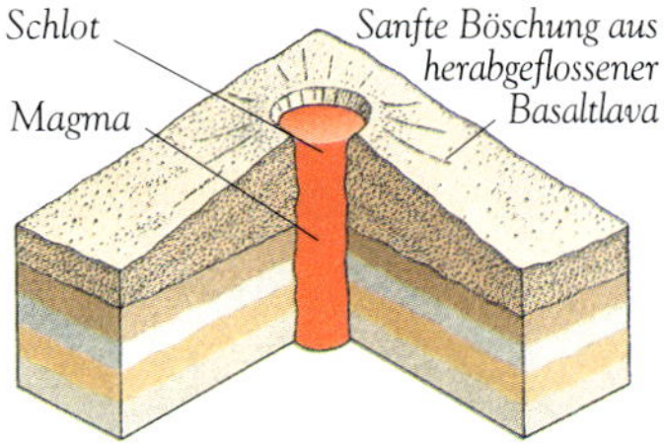

Schildvulkan

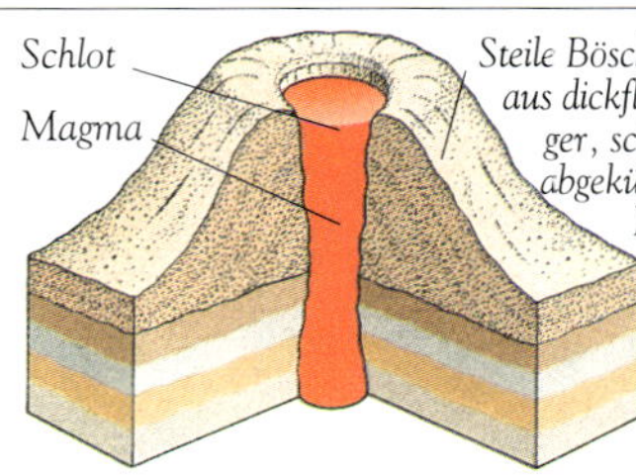

Kegelvulkan

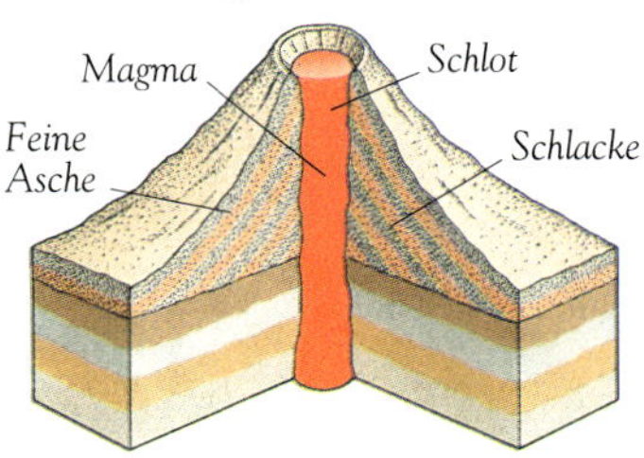

Asche-Schlackenvulkan

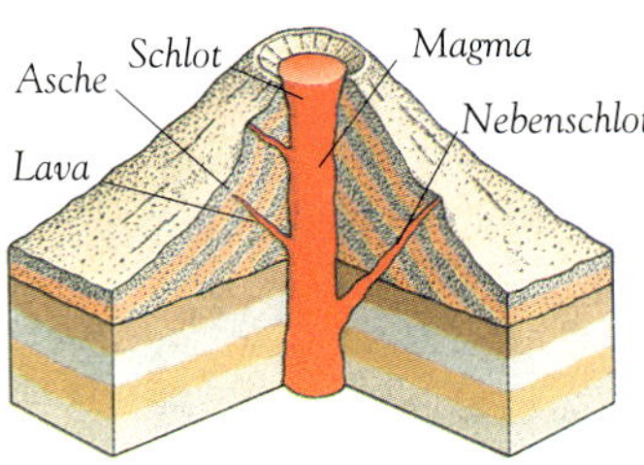

Stratovulkan

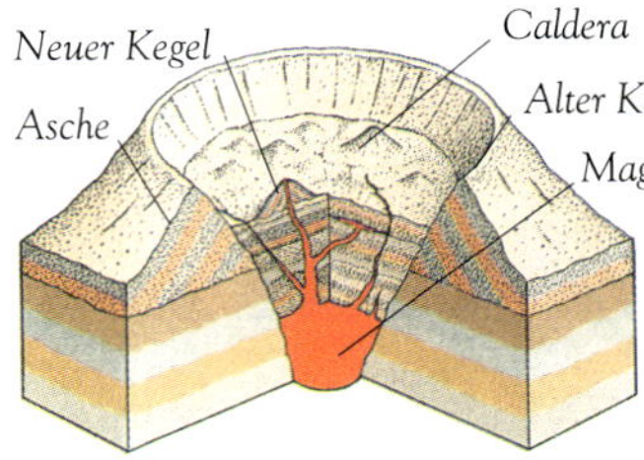

Calderavulkan

Vulkanausbrüche

Wenn ein Vulkan heftig ausbricht, strömt normalerweise glühende Lava aus seinem Gipfel. Asche- und Rauchwolken steigen in den Himmel; brennende Schlacke und Gestein können in alle Richtungen geschleudert werden und fallen als erstickender Regen auf weite Gebiete.

Lavafontäne
Eruption des Mauna Loa auf Hawaii: Rot glühendes, geschmolzenes Gestein wird in die Luft geschleudert.

Eruption

Plötzliches Hervorbrechen heißen Materials aus dem Erdinneren

Die Kraft explosiver Vulkanausbrüche stammt aus einer Mischung von Gasen und Magma ■. Durch den hohen unterirdischen Druck lösen sich riesige Kohlendioxidmengen im Magma; gelangt dieses aber ins Freie, kann es wegen des niedrigeren Drucks weniger Gas aufnehmen. An seiner Oberfläche bilden sich kleine Blasen, die immer größer werden und das Magma durch den Schlot ■ des Vulkans in einer gewaltigen Eruption nach außen drücken.

Magmaherd

Ein Hohlraum unter einem Vulkan, in dem sich Magma sammelt

Das Magma, das bei einer großen Eruption hervorbricht, sammelt sich vorher in einer großen unterirdischen Kammer.

Eruptionspfropfen

Ein Pfropfen aus hartem Gestein, der in einem Vulkan zurückbleibt

Wenn Magma sich in den Schloten mancher Vulkane verfestigt, wird es zu sehr hartem Gestein. Dann bleibt es häufig als Felsturm stehen, wenn der übrige Vulkankegel schon durch Verwitterung abgetragen wurde. Solche Pfropfen sind z. B. der Puy-de-Dome im französischen Zentralmassiv und der Devil's Tower in Wyoming (USA).

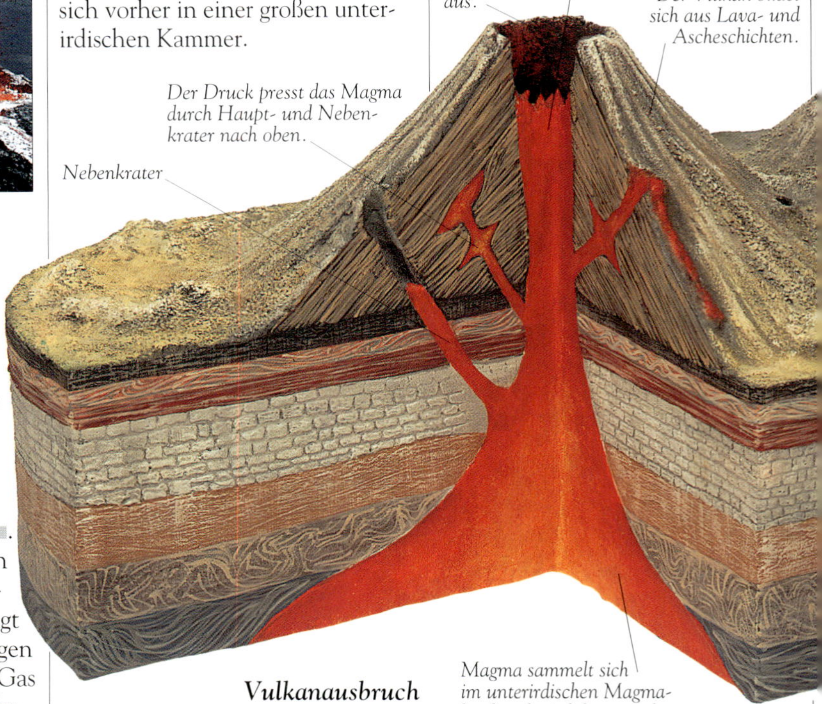

Vulkanausbruch
Die Schnittzeichnung zeigt, wie das zur Oberfläche vorstoßende Magma einen Stratovulkan entstehen lässt.

Feuerfontäne

Ein Magmastrahl aus einem engen Vulkanschlot

Auf Hawaii und anderswo stoßen Vulkane in bis zu 200 m hohen Fontänen dünnflüssige Basaltlava ■ aus, die sich dann auf die Umgebung verteilen.

Schlacke

Blasige Steine, die ein Vulkan ausstößt

Manchmal lassen gelöste Gase das Magma schäumen. Beim Abkühlen entstehen dann Steine mit geringer Dichte, die mit **Blasen** durchsetzt sind. **Bimsstein** ist so leicht, dass er auf Wasser schwimmt.

Siehe auch

Andesitvulkan 52 • Basalt 89
Erdkruste 40 • Hotspot-Vulkan 53
Magma 52 • Schlot 52 • Vulkan 52

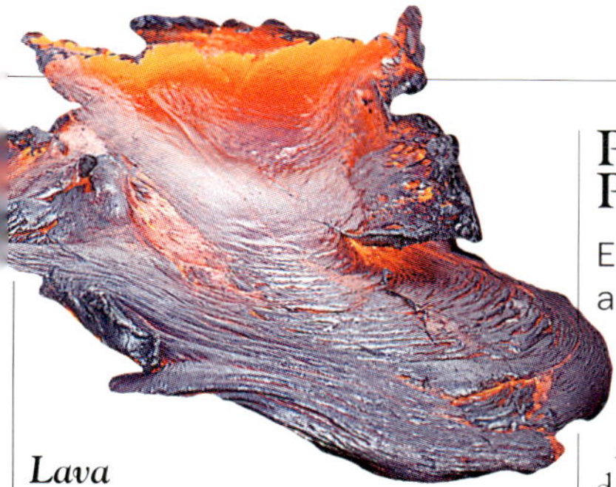

Lava
Beim Abkühlen bildet die Lava eine typische dünne Oberfläche.

Lava

Flüssiges Gestein

Magma, das an die Oberfläche der Erdkruste ■ gelangt, nennt man Lava. Die Art eines Vulkanausbruchs hängt davon ab, wie zähflüssig **(viskös)** die Lava ist. Dickflüssige **saure Lava** findet man bei Andesitvulkanen ■. Schild- und Hotspot-Vulkane stoßen dünnflüssige **Basaltlava** aus.

In der Nähe findet man häufig heiße Quellen oder Geysire.

Spratzlava

Zerklüftete, klumpige Lava, die z. B. auf Hawaii vorkommt

Spratzlava bildet scharfkantige Klumpen. Sie kann beim Abkühlen auch zu einer dünnen Kruste werden, auf der man schon bei wenigen Zentimetern Dicke gehen kann. Fließt die Lava darunter weiter, schiebt sich die Oberfläche zu der verwinkelten **Stricklava** zusammen.

Pyroklastisches Produkt

Ein bei einem Vulkanausbruch ausgestoßenes Bruchstück

Pyroklastisch heißt »vom Feuer zerbrochen«. Wenn beim Ausbruch eines Andesitvulkans der Magmapropfen aus dem Schlot geschleudert wird, fliegen die pyroklastischen Produkte oft weit durch die Luft.

Pyroklastischer Strom

Ein Strom aus heißer Vulkanasche, Schlacke und pyroklastischen Produkten

Bei Vulkanausbrüchen werden Asche, Schlacke und pyroklastische Produkte frei, die sich mit Gasen vermischen und fast wie Wasser am Vulkan hinunterfließen. Dabei vernichten sie alles, was ihnen im Wege steht. Ein solcher pyroklastischer Strom oder Aschestrom steckte 1902 die Stadt St. Pierre auf der Karibikinsel Martinique in wenigen Minuten in Brand.

Vulkanischer Sonnenuntergang

Sonnenuntergang nach einem Vulkanausbruch

Der Staub und die Asche, die bei einem Vulkanausbruch in die Atmosphäre gelangen, werden vom Wind oft in wenigen Wochen um die ganze Erde verteilt. Sie können sich stark auf das Klima auswirken und verursachen spektakuläre Sonnenuntergänge. Nach dem Ausbruch des Tambora auf Java im Jahr 1815 war die Sonne lange vom Staub verdunkelt.

Tephra

Bruchstücke, die bei einem Vulkanausbruch in die Luft geschleudert werden

Tephra sind pyroklastische Produkte, die hoch in die Luft geschleudert werden. Am größten (32 mm – 1 m Durchmesser) sind die **vulkanischen Bomben**, die oft charakteristische Formen haben: **Brotrindenbomben** sind von Rissen durchzogen, **Kanonenkugelbomben** sind rund. Kleinere Tephra-Stücke nennt man **Lapilli**.

Vulkanasche

Tephra mit weniger als 2 mm Durchmesser

Bei großen Vulkanausbrüchen gelangt Staub in riesigen Wolken in die Luft. Ein Teil regnet auf die Umgebung nieder und bildet am Boden eine erstickende Decke. Nach dem Ausbruch des Toba auf Sumatra vor 20 000 Jahren war die ganze Insel mit einer über 300 m dicken Ascheschicht bedeckt. Und als 79 n. Chr. der Vesuv ausbrach, wurden die Bewohner Pompejis unter Asche begraben. Ihre gut erhaltenen Überreste entdeckte man im 18. Jahrhundert.

Wolken aus Vulkanasche
Bei der Eruption des Mount St. Helens (Juli 1980) wurde die Asche 18 km hoch geschleudert.

Intrusionen

Nicht immer ist Vulkantätigkeit an der Oberfläche zu sehen. Große Teile des geschmolzenen Magmas aus dem Erdinneren bleiben unterirdisch eingeschlossen. Sie drücken gegen das darüber liegende Gestein und durchbrechen manchmal die vorhandenen Strukturen.

Eine freigelegte Intrusion
Dieser Dike ist durch das umgebende Gestein gedrungen. Er befindet sich in der Sierra Nevada in Kalifornien (USA).

Intrusion

Vulkangestein, das durch Risse in ältere Schichten eingedrungen ist, aber unter der Erde bleibt

Eine Intrusion bleibt nach der Vulkantätigkeit unter der Erde, **Extrusionen** dagegen entstehen oberirdisch durch Vulkane ■ und Lavaströme ■. Kann das geschmolzene Magma nicht zur Oberfläche vordringen, zwängt es sich manchmal in unterschiedlich geformte unterirdische Lücken, wo es abkühlt und zu Intrusivgestein wird. Das umgebende Gestein nennt man auch **Muttergestein**. Als **Pluton** bezeichnete man früher Intrusionen aller Formen und Größen. Heute meint man damit große, trommelförmige Körper aus Granit ■, die in fast festem Zustand bis dicht unter die Oberfläche gedrückt wurden.

Konkordante Intrusion

Eine Intrusion entlang der vorhandenen Schichtungsebenen

Wenn dünnflüssiges Magma zu Basaltgestein ■ wird, folgt die Intrusion meist den schwächsten Stellen und Schichtfugen ■ im Muttergestein. Füllt sie die Lücken des Muttergesteins aus, bezeichnet man sie als konkordant. **Diskordante Intrusionen** wie die Dikes dagegen kühlen sich zu granitartigem Gestein ab und brechen vielfach durch vorhandene Schichtungsebenen.

Batholith

Eine riesige, sehr tief reichende Intrusion, die ein großes Gebiet bedeckt

Die größten Intrusionen sind mit mindestens 100 km² die Batholithen. Der größte Batholith Nordamerikas ist mit 1500 km Länge der Coast Range Batholith in British Columbia und Washington. Batholithen sind unregelmäßig geformt und durchstoßen die Schichten des Muttergesteins. Oft liegen sie in der Mitte größerer Gebirge. Sie kühlen meist langsam ab und bilden grobkörniges Granitgestein. An der Oberfläche ist oft nur ein Pluton zu erkennen. Manchmal gehören aber auch mehrere solche Strukturen, die an der Oberfläche weit auseinander liegen, zu einem einzigen riesigen Batholithen. In Südwestengland z. B. sind mehrere Granitkegel wie Dartmoor, Bodmin Moor und St. Austell Moor die durch Erosion freigelegten Aufschlüsse desselben Batholithen.

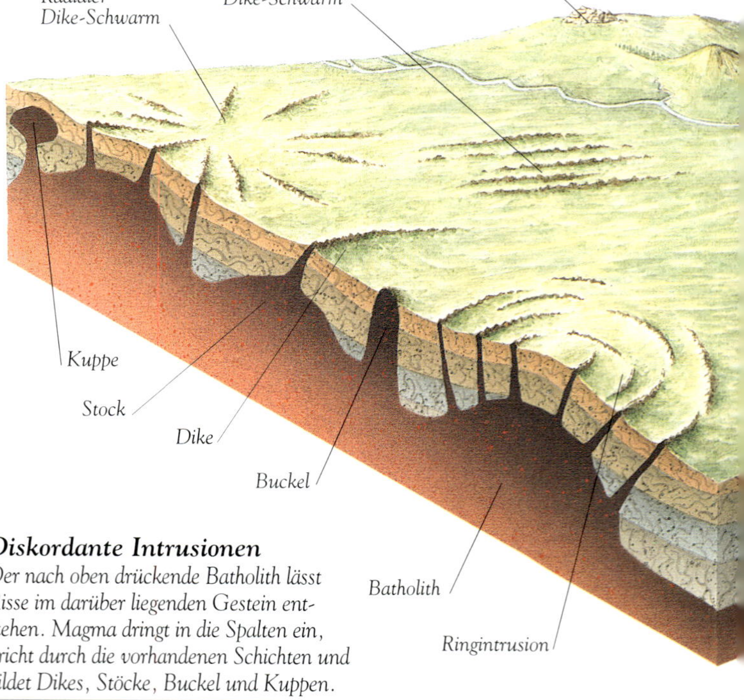

Diskordante Intrusionen
Der nach oben drückende Batholith lässt Risse im darüber liegenden Gestein entstehen. Magma dringt in die Spalten ein, bricht durch die vorhandenen Schichten und bildet Dikes, Stöcke, Buckel und Kuppen.

Stock

Eine kleine Intrusion

Kleine, diskordante Intrusionen mit weniger als 25 km Durchmesser sind manchmal Ableger eines großen Batholithen. Ein Stock ist meist trommelförmig, im Gegensatz zu einem **Buckel**, der schräge Seiten hat. Eine **Kuppe** ist der kuppelförmige Fortsatz eines Batholithen.

Dike

Eine dünne, mauerartige Intrusion

Dikes sind diskordante Intrusionen. Ein nach oben drängender Batholith erzeugt im Gestein darüber senkrechte Risse, die sich durch die gesamte Struktur ziehen. Dringt Magma in einen solchen Gang, entsteht ein Dike. Oft lässt ein einziger Batholith einen ganzen **Dikeschwarm** entstehen, dessen Gänge **parallel** oder, wie auf der schottischen Insel Rhum, **radial** angeordnet sind. Eine **Ringintrusion** ist kreisförmig.

Lopolith

Eine tellerförmige Intrusion

Lopolithen sind diskordante, durch Abkühlung von Basaltgestein entstandene Intrusionen. Kleinere Exemplare laufen häufig durch Mulden im vorhandenen Gestein und bilden schüsselförmige Intrusionen. Die größeren, manchmal **Megalopolithen** genannt, breiten sich tellerförmig aus. Die größten Lopolithen, z. B. der Duluth-Aufschluss am Oberen See in Ontario (Kanada), haben eine Fläche von über 200 000 km².

Phakolith

Eine flache, linsenförmige Intrusion

Phakolithen sind konkordante Intrusionen und kleiner als Lopolithen. Sie bilden ihre Wölbung je nach den im Gestein vorhandenen Mulden nach oben oder unten aus.

Wasserfall über einem Sill
Der High Force Waterfall in Teesdale (England), wo das weiche Gestein unter dem Sill vom Wasser abgetragen wurde.

Sill

Eine flache Intrusion

Sills sind konkordante Intrusionen, die zwischen die Schichten des Muttergesteins fließen und eine flache, waagerechte Schicht aus Intrusivgestein bilden. Der Palisades Sill im US-Bundesstaat New Jersey liegt leicht schräg. Ein weiterer ist Salisbury Crags im schottischen Edinburgh.

Lakkolith

Linsenförmige Intrusion mit flacher Unterseite, die darüber liegende Schichten zu einer Kuppel macht

Manchmal bricht Magma durch eine Gesteinsschicht und breitet sich unter der nächsthöheren aus. Dann wird es zu einer halbrunden, konkordanten Intrusion mit flacher Unterseite. Geschieht das mehrmals in übereinander liegenden Schichten, entsteht ein Zedernbaumlakkolith.

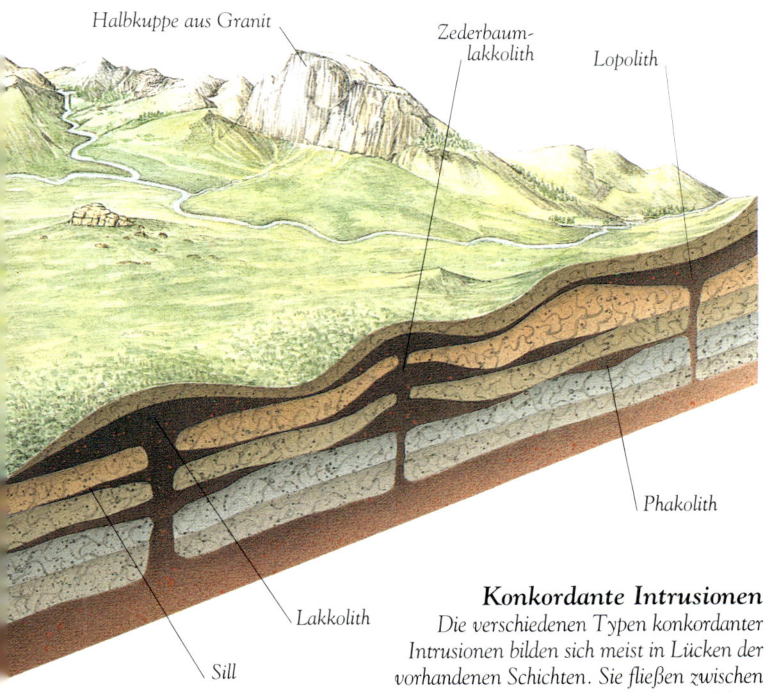

Konkordante Intrusionen
Die verschiedenen Typen konkordanter Intrusionen bilden sich meist in Lücken der vorhandenen Schichten. Sie fließen zwischen die Schichten und lassen Sills, Lakkolithen, Phakolithen und Lopolithen entstehen.

Siehe auch

Basalt 89 • Granit 90 • Lava 55
Magma 52 • Schichtfuge 93 • Vulkan 52

Erdbeben

Erschütterungen des Bodens können viele Ursachen haben, z. B. Vulkanausbrüche, Bombenexplosionen oder Lawinen. Besonders dramatisch sind aber Erdbeben: Sie lassen die Erde manchmal so stark schwanken, dass Gebäude einstürzen und Menschen in Lebensgefahr geraten.

Erdbeben

Erschütterungen des Erdbodens, ausgelöst durch plötzliche Bewegungen der Erdkruste

Die meisten Erdbeben sind so schwach, dass man sie nicht bemerkt. Die größten werden durch Bewegungen der tektonischen Platten ■ verursacht. An ihren Grenzen reiben sich die Plattenränder ■ aneinander. Manchmal geht das glatt; die Platten können aber auch hängen bleiben, sodass sich eine Spannung aufbaut. Diese lässt das Gestein schließlich beben und brechen, und dann laufen Erschütterungswellen durch den Boden. Diese Vibrationen, **seismische Wellen** genannt, sind die Ursache der Erdbeben.

Erdbebenherd

Der unterirdische Ausgangspunkt eines Erdbebens

Die Erdbebenwellen gehen von einem unterirdischen Erdbebenherd oder **Hypozentrum** aus. Flachbeben entstehen 0 bis 70 km unter der Oberfläche, mittlere Beben in 70 bis 300 km und Tiefenbeben in mehr als 300 km Tiefe. Das tiefste bisher gemessene Beben hatte seinen Herd in 720 km Tiefe, aber Flachbeben richten in der Regel die größten Schäden an. Erdbebenwellen werden nur an der Oberfläche spürbar. Am stärksten sind sie im **Epizentrum** an der Oberfläche unmittelbar über dem Erdbebenherd.

Zwei tektonische Platten reiben sich aneinander; Spannung baut sich auf und lässt Erschütterungswellen entstehen.

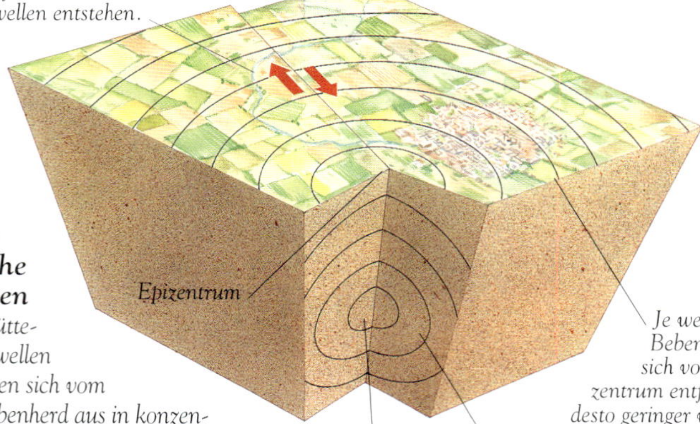

Seismische Wellen
Erschütterungswellen pflanzen sich vom Erdbebenherd aus in konzentrischen Kreisen fort. Die Schäden sind im Epizentrum am größten, aber die Erschütterungen sind manchmal noch in 400 km Entfernung zu spüren.

Je weiter die Bebenwellen sich vom Epizentrum entfernen, desto geringer werden die Schäden.

Erdbebenherd (Hypozentrum)

Die Wellen gehen in konzentrischen Kreisen vom Erdbebenherd aus.

Isoseiste

Eine Linie auf der Landkarte zwischen Punkten gleicher Erdbebenstärke

Isoseisten bilden konzentrische Kreise um das Epizentrum des Bebens. Mit wachsender Entfernung vom Zentrum nimmt die Bebenstärke ab.

Oberflächenwelle

Eine Erdbebenwelle, die an der Oberfläche wandert

Jede Art seismischer Wellen hat ihr eigenes Bewegungsmuster, an dem der Entstehungsort des Bebens zu erkennen ist. Die langsamen, kräftigen Oberflächenwellen richten bei Erdbeben die größten Schäden an. Man unterscheidet zwei Typen: die seitlichen **Love-Wellen** und die **Rayleigh-Wellen**, die sich eher wie Meereswellen auf und ab bewegen.

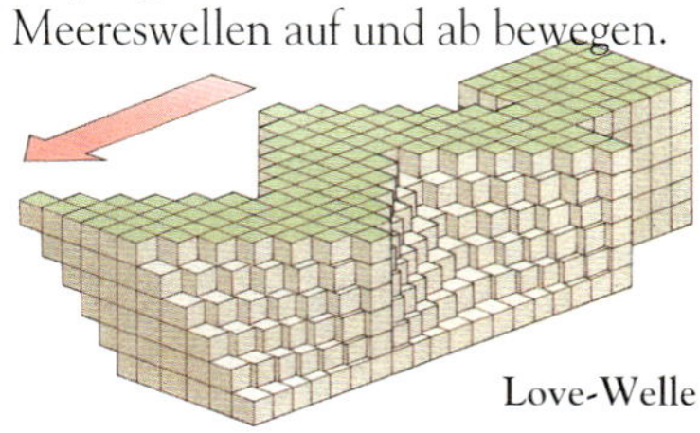

Love-Welle

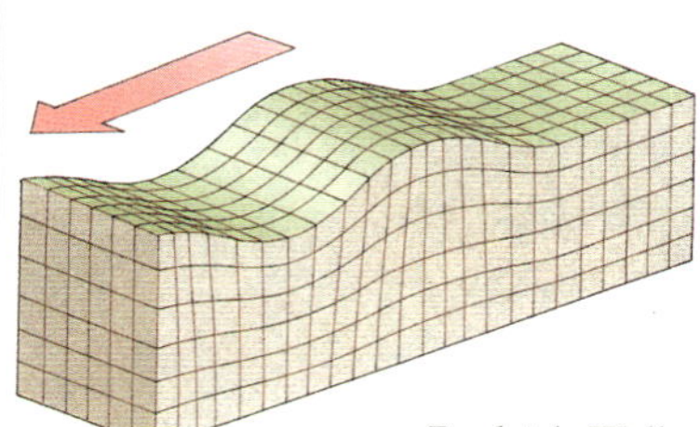

Rayleigh-Welle

Schäden durch Erdbeben
Diesen Straßenabschnitt brachten die Wellen des Bebens von Los Angeles 1994 zum Einsturz. Oberflächenwellen richten bei allen Beben mehr Schäden an als die Raumwellen in größerer Tiefe.

Raumwellen

Erdbebenwellen, die tief unter der Erde wandern

Primäre oder **P-Wellen** wandern schnell (5 km/sec) durch den Boden. Dabei wird das Gestein geschoben und gezogen, gedehnt und gestaucht wie auf einem Verschiebebahnhof. **Sekundäre** oder **S-Wellen** sind etwas langsamer (3 km/sec) und bewegen das Gestein auf und ab oder seitlich wie beim Schwenken eines Springseils.

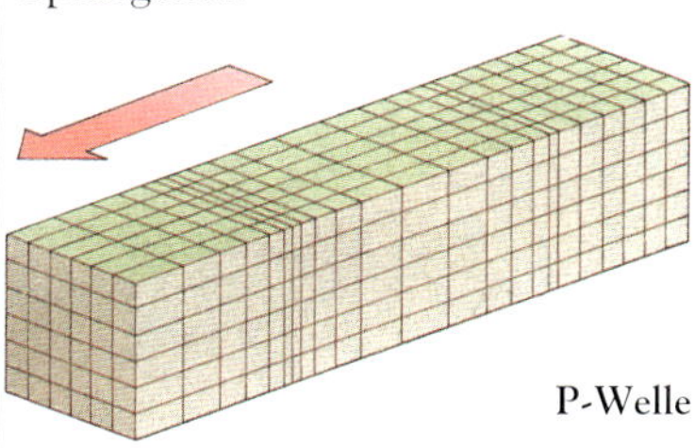

P-Welle

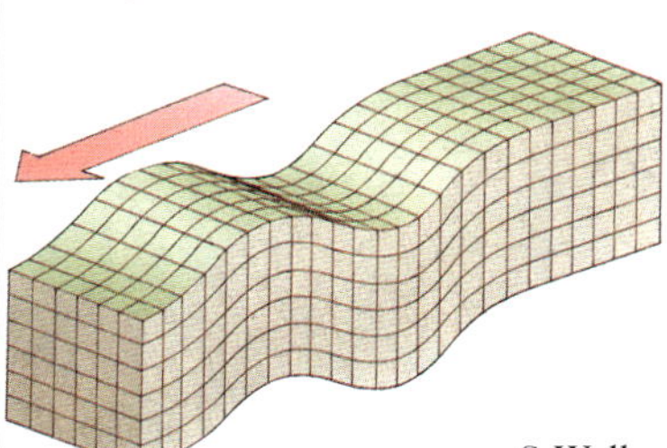

S-Welle

Vorbeben

Eine kleine Erschütterung vor einem großen Erdbeben

Die ersten Brüche im Gestein zu Beginn eines Erdbebens lassen häufig schon vor dem Hauptbeben leichte Erschütterungen entstehen. Es können auch nach Stunden, Tagen und Monaten noch **Nachbeben** auftreten.

Tsunami

Eine riesige Flutwelle, ausgelöst von einem Seebeben

Tsunamis können ganze Küstenstriche verwüsten. Sie bewegen sich weg vom Epizentrum des Bebens mit 700 km/h oder mehr, sind aber an der Meeresoberfläche kaum zu sehen. Erst wenn sie flaches Wasser erreichen, werden sie manchmal mehr als 30 m hoch.

Seismograf

Ein Gerät zur Aufzeichnung seismischer Wellen

Ein Teil eines Seismografen bleibt unbeweglich, der Rest schwingt mit den seismischen Wellen. Diese werden als Kurven auf einem Papierstreifen oder mit einem Lichtstrahl auf Fotopapier aufgezeichnet **(Seismogramm)**. Die weltweite Erdbebentätigkeit wird von seismologischen ■ Mess-Stationen auf allen Kontinenten überwacht. In jeder Station stehen zwei oder drei Seismografen, die mit allen anderen synchronisiert sind.

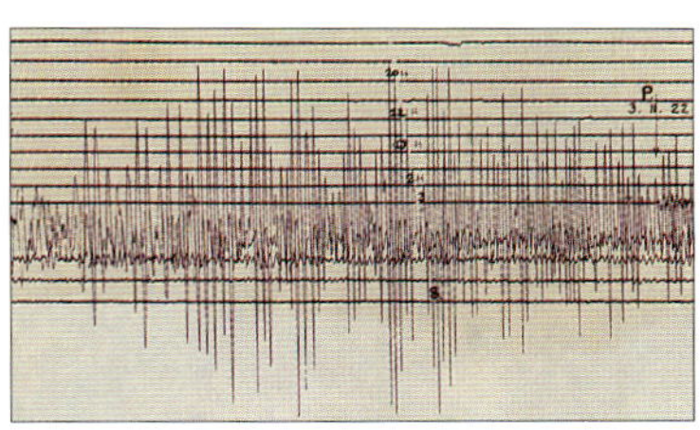

Aufzeichnung von Erdbeben
Dieses im englischen Oxford aufgezeichnete Seismogramm zeigt das Erdbeben von Tokio 1923. Die Länge der Linien gibt die Stärke der Wellen wieder.

Mercalli-Skala

Skala für die Stärke von Erdbeben anhand von deren Auswirkungen

Auf der Mercalli-Skala wird die Erdbebenstärke mit römischen Zahlen von I bis XII angegeben. Ein Beben der Mercalli-Stärke III lässt Fenster klappern, Stärke XII bedeutet eine allgemeine Verwüstung.

Mercalli-Skala

XII	**Umfassende Zerstörung; sichtbare »Wellen« an der Erdoberfläche; Flussläufe verändern sich; Gesichtsfeldverzerrung.**
XI	**Eisenbahnschienen verbiegen sich; Straßen brechen auf; große Risse im Erdboden; Gestein stürzt herab.**
X	**Zerstörung der meisten Gebäude; große Erdrutsche; Wasser wird aus Flüssen geschleudert.**
IX	**Allgemeine Panik; Schäden an Gebäudefundamenten; Sand und Schlamm werden hochgeschleudert.**
VIII	**Lenkung von Autos beeinträchtigt; Schornsteine fallen herab; Äste brechen ab; Risse in feuchtem Boden.**
VII	**Stehen wird schwierig; Putz, Dachziegel fallen herunter; große Glocken läuten.**
VI	**Schwankender Gang; Fenster gehen zu Bruch; Bilder fallen von der Wand.**
V	**Türen gehen auf; Flüssigkeit schwappt aus Gläsern; Schlafende wachen auf.**
IV	**Teller klappern; stehende Autos wackeln; Bäume schwanken.**
III	**In geschlossenen Räumen spürbar; Fenster klappen.**
II	**In oberen Stockwerken im Sitzen spürbar.**
I	**Erschütterungen werden von Instrumenten aufgezeichnet.**

1 2 3 4 5 6 7 8 8.9
Richterskala

Mercalli und Richter im Vergleich
Das Schema zeigt einen ungefähren Vergleich zwischen Mercalli- und Richterskala. Mittelstarke Erdbeben haben nach Mercalli die Stärke IV oder V, nach Richter 4,3 bis 4,8. Schweren Erdbeben entsprechen die Werte VI bis X bzw. 6,2 bis 7,3.

Richterskala

Eine Skala für die Größenordnung eines Erdbebens

Die Richterskala ist logarithmisch und nach oben offen. Derzeit reicht sie von 0 bis 8,9 für das stärkste registrierte Erdbeben (1960 in Chile). Der Seismograf gibt Richter-Werte an.

Siehe auch

Plattenränder 47 • Seismische Vermessung 171 • Seismologie 40 tektonische Platte 46

Verwerfungen

Wenn die tektonischen Platten der Erdkruste sich aneinander reiben, geraten sie häufig unter solche Spannung, dass sich Risse oder Verwerfungen im Gestein bilden. Dann verschieben sich große Gesteinsmassen nach oben oder unten, die Landschaft verändert sich, neue Berge und Täler entstehen.

Verwerfung

Eine Bruchstelle, an der Gesteinsmassen aneinander vorübergleiten

Verwerfungen bilden sich vor allem in **Bruchzonen** an den Plattenrändern ■. Die Ebene, auf der die Gesteinsblöcke gleiten, nennt man **Verwerfungsebene**. Sie ist meist deutlich zu erkennen, obwohl die Blöcke auf beiden Seiten zerbrochen sind. Das Größenspektrum der Verwerfungen reicht von kleinen Rissen bis zu ganzen Gebirgen ■. Ein Erdbeben ■ bewegt das Gestein meist nur um wenige Zentimeter, bei dem Beben von 1906 in San Francisco verschob sich das Gelände beiderseits des Andreasgrabens aber um über 6 m. Erdbeben und Plattenverschiebungen können verworfenes Gestein um hunderte von Kilometern seitlich und mehrere Kilometer nach oben oder unten bewegen. Ein **Verwerfungsabsturz**, eine hohe Klippe, entsteht durch Aufwärts- oder Abwärtsbewegung eines großen Gesteinsblocks.

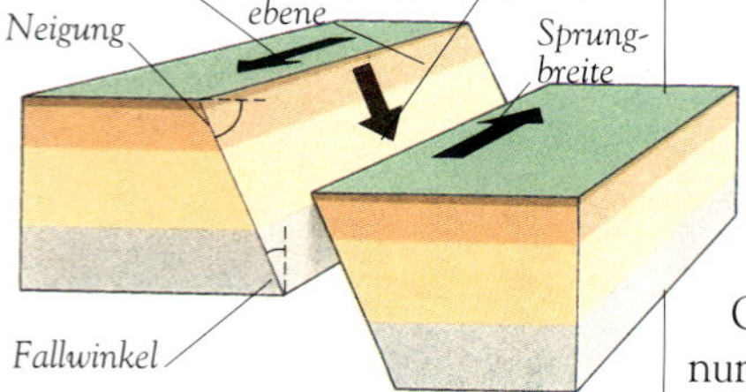

Eine Verwerfung
In der Geologie beschreibt man die Verformung des Gesteins mit Neigung, Fallwinkel, Sprunghöhe und Sprungbreite.

Sprunghöhe

Die Strecke, um die sich verworfene Blöcke nach oben oder unten bewegt haben

Sprunghöhe ist die senkrechte Strecke einer Verwerfung, als **Neigung** bezeichnet man ihren Winkel zur Horizontalen. Die meisten Verwerfungen sind recht steil (Neigungswinkel von 65° bis 90°). Der **Fallwinkel** ist der Winkel zwischen Verwerfungsebene und Vertikale, die **Verwerfungsbreite** das Ausmaß der seitlichen Verschiebung.

Konjunktivbruch

Durch Quetschung des Erdkrustengesteins verursachte Verwerfung

Konjunktivbrüche entstehen durch die Quetschung von Gestein, z. B. bei der Kollision tektonischer Platten ■. **Disjunktivbrüche** sind die Folge, wenn das Gestein durch die Auseinanderbewegung der Platten gedehnt wird. In manchen Verwerfungen findet man Elemente beider Formen.

Sprung

Verwerfung mit gerade nach unten gleitendem Gestein

Sprünge entstehen, wenn Gesteinsmassen durch Spannungen in der Erdkruste gerade nach unten gleiten, das heißt im Neigungswinkel der Verwerfung; deshalb nennt man sie auch **normale Verwerfungen**.

Transversalverschiebung

Eine Verwerfung, in der die Blöcke seitlich aneinander vorübergleiten

Transversalverschiebungen, auch **Seitenverschiebungen** genannt, entstehen durch seitliche Verschiebung der Platten. Die Gesteinsmassen gleiten also horizontal aneinander vorüber. Zu den größten Seitenverschiebungen, die man auch **Blattverschiebungen** nennt, gehört der Andreasgraben.

Blattverschiebung
Der Andreasgraben im US-Staat Kalifornien ist durch die Verschiebung der pazifischen Platte gegenüber der nordamerikanischen Platte entstanden. Die beiden Platten haben sich schon mehrere hundert Kilometer gegeneinander bewegt.

Siehe auch

Erdbeben 58 • Erdkruste 40 • Gebirge 64
Mantel-Plume 51 • Neigung 62
Plattenränder 47 • tektonische Platte 46

Gegensinnige Verwerfung

Verwerfung, in der ein Gesteinsblock über einen anderen gleitet

Gegensinnige Verwerfungen entstehen, wenn der Druck in der Erdkruste eine Gesteinsmasse über eine andere schiebt, sodass sich ein Überhang bildet. Den überhängenden Block nennt man **Hangendes**, den unteren **Liegendes**. Gegensinnige Verwerfungen sind weniger steil und in ihrem Winkel vielgestaltiger als normale. **Aufschiebungen** sind gegensinnige Verwerfungen mit einem Winkel von weniger als 45°. Manchmal bilden sie eine Treppe.

Verwerfung mit diagonaler Verschiebung

Eine Verwerfung mit diagonal verschobenen Gesteinsmassen

Wirken in der Erdkruste sowohl Scher- als auch Kompressionskräfte, verschieben sich die Gesteinsmassen diagonal. Geschieht dies in großem Maßstab, spricht man von einer **Transpressionszone**.

Tektonischer Graben

Ein großes, durch Verwerfungen entstandenes Tal

Tektonische Gräben gehören zu den auffälligsten Verwerfungserscheinungen. Das Große Rift-Tal erstreckt sich von Mosambik in Afrika über das Rote Meer bis nach Israel. Der Boden eines tektonischen Grabens besteht aus einem abgesunkenen Gesteinsblock; seine Wände sind normale Verwerfungen. Nach Ansicht der meisten Geologen entstehen solche Gräben durch den Zug auseinander weichender tektonischer Platten. Nach einer anderen Theorie bilden sich zwei gegensinnige Verwerfungen durch Kompression in unterschiedlicher Richtung. Manche Fachleute sehen auch eine Verbindung zu Mantel-Plumes ■.

Horst

Ein zwischen normalen Verwerfungen nach oben gedrückter Block

Ein Horst ist das Gegenteil eines Grabens; er kann große Hochebenen oder Gebirge entstehen lassen. Horste sind die Sinai-Halbinsel im Nahen Osten, der Schwarzwald und die Ruwenzori-Berge (Ostafrika).

Verwerfungsbrekzie

Durch Verwerfungen entstandene Gesteinsbruchstücke

Eine Verwerfung erkennt man oft an einem Streifen aus Bruchgestein, das durch die Reibung der Gesteinsblöcke zerbrochen ist.

VERWERFUNGSTYPEN

Normale Verwerfung
Eine einfache Verwerfung: Gestein bewegt sich auf oder ab.

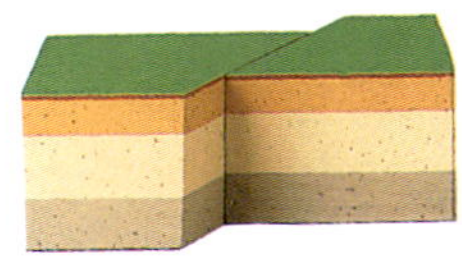

Transversalverschiebung
Die horizontale Verschiebung entlang einer senkrechten Verwerfungsebene.

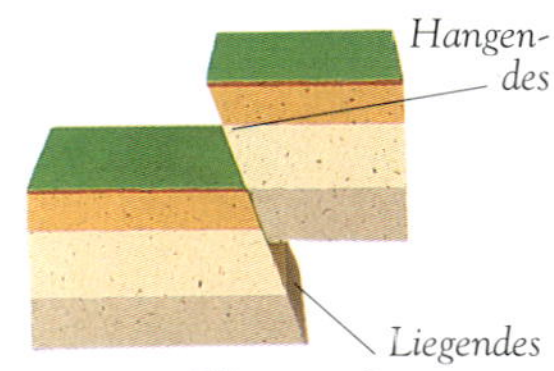

Gegensinnige Verwerfung
Ein Block wird über einen anderen geschoben.

Tektonischer Graben
Langer, schmaler Block, zwischen zwei normalen Verwerfungen abgesunken.

Horst
Ein Block ist zwischen zwei normalen Verwerfungen hochgestiegen.

Komplexe Verwerfung
Reihe von Verwerfungen schiebt die Blöcke in verschiedene Richtungen.

Falten

Gestein bildet im Allgemeinen flache Schichten. Die tektonischen Platten der Erdkruste bewegen sich aber mit so gewaltiger Kraft, dass die Schichten sich bei Kollisionen häufig zusammenschieben und verschiedenartige Falten bilden.

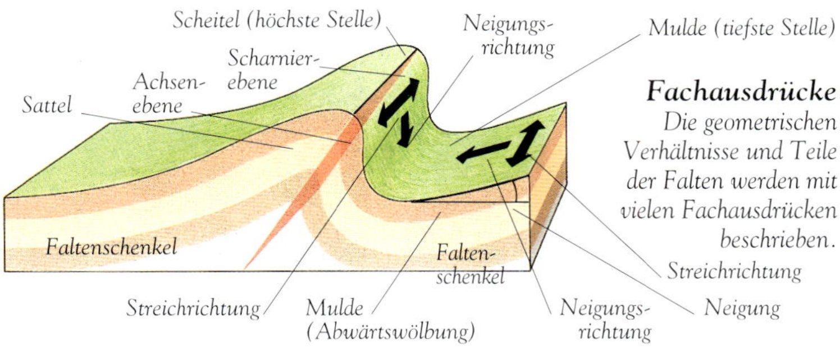

Fachausdrücke
Die geometrischen Verhältnisse und Teile der Falten werden mit vielen Fachausdrücken beschrieben.

Falte

Eine Biegung in den Gesteinsschichten der Erdkruste

Gesteinsfalten entstehen meist an den Stellen, wo die Schichten ▪ durch die Bewegungen tektonischer Platten ▪ horizontal oder vertikal gequetscht werden und sich zusammenschieben. Manchmal geschieht das in kleinem Maßstab, sodass nur wenige Zentimeter lange »Runzeln« entstehen. Es kann sich aber auch in großem Umfang ereignen, sodass zwischen den Gipfeln der Falten mehrere hundert Kilometer liegen. Ob eine Falte sanft oder stark gebogen ist, hängt unter anderem ab von den beteiligten Kräften, der Widerstandsfähigkeit des Gesteins gegen Verformungen, der Anordnung der Gesteinsschichten und der Art der Bewegung, die für die Faltung sorgt. Horizontaler Druck führt zur Aufwölbung; durch plötzliches Absinken wird das Gestein manchmal nicht gefaltet, sondern verdreht.

Siehe auch

Erosion 98 • Schichten 68
tektonische Platte 46 • Verwitterung 98

Neigung

Der Winkel zwischen einer schräg stehenden Gesteinsschicht und der Horizontalen

Falten haben manchmal eine Neigung von 90°. Die Neigungsrichtung, in welche die Falte weist, wird mit dem Kompass gemessen. Die Streichrichtung ist die Richtung einer horizontalen Linie auf der Gesteinsschicht, die im rechten Winkel zur Neigungsrichtung liegt.

Stark gefaltetes Gestein
Der Pico de Vallibierna in den spanischen Pyrenäen mit seinen stark gefalteten Gesteinsschichten.

Faltenschenkel

Schichten beiderseits einer Falte

Gefaltete Gesteinsschichten biegen sich um ein **Scharnier**, das den »Drehpunkt« der Falte darstellt. Der **Scheitel** ist der höchste, die **Mulde** der tiefste Teil einer Falte. Als Faltenschenkel bezeichnet man die Gesteinsschichten auf den beiden Seiten der Scharnierlinie.

Sattel

Eine bogenförmige Gesteinsfalte

Gesteinsfalten können nach oben oder nach unten gebogen sein. Ein Sattel ist nach oben gewölbt; die Wölbung nach unten nennt man Mulde.

Achsenebene

Eine gedachte Linie in der Mitte zwischen den Faltenschenkeln

Bei der Analyse von Gesteinsfalten sucht man nach der Achsenebene, die von der Scharnierlinie nach unten »hängt«. Die Achsenebene teilt eine Falte in zwei mehr oder weniger vergleichbare Teile und hilft, zwischen verschiedenen Typen von Falten zu unterscheiden.

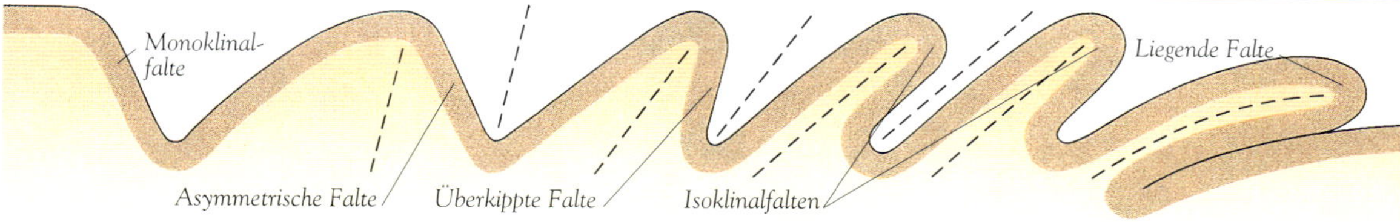

Faltentypen
Falten sind je nach der Kraft, die für die Verformung gesorgt hat, unterschiedlich komplex. Mit zunehmender Verformung kann eine Falte diese Stadien durchlaufen, von der Monoklinalfalte über die asymmetrische und überkippte bis zur liegenden Falte. Isoklinalfalten entstehen durch wiederholte dichte Faltung.

Lagerung

Die Form einer Falte

Je nachdem, mit welcher Kraft die Falte zusammengeschoben wurde, kann sie ganz unterschiedlich geformt sein. Eine einfache Falte mit nur einem geneigten Schenkel bezeichnet man als **Monoklinalfalte**. Bei einer **symmetrischen** oder **aufrechten Falte** haben beide Schenkel die gleiche Neigung. Häufig entsteht durch fortgesetzten Druck eine **asymmetrische** Falte, bei der ein Schenkel steiler ist als der andere. Sehr starke Verformung kann dazu führen, dass ein Schenkel überhängt und eine **überkippte Falte** entsteht. Senkt sie sich noch stärker, sodass sie fast horizontal auf der nächsten Falte liegt, bezeichnet man sie als **liegende Falte**. Wiederholte dichte Faltung bringt häufig mehrere parallele **Isoklinalfalten** hervor.

Kompetentes Gestein

Gestein, das im Vergleich zu seinen Nachbarn besonders starr ist

Die einzelnen Gesteinsschichten falten sich unterschiedlich. Kompetentes Gestein ist im Vergleich zu den darüber und darunter liegenden Schichten besonders starr und biegt sich nicht, sondern bricht eher. In einer Falte behalten kompetente Gesteinsschichten meist die gleiche Dicke. **Inkompetentes Gestein** dagegen verhält sich eher wie formbarer Ton: Es wird verbogen und verzerrt. Ist die Kompetenz der einzelnen Schichten unterschiedlich, kann sich die Form der Falten drastisch ändern, wobei die am wenigsten kompetenten Lagen sich am stärksten verbiegen **(disharmonische Faltung)**.

Gelände mit Schichtfolgen

Reihe von Bergrücken und Tälern entsprechend den Gesteinsfalten

Sanft gefaltete Gesteinsschichten stehen schräg zur Oberfläche. Durch Verwitterung ■ und Erosion ■ bilden sie schließlich eine charakteristische Streifenlandschaft. Weichere Schichten erodieren schneller und lassen Täler entstehen, härtere bilden die parallelen Bergrücken. Diese Rücken, die man **Schichtstufen** nennt, sind meist asymmetrisch geformt: Ihr **Hinterhang** ist flach, der **Steilhang** hat eine stärkere Neigung. Bei sehr stark geneigten Schichten sind beide Böschungswinkel gleich. Dann spricht man von einer **Schichtrippe**.

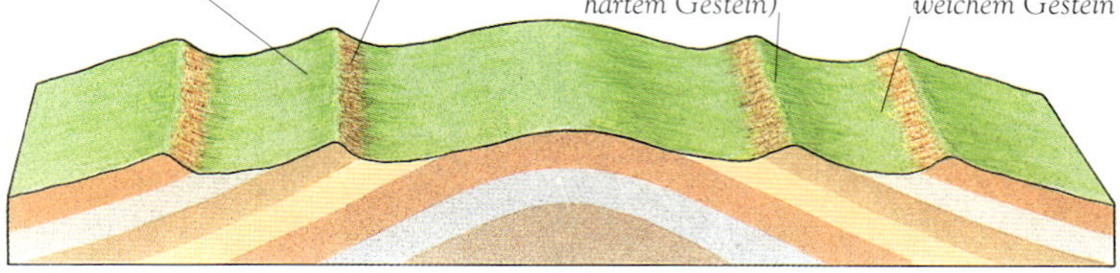

Gelände mit Schichtfolgen
Die parallelen Bergrücken und Täler entstehen durch ungleichmäßige Erosion der harten und weichen Schichten im gefalteten Gestein.

Boudinage

Eine Gesteinsschicht, die wie eine Wurstkette verformt ist

Eine kompetente Gesteinsschicht, die zwischen sehr inkompetenten Schichten liegt, wird bei Zug oder Druck nicht so leicht verbogen und verformt wie das umgebende Gestein. Sie zerbricht vielmehr in eine Reihe langer, dicker und kurzer, dünner Abschnitte, die wie Würste (franz. *boudins*) aussehen.

Kuppe

Eine runde Aufwölbung, deren Gestein in alle Richtungen abfällt

Falten verlaufen manchmal auch in unterschiedlichen Richtungen. An manchen Stellen wölbt sich die Landschaft zu einer kuppelförmigen Struktur, aus der durch Erosion ein Gelände mit ringförmiger Schichtfolge entstehen kann.

Gebirgsentstehung

Gebirge sind die höchstgelegenen Gebiete der Welt. Am höchsten ist der Mount Everest im Himalaya an der Grenze zwischen Nepal und China (Tibet) mit 8848 m. Gebirge sind meist zerklüftete Gebiete mit hohen Gipfeln, steilen Hängen und tiefen Tälern.

Berg

Eine mindestens 600 m hohe Erhebung mit steilen Hängen

Manche Berge, z. B. der Kilimandscharo in Ostafrika, sind allein stehende Berggipfel. Die meisten gehören aber zu **Gebirgsketten** wie dem europäischen Jura oder der Sierra Nevada im US-Staat Kalifornien. Oft ist eine ganze Reihe von Gebirgen zu einem **Kettengebirge** verbunden wie z. B. die östliche und westliche Kordillere in den südamerikanischen Anden. Die meisten hohen Berge der Erde gehören zu großen **Gebirgen** wie den europäischen Alpen, den Anden in Südamerika oder dem Himalaja, die aus Dutzenden von Gebirgszügen und mehreren hundert Gipfeln bestehen.

Faltengebirge

Ein durch Faltung der Erdkruste entstandenes Gebirge

Die meisten großen Gebirge sind entstanden, weil eine tektonische Platte auf einen Kontinent geprallt ist und die Erdkruste zusammengeschoben hat. Deshalb liegen Faltengebirge ■ in der Regel an den Plattenrändern ■. Die Anden erheben sich zum Beispiel da, wo die Nazca-Platte auf Südamerika trifft, und der Himalaja hat sich gebildet, weil die indische Platte mit Asien kollidierte.

Geosynklinale

Eine riesige Senke in der Erdoberfläche

Früher glaubte man, dass Faltengebirge sich in Synklinalen bilden, großen Senken der Erdkruste an den Rändern der Kontinente. Dort lagern sich die vom Land abgespülten Sedimente ■ als Sedimentgestein ■ ab. Angeblich verformte das Gewicht der Sedimente die Kruste so, dass sie schließlich die Ränder der Synklinale zusammenzog und durch Stauchung der Sedimente die Gebirge entstehen ließ. Diese Theorie ist überholt: Heute wissen wir, dass Gebirge durch die Bewegungen tektonischer Platten entstehen.

Ein Faltengebirge entsteht

Das Experiment zeigt, was bei der Subduktion einer Platte unter eine andere und der Auffaltung des Krustengesteins geschieht. Die Sandschichten (die Gesteinsschichten darstellen) werden horizontal zusammengedrückt und falten sich immer stärker, bis die einzelnen Falten sich völlig überlagern und Überschiebungsmassen bilden. Am Ende entsteht ein Faltengebirge.

Sandschichten stellen Lagen des Krustengesteins dar.

Erste Z-förmige Falte bildet sich.

1

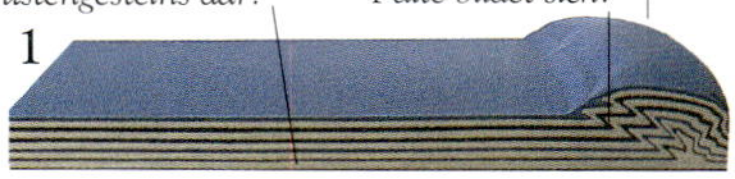

Zweite Z-förmige Falte bildet sich.

Neue Falten entstehen, ältere werden weiter verformt.

2

Überschiebungsmasse

3

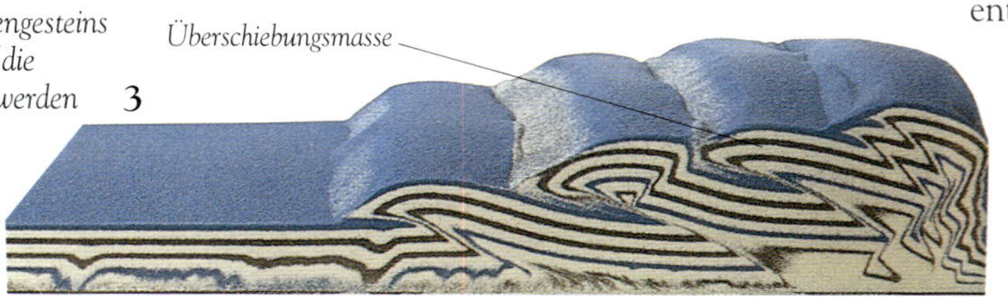

Durch wiederholte Faltung ist ein Faltengebirge entstanden.

Überschiebungsmasse

Einfache Verformung von Sedimentgestein

Vorgebirge

4

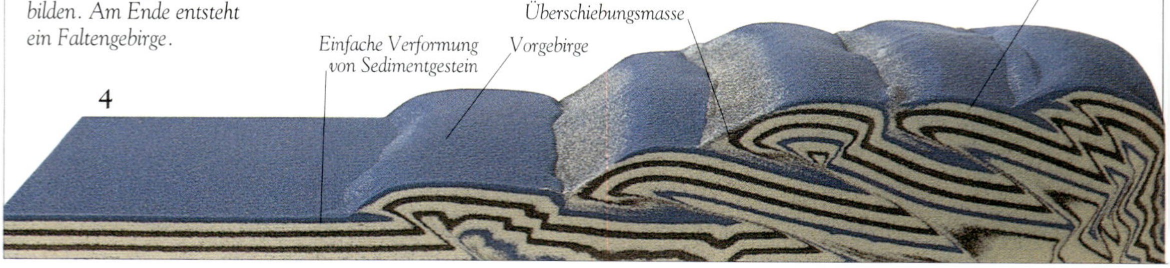

Eiger und Mönch in den Alpen
Diese Faltenberge in der Schweiz wurden nach der Faltung vielfach gebrochen und sind zu auffälligen Gipfeln verwittert.

Abbruch

Ein großer, gebogener Gesteinsabbruch in einem Gebiet der Gebirgsentstehung

Bei der Kollision von Kontinenten gerät das kristalline Grundgebirge einer Platte durch Subduktion unter die andere. Das jüngere Gestein obenauf schiebt sich zu einem Gebirge zusammen und kann sich vom Grundgebirge lösen. Die Grenze zwischen beiden nennt man **Abscherungshorizont**. Gelegentlich lässt der Druck das junge Gestein völlig zerbrechen, sodass eine große, gebogene Verwerfung entsteht: der Abbruch.

Bruchschollenberg

Ein durch großen Aufwärtsschub entstandener Berg

Nicht alle Gebirge entstehen durch Faltung. Wenn sich ein Horst zwischen zwei Verwerfungen erhebt oder wenn das Land um die Verwerfungen absinkt, entstehen häufig hohe Bruchschollenberge mit flachem Gipfel. Auch durch Vulkane können Berge entstehen. Vulkane wie der Aconcagua in Argentinien gehören zu den höchsten Bergen der Welt.

Massiv

Eine große Gebirgs- oder Gesteinsformation

Große Einzelberge oder Gebirgsgebiete mit ähnlichen Eigenschaften werden manchmal als Massive bezeichnet. Auch alte, kristalline Gesteinsblöcke in einem Gebirge nennt man so.

Isostasie

Das ausgewogene Verhältnis zwischen der Höhe von Bergen und der Tiefe ihrer »Wurzeln«

Die starre kontinentale Kruste der Erde treibt auf dem Erdmantel wie ein Schiff auf dem Meer. Und genau wie ein schwer beladenes Schiff tiefer im Wasser liegt, so senkt sich auch die Kruste an ihren dicksten Stellen tiefer in den Mantel. Hohe Gebirge sinken tiefer ein und balancieren ihre Höhe mit tieferen »Wurzeln« aus. Werden sie abgetragen, gleichen sie das Gewicht durch Hebung aus, und das **isostatische Gleichgewicht** stellt sich ein. Auch wenn die Kruste unter einer Eiskappe absinkt, kann sie sich wieder heben, nachdem das Eis geschmolzen ist.

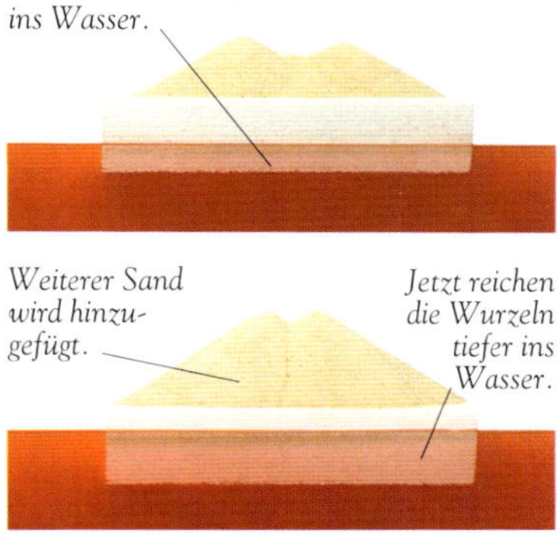

Höhen und Tiefen
Hier stellt Sand einen Berg und eine Kunststoffschale seine »Wurzeln« in der Kruste dar. Je mehr Sand man in die schwimmende Schale füllt, desto tiefer sinkt sie in das gefärbte Wasser.

Grove Karl Gilbert

Amerikanischer Geologe, 1843–1918

Gilbert, einer der großen Geologen um die Jahrhundertwende, unterschied als einer der Ersten zwischen Falten- und Bruchschollengebirgen. Gilbert prägte auch den Begriff »Orogenese« für die Gebirgsbildung.

Orogenese

Die Gebirgsbildung

Die Orogenese oder Gebirgsbildung beschränkt sich auf wenige Gebiete der Erde, die meist an den Rändern tektonischer Platten liegen und **orogenetische Gürtel** genannt werden. Zwei Beispiele sind die Anden und der Himalaja. Zwar werden die meisten Gebirge durch die Kollision der Platten ständig höher, aber am aktivsten war die Gebirgsbildung wahrscheinlich in den **orogenetischen Phasen** der Erdgeschichte, die sich jeweils über mehrere Millionen Jahre erstreckten. Je nach Gegend kennt man unterschiedliche Phasen: Kaledonikum, variskische und alpine Phase in Europa, Huronium, nevadische und pasadenische Phase in Nordamerika.

Siehe auch

Eiskappe 120 • Erdkruste 40
Erdmantel 41 • Falte 62
Grundgebirge 40 • Horst 61
Kollisionszone 48 • Sediment 92
Sedimentgestein 92 • Subduktion 48
tektonische Platte 46 • Verwerfung 60
Vulkan 52

Die Anfänge der Erde

Wie die Erde entstanden ist, wissen wir nicht genau. Vor Jahrmilliarden kreiste wahrscheinlich nur eine riesige heiße Gas- und Staubwolke um die Sonne. Vor rund 4,6 Milliarden Jahren ballten sich Teile der Wolke fester zusammen: Die Erde und die anderen Planeten entstanden.

Die Erde wird geboren
Nach Ansicht vieler Fachleute bildete sich das Sonnensystem vor rund fünf Milliarden Jahre aus einer großen Gas- und Staubwolke. In der Mitte ballte sich die Sonne zusammen, weiter außen kondensierte ein Teil des rot glühenden Materials zu einer flüssigen Kugel – der Erde.

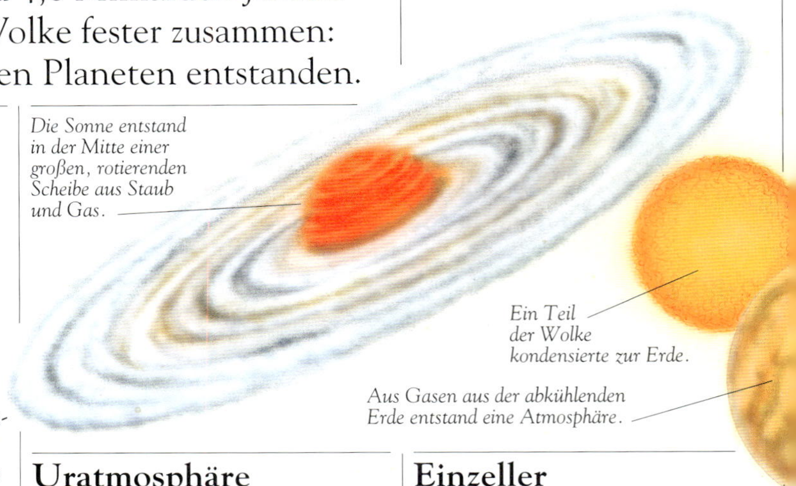

Planetenentstehung

Die Zusammenballung von Weltraumtrümmern zu einem Planeten

Die Erde entstand wahrscheinlich durch schnelle Zusammenballung kleiner Weltraumtrümmer, der Protoplaneten ■. Ständig stürzten weitere Trümmer auf die wachsende Erde, darunter auch Eisbrocken von den Rändern des Sonnensystems. So gelangten Wasser und andere chemische Verbindungen ■ auf die Erde, die für das Leben unentbehrlich sind.

Urerde

Die Erde während ihrer ersten Jahrmillionen

Die Oberfläche der neu gebildeten Erde bestand lange Zeit nur aus Vulkanen ■ und Rauch. Obwohl das Ausgangsmaterial recht kühl war, heizte sich die Erde durch die ständigen Einschläge auf. Auch der radioaktive Zerfall ■ vieler Elemente ■ ließ die Temperatur steigen. Eisen und Nickel schmolzen und sanken in den Erdkern ■. Leichteres Material stieg nach oben und bildete die Erdkruste ■.

Siehe auch

Äonen 69 • Atmosphäre 138
Element 42 • Erdkern 41 • Erdkruste 40
Fossilien 70 • geologische Zeittafel 72
hydrothermale Schlote 83 • Kambrium 73
Ozonschicht 138 • Photosynthese 159
Protoplaneten 32 • radioaktiver Zerfall 76
Verbindung 42 • Vulkan 52

Uratmosphäre

Die Atmosphäre der jungen Erde

Während die Erde sich stabilisierte, stiegen riesige Blasen aus ihrem Inneren auf und bildeten eine Atmosphäre ■ mit Wolken aus Wasserdampf. Nach knapp einer Milliarde Jahre regnete es, und die ersten Ozeane entstanden. Methan und Ammoniak in der Atmosphäre wurden bald vom Sonnenlicht gespalten. Der in ihnen enthaltene Wasserstoff entwich in den Weltraum, Kohlendioxid und Stickstoff blieben zurück.

Sauerstoffentstehung

Das Entstehen freien Sauerstoffs in der Atmosphäre

In der Uratmosphäre fehlte der zum Leben notwendige Sauerstoff. Der heutige Sauerstoffanteil war erst vor rund einer Milliarde Jahre erreicht, als Pflanzen schon Photosynthese ■ betrieben. Der Sauerstoff trug zur Ozonschicht ■ bei, die das Ultraviolettlicht der Sonne abhält. Ohne diesen Schutz könnten an Land nicht einmal Pflanzen leben.

Einzeller

Einfache Lebewesen aus nur einer Zelle

Das Leben entstand vermutlich vor 3,8 Milliarden Jahren – vielleicht in warmen Vulkanseen oder an den Schloten ■, aus denen am Meeresboden heißes Wasser strömt. Die ersten Lebewesen waren **Bakterien** aus nur einer Zelle. Sie lebten im Wasser und ernährten sich von gelösten chemischen Substanzen. Vor rund drei Milliarden Jahren entstanden die pflanzenähnlichen **Cyanobakterien**.

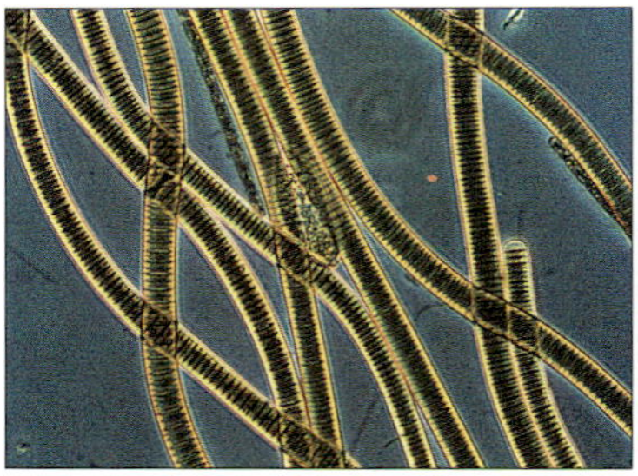

Sauerstoffbildner
Cyanobakterien nutzen das Sonnenlicht zur Photosynthese und reicherten die Uratmosphäre mit Sauerstoff an.

Protisten

Die ersten komplex gebauten Zellen

Amöbe

Die Einzellergruppe der Protisten entstand vor rund 1,5 Milliarden Jahren. Sie enthalten **Organellen** (»kleine Organe«) für verschiedene Aufgaben. Die Protisten sind **Eukaryonten**: Sie besitzen einen **Zellkern**, das von einer Membran umhüllte Organisationszentrum der Zelle. Bakterien sind **Prokaryonten** und haben keinen Zellkern. Die größten Protisten sind die etwa 1 mm langen **Amöben**.

Schwämme

Einfache, vielzellige Meerestiere

Schwamm

Schwämme gehörten zu den ersten Lebewesen, die Fossilien hinterließen. Sie entwickelten sich vermutlich aus Kolonien unterschiedlich spezialisierter Protisten. Echte Vielzeller, deren Zellen in Geweben organisiert sind, nennt man **Metazoen** (zu ihnen gehört auch der Mensch). Fossilien von Quallen und anderen einfachen Metazoen sind bis zu 700 Millionen Jahre alt.

Präkambrium

Die gesamte Erdgeschichte bis vor 570 Millionen Jahren

Über die ersten vier Milliarden Jahre der Erdgeschichte weiß man wenig, weil die einfachen Lebewesen kaum Fossilien hinterließen. Das Präkambrium unterteilt man in das **Archaikum** (vor über 2,5 Milliarden Jahren) und das **Proterozoikum** (vor 2,5 Milliarden bis 570 Millionen Jahren).

Kambrische Explosion

Das plötzliche Auftauchen komplexer Lebewesen im Kambrium

Im Kambrium, vor 570 bis 510 Millionen Jahren, entstanden vielfältige Meereslebewesen, die zahlreiche Fossilien hinterließen. Aus allen späteren Perioden kennt man viele Fossilien, wichtige Indizien für die Konstruktion genauer geologischer Zeittafeln.

Halb geschmolzene Oberfläche
Als die Erde abkühlte, kristallisierten die Mineralien, und Gesteine wie Gabbro und Anorthosit entstanden. Auf der Oberfläche entstanden kleine Gesteinsschollen, die sich nach und nach verbanden.

Ströme aus glühend heißem Magma flossen über die Erdoberfläche.

Festes Gestein
Vor vier Milliarden Jahren hatte die Erde eine feste Gesteinsoberfläche mit vielen Meteorkratern und großen Vulkanen.

Aus aktiven Vulkanen stiegen Rauch- und Gaswolken auf.

Wasser und Leben
Erste primitive Lebensformen entstanden vor rund 3,8 Milliarden Jahren. Vor einer Milliarde Jahre hätte die Erde aus dem Weltraum schon vertraut ausgesehen: Wolkenwirbel, Ozeane und Landmassen wären zu erkennen gewesen.

Vor rund 3,9 Milliarden Jahren gab es auf der Erdoberfläche das erste Wasser; eine Million Jahre später entstanden die ersten Ozeane.

Vergangenheit aus Stein

Unser Wissen über die Erdgeschichte rührt fast ausschließlich von der Untersuchung des Gesteins in der Erdkruste. Durch die Analyse der Gesteinsarten, ihrer Wechselbeziehungen, der in ihnen enthaltenen Fossilien und vieler anderer Faktoren kann man ein Bild früherer Ereignisse zeichnen.

Stratigrafie

Die Wissenschaft von Verteilung und Reihenfolge der Gesteinsschichten

Der Begründer der Stratigrafie war William Smith ■. Wie er als Erster erkannte, sind zwei Gesteinsschichten gleich alt, wenn sie die gleiche Gemeinschaft ■ von Fossilien ■ enthalten, selbst wenn es sich um unterschiedliches Gestein handelt. Das Alter bestimmt man unter anderem mit der radiometrischen Datierung ■.

Lithostratigrafie

Die Beschreibung der Gesteinsschichten und ihrer Verteilung

In der Lithostratigrafie ermittelt man die Reihenfolge der Gesteinsschichten in einem Gebiet und vergleicht sie mit Schichtungen aus anderen Regionen. Eine **Formation** ist eine Gesteinsschicht, die man auf größere Strecken kartieren kann. Über und unter einer Formation liegt in der Regel ganz anderes Gestein. Eine Formation unterteilt man in **Glieder** und diese in **Horizonte**, die kleinste lithostratigrafische Einheit.

Siehe auch

Erosion 98 • Falte 62 • Fossil 70
Gemeinschaft 74 • Intrusion 56 • Lava 55
Mesozoikum 72 • metamorphes Gestein 96 • Neigung 62 • Paläozoikum 72 • radiometrische Datierung 76
Sediment 92 • Sedimentgestein 92
Smith 72 • Steno 181 • Verwerfung 60
Vulkanasche 55

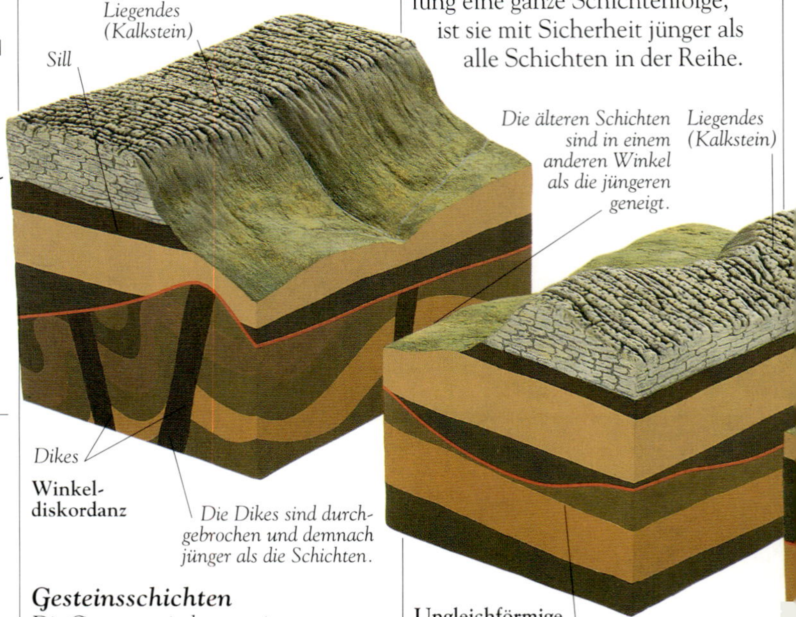

Gesteinsschichten
Die Grenze zwischen zwei unterschiedlich alten Schichtenfolgen (hier als rote Linie dargestellt) nennt man Diskordanz. Sie ist eine Lücke im geologischen Ablauf, entstanden in einer Zeit ohne Sedimentablagerung.

Auflagerungsgesetz

Das Prinzip, dass eine Gesteinsschicht jünger ist als die darunter liegende Schicht

Das Auflagerungsgesetz entdeckte Nicolas Steno im 17. Jahrhundert. Wie er erkannte, lagern Sedimentschichten ■ sich übereinander ab, sodass die ältesten Schichten im Sedimentgestein ■ immer ganz unten und die jüngsten oben liegen. Das gilt, sofern die Schichten nicht durch Faltung ■ oder Verwerfung ■ umgedreht wurden.

Gesetz der Altersverhältnisse beim Durchbruch

Eine Intrusion oder Verwerfung ist jünger als das Gestein, das sie durchbricht

Diese Gesetzmäßigkeit liefert wichtige Anhaltspunkte für die Altersverhältnisse geologischer Anordnungen. Durchstößt z. B. eine Intrusion ■ oder eine Verwerfung eine ganze Schichtenfolge, ist sie mit Sicherheit jünger als alle Schichten in der Reihe.

Chronostratigrafie

Die Wissenschaft vom zeitlichen Ablauf der Gesteinsablagerung

Die Chronostratigrafie stellt **zeitliche Zusammenhänge** zwischen Schichten gleichen Alters in verschiedenen Gebieten her. Es gibt zwei grundlegende Einheiten: erdgeschichtliche Zeiträume und Schichtungszeiträume.

Erdgeschichtlicher Zeitraum

Eine Grundeinheit der erdgeschichtlichen Zeit

Wie sich ein Tag in Stunden, Minuten und Sekunden gliedert, so unterteilt man die geologische Zeit in einzelne Zeiträume. Der längste erdgeschichtliche Zeitraum ist die **Äone**, gefolgt von **Ära, Epoche, Zeitalter** und **Chron** (der kleinsten Einheit). Die Zeiträume sind unterschiedlich lang und meist umso kürzer, je näher sie der Gegenwart sind. Die Ära des Paläozoikums ■ dauerte z. B. 320 Millionen Jahre, das spätere Mesozoikum ■ währte nur 184 Millionen Jahre.

Paralleldiskordanz

Schichtungszeitraum

Ein Teil einer Schichtenfolge, der in einem erdgeschichtlichen Zeitraum entstanden ist

Bei Gesteinsschichten stellt man fest, in welchen erdgeschichtlichen Zeiträumen die Schichten abgelagert wurden. Die Schichten eines **Systems** stammen aus derselben Periode, die einer **Serie** aus derselben Epoche. Eine **Chronozone** besteht aus Gestein desselben Chrons.

Diskordanz

Ein Bruch oder eine Lücke in einer Folge von Gesteinsschichten

An einer Diskordanz liegt eine Schichtenfolge über Gestein einer völlig anderen Folge. In Sedimentgestein gibt es mehrere wichtige Typen von Diskordanzen. Bei einer **Winkeldiskodanz** sind die älteren Schichten gegenüber den jüngeren darüber geneigt ■. Ursache ist z. B. die Erosion ■ einer gefalteten Schichtenfolge, die dann unter einer neuen Folge begraben wird. Eine **ungleichförmige Lagerung** ist eine unregelmäßige, erodierte Oberfläche zwischen parallelen Gesteinsschichten. In einer **Paralleldiskordanz** sind die Schichten beiderseits des Bruches im gleichen Winkel und in der gleichen Richtung geneigt. Häufig liegt auch eine Schichtenfolge über der erodierten Oberfläche von Vulkan- oder metamorphem Gestein.

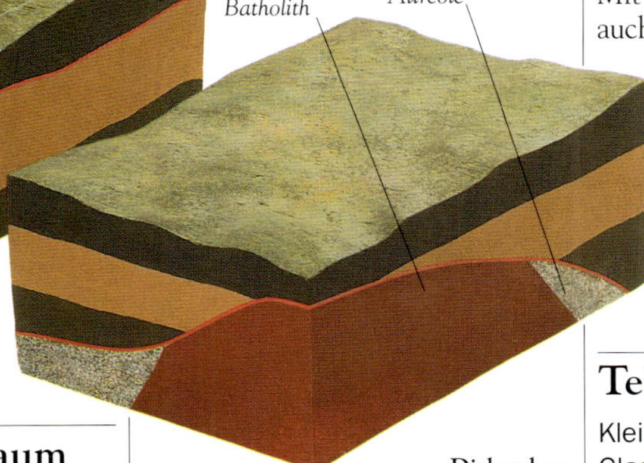

Diskordanz

Stratotyp

Standardreihe von Gesteinsschichten

In der geologischen Freilandarbeit versucht man, Stratotypen nachzuweisen, d. h. Standardreihen von Gesteinsschichten, die man mit anderen Reihen vergleichen kann. An einer **Typuslokalität** tritt ein bestimmter Stratotyp auf. Seine Umgebung ist das **Typusgebiet**.

Isochrone

Eine Gesteinsschicht, die bekanntermaßen überall das gleiche Alter hat

Isochronen sind unentbehrlich für die zeitliche Einordnung von Gesteinsschichten. Isochronen sind z. B. Schichten aus Lava ■ oder Vulkanasche ■, aber auch eiszeitliche Ablagerungen. Eine **diachrone** Gesteinsschicht ist an verschiedenen Orten unterschiedlich alt.

Rückschlüsse
Fossiler Pollen aus Torf (vergrößert). Versteinerte Pollenkörner lassen auf ökologische Verhältnisse früherer Zeiten schließen.

Paläoökologie

Die Wissenschaft von der Umwelt früherer Zeiten

Mit der Stratigrafie erforscht man auch Umweltveränderungen. Indizien liefern Fossilien und die **Pollenanalyse**, bei der man im Sedimentgestein eingeschlossenen Pollen untersucht. Sie vermittelt eine gute Vorstellung von Pflanzenwelt und Klimaverhältnissen früherer Zeiten.

Tektiten

Kleine, tropfenförmige, schwarze Glasklumpen, entstanden bei Meteoreinschlägen

Ein großer Meteor löst beim Einschlag auf der Erde einen Tektitenregen aus. Die Glasklumpen stammen entweder aus geschmolzenem Gestein der Einschlagstelle oder aus dem Meteoriten selbst. Kennt man den Zeitpunkt des Einschlags, kann man aus den Tektiten in einer Schicht auf das Alter des Gesteins schließen.

Fossilien

In vielen Sedimentgesteinen sind Reste von Pflanzen und Tieren eingeschlossen, die vor Jahrmillionen lebten. Sie blieben wie die Sedimente selbst erhalten, weil sie sich in Stein verwandelten.

Fossilien am Meer
Im weichen, von Wellen ausgewaschenen Gestein an Klippen und Ufern findet man häufig Fossilien wie diesen Ammoniten.

Fossilfolge

Eine Folge von Fossilien früherer Lebensformen

Weiche Körperteile von Tieren verwesen schnell; deshalb sind die meisten Fossilien nur Knochen- oder Schalenstücke. Die Paläontologie zeichnet aber mit anatomischen Kenntnissen ein Bild vom Aussehen des Tieres zu Lebzeiten. Fossilien vermitteln kein vollständiges Bild; nur ein winziger Bruchteil aller Arten, die jemals gelebt haben, ist in versteinerter Form erhalten. Die vorhandenen Fossilien sind zum größten Teil Muscheln aus flachen Meeren. Fossilien weicher Tiere – von Insekten und Würmern, aber auch von Landbewohner wie den Säugetieren – sind selten. Ihre Überreste zerfallen meist, bevor sie versteinern können.

Fossil

Erhalten gebliebene Spuren eines Lebewesens

Fossilien sind Spuren von Lebewesen, die im Gestein oft über Jahrmillionen erhalten geblieben sind. Manchmal handelt es sich nicht um Spuren des Lebewesens selbst, sondern um Spuren wie Fußabdrücke, Behausungen oder Exkremente. Dann spricht man von **Spuren-** oder **Ichnofossilien**.

Ein Überrest
Diese fossilen Blätter gehören zu dem Mammutbaum Sequoiadendron.

Pflanzenfossilien

Die versteinerten Überreste der Pflanzenwelt

Blätter und Stängel von Pflanzen bleiben erhalten, wenn sie sehr schnell bedeckt und plattgedrückt werden. Dann verwandeln sie sich in einen dünnen Kohlenstofffilm. Kohlenflöze ■ bestehen aus solchen versteinerten Pflanzen, aber in ihnen sind nur selten einzelne Pflanzenteile zu erkennen.

Fossilbildung

Die Entstehung der Fossilien

Wenn eine Muschel stirbt und zum Meeresboden sinkt, verwest der weiche Körper schnell; die Schale bleibt zurück. Wird sie unversehrt von Sediment ■ bedeckt, löst sie sich im Laufe der Jahrmillionen in dem durch den Schlamm sickernden Wasser auf, sodass eine **Hohlform** entsteht. Dort nehmen Mineralstoffe ■ aus dem Wasser wie Siliziumdioxid oder Eisensulfid die Stelle der Schale ein und werden zu einem harten **Abdruck (Metasomatose)**. Manchmal verändert sich die Schale durch die Mineralien kaum.

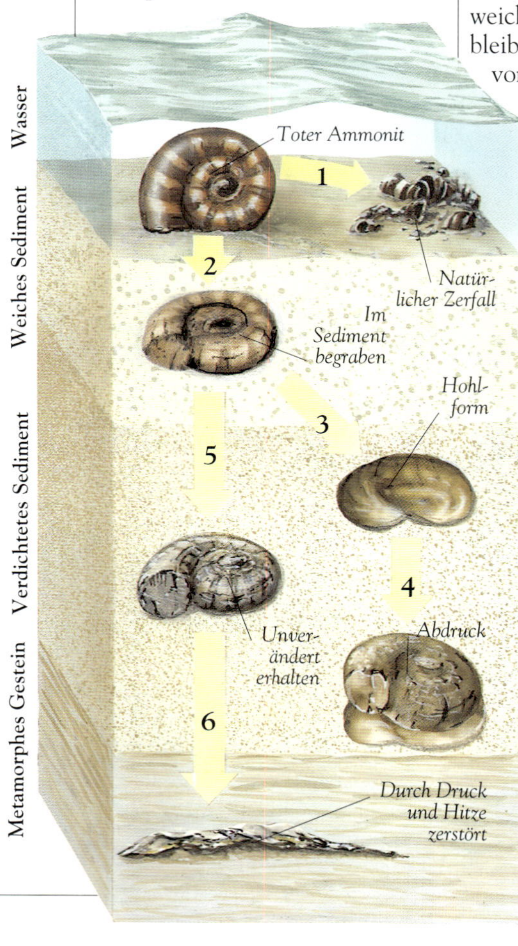

Fossilbildung
*Tote Meeresbewohner zerfallen (**1**) oder werden unter weichem Sediment begraben (**2**). Während die Sedimente sich verdichten, lösen Mineralien die Überreste und bilden eine Hohlform (**3**), die von anderen Mineralien ausgefüllt wird (**4**). Ein Abdruck entsteht. Andere Reste bleiben unverändert im dichten Sediment (**5**). Sie werden bei der Metamorphose des Sedimentgesteins zerstört (**6**).*

Mikrofossil

Ein Fossil, das nur im Mikroskop genau zu erkennen ist

Viele Fossilien sind so klein, dass man sie mit bloßem Auge nicht sehen kann. Mikrofossilien ermöglichen die Datierung des Gesteins in Bohrkernen aus großer Tiefe. Größere Fossilien werden durch den Bohrer meist zerstört. Mikrofossilien sind winzige Meeresbewohner wie die **Foraminiferen**, kleine Muscheln (**Ostracoda**), Pflanzensporen und die planktonähnlichen **Hystrichosphären**.

Stromatolith

Von Mikroorganismen aufgebaute Gesteinsstruktur

Stromatolithen findet man in warmen, seichten Tropengewässern. Ihre kuppelförmigen Sedimentschichten werden sehr langsam von Cyanobakterien ■ aufgebaut, deren harte Ablagerungen leicht zu Stein werden. Einige Exemplare in Westaustralien sind 3,5 Milliarden Jahre alt und damit die ältesten Spuren des Lebens auf der Erde.

Versteinerung

Fossilbildung, bei der die Hohlräume der Lebewesen von Mineralien ausgefüllt werden

Knochen und Schalen enthalten winzige Hohlräume. Werden diese von Mineralstoffen aus dem Grundwasser ■ wie Siliziumdioxid oder Calcit ■ ausgefüllt, bleiben Knochen und Schalen erhalten. Das organische Material verwandelt sich langsam in Stein oder andere harte Substanzen.

Siehe auch

Biostratigrafie 72 • Calcit 83 • Cyanobakterien 66 • Grundwasser 108
Kohle 168 • Korallenriff 135 • Mineralien 82
Paläontologie 13 • Sediment 92

Die wichtigsten Fossiliengruppen

Die meisten Fossilien in Sedimentgestein, insbesondere in Kalkstein und Schiefer, sind kleine Schalentiere aus dem Meer. Fossilien von Säugetieren, Insekten und weichen Würmern sind seltener.

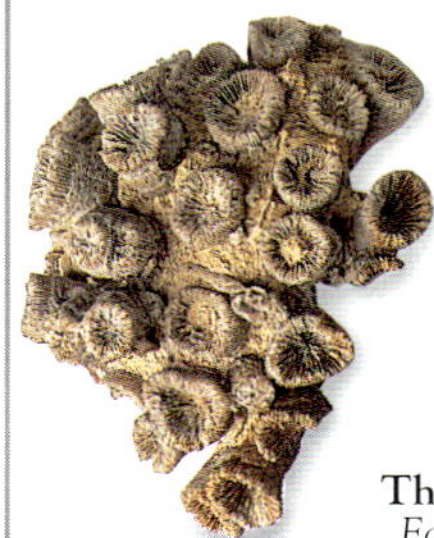

Koralle

Kleine, meist in Kolonien lebende Meeresbewohner

Thecosmilia
Fossile Koralle

Bivalvia

Muscheln mit einer zweiklappigen Schale

Glycymeris
Fossile Muschel

Brachiopoda

Muschelähnliche Schalentiere, heute fast ausgestorben

Platystrophia
Fossiler Brachiopode

Gastropoda

Schnecken und ihre Verwandten

Viviparus
Fossile Schnecke

Cephalopoda

Tintenfischähnliche Schalentiere, u. a. die heute ausgestorbenen Ammoniten und Belemniten

Ethioceras
Fossiler Cephalopode

Trilobiten

Ausgestorbene Meeresbewohner mit biegsamer, dreigeteilter Schale

Paradoxides
Fossiler Trilobit

Crinoidea

Seelilien, mit einem biegsamen Stiel am Meeresboden befestigt

Saccocoma
Fossile Seelilie

Echonoidea

Seeigel

Micraster
Fossiler Seeigel

Graptoliten

Ausgestorbene, Kolonien bildende Meeresbewohner, hingen vermutlich in Fäden von Seetang herab

Rhabdinopora
Fossiler Graptolit

Wirbeltiere

Tiere mit einer Wirbelsäule: Fische, Säugetiere, Vögel und Reptilien, einschließlich der Dinosaurier

Diplomystus
Fossiles Wirbeltier

Die geologische Zeittafel

Würden Sedimente nie gestört, könnte man aus ihrer Schichtung eine Säule herausschneiden und daran den gesamten Ablauf von der Erdfrühzeit bis heute ablesen. Solche unversehrten Schichtungen gibt es nicht, aber man kann sie in idealisierter Form als geologische Zeittafel verwenden.

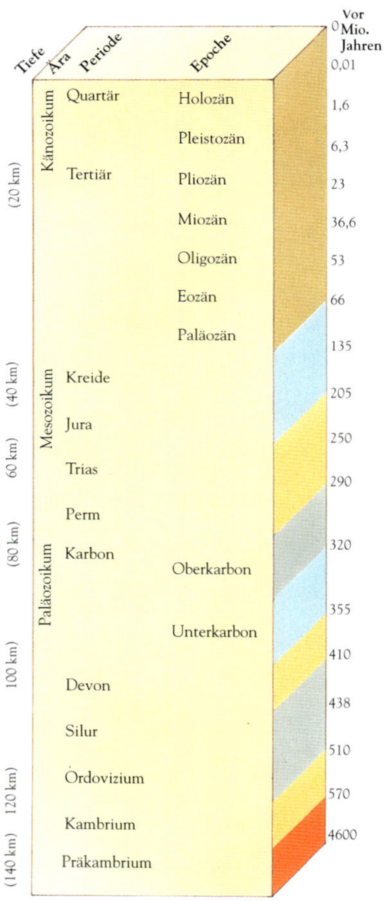

Legende:
- Schlamm
- Kalkstein
- Sandstein
- Schiefer
- Metamorphes Gestein

Zeittafel im Gestein
Wären die Sedimente irgendwo seit dem Kambrium regelmäßig abgelagert worden, hätte ihre Schichtfolge heute eine Mächtigkeit von 160 km. Rechts sind die jeweils vorherrschenden Gesteinsarten angegeben.

Geologische Zeittafel

Eine schematische Darstellung der erdgeschichtlichen Zeiträume und der Schichtenfolge im Gestein

Die Erdgeschichte wird oft in Form einer senkrechten Tabelle dargestellt, in der die Gesteinsschichten ■ in chronologischer Folge eingetragen sind. Unten stehen die ältesten und oben die jüngsten Schichten, sodass jede Schicht einem erdgeschichtlichen Zeitraum entspricht. In Wirklichkeit sind die Schichten meist durch tektonische ■ Tätigkeit zerbrochen, gewölbt, verdreht oder auf den Kopf gestellt. Solche Schichtfolgen deutet man anhand von Fossilien ■ und Diskordanzen ■.

Biostratigrafie

Die Identifizierung von Gesteinsschichten anhand von Fossilien

Fossilien spielen für die Konstruktion der geologischen Zeittafel eine entscheidende Rolle und sind die Grundlage fast aller zeitlichen Zusammenhänge ■. Ständig entstanden neue Arten ■, und alte starben aus. Aus der Zeit vor dem Kambrium (Kambrium: vor 570–510 Millionen Jahren) gibt es nur wenige Fossilien, aber danach sind Millionen Arten gekommen und gegangen. Nur ein winziger Bruchteil davon hat Fossilien hinterlassen, aber an ihrem Auftauchen und Verschwinden kann man die Altersverhältnisse der Sedimente ■ am besten ablesen.

William Smith

Englischer Geologe, 1769–1839

William Smith war Kanalaufseher in England und Wales, ein Beruf, der gründliche geologische Kenntnisse erforderte. Er erkannte, dass geologische Schichten anhand ihrer Fossilien zu identifizieren sind und dass man so die Geschichte der Gesteinsformationen in jedem beliebigen Gebiet aufklären kann. 1815 brachte er die erste geologische Karte ■ von England und Wales heraus. Seine Arbeiten begründeten die Stratigrafie ■ und Biostratigrafie.

Die geologische Zeittafel
Die ersten Lebewesen waren weich und hinterließen kaum Spuren. Die Fossilfolge beginnt vor 570 Millionen Jahren. Sedimentgestein aus allen späteren Epochen erkennt man an seinen Fossilien.

Präkambrium

Erste einzellige Lebensformen (z. B. Cyanobakterien) entstehen. Später tauchen weiche Tiere wie Würmer und Quallen auf.

Vor 4,6 Milliarden Jahren

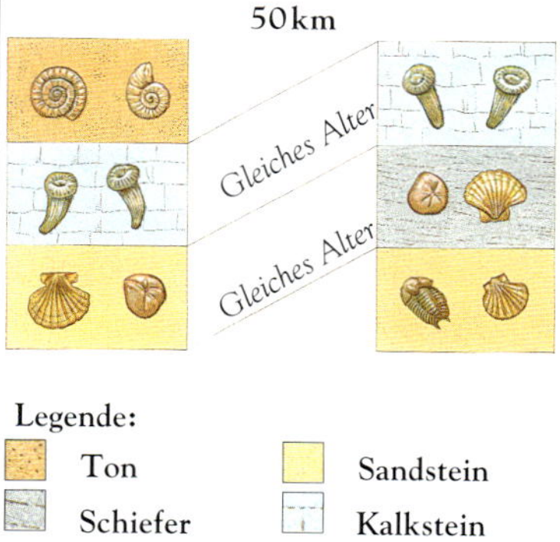

Was Leitfossilien bedeuten
Leitfossilien in zwei Gesteinsschichten sind ein Indiz dafür, dass die Schichten gleich alt sind.

Leitfossil

Ein für einen Zeitraum charakteristisches Fossil

Damit man Leitfossilien **(Zonenfossilien)** nutzen kann, müssen sie weit verbreitet, klein, leicht zu identifizieren und einer schnellen Evolution unterworfen gewesen sein.

Weltweites Leitfossil

Ein Leitfossil, mit dem man Gestein auf der ganzen Welt identifizieren kann

Die besten Leitfossilien sind die **Ammoniten** (Cephalopoden ■) aus Jura- und Kreidezeit, die Goniatiten aus Devon, Karbon und Perm sowie die Graptolithen ■ aus Ordovizium und Silur, insbesondere aus Schiefergestein. Diese Tiere schwammen ungehindert im Meer, sodass ihre Fossilien heute weit verbreitet sind. Crinoiden ■, Trilobiten ■ und die **Archäocyathiden**, eine Gruppe ausgestorbener Schwämme ■, deuten auf das Kambrium hin, Foraminiferen ■ sind typisch für das Perm ■. Schnecken ■ und Muscheln ■ entwickelten sich langsam und waren weniger weit verbreitet, sodass man sie nur zur Identifizierung jüngerer Schichten nutzen kann.

Siehe auch

Art (Spezies) 158 • Bivalvia 71
Brachiopoda 71 • Cephalopoda 71 • Crinoidea 71 • Diskordanz 69 • Foraminiferen 71 • Fossil 70 • Gastropoda 71
geologische Karte 24 • Graptolith 71
kambrische Explosion 67 • Koralle 71
Korallenriff 135 • Plattentektonik 46
Präkambrium 67 • Schichten 68
Schiefer 93 • Schwämme 67 • Sediment 92 • Stratigrafie 68 • Trilobit 71
zeitlicher Zusammenhang 68 • Zone 74

Lokales Leitfossil

Zur lokalen Gesteinsdatierung

Zur lokalen Einordnung dienen Brachiopoden ■, **Belemniten** aus der Gruppe der Cephalopoden, Korallen ■, Fische, Süßwassermuscheln, Pollen und andere Fossilien.

Crinoidea (Meerestiere)

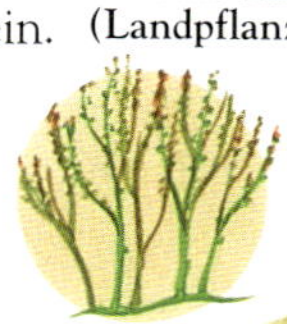
Cooksonia (Landpflanze)

Ichthyostega (Amphibium)

Riesenfarn

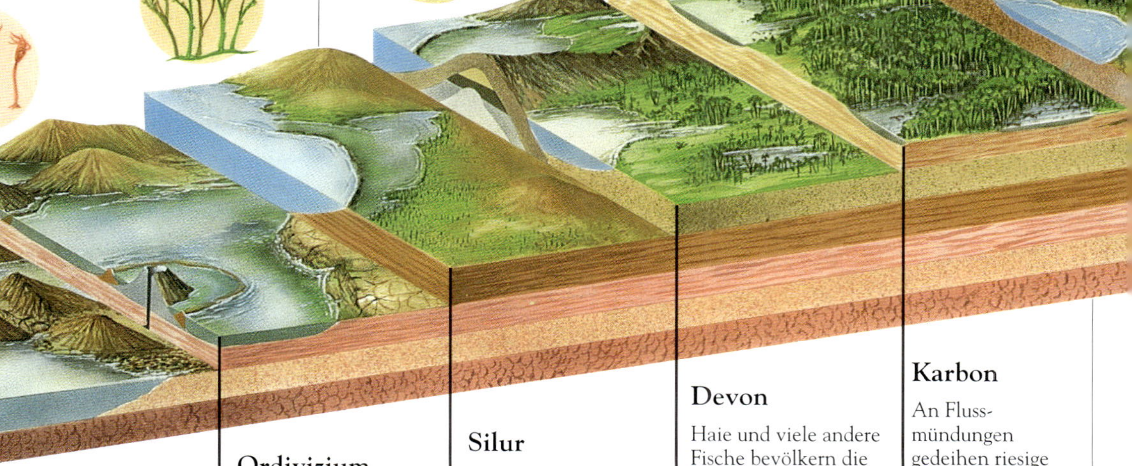

Kambrium

An Land gibt es kein Leben. Im Meer gedeihen zahlreiche Algen und Wirbellose. Weichtiere und gegliederte Wirbellose wie die Trilobiten entstehen.

Vor 570 Mio. Jahren

Ordivizium

Krebse und erste fischähnliche Wirbeltiere entstehen. Im Meer bilden sich Korallenriffe. Die südlichen Kontinente treiben ins Polargebiet. Vereisung der Sahara.

Vor 510 Mio. Jahren

Silur

An Küsten und Flussmündungen entstehen einfache Pflanzen wie *Cooksonia*. Fische mit Kiefern entstehen. Süßwasserfische in Flüssen und Seen. Kontinente treiben aufeinander zu.

Vor 438 Mio. Jahren

Devon

Haie und viele andere Fische bevölkern die Meere. Erste Insekten und Amphibien wie *Ichthyostega*. Baumgroße Sporenpflanzen (Farne und Lebermoose) bilden die ersten Wälder. In Wüsten entsteht Sandstein.

Vor 410 Mio. Jahren

Karbon

An Flussmündungen gedeihen riesige Sumpfwälder, die später zu Kohle werden. Zahlreiche Amphibien, aus denen sich die ersten Reptilien entwickeln. Vereisung von Gondwanaland.

Vor 355 Mio. Jahren

Fortsetzung nächste Seite ➤

Charles Lyell

Schott. Geologe, 1797–1875

Bis zum 18. Jahrhundert glaubte man, die Erde sei nur wenige tausend Jahre alt und durch Naturkatastrophen geformt worden. Lyell behauptete, sie sei viel älter und habe ihre Gestalt durch alltägliche Vorgänge erhalten. Sein Buch *Principles of Geology* war der Beginn der modernen Geologie.

Zone

Die kleinste biostratigrafische Einheit

Die Schichtenfolgen im Gestein einer Gegend kann man nach ihren Fossilien einteilen. Eine Folge mit eigener Fossilausstattung nennt man Zone. Sie wird nach dem Leit- oder Zonenfossil benannt.

Akme-Zone

Gesteinsschichtenzone, in der das Leitfossil am häufigsten vorkommt

Ein Leitfossil ist besonders häufig, wenn es zur betreffenden Zeit oder in dem Gebiet besonders gut gedieh oder wenn die Umstände für seine Erhaltung besonders günstig waren.

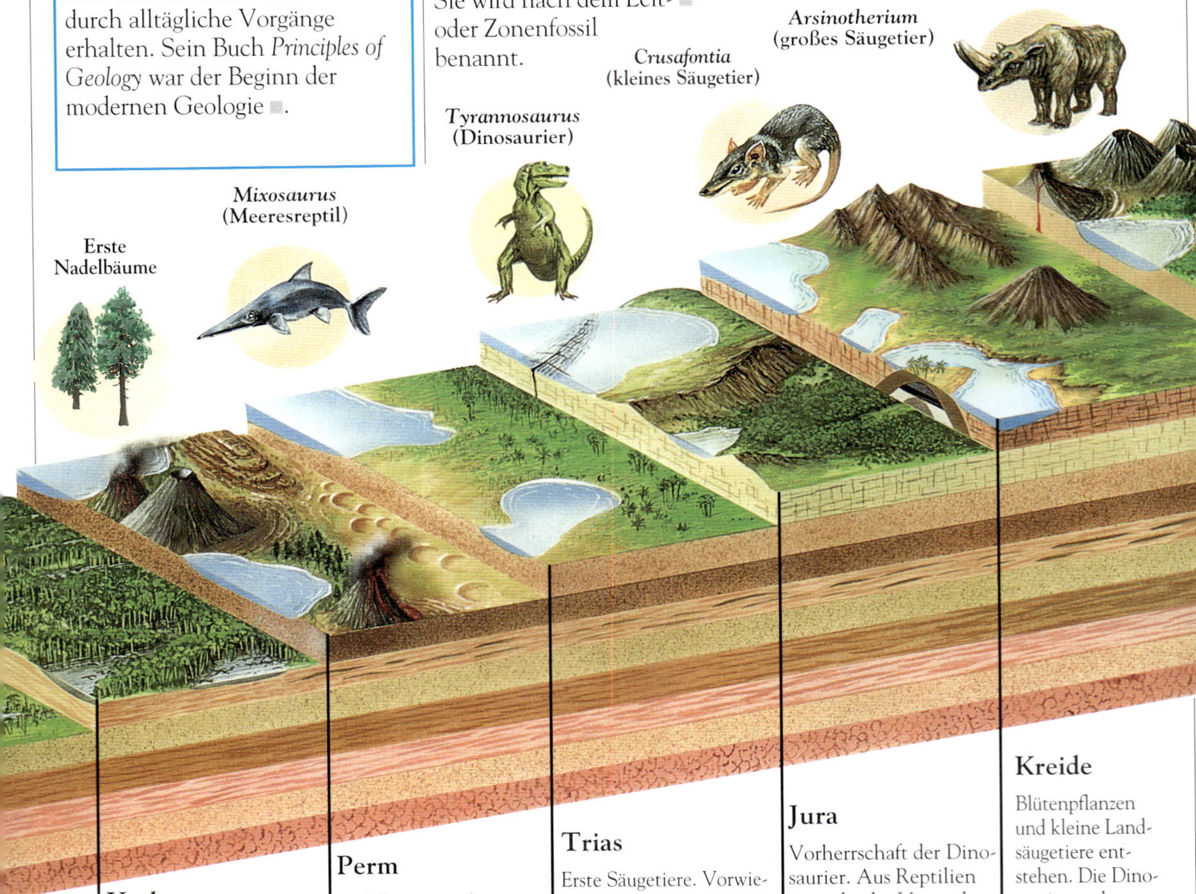

Karbon

(siehe S. 73)

Vor 355 Mio. Jahren

Perm

Nadelbäume verdrängen Farne. Viele neue Reptilienarten. Große Wüsten.

Vor 290 Mio. Jahren

Trias

Erste Säugetiere. Vorwiegend Samenpflanzen. Nordamerika und Europa haben tropisches Klima.

Vor 250 Mio. Jahren

Jura

Vorherrschaft der Dinosaurier. Aus Reptilien entsteht der Urvogel *Archaeopteryx*. Pangäa teilt sich.

Vor 205 Mio. Jahren

Kreide

Blütenpflanzen und kleine Landsäugetiere entstehen. Die Dinosaurier sterben aus. Öl- und Gaslagerstätten bilden sich.

Vor 135 Mio. Jahren

Biostratigrafische Einheit

Eine Einteilung der Gesteinsschichten nach ihren Fossilien

In der Biostratigrafie unterteilt man Gesteinsschichten nicht nach Zeit oder Gesteinsart, sondern nach ihren Fossilien. Die biostratigrafischen Einheiten heißen Zonen und Stufen.

Stufe

Eine biostratigrafische Einheit aus mehreren Fossilzonen

Micraster-Kreide ist eine Stufe aus mehreren Kreideschichten aus der Kreidezeit. Die Stufe wird nach einer in ihr enthaltenen Fossilspezies benannt, in diesem Fall nach der Seeigelart *Micraster*.

Vergesellschaftungszone

Eine Gesteinsschichtenfolge, in der eine bestimmte Fossiliengruppe vorkommt

Diese ist durch die **Vergesellschaftung** mehrerer Fossilienarten gekennzeichnet. Man kann sie in Unterzonen mit verschiedenen Leitfossilien unterteilen.

◂ *Fortsetzung von der vorherigen Seite*

Ende der geologischen Zeittafel
Den Menschen, der heute die Erde beherrscht, gibt es erst seit einem sehr kurzen Abschnitt der Erdgeschichte. Unsere ältesten Vorfahren entstanden vor 5–10 Millionen Jahren, und die Jetztmenschen (Homo sapiens) tauchten erst vor rund 90 000 Jahren auf.

***Homo sapiens* (Jetztmensch)**

Tertiär

Große Säugetiere entstehen. Blütezeit der Vögel und Säugetiere. Primaten entwickeln sich, Steppen breiten sich aus. Himalaja und Grand Canyon entstehen. Die Kontinente nehmen heutige Form an.

Vor 66 Mio. Jahren

Quartär

In mehreren Eiszeiten sterben viele Säugetiere aus. Nord- und Südamerika verbinden sich. Wirbeltiere entwickeln sich mit dem Wandel der Lebensräume sehr schnell weiter. Der Jetztmensch *(Homo sapiens)* entsteht.

Vor 1,6 Mio. Jahren

Verbreitungszone

Die Breite einer Fossilzone in einer Gesteinsschichtenfolge

Das ist der nach oben und unten begrenzte Bereich, in dem man ein Leitfossil oder eine Vergesellschaftung findet. Beschränkt er sich auf ein kleines Gebiet, nennt man ihn **lokale Verbreitungszone**.

Gleichzeitige Verbreitungszone

Eine Gesteinsschichtenfolge, die durch mindestens zwei Leitfossilien gekennzeichnet ist

In einer gleichzeitigen Verbreitungszone überschneiden oder decken sich Schichten mit mehreren Leitfossilien. Ähnliches gilt für die **Oppel-Zonen**, die aber lockerer definiert und deshalb nützlicher sind. An der Untergrenze einer Oppel-Zone tritt das eine Leitfossil zum ersten Mal auf, an ihrer Obergrenze findet man das zweite Leitfossil zum letzten Mal. (Oppel-, Verbreitungs- und andere in diesem Abschnitt beschriebene Zonen sind in der Schemazeichnung rechts dargestellt.)

Zoneneinteilung

Die Abgrenzung der Zonen in den Gesteinsschichten

Da Lebewesen meist nur unter bestimmten Umweltbedingungen existieren können, kommt ein Fossil in der Regel nur in einer bestimmten Gesteinsfazies ■ vor. Demnach muss man jede Fazies einer bestimmten Zone zuordnen, je nachdem, welche Arten in der jeweiligen Zeit und Umwelt lebten. In Europa besteht das Devon ■ z. B. aus drei Fazies mit unterschiedlicher Zoneneinteilung. Die erste ist der Alte Buntsandstein aus Seen und Flussmündungen, der Fischfossilien enthält. Die zweite, das Rheinische Gestein, entstand in flachen Meeren und ist von Brachiopoden ■ und Korallen ■ durchsetzt. Die dritte, das Herzynikum, stammt aus tiefen, schlammigen Meeren und enthält Ammoniten ■.

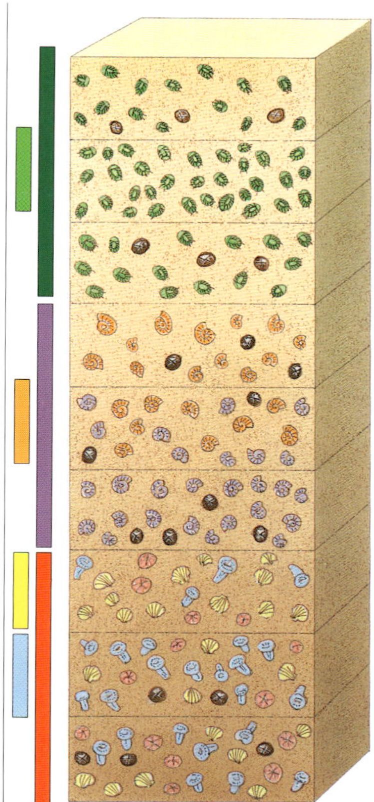

Legende

- Akme-Zone der Trilobiten
- Verbreitungszone Trilobiten
- Gleichzeitige Verbreitungszone der Ammoniten
- Oppel-Zone der Ammoniten
- Akme-Zone der Muscheln
- Akme-Zone der Korallen
- Vergesellschaftungszone von Korallen, Muscheln, Seeigeln
- Andere Fossilien

Definition von Fossilzonen
In der Biostratigrafie teilt man eine Gesteinsschichtenfolge anhand der in ihr enthaltenen Fossilien und deren Verteilung in verschiedene Fossilzonen ein.

Siehe auch

Ammoniten 73 • Art (Spezies) 158
Biostratigrafie 72 • Brachiopoda 71
Fazies 92 • Fossil 70 • Geologie 12
geologische Zeittafel 72 • Korallen 71
Korallenriff 135 • Leitfossil 73 • lokales Leitfossil 73 • Schichten 68 • Seeigel 71
System 69 • weltweites Leitfossil 73

Altersbestimmung

Die Untersuchung der Fossilien in einer Gesteinsschicht vermittelt eine gute Vorstellung davon, ob sie älter oder jünger sind als das umgebende Gestein. Das absolute Alter des Gesteins kann man so aber nicht genau ermitteln. Das gelingt nur mit chronometrischen oder »absoluten« Datierungsmethoden.

Chronometrische Datierung

Altersbestimmung des Gesteins in Jahren

Das **absolute** Alter von Gestein oder anderen Gegenständen zu ermitteln ist schwierig. Es gibt dazu verschiedene Methoden: radiometrische Datierung, Warvenanalyse und Dendrochronologie. Sehr genau ist keine; je älter das Gestein, desto ungenauer die Datierung.

Isotop

Form eines Elements mit gegenüber anderen Formen abweichender Zahl von Teilchen im Atomkern

Das häufigste Isotop des Elements ■ Kohlenstoff hat in seinen Atomkernen ■ zwölf Teilchen (sechs Protonen und sechs Neutronen). In den Kernen »schwerer« Kohlenstoffisotope befinden sich sieben (Kohlenstoff-13) oder acht Neutronen (Kohlenstoff-14).

Das Innere eines Atoms

Dieses Atom des Isotops Kohlenstoff-12 hat einen Kern aus sechs Protonen (rot) und sechs Neutronen (grau), um den sechs Elektronen (blau) kreisen.

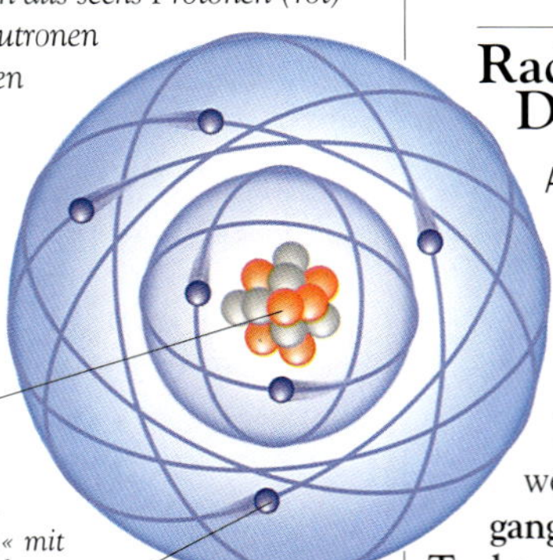

Protonen und Neutronen liegen gedrängt im Atomkern.

Den Atomkern umgeben zwei »Schalen« mit kreisenden Elektronen.

Radioaktivität

Spontaner Zerfall instabiler Isotope

Atomkerne schwerer Isotope wie Uran-238 sind instabil und zerfallen nach ihrer Entstehung in leichtere Isotope. Dabei können sie **Alphateilchen** (aus je zwei Protonen und zwei Neutronen), **Betateilchen** (Elektronen ■) oder energiereiche **Gammastrahlen** abgeben. Der Vorgang heißt **radioaktiver Zerfall**.

Halbwertszeit

Zeit, die vergeht, bis die Hälfte der Atome eines radioaktiven Isotops zerfallen sind

Radioaktive Isotope zerfallen mit konstanter Geschwindigkeit. Aus dem verbliebenen Anteil des ursprünglichen Isotops kann man berechnen, wie lange es schon zerfällt und wie viel Zeit demnach seit seiner Entstehung vergangen ist. Sind alle Atome zerfallen, kann man nichts mehr messen; deshalb ermittelt man die Halbwertszeit, nach der die Hälfte der Atome zerfallen sind.

Radiometrische Datierung

Altersbestimmung durch Messung radioaktiven Zerfalls

Gestein enthält meist mehrere radioaktive Isotope. Um sein Alter zu bestimmen, misst man, welcher Teil der **Ausgangsisotope** sich bereits in **Tochterisotope** verwandelt hat.

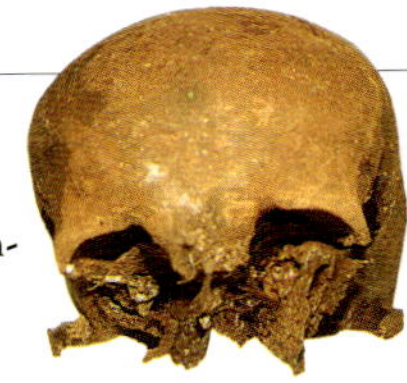

Ein Frauenschädel, Alter laut Radiokarbondatierung: 1770 Jahre

Radiokarbondatierung

Radiometrische Datierung organischer Überreste anhand des des Isotops Kohlenstoff-14

Kohlenstoff-12 und Kohlenstoff-14 sind in allen Lebewesen im gleichen Verhältnis enthalten, aber Kohlenstoff-14 zerfällt nach dem Tod zu Stickstoff-14. Nach 5730 Jahren ist von dem Kohlenstoff-14 noch die Hälfte übrig, nach weiteren 5730 Jahren ein Viertel usw. Am Verhältnis der beiden Isotope kann man also ablesen, wie lange ein Lebewesen schon tot ist. Bis zum Alter von 30000 Jahren ist die Methode genau, aber bei über 70000 Jahren ist sie nicht mehr anwendbar.

Entstehung eines Gesteins vor 20 Millionen Jahren

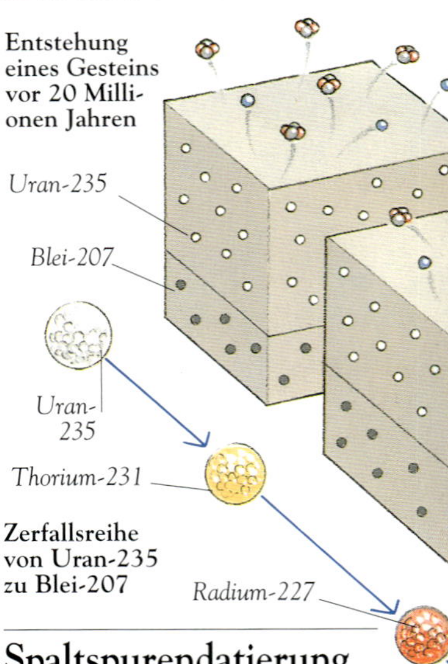

Zerfallsreihe von Uran-235 zu Blei-207

Spaltspurendatierung

Radiometrische Datierung anhand der Spuren zerfallender Uranatome

Uran-238 gibt beim Zerfall Alpha- und Betateilchen ab, die im Gestein **Spaltspuren** hinterlassen. Ihre Zahl ist abhängig vom Alter des Gesteins. Am zuverlässigsten ist die Methode mit den Mineralien Glimmer ■, Titanit ■, **Epidot**, **Zirkon** und **Apatit** in Vulkan- ■ und metamorphem Gestein ■.

Uran-Blei-Datierung

Radiometrische Datierung anhand des Zerfalls von Uranisotopen zu Bleiisotopen

Natürliches Uran enthält zwei instabile Isotope: Uran-238 und Uran-235. Beide verwandeln sich über eine **Zerfallsreihe** in verschiedene Bleiisotope. Spuren der Isotope aus dieser Reihe findet man in dem Mineral Zirkon in Granitgestein. Besonders nützlich für die Datierung ist der Zerfall von Uran-235 zu Blei-207 und von Thorium-232 zu Blei-208. Die Uran-Blei-Datierung eignet sich für mindestens 20 Millionen Jahre altes Gestein; für die **Thorium-Blei-Datierung** sollte das Gestein mindestens 50 Millionen Jahre alt sein.

Uran-Blei-Datierung
Die Schemazeichnung zeigt die Zerfallsreihe von Uran-235 zu Blei-207; man erkennt, dass der Anteil der Isotope im Gestein etwas über das Alter aussagt.

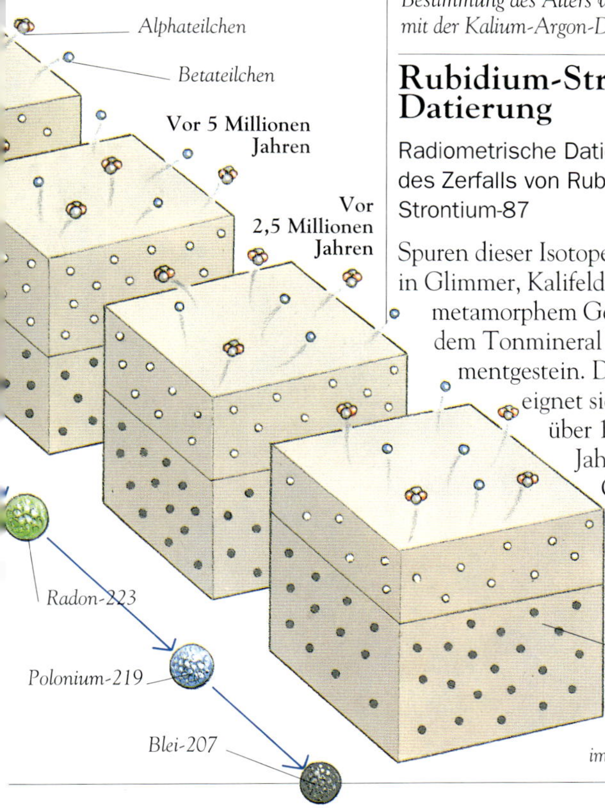

Kalium-Argon-Datierung

Radiometrische Datierung anhand des Zerfalls von Kalium-40 zu Argon-40

Spuren der Isotope Kalium-40 und Argon-40 findet man in den Mineralien Glimmer, Pyroxen ■ und Feldspat ■, in metamorphem und Vulkangestein sowie im **Glaukonit** im Sedimentgestein ■. Die Methode eignet sich für über eine Million Jahre altes Gestein.

Datierung im Labor
Bestimmung des Alters von Vulkangestein mit der Kalium-Argon-Datierung

Rubidium-Strontium-Datierung

Radiometrische Datierung anhand des Zerfalls von Rubidium-87 zu Strontium-87

Spuren dieser Isotope findet man in Glimmer, Kalifeldspat, Granit, metamorphem Gestein und dem Tonmineral Illit im Sedimentgestein. Die Methode eignet sich für über 10 Millionen Jahre altes Gestein.

Willard Frank Libby

Amerikanischer Chemiker, 1908–1980

Zu Beginn seiner Laufbahn arbeitete Libby am »Manhattan-Projekt« zur Atombombenentwicklung mit. 1947 entdeckte er mit seinen Kollegen am Institute of Nuclear Studies in Chicago, wie man organische Reste mit dem Isotop Kohlenstoff-14 datieren kann. Dafür erhielt er 1960 den Chemie-Nobelpreis.

Dendrochronologie

Altersbestimmung mit Baumringen

Daten aus jüngerer Vergangenheit kann man anhand der Jahresringe alter Bäume ermitteln. Die Breite der Ringe liefert auch Hinweise auf frühere Klimabedingungen.

Warvenanalyse

Datierung anhand der Ablagerungen in Seen vor Gletschern

Warven sind zweischichtige Sedimente in Gletscherstauseen. Wenn das Gletschereis im Sommer schmilzt, fließt Schmelzwasser ■ in den See und lagert Sedimente ab, auf die im Winter eine dünnere Schicht folgt. Zeitpunkte in der letzten Eiszeit kann man anhand der Zahl der Warven ermitteln.

Siehe auch

Atom 42 • Atomkern 42 • Elektron 42
Element 42 • Feldspat 83
Glimmer 82 • Granit 90 • metamorphes Gestein 96 • Neutron 42 • Proton 42
Pyroxen 82 • Schmelzwasser 124
Sedimentgestein 92 • Titanit 83
Vulkangestein 88

Die Entwicklung der Kontinente

Mit radiometrischen Datierungsmethoden klären Paläontologen und Geologen immer größere Abschnitte der Vergangenheit der Erde auf und zeichnen ein Bild von der Entwicklung der Kontinente.

Kontinentalkern

Der alte Kern eines Kontinents

Alle Kontinent haben alte Kerne, die von jüngerem Gestein umgeben sind. Besonders deutlich wird dies in Nordamerika: Der über 2,5 Milliarden alte Kanadische Schild ist von jüngeren Gesteinstrukturen eingerahmt.

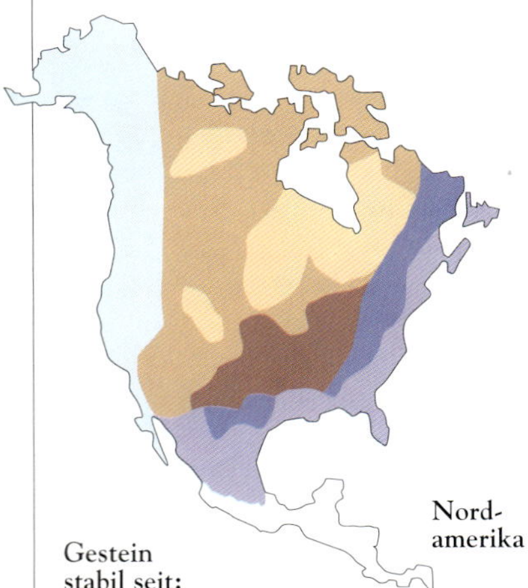

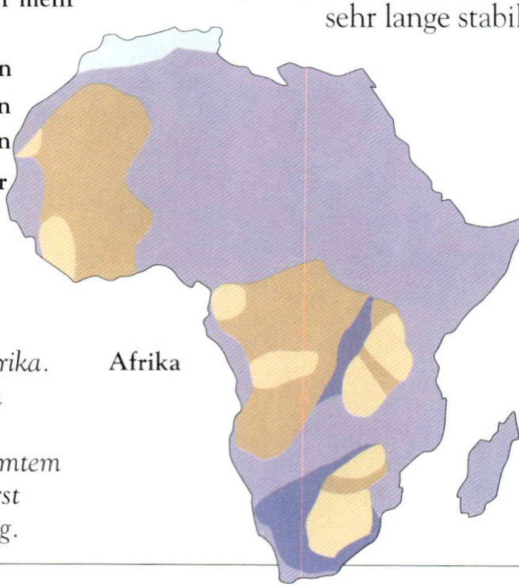

Gestein stabil seit:

- 2,6 Milliarden Jahren oder mehr
- 1,6–2 Milliarden Jahren
- 1,3–1,5 Milliarden Jahren
- 0,9–1,1 Milliarden Jahren
- 0,3–0,6 Milliarden Jahren
- 0,2 Mrd. Jahren od. weniger (heute noch instabil)

Das Wachstum Afrikas und Nordamerikas
Die Karten zeigen das Alter des Gesteins in Afrika und Nordamerika. Die jüngeren Abschnitte rund um alte Kerne bestehen entweder aus ebenso altem, tektonisch umgeformtem Gestein oder aus Material, das erst später aus dem Erdmantel aufstieg.

Kontinentalwachstum

Die Vergrößerung der Kontinente während der Erdzeitalter

Anfangs waren die Kontinente wohl kleine, von Tiefseegräben ▪ umgebene Landmassen. Inselbögen ▪, die auf diese Kleinkontinente trafen, steuerten weiteres Land bei, und die Kontinente wuchsen, insbesondere während kurzer Phasen vor 2,7, sowie 1,8 und einer Milliarde Jahren.

Kraton

Ein großer Teil eines Kontinents, der schon seit sehr langer Zeit stabil ist

Vor einer Milliarde Jahre war die Erdkruste bis auf kleine Teile bereits entstanden. Seither hat die Form der Kontinente sich durch tektonische Verschiebungen zwar geändert, aber große Bereiche, Kratone genannt – meist Grundgebirge, Kontinentalschilde oder alte Faltengebirge – sind schon sehr lange stabil.

Kontinentalschild

Ein großer Bereich mit frei liegendem altem Gestein

Auf allen Kontinenten gibt es große »Schilde« aus sehr altem Kristallingestein, das aus dem Präkambrium ▪ stammt und an der Oberfläche frei liegt. Sie sind oft sehr metamorph und stark gefaltet. Ist ein Schild von einer dünnen Schicht jüngeren Sedimentgesteins bedeckt, spricht man von einem Grundgebirge.

Altes Konglomeratgestein
Dieses Konglomerat aus dem grönländischen Isua enthält ähnliches Geröll wie die Isua-Sedimente, die man früher für das älteste Gestein der Welt hielt.

Acasta-Gneis

Das älteste Gestein der Welt

Das älteste Gestein findet man in Polnähe, z. B. in Grönland, Kanada und der Antarktis. Der radiometrischen Datierung ▪ zufolge ist der kanadische Acasta-Gneis 3,9 Milliarden Jahre alt. Früher hielt man die **Isua-Sedimente**, eine Vulkanascheschicht bei Isua in Grönland, mit 3,812 Milliarden Jahren für das älteste Gestein. Meteoriten bringen es auf 4,6 Milliarden Jahre – so viel wie die Erde selbst.

Gneisgebiet

Ein großes Gebiet mit altem, metamorphem Gestein

In Grönland und anderen Regionen wurden große Gesteinsmassen durch Hitze und Druck in Gneis verwandelt (Metamorphose).

Anorthosit

Altes Vulkangestein, das auch auf dem Mond vorkommt

Gneisgebiete enthalten oft Anorthosit, ein altes Vulkangestein, das fast ausschließlich aus Plagioklas-Feldspat besteht. Die Mondoberfläche besteht nahezu vollständig aus diesem Gestein, das demnach sehr früh im Leben eines Planeten entsteht.

Opiolithgürtel

Eine alte Formation aus metamorphem Gestein

In die alten Granit- und Gneisgebiete Südafrikas und Australiens sind die seltsamen Opiolithgürtel eingebettet, Inseln aus verformtem Gestein, das durch Metamorphose aus Basaltlava entstand und von Sedimenten ■ überlagert wurde. Es ist 2,5 bis 3,5 Milliarden Jahre alt. Wie diese Strukturen entstanden sind, weiß man nicht genau. Da die Gürtel aber oft Kissenlava ■ enthalten, handelt es sich nach Ansicht mancher Fachleute um alte Stücke der Ozeanischen Kruste, die sich beim Wachstum der Kontinente am Meeresboden in Back-Arc-Becken ■ gebildet haben.

Angara

Ein alter Kontinent, der den größten Teil des heutigen Asiens umfasste

Vor rund einer Milliarde Jahre bildeten wahrscheinlich alle Kontinente eine zusammenhängende Landmasse. Durch tektonische Verschiebungen wurden daraus drei Stücke: Angara mit dem heutigen Asien außer Indien, **Euramerica** mit Nordeuropa, Nordamerika und Grönland sowie Gondwanaland ■, zu dem damals Afrika, die Antarktis, Südamerika, Australien und Indien gehörten. 500 Millionen Jahre lang trieben sie auseinander, aber vor 220 Millionen Jahren hatten sie sich wieder zum Kontinent Pangäa ■ vereinigt.

Siehe auch

Back-Arc-Becken 49 • Erdkruste 40 • Erdzeitalter 69 • Gondwanaland 46 • Grundgebirge 40 • Inselbogen 48 • Kissenlava 51 • Metamorphose 96 • Pangäa 46 • Präkambrium 67 • radiometrische Datierung 76 • Sediment 92 • Tiefseegraben 48

Landschaften Euramericas

Während die Kontinente über die Erde trieben, änderten ihre Landschaften sich tief greifend. Die Bilder zeigen, wie New York früher ausgesehen haben dürfte.

Vor 0,5 Mio. Jahren: eisige Polarlandschaft

Vor 250 Mio. Jahren: New York liegt am Äquator – eine heiße Wüstenlandschaft.

Vor 300 Mio. Jahren: New York liegt in den Tropen; warme Sumpfwälder bestimmen das Bild.

Gestein

Gestein ist zwar meist von Erde und Vegetation oder Sedimenten und Wasser bedeckt, es liegt aber unter jedem Zentimeter der Erdoberfläche – unter Ebenen und Tälern, Hügeln und Gebirgen, Seen und Ozeanen.

Gestein

Große Masse mineralischer Materie

Gestein ist das Material der festen Erdkruste. Es ist meist sehr hart und bleibt über Jahrmillionen erhalten. Das älteste bekannte Gestein ist mit 3,9 Milliarden Jahren fast so alt wie die Erde selbst. Es gibt drei Hauptgesteinstypen: Vulkangestein ■, Sedimentgestein ■ und metamorphes Gestein ■.

Basisches Gestein

Gestein, das keinen Quarz enthält

Vulkangestein und die von ihm abgeleiteten Typen kann man in basisches, intermediäres und saures Gestein einteilen. Das basische oder **dunkle Gestein** enthält keinen Quarz ■, aber bis zu 50 % Siliziumdioxid sowie größere Mengen Feldspat ■, Eisen und Magnesium. Deshalb nennt man es auch **mafisches** Gestein – von Magnesium und *ferrum* (Eisen). **Ultrabasisches Gestein** enthält weniger Siliziumdioxid.

Saures Gestein

Gestein mit mindestens zehn Prozent Quarz

Saures Gestein enthält mehr Quarz als basisches und außerdem rund 65 % Siliziumdioxid. Man nennt es auch **felsitisch** (von Feldspat und Silizium). **Intermediäres Gestein** liegt mit 50 bis 65 % Siliziumdioxid zwischen basischem und saurem.

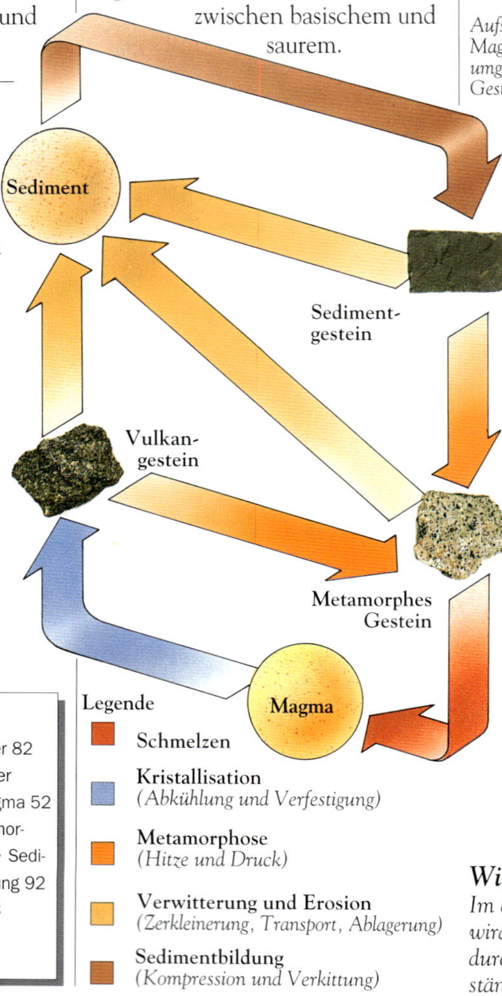

Siehe auch

Erosion 98 • Feldspat 83 • Glimmer 82
Gneis 97 • Granit 88 • kristalliner Schiefer 97 • Kristallisation 88 • Magma 52
metamorphes Gestein 96 • Metamorphose 96 • Quarz 83 • Schiefer 97 • Sedimentgestein 92 • Sedimentverfestigung 92
Verkittung 92 • Verwitterung 98
Vulkangestein 88

Der Kreislauf des Gesteins
Aus dem Erdmantel steigt ständig Material in Form von Vulkangestein und Intrusionen nach oben. Das ist nur einer der Schritte im Gesteinskreislauf.

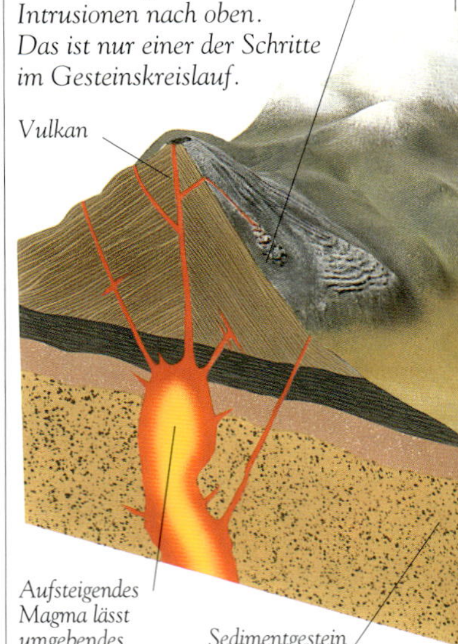

Kreislauf des Gesteins

Die ständige Umordnung des Gesteins in der Erdkruste

Vulkangestein entsteht durch Verfestigung des flüssigen Magmas ■. An der Oberfläche wird es durch Verwitterung ■ und Erosion ■ in winzige Bruchstücke zerlegt. Wind und Wasser tragen die Stücke ins Meer, wo sie sich am Boden ablagern und in immer größerer Tiefe zu Sedimentgestein gepresst werden. Dieses wird entweder wieder abgetragen und bildet neues Sedimentgestein, oder Druck und Hitze verwandeln es in metamorphes Gestein, das wiederum erodiert und Sedimentgestein bildet.

Wiederverwertung des Gesteins
Im endlosen Kreislauf des Gesteins wird das Material der Erdkruste durch Zerstörung und Neubildung ständig wieder verwertet.

Korngröße von Vulkangestein

Die Größe der Kristalle im Vulkangestein

Gestein besteht aus **Körnern** oder Kristallen verschiedener Mineralien, Granit ■ z. B. aus Quarz, mehreren Feldspattypen und Glimmer. Vulkangestein mit einer Korngröße über 30 mm nennt man **sehr grobkörnig**. Bei 30 bis 5 mm ist es **grobkörnig**, bei 5 bis 1 mm ist es **mittelgrob gekörnt**, und unter 1 mm ist es **feinkörnig**. Gestein mit der Korngröße 0 nennt man **amorph.**

Grobkörniger vulkanischer Gabbro

Blättrig

Aus vielen dünnen Schichten

Manche Gesteinsarten bilden dünne Schichten aus Platten, Schuppen oder Blättchen unterschiedlicher Mineralien. Dieses Gestein heißt blättrig oder **lamellar**.

Korngröße von Sedimenten

Die Größe von Teilchen in Sedimentgestein

Auf der **Udden-Wentworth-Skala** besteht **Geröll** aus Stücken über 256 mm Durchmesser, **Geröllkies** ist 256–64 mm groß, **Kies** 64–2 mm, **Sand** 2–0,065 mm, **Silt** 0,065–0,002 mm und **Ton** weniger als 0,002 mm. Auf anderen Skalen hat **Schotter** eine ähnliche Korngröße wie Kies.

Matrix

Das feinkörnige Gesteinsmaterial, das die gröberen Körner zusammenhält

Bei vielen Gesteinsarten sind wenige grobe Körner in eine feinkörnige Matrix eingebettet. Die Matrix von Sedimentgestein ist ein **Bindemittel**, das die groben Körner verkittet. Im Vulkangestein nennt man sie auch **Grundmasse**.

Gesteinsstruktur

Größe, Form und Verteilung der Gesteinskörnung

An der Struktur erkennt man meist am einfachsten, um welches Gestein es sich handelt, denn die Körner der Gesteinstypen unterscheiden sich in Größe, Form und Verteilung. Auch wie das Gestein sich anfühlt (rau, glatt, sandig und so weiter), hängt von seiner Struktur ab.

Glasigkeit

Eine glatte, glasartige Struktur

Eine glasige oder **amorphe** Struktur entsteht, wenn flüssiges Gestein so schnell abkühlt, dass sich keine Kristalle bilden können, so vor allem in Vulkangestein.

Bänderung

Gestreifte oder geschichtete Struktur

Bei extremen Temperatur- und Druckverhältnissen bilden die Mineralien in einem Gestein parallele Streifen oder **Feinschichtungen** (Bänderung), vor allem in Vulkan- und metamorphem Gestein. Gebänderte Gesteine sind z. B. Schiefer ■ und Gneis ■.

Schieferung

Starke Schichtenstruktur im Gestein

In mittel- bis grobkörnigem Vulkangestein können durch Bänderung ausgeprägte Streifen aus Mineralkristallen entstehen. Zur Schieferung kommt es, wenn Kristalle unter sehr hohem Druck wachsen. Derartiges Gestein nennt man kristallinen Schiefer ■.

Kristalliner Schiefer in Nahaufnahme

Mineralien

Jedes Gestein enthält Kristalle natürlicher chemischer Substanzen, die man Mineralien nennt. Die Kombination der Mineralien – manchmal nur eines, manchmal ein halbes Dutzend oder mehr – verleiht dem jeweiligen Gesteinstyp seine Eigenschaften.

Mineral

Eine natürliche chemische Substanz

Ein Mineral ist ein Element oder eine Verbindung aus mehreren Elementen. Es gibt über 1000 Mineralien, aber nur wenige kommen häufig vor (siehe Tabelle Seite 85). Mineralien erkennt man an ihren auf S. 84–85 aufgeführten Eigenschaften, ihrem Kristallsystem und ihrem Habitus. Auch Magnetismus und Radioaktivität kann man prüfen. Bei der **Säureprüfung** bringt man einen Tropfen verdünnte Salzsäure auf das Mineral auf. Kalkspat setzt daraufhin sprudelnd Kohlendioxid frei; Bleiglanz gibt Schwefelwasserstoff ab, der nach faulen Eiern riecht.

Eisentongranat

Silikate

Mineralien aus Sauerstoff, Silizium und metallischen Elementen

Silikate sind die häufigsten Mineralien. Deshalb bezeichnet man alle anderen als **Nichtsilikate**. Silikate sind meist hart, durchsichtig oder durchscheinend und in Säure unlöslich. Oft teilt man sie nach der Form ihrer Moleküle ein, die ein Siliziumatom und vier Sauerstoffatome enthalten. Zu den über 500 Silikaten gehören Olivin, **Pyroxen**, **Granat** und der Edelstein Beryll.

Mineralquellen
An der Minerva Terrace im Yellowstone-Nationalpark in den USA wird Kalkspat von heißen Quellen aus dem Erdinneren gespült. Durch Abkühlung des Wassers haben sich viele Kalkspatschichten abgelagert und große Terrassen gebildet.

Glimmer

Eine Gruppe blättriger Silikate

Wichtig sind die Glimmer mit ihrer meist schuppig-blättrigen Struktur. Aus Glimmer bestehen die kleinen dunklen Körner im Granit. Als **Biotit** und **Muskovit** kommt Glimmer auch in Gneis und kristallinem Schiefer vor.

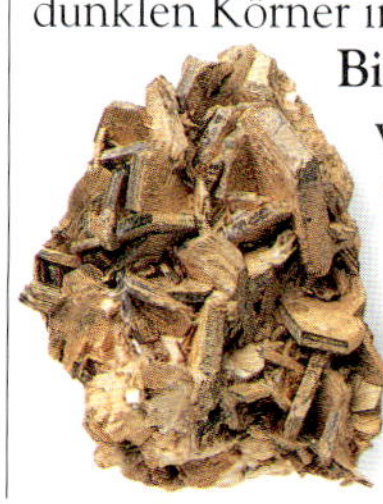

Muskovitglimmer

Sulfide

Mineralien aus Schwefel und metallischen oder halbmetallischen Elementen

Pyrit

Sulfide gehören zu den größten Gruppen der Nichtsilikate und auch zu den wertvollsten Mineralien, denn sie bilden das Erz vieler nützlicher Metalle. **Bleiglanz** z. B. ist Bleisulfid, **Zinnober** ist Quecksilbersulfid, **Pyrit** ist Eisensulfid, und **Zinkblende** ist Zinksulfid.

Amphibole

Silikate mit den Elementen Eisen und Magnesium

Viele Amphibole heißen auch **Eisenmagnesiumsilikate**, weil sie diese beiden Elemente enthalten. Auch Aluminium, Calcium und Natrium kommen vor. Am bekanntesten ist die **Hornblende**, ein verbreitetes Mineral im Vulkangestein.

Hornblende

Sulfate

Mineralien aus Schwefel, Sauerstoff und metallischen Elementen

Gips

Sulfate bleiben häufig zurück, wenn mineralreiches Wasser verdunstet. Das häufigste Sulfat ist der **Gips,** der als Evaporit ■ vorkommt. Gips ist hydriertes (d.h. wasserhaltiges) Calciumsulfat. **Baryt** (Schwerspat) wird in Gesteinsadern abgelagert, wenn mineralreiche unterirdische Heißwasserströme (hydrothermale Ströme) austrocknen.

Olivine

Glasig aussehende Silikate mit Eisen und Magnesium

Olivine bilden dicke, keilförmige Kristalle und sind meist dunkel-grün. Ihre Moleküle sind einfacher gebaut als die der Amphibole. Besonders wichtig sind die Olivine in basischem Gestein ■; vermutlich sind sie ein Hauptbestandteil der ozeanischen Kruste ■ und des Erdmantels ■.

Oxide

Mineralien aus Sauerstoff und anderen Elementen

Korund

Oxide gehören zu den wichtigsten Gruppen der Nichtsilikate. Manche Typen sind nützliche Metallerze, z.B. **Hämatit** und **Magnetit** (Eisenoxide) sowie **Zinnstein** (Zinnoxid). **Korund** (Aluminiumoxid) bildet die Edelsteine Rubin und Saphir. **Quarz** (Siliziumdioxid) gehört zu den häufigsten Mineralien überhaupt.

Carbonate

Mineralien aus Kohlenstoff, Sauerstoff und einem metallischen oder halbmetallischen Element

Verbindungen aus Kohlenstoff und Sauerstoff heißen **Carbonate**. Zu ihnen gehören der **Kalkspat** (Calciumcarbonat), aus dem Kalkstein ■ und Marmor ■ zum größten Teil bestehen, und der **Dolomit** (Calciummagnesiumcarbonat). Die meisten Carbonate erkennt man daran, dass sie sich in Salzsäure auflösen.

Feldspate

Silikatmineralien mit Calcium, Natrium, Kalium und Aluminium

Feldspate sind die wichtigste Gruppe gesteinsbildender Mineralien. Sie kommen in vielen Vulkan- und metamorphen Gesteinen ■ vor. Am häufigsten sind **Plagioklas** (Natrium- und Calciumsilikat) und **Orthoklas** oder Kalifeldspat (Kalium-Aluminiumsilikat). Plagioklas ist ein Hauptbestandteil im Gabbro, Orthoklas im Granit.

Albit, ein Plagioklas

Hauptmineralien

Die kennzeichnenden Mineralien eines Gesteins

Jedes Gestein erhält seine Eigenschaften durch die Kombination seiner Hauptmineralien. Beim Granit sind das z.B. Quarz, Feldspat und Glimmer. In Spuren sind vielfach weitere Mineralien vorhanden, die man **Begleitmineralien** nennt. Im Granit handelt es sich dabei häufig um keilförmige Kristalle des Silikats **Titanit**.

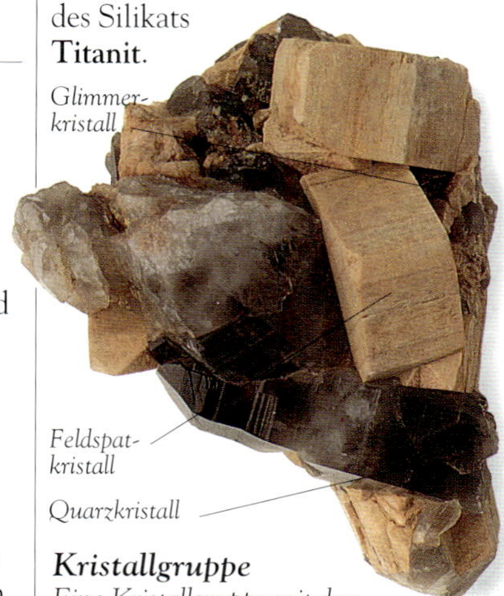

Kristallgruppe
Eine Kristallgruppe mit den Hauptmineralien des Granits: Feldspat, Quarz und Glimmer.

Mandel

Ein Mineral in einer Gasblase, die in verfestigter Lava zurückblieb

Gasblasen, die in verfestigter Lava erhalten bleiben, können sich später mit Mineralien wie Quarz oder Kalkspat füllen.

Siehe auch

Atom 42 • basisches Gestein 80
Edelstein 166 • Element 42
Erdmantel 41 • Erz 167 • Evaporit 95
Gabbro 90 • Gneis 97 • Granit 90
Kalkstein 94 • Kristallhabitus 87
kristalliner Schiefer 97 • Kristallsystem 87
Marmor 97 • metamorphes Gestein 96
Molekül 42 • ozeanische Kruste 40
Radioaktivität 76 • Vulkangestein 88

Fortsetzung nächste Seite ➤

DIE MOHS-SKALA

Entsprechungen sind in Klammern angegeben.

1 Talk

2 Gips *(Fingernagel)*

3 Kalkspat *(Bronzemünze)*

4 Fluss-Spat *(Eisennagel)*

5 Apatit *(Glas)*

6 Feldspat *(Taschenmesserklinge)*

7 Quarz *(Stahlmesser)*

8 Topas *(Sandpapier)*

9 Korund

10 Diamant

Härte

Die Kratzfestigkeit eines Minerals

Die Härte von Mineralien ■ kann man mit der **Mohs-Skala** angeben. Sie wurde von dem deutschen Geologen **Friedrich Mohs** (1773–1839) entwickelt und reicht von 1 (Talk, sehr weich) bis 10 (Diamant ■, sehr hart). Ein Mineral ritzt jedes andere Mineral mit niedrigerem Mohs-Wert.

Siehe auch

Amethyst 166 • Bleiglanz 82
Diamant 166 • Feldspat 83 • Glimmer 82
Kalkspat 83 • Kristall 86 • Kristallfläche 86 • Metall 167 • Mineral 82
Olivin 83 • Opal 166 • Quarz 83

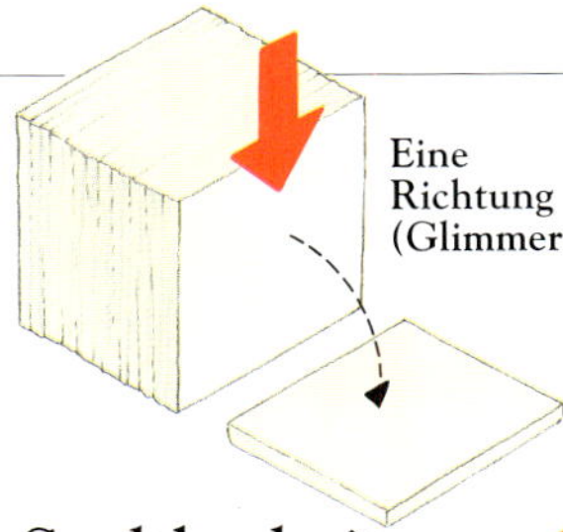

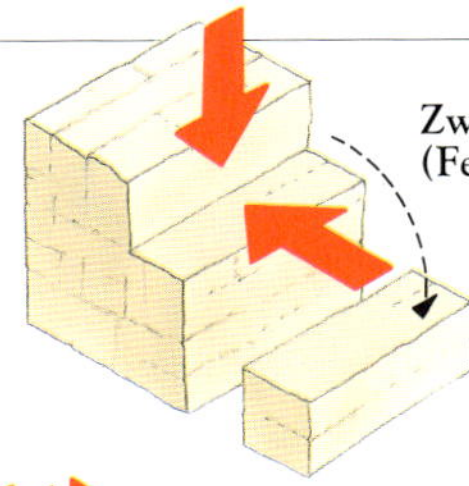

Spaltebenen
Die Spaltebenen ergeben sich aus der Atomanordnung im Mineral.

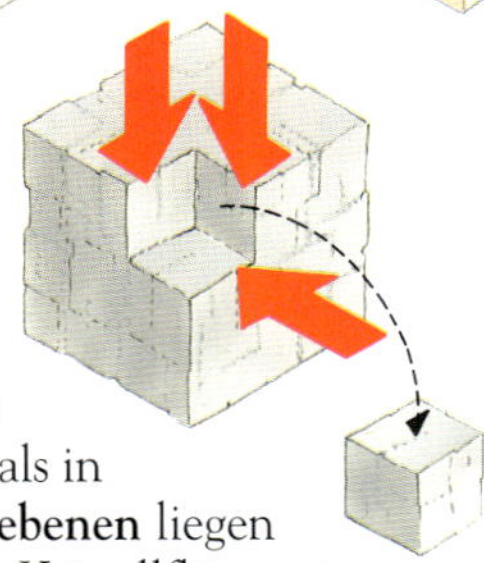

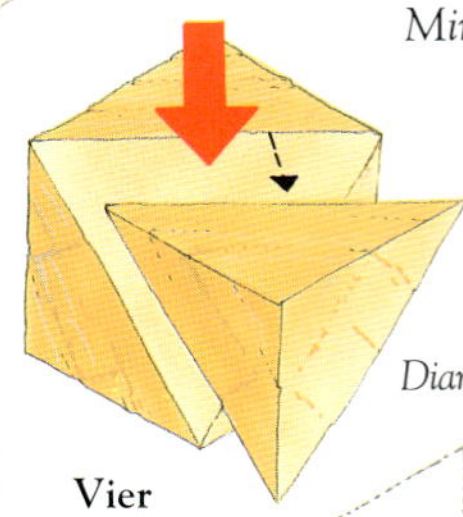

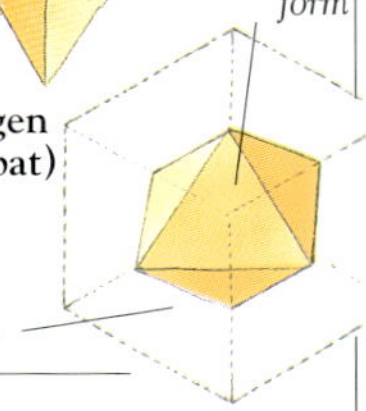

Spaltbarkeit

Schwäche, welche die Spaltung eines Minerals erlaubt

Viele Mineralien brechen in manchen Richtungen leichter als in anderen. Diese **Spaltebenen** liegen häufig parallel zu den Kristallflächen ■. Mineralien wie Glimmer ■ lassen sich in einer Richtung in flache Plättchen spalten. Orthoklas-Feldspat ■ hat zwei Spaltebenen und ergibt längliche Bruchstücke. Bleiglanz ■ und Steinsalz zerbrechen in drei Ebenen zu Würfeln. Kalkspat ■ bricht mit schrägem Winkel in drei Ebenen (**rhombische Spaltung**). Fluss-Spat hat vier Spaltungsebenen und bildet nach Abspaltung der Ecken eine Diamantenform.

Bruch

Bruch in einem Mineral, der nicht entlang einer Spaltebene verläuft

Mineralien ohne Spaltebenen brechen ungleichmäßig. Die Stücke können **muschelförmig** oder **splittrig** sein.

Spezifisches Gewicht

Maß für die Dichte eines Minerals

Viele Mineralien kann man an ihrer Dichte erkennen – Metalle ■ sind z. B. viel schwerer als Nichtmetalle. Zur Dichtebestimmung teilt man die Masse durch das Volumen. Bei einem unregelmäßig geformten Brocken ist das schwierig, und deshalb ermittelt man stattdessen das spezifische Gewicht, das Verhältnis der Masse des Brockens zur Masse des gleichen Volumens Wasser.

Färbung

Farbe eines Minerals bei Tageslicht

Manche Mineralien erkennt man an der Farbe. Olivin ■ z. B. ist meist dunkel-grün. Andere Mineralien kommen in verschiedenen Farben vor. Quarz kann weiß-grau (Milchquarz), gelb-braun (Citrin), schwarz-braun (Rauchquarz), rosa (Rosenquarz), rötlich violett (Amethyst) oder farblos (Bergkristall) sein.

Strich

Die Farbe eines zu Pulver zermahlenen Minerals

Die Farbe eines Minerals kann je nach Verunreinigungen und Entstehungsgeschichte unterschiedlich sein. Der Strich dagegen ist in der Regel immer gleich. Seine Farbe stellt man fest, indem man das Mineral über eine unglasierte Porzellanscherbe zieht.

Hämatit

Dunkel-roter Strich

Chalkopyrit

Schwarz-grüner Strich

◂ *Fortsetzung von der vorherigen Seite*

Durchsichtiges Mineral
Dieser Block aus Doppelspat ist sehr transparent, lässt aber dahinter stehende Gegenstände doppelt erscheinen.

Transparenz

Die Lichtdurchlässigkeit eines Minerals

Manche Mineralien, z. B. der isländische Doppelspat, sind fast so **transparent** wie Glas: Man kann durch sie hindurchsehen. Andere wie der Fluss-Spat sind milchig-**durchscheinend**: Sie lassen ein wenig Licht durch, Gegenstände sind aber nicht zu erkennen. Die übrigen wie der Bleiglanz sind lichtundurchlässig oder **opak**.

Glanz

Die Art, wie ein Mineral das Licht reflektiert

Manche Mineralien haben einen **glasigen** Glanz und glitzern wie zerbrochenes Glas. Andere glänzen **metallisch**. Neben diesen beiden Begriffen verwendet man zur Beschreibung des Glanzes noch folgende Ausdrücke: **perlmuttartig, seidig, diamantartig, wachsartig** oder **fettig, spiegelnd** und **stumpf**. Manche Mineralien, z. B. der Opal ■, glänzen oder **irisieren** in Regenbogenfarben wie Öl auf dem Wasser.

Aquamarin (glasiger Glanz)

Zinkblüte (perlmuttartiger Glanz)

Steinsalz (Fettglanz)

Opal (irisierender Glanz)

Glanz
Der Glanz eines Minerals hängt von dessen Oberflächenstruktur und Transparenz ab. Man sollte ihn nicht mit der Farbe verwechseln. Oft haben unterschiedlich gefärbte Mineralien den gleichen Glanz.

Einige häufige Mineralien

Mineral	Farbe	Strich	Glanz	Spez. Gew.	Mohs-Härte	Bemerkungen
Gesteinsbildend						
Augit	Schwarz-grün	Hellgrau	Glasig	3,4	5,5	Wie Hornblende
Biotitglimmer	Schwarz-braun	Weiß	Glasig	3	2,5	Blättrig-biegsam
Kalkspat	Weiß	Weiß	Glasig	2,7	3	Schäumt mit Säure
Orthoklas-Feldspat	Weiß-rosa	Weiß	Glasig	2,6	6	Gut spaltbar
Plagioklas-Feldspat	Weiß-grau	Weiß	Glasig	2,7	6	Oft Zwillingsbildung
Hornblende	Dunkel-grün	Hellgrau	Glasig	3,2	5,5	Rhombische Kristalle
Muskovitglimmer	Farblos	Weiß	Silbrig	3	2,5	Sehr blättrig
Olivin	Oliv-grün	Hellgrau	Glasig	3,8	6,5	Sieht aus wie Augit
Quarz	Milchig	Weiß	Glasig	2,7	7	Sieht aus wie Glas
Mineralerze						
Zinnstein	Schwarz	Hell-gelb	Glänzend	7	6,5	Zinnerz
Kupferkies	Messing	Schwarz-grün	Metallisch	4,3	4	Kupfererz
Bleiglanz	Bleigrau	Bleigrau	Metallisch	7,5	2.5	Bleierz
Hämatit	Grau-rot	Dunkel-rot	Stumpf	5,2	6	Eisenerz
Magnetit	Eisenschwarz	Schwarz	Metallisch	5,2	6	Eisenerz
Malachit	Leuchtend grün	Hell-grün	Stumpf	4	3,5	Kupfererz
Pyrit	Gold	Schwarz-grün	Metallisch	5	6.5	Eisenerz
Zinkblende	Dunkelbraun	Hellbraun	Harzig	4	4	Zinkerz
Andere Mineralien						**Verwendung**
Schwerspat	Farblos	Weiß	Wechselnd	4,5	3	Weiße Farbe
Fluss-Spat	Hellviolett	Weiß	Glasig	3,1	4	Email
Gips	Gelblich weiß	Weiß	Wechselnd	2,3	2	Zement, Putz
Steinsalz	Farblos	Weiß	Glasig	2,2	2,5	Chemie

***Hintergrundbild:** ein Olivinkristall*

Kristalle

Die Erdoberfläche besteht zum größten Teil aus Kristallen. Viele Gesteine enthalten kristalline Mineralien. Es gibt eine fast unbegrenzte Vielfalt von Kristallen, aber alle haben eine regelmäßige, geometrische Form.

Kristall

Festes Mineral mit regelmäßigen Winkeln und glatter Oberfläche

Kristalle bestehen in der Regel aus einem einzigen Element oder einer Verbindung, manchmal sind allerdings Abschnitte aus anderen Substanzen eingelagert. Sie haben eine geometrische Form mit glatten Flächen, geraden Kanten und symmetrischen Ecken, denn sie sind aus einem regelmäßigen Gerüst oder Gitter aus Atomen aufgebaut. Kristalle entstehen beim Abkühlen eines geschmolzenen Feststoffes oder wenn die Flüssigkeit aus der Lösung eines Minerals verdunstet. Je langsamer der Kristall entsteht, desto größer wird er. Er wächst, weil sich immer mehr Atome an sein Grundgerüst anlagern.

Kristalle in der Natur
Riesiges Gebilde aus Schwefelkristallen an einer Fumarole, der Öffnung eines Vulkanschlotes. Die Kristalle bilden sich beim Abkühlen der schwefelreichen Gase.

Kristallografie

Wissenschaft von den Kristallen

Zur wissenschaftlichen Untersuchung von Aufbau und Eigenschaften der Kristalle werden diese mit Chemikalien behandelt, unter einem starken Mikroskop betrachtet oder mit Licht und Röntgenstrahlen bestrahlt.

Grafitgitter
Ein Grafitkristall besteht aus Elementarzellen mit hexagonal angeordneten Atomen. Die Elementarzellen bilden nur schwach zusammengehaltene Schichten; deshalb ist Grafit sehr weich.

Kristallgitter

Anordnung der Atome im Kristall

Ein gut ausgebildeter Kristall ist regelmäßig und symmetrisch, seine Form hängt aber von der Anordnung seiner Atome ab. Alle Kristalle bestehen aus einem räumlichen Gerüst, das man Kristallgitter nennt. Die kleinste vollständige Einheit eines solchen Gitters heißt **Elementarzelle**. Der Kristall besteht aus vielen gleichartigen, regelmäßig wiederholten Elementarzellen. Diese können auf 32 verschiedene Arten (**Kristallklassen**) zum Kristallgitter verbunden sein.

Winkelmessung
Mit dem Goniometer misst man die Winkel zwischen den Kristallflächen.

Kristallfläche

Eine ebene Flache an der Oberfläche eines Kristalls

Die Kristallflächen treffen in genau festgelegten Winkeln aufeinander und bilden gut definierte Kanten. Einander entsprechende Winkel sind in allen Kristallen eines Minerals gleich und können mit einem **Goniometer** gemessen werden; sie werden durch die Anordnung der Atome bestimmt. Kristallflächen bilden sich beim Wachstum des Kristalls von selbst. Die ebenen Oberflächen der Edelsteine dagegen entstehen durch Schleifen und sind keine echten Kristallflächen. Behandelt man die Flächen bestimmter Kristalle mit Chemikalien, bilden sich regelmäßige **Ätzfiguren**, an denen man das jeweilige Kristallsystem erkennen kann.

Kristallsymmetrie

Die regelmäßige Anordnung der Kristallflächen

Kristalle kann man anhand ihrer Symmetrie beschreiben. Dreht man den Kristall um 360° um eine durch seine Mitte verlaufende gedachte **Symmetrieachse**, erscheint er immer völlig symmetrisch. Eine **Symmetrieebene** ist eine gedachte Fläche, die den Kristall in exakt gleiche Hälften teilt. Die stärkste Symmetrie haben würfelförmige Kristalle mit zwölf Symmetrieachsen und neun -ebenen.

Kristallsystem

Eine geometrische Grundform bei Kristallen

Alle Kristalle lassen sich je nach ihrer Symmetrie in eines von sieben Kristallsystemen einordnen: **monoklin, triklin, kubisch, tetragonal, orthorhombisch** und **hexagonal** oder **trigonal**. Kristalle desselben Minerals gehören immer zum selben Kristallsystem. Sie sehen aber nicht immer gleich aus, denn innerhalb jedes Systems gibt es viele Abweichungen oder **Formen**. Ein Kristall im kubischen System kann z. B. ein Würfel sein, aber auch ein Oktaeder (achtseitige Diamantform), ein Dodekaeder (zwölf Flächen wie ein Würfel mit abgeschnittenen Ecken) oder eine Reihe weiterer Formen.

KRISTALLSYSTEME

Gezeigt sind jeweils ein Schema (blau) und ein echtes Beispiel.

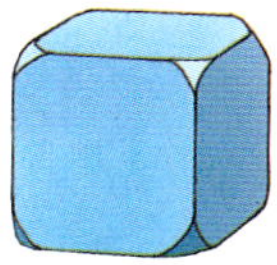

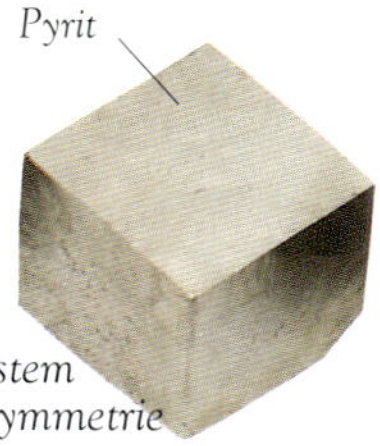

Kubisch
Das kubische System hat die höchste Symmetrie aller Systeme.

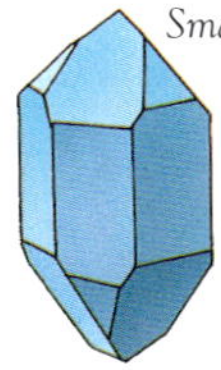

Hexagonal/trigonal
Diese beiden Systeme werden wegen ähnlicher Symmetrie zusammengefasst.

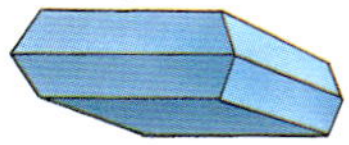

Monoklin
Eines der häufigsten Systeme; nicht so symmetrisch wie das kubische System

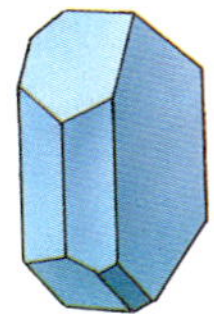

Triklin
Das Kristallsystem mit der geringsten Symmetrie

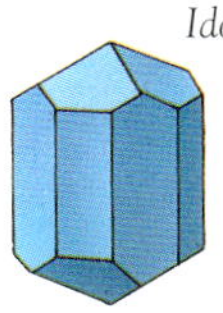

Tetragonal
Zu diesem System gehören eher längliche Kristalle.

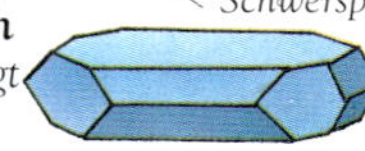

Orthorhombisch
Dieses System bringt oft prismenförmige Kristalle hervor.

Kristallhabitus

Das charakteristische Aussehen eines Kristalls oder einer Kristallmasse

Kristalle sind nur selten vollkommen geformt; oft kann man leichter ihren Habitus beschreiben als das jeweilige Kristallsystem feststellen. Über den Habitus eines Kristalls bestimmen vielfach die Bedingungen, unter denen er wächst. Man bezeichnet ihn z. B. als **dendritisch** (baumförmig), **prismatisch** (prismenförmig), **linsenförmig, nadelförmig, blattförmig, nierenförmig** oder **massiv** (ohne eindeutige Form).

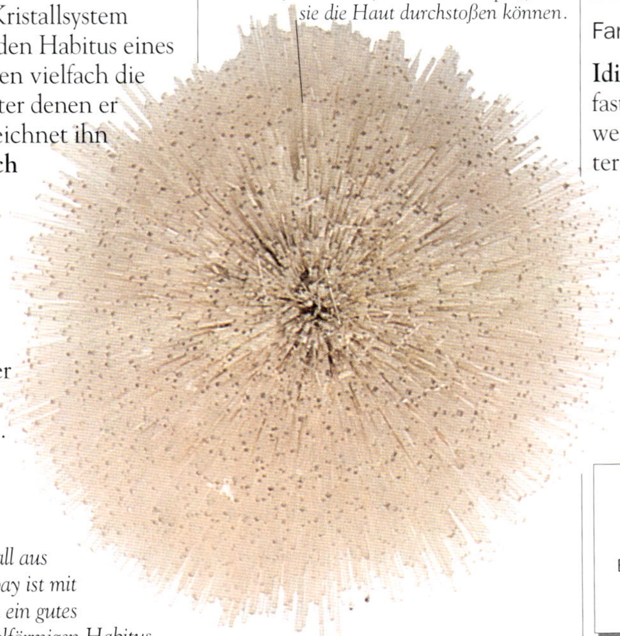

Die dünnen »Nadeln« sind sehr zerbrechlich, aber auch so spitz, dass sie die Haut durchstoßen können.

Nadelförmiger Habitus
Dieser Mesolithkristall aus dem indischen Bombay ist mit seinen vielen Spitzen ein gutes Beispiel für den nadelförmigen Habitus.

Kristallfarbe

Farbe eines Kristalls bei Tageslicht

Idiochromatische Kristalle haben fast immer die gleiche Farbe, weil ihre Atome Licht bestimmter Wellenlängen absorbieren. Schwefelkristalle z. B. sind in der Regel gelb. **Allochromatische** Kristalle haben verschiedene Farben, die oft durch Verunreinigungen oder Abweichungen ihrer Atomstruktur entstehen. Allochromatische Kristalle haben z. B. Quarz ■ und Beryll ■.

Siehe auch

Atom 42 • Beryll 166 • Edelstein 166
Element 42 • Fumarole 53 • Mineral 82
Quarz 83 • Verbindung 42

Extrusivgestein

Das geschmolzene Magma, das aus dem Erdinneren emporsteigt und als Lava aus Vulkanen quillt, ist sehr heiß. Beim Abkühlen bilden sich Kristalle, deren Zahl mit sinkender Temperatur zunimmt. Schließlich entsteht eine harte Masse aus kristallinem Extrusivgestein.

Der Giant's Causeway
Diese Felsformation in der nordirischen Grafschaft Antrim besteht aus 40 000 Basaltsäulen, die jeweils 1–2 m hoch sind. Sie gehörte zu einem großen, vor Jahrmillionen entstandenen Lavastrom.

Vulkanisches Gestein

Entsteht, wenn flüssiges Magma oder Lava sich verfestigt

Das älteste Vulkangestein ist mindestens 3,6 Milliarden Jahre alt, das jüngste bildet sich heute noch. Es gibt über 600 Typen von Vulkangestein, jeder mit eigener Körnung und Mineralzusammensetzung ■. Welcher Typ entsteht, hängt von der Art des Magmas und der Geschwindigkeit seiner Abkühlung ab.

Siehe auch

Amphibole 82 • basisches Gestein 80 Feldspat 83 • Glimmer 82 • Granit 90 Inselbogen 48 • intermediäres Gestein 80 • Intrusion 56 • Korngröße 81 Kristall 86 • Lava 55 • Magma 52 • Mineral 82 • Olivin 83 • ozeanische Kruste 40 pyroklastisches Produkt 55 • Quarz 83 saures Gestein 80 • Schlot 52 Silikate 82 • Vulkanasche 55

Extrusivgestein

Gestein, das aus der auf die Erdoberfläche ergossenen Lava entsteht

Extrusivgestein ist Vulkangestein, das aus der von Vulkanen ausgeworfenen Lava ■ entsteht. Gestein, das sich in Intrusionen ■ unter der Oberfläche bildet, heißt Intrusivgestein.

Vulkanische Mineralien

Die chemischen Bestandteile von Vulkangestein

Vulkangestein besteht vorwiegend aus Silikaten ■. Silikatreiches Gestein ist sauer ■ und hat eine blasse Farbe. Enthält Vulkangestein weniger Silikate, ist es dunkel und basisch ■. Die wichtigsten Silikate von Vulkangestein sind Orthoklas-Feldspat ■, Plagioklas-Feldspat, Quarz ■, Biotitglimmer ■, Olivin ■, Amphibole ■ und Pyroxen. Diese Mineralien liegen in jedem Gesteinstyp in anderer Zusammensetzung vor. Rhyolith besteht z. B. aus 30 % Orthoklas, 28 % Quarz, 20 % Plagioklas sowie kleinen Mengen Glimmer und Biotit.

Kristallisation

Entstehung von Gestein aus abkühlendem Magma

Jedes Mineral verfestigt sich und kristallisiert bei einer charakteristischen Temperatur. Olivin kristallisiert bei 1200 °C, Quarz erst bei 850 °C.

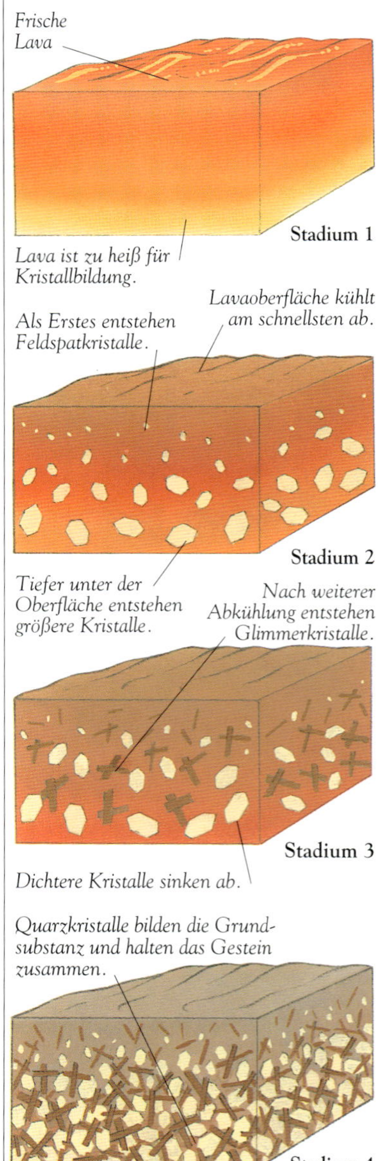

Kristallbildung in Rhyolith
Die Kristalle verfestigen sich bei unterschiedlichen Temperaturen. Zuerst entsteht Feldspat, dann Glimmer. Zuletzt schließen die formlosen Quarzkristalle die Lücken.

Basaltgestein

Basalt, ein basisches Vulkangestein, ist dunkel gefärbt; je grobkörniger er ist, desto tiefer in der Erdkruste hat er sich gebildet.

Gabbro (grobkörnig)

Dolerit (mittelfein gekörnt)

Basalt (feinkörnig)

Kornstruktur

Größe und Struktur der Körner

Vulkangestein ist nicht nur am Mineraliengehalt, sondern auch an der Korngröße ■ zu erkennen. Wenn Magma ■ und Lava langsam abkühlen, bilden sich größere Kristalle. Extrusivgestein entsteht aus Lava, die an der Oberfläche schnell abkühlt und zu glasigem oder feinkörnigem Gestein wird. Intrusivgestein kühlt unter der Oberfläche viel langsamer ab und enthält deshalb gröbere Körner. Gestein in kleineren Intrusionen ist meist mittelfein gekörnt. Zu den meisten feinkörnigen Vulkangesteinen gibt es eine mittel- und grobkörnige Entsprechung mit gleicher Mineralienzusammensetzung. Rhyolith z. B. ähnelt in seiner Zusammensetzung dem (grobkörnigen) Granit ■ und dem (mittelgrob gekörnten) **Mikrogranit**.

Riesige Säulen
Der Devil's Tower im US-Staat Wyoming, ein Bündel aus Steinsäulen, erhebt sich 264 m hoch in den Himmel.

Basalt

Ein dunkles, feinkörniges Vulkangestein

Etwa 80 Prozent aller Vulkangesteine sind Basaltgesteine. Sie sind aus dünnflüssiger Lava entstanden, die sich rund um einen Vulkan ausgebreitet hat. Da diese Lava schnell abkühlt, ist Basalt sehr feinkörnig, sodass man die Körner häufig sogar nur unter dem Mikroskop erkennen kann. Basaltgesteine bestehen vorwiegend aus Plagioklas-Feldspat und Augit mit oder ohne Beimischung von Olivin. Olivinreicher Basalt ist in der Vulkanlava auf den Pazifikinseln verbreitet. Basalt ohne Olivin, auch **Tholeiit** genannt, bildet große Teile der ozeanischen Kruste ■.

Säulengestein

Vulkangestein, das sich beim Abkühlen der Lava zu Säulen aufspaltet

Basaltlava zieht sich beim Abkühlen zusammen, und dabei können Risse im Gestein entstehen. Dann zerfällt das Gestein in sechseckige Säulen wie am Giant's Causeway in Nordirland oder im Devil's Tower in Wyoming (USA).

Andesit

Dunkles, feinkörniges, siliziumdioxidreiches Vulkangestein

Andesit

Andesit ist nach Basalt das zweithäufigste Vulkangestein. Er ist fast so dunkel wie der Basalt und ähnelt ihm in der Mineralienzusammensetzung, enthält aber mehr Siliziumdioxid. Verbreitet ist er in den südamerikanischen Anden und auf den Inselbögen ■ im Pazifik.

Rhyolith

Helles, feinkörniges Vulkangestein

Rhyolith ist ein saures Gestein. Er entsteht aus klebriger Lava, die rund um Vulkanschlote ■ aufsteigt. Im Mineralgehalt ähnelt er dem Granit; das Gleiche gilt für den glänzend dunklen **Obsidian** und den dunkel-grünen **Pechstein**, die beide eine glasige Struktur haben.

Trachyt

Graues, feinkörniges Vulkangestein

Trachyt

Trachyt ist ein intermediäres Gestein ■: Er steht zwischen dem Granit und dem feldspatreichen Rhyolith. Man findet ihn an Stellen wo Lava zwischen auseinander driftenden Kontinentalplatten aufsteigt. Der Lavastrom hinterlässt im Gestein häufig abgegrenzte Streifen, die **Trachytstruktur**.

Tuff

Mittelfein gekörntes Vulkangestein aus abgelagerter Vulkanasche

Tuff

Vulkangestein aus pyroklastischem Material nennt man pyroklastisches Gestein ■. Tuff ist Stein gewordene Vulkanasche ■ mit einer Korngröße unter 2 mm.

Intrusivgestein

Nicht immer bricht geschmolzenes Magma an der Oberfläche aus, sodass sich Vulkangestein bildet. Verfestigt es sich in tieferen Bereichen, entsteht Intrusivgestein. Dieses kommt nur zum Vorschein, wenn darüber liegende Schichten abgetragen werden.

Intrusivgestein

Gestein, das durch unterirdische Verfestigung von Magma entsteht

Zwei Typen von Vulkangestein bilden sich unter der Erde: **Hypoabyssisches Gestein** entsteht unmittelbar unter der Oberfläche, meist in Dikes und Sills. **Tiefengestein (plutonisches Gestein)** bildet sich tief unter der Erde in Plutonen und Batholithen. Da alle unterirdisch erstarrten Vulkangesteine langsamer abgekühlt sind als die an der Oberfläche, haben sie meist eine gröbere Körnung. Tiefengestein ist das grobkörnigste.

Ein Granitkegel
Der riesige Half Dome im Yosemite Valley in Kalifornien (USA) gehört zu einem Granitbatholithen, der im Gebirge der Sierra Nevada zu Tage tritt.

Granit

Ein helles, grobkörniges Vulkangestein

Hornblende-Granit

Granit ist das häufigste Tiefengestein. Es gibt viele Granittypen, darunter der feiner gekörnte **Aplit** und der sehr grobkörnige **Pegmatit**. Granit ist die grobkörnige Entsprechung zu Rhyolith. Er besteht vor allem aus Quarz mit unterschiedlichen Anteilen von Orthoklas- oder Plagioklas-Feldspat und geringen Mengen Biotit- oder Muskovit-Glimmer. Granit kommt fast immer in Gebieten mit Gebirgsbildung vor.

Gabbro

Ein dunkles, grobkörniges Vulkangestein

Gabbro, das zweithäufigste Vulkangestein, ist die grobkörnige Entsprechung zu Basalt. Er enthält große schwarze Augitkristalle in Verbindung mit hellem Feldspat und ein wenig Olivin. Deshalb sieht er fleckig aus. Gabbro entsteht meist in Lopolithen, riesigen vulkanischen Intrusionen. Gute Beispiele sind das Bushveld in Südafrika und der Duluth-Lopolith beim Oberen See in Kanada.

Dolerit

Ein dunkles, mittelfein gekörntes Vulkangestein

Dolerit ist beim Intrusivgestein die mittelfein gekörnte Entsprechung zu Basalt und Gabbro. Vom Basalt unterscheidet er sich durch seine geringfügig größeren Kristalle, die ihn etwas fleckiger aussehen lassen. Dolerit kommt häufig in Dikes und Sills vor, so im Palisades Sill in New Jersey (USA) und im Great Whin Sill in Nordengland.

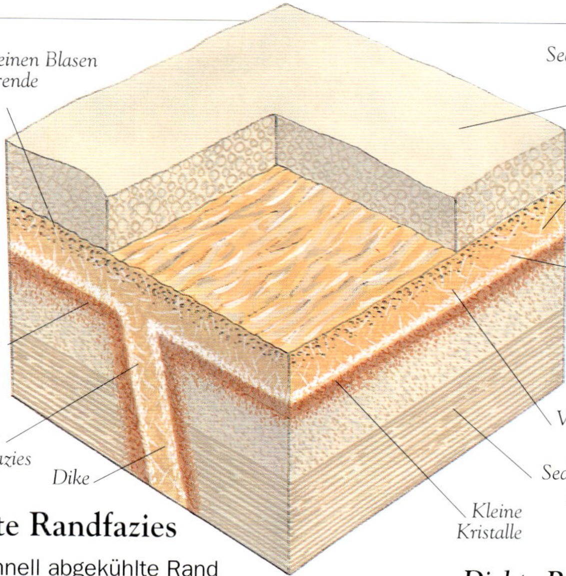

Dichte Randfazies
Die Ränder einer Intrusion sind besonders dicht. Befinden sich dort aber Blasen, ist die Lava als Extrusion an die Oberfläche gedrungen, auch wenn sie heute von jüngerem Gestein bedeckt ist.

Dichte Randfazies

Der schnell abgekühlte Rand einer Intrusion

Eine Intrusion kühlt an den Rändern, die mit dem kalten Muttergestein ■ der Umgebung in Kontakt kommen, ein wenig schneller ab und ist in dieser dichten Randfazies feinkörniger als in ihren anderen Bereichen. Die Hitze lässt das Muttergestein an der Grenzfläche schmelzen und verwandelt es in metamorphes Gestein ■: Eine **Schmelzgrenze** entsteht.

Xenolith

Ein altes Gesteinsbruchstück, das in einer neuen Intrusion eingeschlossen wurde

Eine entstehende Intrusion kann »fremdes« Gestein einschließen, z.B. Bruchstücke von den Rändern des Muttergesteins. Diese Xenolithen machen häufig eine Metamorphose durch, d.h. sie verändern sich durch Druck und Hitze.

Ein Xenolith
Die Mitte des Xenolithen besteht aus dunkler Lava, der Rand aus hellem

Peridotit

Dunkles, grobkörniges Vulkangestein

Peridotit ist ein dichtes, ultrabasisches ■ Tiefengestein. Er besteht fast ausschließlich aus dunklen Eisenmagnesiumsilikaten ■ wie Olivin, Augit und Hornblende. Der **Dunit** ähnelt dem Peridotit, enthält aber etwas mehr Olivin und weniger Augit. Beide Gesteine sind grün-braun. Man findet sie vielfach am Fuß von Gabbro-Intrusionen oder in Gebieten mit Gebirgsbildung. Sie bilden einen großen Teil des oberen Erdmantels ■.

Syenit

Ein grau-braunes, grobkörniges Vulkangestein

Syenit

Syenit ist beim Tiefengestein die grobkörnige Entsprechung zu Trachyt ■. Dieses recht seltene Gestein bildet sich aus Verunreinigungen von Gabbro-Magma. Syenit ist ein intermediäres Gestein ■: Sein Silikatgehalt liegt zwischen dem von Gabbro und Granit, denen er ähnelt.

GRANITGESTEIN

Je gröber die Körnung der Granitgesteine, desto tiefer unter der Oberfläche sind sie entstanden.

Weißer Granit (grobkörnig)

Quarzporphyr (mittelfein gekörnt)

Rhyolith (feinkörnig)

Diorit

Ein helles, grobkörniges Vulkangestein

Diorit

Diorit ist beim Tiefengestein die grobkörnige Entsprechung zu Andesit ■. Er bildet sich häufig in den Ausläufern großer Granitintrusionen.

Siehe auch

Andesit 89 • Basalt 89 • Batholith 56
Dike 57 • Eisenmagnesiumsilikat 82
Erdmantel 41 • Feldspat 83
Glimmer 82 • intermediäres Gestein 80
Intrusion 56 • Lopolith 57 • Magma 52
metamorphes Gestein 96 • Muttergestein 56 • Olivin 83 • Pluton 56
Rhyolith 89 • Sill 57 • Trachyt 89
ultrabasisches Gestein 80

Sedimentgestein

Fast 90 Prozent der Erdkruste bestehen aus Vulkangestein, aber 75 Prozent der Landflächen sind von dünnen Schutt- oder Sedimentschichten bedeckt. Die Sedimente lagern sich am Boden von Meeren, Seen und Flüssen ab. Im Laufe der Jahrmillionen werden sie zu Sedimentgestein zusammengepresst.

Sedimentgestein

Gestein aus Gesteinstrümmern und Überresten von Lebewesen

Es gibt drei Typen von Sedimentgestein: Trümmergestein, organogenes Sedimentgestein ■ und Gestein chemischen Ursprungs ■. Viele Sedimentgesteine gehen aus Ablagerungen am Meeresboden hervor. **Sedimente** können aber auch an Land entstehen – an Stränden, in Gletschermoränen ■ usw. Jedes Umfeld lässt einen bestimmten Gesteinstyp entstehen; verschiedene, zur gleichen Zeit an verschiedenen Stellen abgelagerte Gesteine nennt man **Fazies**. Fossilien ■ im Sedimentgestein können eine Datierung erleichtern.

Sedimentverfestigung

Die Umwandlung lockerer Sedimente in Gestein

Weiche Sedimente werden über Jahrmillionen zu hartem Gestein, wenn sie (anders als bei der Metamorphose ■) dicht unter der Oberfläche relativ geringem Druck und niedrigen Temperaturen ausgesetzt sind. Manchmal werden solche Sedimente durch Verdichtung und Verkittung allmählich hart. Die **Lithifikation** ähnelt der Sedimentverfestigung, muss aber nicht unmittelbar mit Verdichtung oder Verschüttung einhergehen.

Verdichtung

Das langsame Zusammenpressen der Sedimente zu hartem Gestein

Die übereinander aufgeschichteten Sedimente werden allmählich verdichtet. Wie das im Einzelnen geschieht, hängt vom Sedimenttyp ab. Schlamm wird bei der Umwandlung zu Tonstein auf ein Zehntel seiner Dicke zusammengedrückt, Sand verliert bei der Entstehung von Sandstein kaum an Volumen. Sedimente enthalten häufig viel Wasser, das im Laufe der Verdichtung allmählich herausgedrückt wird.

Verkittung

Bindung verdichteter Sedimente

Bei der Verdichtung der Sedimente verschmilzt die Matrix ■ aus feinem Schlick und Ton, sodass größere Teilchen gebunden werden. Auch chemische Verbindungen, die das Wasser in dem ursprünglichen Sediment zurücklässt, tragen zur Verkittung bei. Die häufigsten Kittsubstanzen sind Kalkspat ■, Siliziumdioxid (das ein sehr hartes Gestein entstehen lässt) und Eisenverbindungen (die das Gestein rostrot färben). Die Stärke des Kitts bestimmt die Härte des Gesteins. Weichen, schlecht verkitteten Sandstein nennt man **mürbe**.

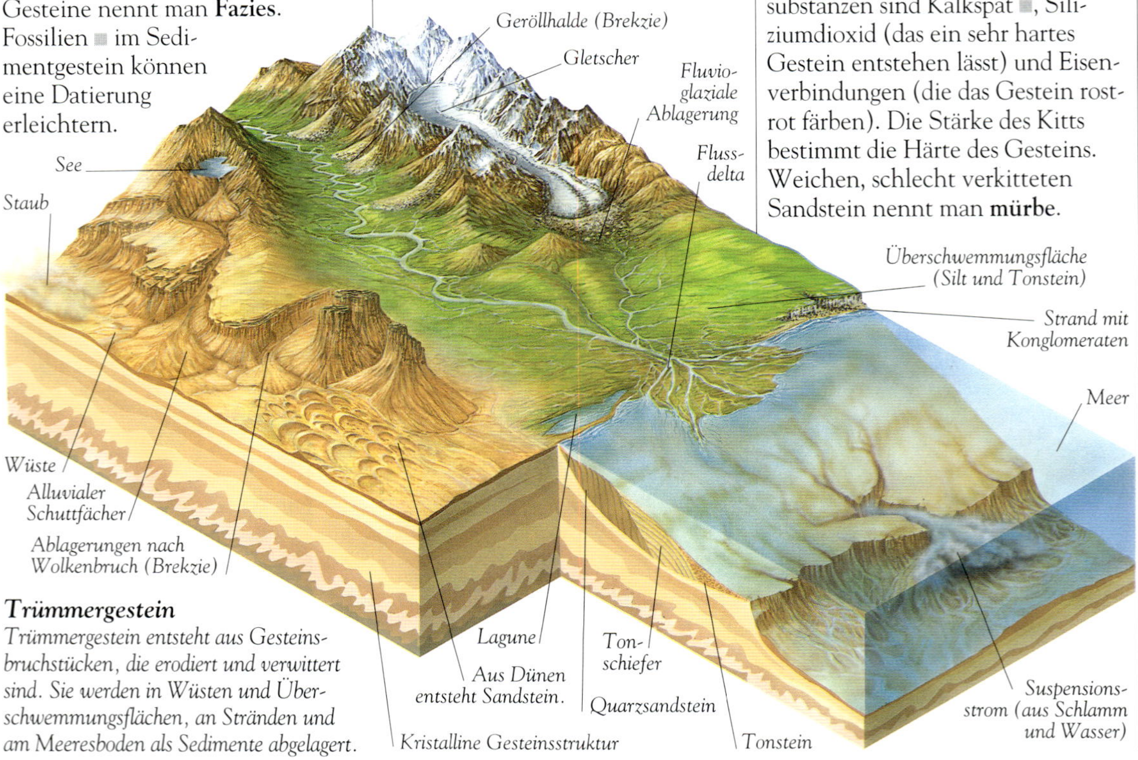

Trümmergestein

Trümmergestein entsteht aus Gesteinsbruchstücken, die erodiert und verwittert sind. Sie werden in Wüsten und Überschwemmungsflächen, an Stränden und am Meeresboden als Sedimente abgelagert.

Sandstein mit Kreuzschichtung
Stark erodierter, vielfarbiger Sandstein in Arizona (USA)

Schichtfuge

Eine Grenze zwischen zwei Schichten aus Sedimentgestein

Schichtfugen, im Gestein als Linien zu erkennen, kennzeichnen Unterbrechungen in der Sedimentablagerung. In manchen Gesteinsarten bilden wenige Millimeter dicke **Feinschichten** eine als **Feinschichtung** bezeichnete Struktur. Feinschichten sind durch die Strömung des Wassers entstanden, in dem die Sedimente abgelagert wurden. Zur **Kreuzschichtung** kommt es, wenn das Wasser zu verschiedenen Zeiten in unterschiedliche Richtungen geflossen ist. Eine **gradierte Schichtung,** die oben feine, weiter unten aber gröbere Körner enthält, entsteht vor allem in Suspensionsströmen ▪, wenn eine große Last ▪ aus gemischten Sedimenten gleichzeitig abgelagert wird, wobei schwere Partikel zuerst zur Ruhe kommen. **Massiges Gestein** enthält überhaupt keine Schichtung.

Trümmergestein

Gestein aus älteren Bruchstücken verwitterten und erodierten Gesteins

Trümmergestein wird nach der Größe seiner Partikel eingeteilt: Tongesteine, Sandstein oder Psammit und Konglomerate oder Psephit.

Ton

Feinkörniges Sedimentgestein

Sedimente mit sehr feiner Körnung (unter 0,05 mm) nennt man **Pelite**. Ihre Teilchen entstehen meist durch chemische Verwitterung und setzen sich nur an sehr ruhigen Stellen ab, z. B. in Seen und Lagunen. Die kleinsten, mit bloßem Augen nicht sichtbaren Teilchen (unter 0,002 mm) bilden den Ton, aus dem **tonige Gesteine** entstehen. **Silt, Schieferton** und **Tonstein** sind geringfügig gröber gekörnt.

Tonstein

Sandstein

Mittelgrob gekörntes Sedimentgestein

Sedimentgestein aus mittelfeinen Körnern von 0,06 bis 2 mm Durchmesser nennt man **sandige Gesteine** oder **Sandgesteine**. Die Teilchen in solchem Gestein sind mit bloßem Auge recht gut zu erkennen, und das Gestein fühlt sich rau an. Die größte Gruppe bilden die **Quarzsandsteine**: Sie bestehen aus Quarzkörnern, die in einem flachen Meer abgelagert wurden. **Arkose** ist rosafarbener Sandstein mit einem hohen Anteil (35 %) an Feldspat.

Grauwacke

Mittelfein gekörntes Sedimentgestein mit erheblichem Anteil an Tonschiefer

Grauwacke

Grauwacke ist ein sandiges Gestein, dessen Sandkörner zwischen Tonschiefer und Glimmerplättchen eingebettet sind. Sie wurden von Suspensionsströmen in gradierten Schichtungen abgelagert.

TRÜMMERGESTEINE

Das Spektrum reicht vom Psephit mit seinen Kieseln bis zum feinkörnigen Pelit.

Psephit-Brekzie (grobkörnig)

Sandstein (mittelgrob gekörnt)

Pelit-Tonstein (feinkörnig)

Konglomerat

Grobkörniges Sedimentgestein

Sedimente aus Teilchen mit über 2 mm Durchmesser nennt man **Psephite**. Zu ihnen gehören Konglomerate und **Brekzien**. Konglomerate enthalten große, runde Kiesel aus Quarz oder Metaquarzit. Sie entstanden vermutlich an Stränden, wo die Wellen den Kies rund geschliffen hatten. Brekzien enthalten große, scharfkantige Bruchstücke.

Siehe auch

Fossil 70 • Gestein chemischen Ursprungs 94 • Kalkspat 83 • Last 112
Matrix 81 • Metamorphose 96
Moräne 124 • organogenes Sediment 94
Suspensionsstrom 134
Verwitterung 98 • Wolkenbruch 117

Fortsetzung nächste Seite ➤

Organogenes Sedimentgestein

Sedimentgestein aus den Überresten von Pflanzen und Tieren

Die meisten Sedimentgesteine enthalten Fossilien ▪, aber manche bestehen auch fast ausschließlich aus den Überresten von Lebewesen. **Biogenes Gestein** entsteht aus den intakten Resten ganzer Lebewesen: Riffkalkstein besteht z. B. aus Korallenkolonien ▪. **Bioklastisches Gestein** wie Muschelkalk und Kreide bildet sich aus Bruchstücken solcher Überreste.

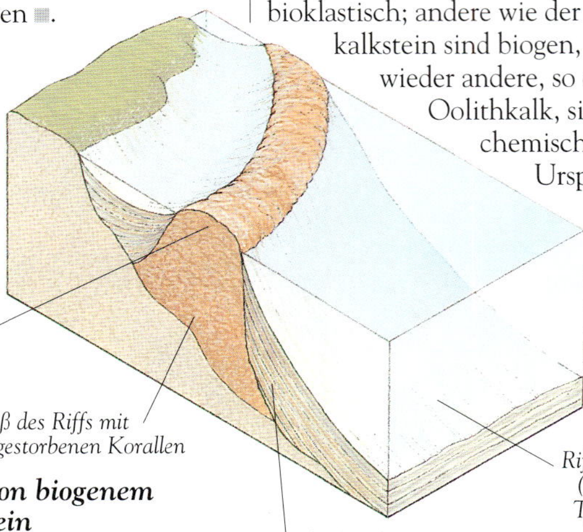

Entstehung von biogenem Sedimentgestein
Riffkalkstein entsteht meist in flachen Gewässern aus den verdichteten Überresten von Korallenriffen.

Sedimentgestein chemischen Ursprungs

Aus im Wasser gelösten Substanzen entstandenes Gestein

Viele Mineralien, z. B. Kalkspat, lösen sich gut in Wasser. Sie können dann als Feststoff bzw. **Niederschlag** ausfallen. Niederschläge können sich zwischen anderen Sedimenten anhäufen oder allein ein Gestein bilden.

Kalkstein

Sedimentgestein, das vorwiegend aus Kalkspat besteht

Manche Kalksteine sind organischen, andere chemischen Ursprungs. Alle werden durch viel Kitt aus Carbonaten ▪ zusammengehalten, insbesondere durch Kalkspat und Magnesiumcarbonat. Die meisten Kalkgesteine, z. B. Muschelkalk und Kreide, sind bioklastisch; andere wie der Riffkalkstein sind biogen, und wieder andere, so der Oolithkalk, sind chemischen Ursprungs.

Riffkalkstein

Kalkstein aus biogenen Carbonaten

Riffkalkstein entsteht aus den harten Kalkskeletten von Korallen und anderen Meereslebewesen, die in warmen Meeren große Kolonien bilden. Oft ist Riffkalkstein von Muschelkalk eingeschlossen. Wird der Muschelkalk abgetragen, bleibt der härtere Riffkalk manchmal als kleines, frei liegendes **Kuppenriff** zurück.

Kreide

Eine weiße, sehr reine Form von Kalkstein

Kreide, ein puderiges, feinkörniges Gestein, ist fast reiner Kalkspat. Manchmal besteht sie fast ausschließlich aus kleinen Scheiben; diese **Coccolithen** sind aus winzigen Pflanzen entstanden. In anderen Fällen besteht die Kreide aus zerbrochenen Muschelschalen oder ist chemischen Ursprungs. Manche Kreidefelsen enthalten **Knollen** aus dem harten **Flintstein**, einer Form von Siliziumdioxid.

Flintsteinknolle

Muschelkalk

Kalkstein aus den Gehäusen von Meerestieren

Muschelkalk besteht vorwiegend aus den kalkspatreichen Gehäusetrümmern und Skeletten von Meeresbewohnern. Am häufigsten kommen Überreste von Seelilien ▪, Brachiopoden ▪ und Korallen vor (bis zu 75 % des Gesteins). Der Rest besteht aus Ton und Kalkspat.

Kalkschlamm

Kalkspat, der aus dem Meerwasser ausfällt

In manchen flachen warmen Meeresgebieten bildet Kalkspat den feinen weißen Kalkschlamm oder **Mikrit**. Dieser dient als Matrix, kann aber auch selbst ein Gestein bilden.

◄ *Fortsetzung von der vorherigen Seite*

Kreidefelsen
Die »Sieben Schwestern« in England sind aus Sedimenten entstanden.

Oolithkalk

Kalkstein aus kalkspatumhüllten Sandkörnern oder Gehäuseresten

In manchen flachen Meeren werden kleine Schlick- und Gehäuseteilchen von den Wellen im Kalkschlamm hin und her gerollt. Sie werden vom Kalkspat eingehüllt und bilden winzige Kugeln, die **Oolithen**. Diese haben meist einen Durchmesser von weniger als 1 mm und sehen aus wie Fischlaich. Der Vorgang spielt sich heute auf der Bahamabank vor der Küste Floridas ab. Aus den Oolithen entsteht der Oolithkalk. Ähnliche, aber größere Kugeln, die **Pisolithen**, bilden den grobkörnigen **Erbsenstein**.

Sedimentärer Tuff

Kalkspatsedimente, die sich um eine Quelle bilden

Sedimentärer Tuff bildet sich rund um kalte Quellen mit calciumcarbonatreichem Wasser. Er findet sich in den Höhlen von Kalkgebirgen und bildet dort die Stalagtiten ■ und Stalakmiten ■. In der Umgebung heißerer Quellen lagert sich der härtere, dichtere **Travertin** ab, der meist sehr hell ist und von Bildhauern als Marmorersatz verwendet wird.

Evaporit

Ein Sediment, das bei der Verdunstung von Salzwasser zurückbleibt

Bei der Verdunstung von Salzwasser fallen die gelösten Mineralien als Evaporite aus. Das geschieht z. B. in austrocknenden Seen wie dem Großen Salzsee in Utah (USA), in größerem Maßstab aber auch, wenn Meerwasser in Lagunen verdunstet. Die wichtigsten Mineralien sind dabei Steinsalz und Gips, der zu gebranntem Gips verarbeitet wird. Welcher Sedimenttyp entsteht, hängt von der Temperatur und der Konzentration der Mineralsalze im Wasser ab.

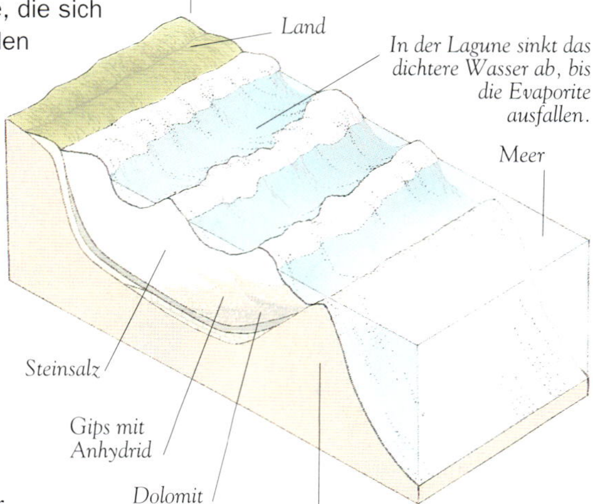

Evaporitenbildung in einer Lagune
Die Mineralien fallen in einer bestimmten Reihenfolge aus: zuerst der Kalkspat, dann Dolomit, Gips und Steinsalz.

Kalkgesteine

Das Spektrum der Kalkgesteine reicht vom grobkörnigen Erbsenstein und Muschelkalk bis zur sehr feinkörnigen Kreide.

Muschelkalk (grobkörnig)

Oolithkalk (mittelgrob gekörnt)

Kreide (feinkörnig)

Magnesiakalk

Ein Kalkstein mit Dolomit an Stelle des Kalkspats

Manchmal ist der Kalkspat im Kalkstein teilweise in das Mineral Dolomit ■ umgewandelt. Dieser Vorgang, **Dolomitbildung** genannt, lässt Magnesiakalk oder **dolomitischen Kalkstein** entstehen.

Siehe auch

Brachiopoda 71 • Carbonat 83
Dolomit 83 • Fossil 70
Gips 83 • Kalkspat 83 • Koralle 71
Korallenriff 135 • Matrix 81 • Seelilie 71
Stalagmit 103 • Stalaktit 103

Metamorphes Gestein

Wenn Gestein den hohen Temperaturen geschmolzenen Magmas ausgesetzt ist oder von tektonischen Platten zusammengepresst wird, verändert es sich bis zur Unkenntlichkeit. Es wird zu einem neuen Gesteinstyp, dem metamorphen Gestein (nach dem griechischen *metamorphosis* = Verwandlung).

Metamorphes Gestein

Gestein, das durch Umwandlung anderen Gesteins entstanden ist

Sediment-, Vulkan- und metamorphes Gestein kann durch Wärme und Druck eine **Metamorphose** durchmachen. Die Hitze stammt aus dem geschmolzenen Magma ■ einer Intrusion ■, oder in großer Tiefe aus dem Erdinneren. Zusammengepresst wird das Gestein, wenn tektonische Platten sich zusammenschieben, oder wenn es unter anderem Material verschwindet.

Umkristallisation

Das Wachstum neuer Kristalle bei der Metamorphose

Hitze und Druck verändern das Gestein auf zweierlei Weise. Der Mineralgehalt ändert sich, weil die Gesteinsbestandteile sich zu neuen Mineralien verbinden, und durch die damit verbundene Änderung von Größe, Form und Anordnung der Mineralkristalle ändert sich auch die Körnung ■. Dabei werden alte Kristalle zerstört und neue gebildet, ein Vorgang, den man als Umkristallisation bezeichnet.

Glimmerschiefer

Gneis

Metamorphose von Kristallen
Wenn kristalliner Schiefer sich in Gneis verwandelt, ändern sich die Kristalle.

Kontaktmetamorphose

Die Veränderung von Gestein in der Nähe einer Intrusion

Eine Kontaktmetamorphose spielt sich ab, wenn Gestein mit der Hitze einer vulkanischen Intrusion in Berührung kommt. Das betroffene Gebiet rund um einen Batholithen bezeichnet man als **Aureole**. Wie stark sich das Gestein in diesem Bereich verändert, hängt von seinem Abstand zum Magma und von der Größe der Intrusion ab.

Kontaktmetamorphose
Durch den Kontakt mit der Hitze einer Intrusion verändert sich das Gestein.

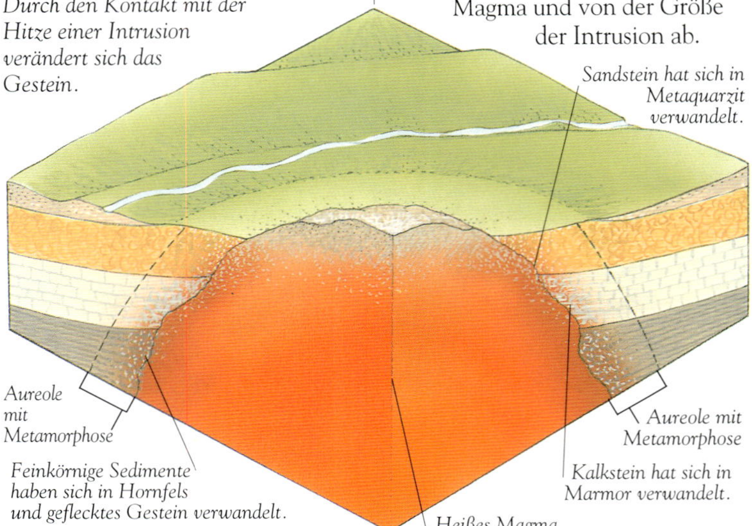

Regionalmetamorphose

Gesteinsveränderung in einem großen Gebiet durch die Kollision von Kontinenten

Wenn kollidierende Kontinente neue Gebirge in die Höhe schieben, findet darunter im zermalmten und erhitzten Gestein eine Regionalmetamorphose statt. Durch den gewaltigen Druck nimmt das metamorphe Gestein manchmal eine blättrige Struktur mit eindeutiger Schieferung ■ an.

Dislokations-metamorphose

Die Veränderung von Gestein durch Faltung

Hierbei wird Gestein durch eine Verwerfung ■ zertrümmert. Dabei entstehen die Bruchstücke einer Verwerfungsbrekzie ■.

Regionalmetamorphose
Bei der Gebirgsbildung finden in tieferen Schichten umfassende Gesteinsveränderungen statt. In größerer Entfernung ist die Metamorphose schwächer.

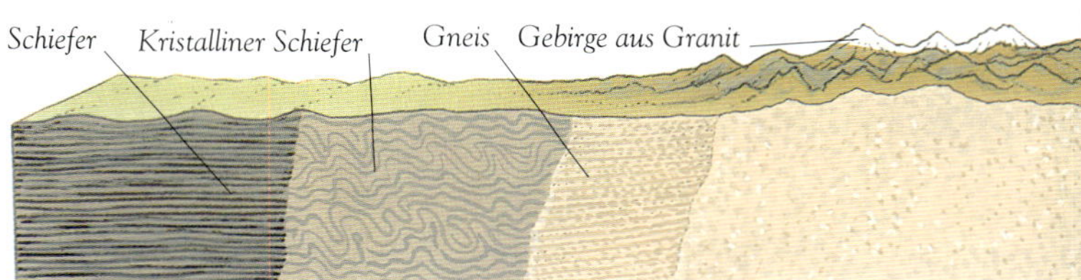

Marmor

Ein durch Metamorphose von Kalkstein entstandenes Gestein

Durch Regional- oder Kontaktmetamorphose kommt es zur Umkristallisation des Kalkspats im Kalkstein, der dabei zu Marmor wird. Reiner Kalkstein verwandelt sich in weißen Marmor, der wie durchscheinender Zucker aussieht. Durch Tonbeimengungen, deren Kristalle sich ebenfalls verändern, entstehen Streifen oder farbige Abschnitte.

Marmorstatue, ca. 2500 v. Chr.

Pyroxen-Hornfels

Hornfels

Durch Kontaktmetamorphose aus Tonstein und Tonschiefer entstanden

Durch Metamorphose feinkörnigen Tonsteins und Tonschiefers können sich die darin enthaltenen Mineralien je nach Druck und Temperatur auf unterschiedliche Weise verändern. Bei der Kontaktmetamorphose reicht die Wärme in der Nähe der Intrusion für eine vollständige Umkristallisation zu Hornfels. In größerer Entfernung entstehen **gefleckte Gesteine**. Weiter zur Intrusion hin bestehen die Flecken aus dem silikathaltigen **Andalusit**, weiter entfernt entstehen Biotitglimmer- und Andalusitkristalle.

Schiefer

Durch schwache Regionalmetamorphose von Tonstein und Tonschiefer entstanden

Schiefer entsteht durch geringfügige Regionalmetamorphose bei hohem Druck und niedriger Temperatur aus Tonstein und Tonschiefer. Durch den Druck ordnen sich die Glimmer- und Chloritkristalle zu glatten, flachen Schichten an. Das Gestein bleibt feinkörnig.

Kristalliner Schiefer

Durch mittelstarke Regionalmetamorphose von Tonstein und Tonschiefer entstanden

Durch mittelstarke Regionalmetamorphose (hoher Druck, mäßig hohe Temperatur) verwandeln sich Tonstein und Tonschiefer in kristallinen Schiefer mit abgegrenzten, parallelen Schichten aus Muskovit- oder Biotitglimmer und vereinzelten Granatknollen. Die Körnung ist gröber als bei Schiefer.

Gneis

Durch hochgradige Regionalmetamorphose von Tonstein und Tonschiefer entstanden

Hochgradige Regionalmetamorphosen spielen sich unter Gebirgen ab, wo gewaltiger Druck und sehr hohe Temperaturen herrschen. Dort verwandeln sich Tonstein und Tonschiefer vollständig in Gneis. Durch Umkristallisation entstehen in dem Gestein alternierende Schichten aus hellen und dunklen Mineralien. Die dunklen Schichten sind reich an Glimmer, Amphibolen und Pyroxen. Die helleren Bereiche enthalten Quarz und Feldspat. Gneis bildet vermutlich einen großen Teil der oberen Schichten in der kontinentalen Kruste.

METAMORPHES GESTEIN

Durch hochgradige Metamorphose entstehen grobe Körnung und starke Bänderung.

Gneis (grobkörnig)

Kristalliner Schiefer (mittelgrob gekörnt)

Schwarzer Schiefer (feinkörnig)

Metaquarzit

Durch Metamorphose von Sandstein entstanden

Metaquarzit

Locker gekörnter Sandstein verwandelt sich durch Druck und Hitze in den harten Metaquarzit. Die Zwischenräume werden dabei von umkristallisiertem Quarz ausgefüllt.

Siehe auch

Amphibole 82 • Bänderung 81
Batholith 56 • Feldspat 83 • Glimmer 82
Granat 82 • Intrusion 56 • Kalkspat 83
kontinentale Kruste 40 • Körnung 81
Magma 52 • Pyroxen 82 • Quarz 83
Schieferung 81 • Sedimentgestein 92 • Tonschiefer 93 • Tonstein 93 • Verwerfung 60
Verwerfungsbrekzie 61 • Vulkangestein 88

Verwitterung

Gestein ist zwar hart, aber es hält nicht ewig. Liegt es an der Erdoberfläche frei, wird es durch Wind und andere physikalische oder chemische Vorgänge allmählich abgebaut, sodass selbst der härteste Granit sich irgendwann in weichen Ton verwandelt. Unter der Erde kann Wasser das Gestein abtragen.

Wirkung von Wurzeln
Wenn ein Samen in einer Felsspalte keimt, wachsen die Wurzeln tiefer in die Spalte ein und erweitern sie.

Verwitterung

Der allmähliche Abbau von Gestein

Gestein wird durch mechanische, chemische und organische Vorgänge abgebaut. Betroffen sind in der Regel nur Schichten dicht unter der Oberfläche, manchmal lässt Wasser aber auch Gestein in Tiefen bis zu 185 m verwittern. Je extremer das Klima ist, desto schneller spielt sich meist auch die Verwitterung ab.

Erosion

Die Abtragung und das Entfernen von Gestein

Verwittertes Gestein kann an der Stelle bleiben, wo es ursprünglich frei lag. Gletschereis, Flüsse, das Meer oder der Wind können das Gestein aber auch wegtragen. Diesen Vorgang nennt man Erosion. Das Material wird an einem anderen Ort als Sediment abgelagert. **Abtragung** ist das gemeinsame Ergebnis von Verwitterung und Erosion. Durch sie wird im Laufe der Jahrmillionen auch das härteste Gestein zerstört.

Biologische Verwitterung

Der Abbau von Gestein durch Lebewesen

Wachsende Baumwurzeln üben Druck auf das umgebende Gestein aus und können es brechen lassen. Tiere, die wie z. B. die Kaninchen Höhlen graben, können bestehende Risse erweitern. Nach neueren Erkenntnissen spielen aber die Säuren, die verwesende Organismen abgeben, eine viel größere Rolle für die Verwitterung. Den Effekt solcher Säuren aus dem Humus bezeichnet man auch als **biogene Gesteinszerstörung**.

Kunstwerke der Natur
Im Bryce Canyon in Utah (USA) haben Verwitterung und Erosion das Sedimentgestein bizarr geformt.

Mechanische Verwitterung

Der Abbau von Gestein durch physikalische Vorgänge

Hierbei zerfällt ein Stein in immer kleinere Bruchstücke, die jeweils die gleichen Eigenschaften besitzen. Bei der chemischen Verwitterung ▪ dagegen ändern sich seine chemischen Eigenschaften. Ursachen der mechanischen Verwitterung sind Temperatur- und Druckschwankungen oder verwehter Sand. Manchmal bilden sich auch Salzkristalle, wenn Wasser aus Gesteinsspalten verdunstet. Der Druck der wachsenden Kristalle kann das Gestein brechen lassen.

Wabenverwitterung
Eigenartige Sandsteinformation durch wachsende Salzkristalle und Winderosion

Frostsprengung

Das Zerbrechen von Gestein durch immer wiederkehrenden Frost

Die Frostsprengung oder **Frostverwitterung** setzt ein, wenn Wasser, das durch Risse und Poren gesickert ist, gefriert. Dabei dehnt es sich um fast ein Zehntel aus und setzt das Gestein unter gewaltigen Druck. Bei –22 °C kann Wasser auf die Fläche einer Briefmarke einen Druck von 3000 kg ausüben. Durch wiederholtes Gefrieren und Auftauen erweitern sich Spalten und Poren, bis das Gestein zerbricht. Am wirksamsten ist der Vorgang in feuchten Gebieten, wo die Temperatur ständig um den Gefrierpunkt schwankt, sodass es zu einem Kreislauf mit Gefrieren und Auftauen kommt.

Eine Geröllhalde
Diese Gesteinsquader haben sich durch Frostsprengung über der Halde gelöst.

Geröll

Durch Frostsprengung entstandene Gesteinstrümmer

Durch Frostsprengung kann Geröll entstehen, das sich an Gebirgshängen und am Fuß von Bergen in **Geröllhalden** sammelt. Der Frost kann auch Berggipfel zu gezackten Spitzen machen. Auf hohen Bergen und in kalten Gegenden hinterlässt die Frostsprengung manchmal ein mit riesigen Gesteinsbrocken übersätes **Felsenmeer**.

Dilatation

Das Zerbrechen von Gestein durch Entfernen des darüber liegenden Gesteins oder Eises

Zur Dilatation oder **Entlastung** kommt es, wenn eine schwere Eisschicht schmilzt oder eine dicke Gesteinsschicht durch Erosion verschwindet. Durch die plötzliche Druckverminderung können die frei liegenden Schichten sich stärker ausdehnen. Wird die Oberfläche durch die Druckentlastung in große Platten gespalten, spricht man von **Abschalung**.

Kuppe im Yosemite-Park
Die bekannten abblätternden Granitkuppen im Yosemite-Nationalpark in Kalifornien (USA) entstehen durch Abschalung, eine Form der Dilatation.

Siehe auch

Chemische Verwitterung 100
Flusserosion 112
Gletscher 120
Humus 130
Windwirkung 118
Wollsackverwitterung 100

Insolationsverwitterung

Zerfall von Gestein durch Sonneneinwirkung in heißer Umgebung

In Wüsten dehnen Felsen sich in der Tageshitze aus und ziehen sich in der kalten Nacht wieder zusammen. Nach den Vermutungen mancher Geologen kann dieser Vorgang dazu führen, dass die Gesteinsoberfläche reißt.

Abblätterung

Verwitterung, bei der das Gestein sich in »Blättern« löst

Die Abblätterung kommt häufig in warmen, trockenen Gebieten vor und galt früher als eine Art der Insolationsverwitterung. Heute nimmt man an, dass sie durch das Wachstum von Salzkristallen in eingesickertem Wasser verursacht wird. Die Gesteinsoberfläche löst sich wie die Schalen einer Zwiebel – man spricht deshalb auch von **zwiebelschaliger Abblätterung**. Dieser Begriff wird auch manchmal fälschlich auf die Wollsackverwitterung ▪ angewandt. Große, abblätternde Granitkuppen werden auch **Abblätterungskuppen** genannt; sie entstehen aber durch Dilatation.

Fortsetzung nächste Seite ➤

HYDRATATION

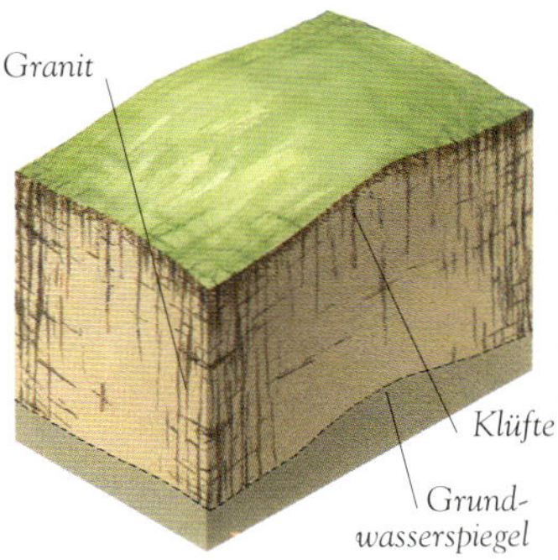

1 Eine große, zerklüftete Granitmasse liegt unmittelbar unter der Oberfläche.

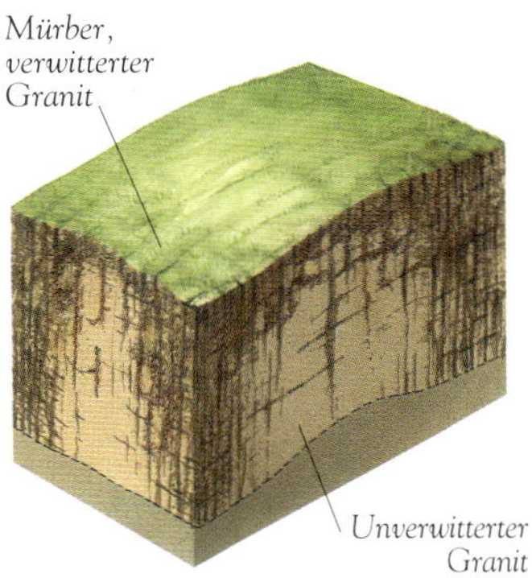

2 Das durch die Klüfte sickernde Wasser lässt den Granit verwittern; das Gestein wird chemisch geschwächt.

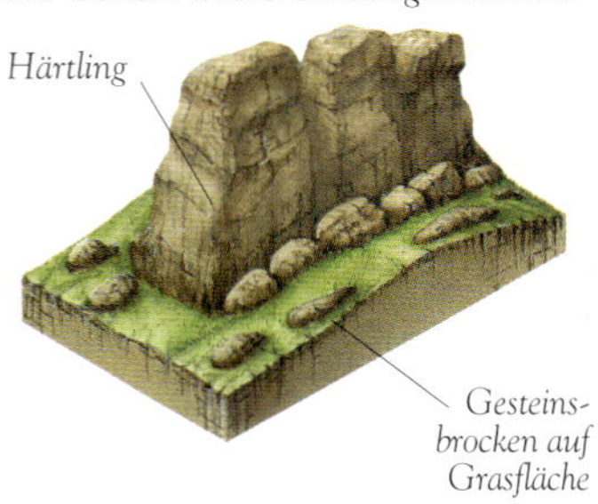

3 Verwittertes Gestein wird weggespült, der Granithärtling bleibt übrig.

Siehe auch

Abblätterung 99 • Durchlässigkeit 107
Feldspat 83 • Frostsprengung 99
Granit 90 • Kalklandschaft 102
Kalkspat 83 • Kalkstein 94 • mechanische Verwitterung 99 • Mineral 82 • Pore 107
Schichtfuge 93

Hydratation

Abbau durch Wasseraufnahme

Manche Mineralien ■ im Gestein nehmen Wasser auf, schwellen an und werden weicher, sodass das Gestein geschwächt wird. Dies ist sowohl chemische als auch mechanische Verwitterung ■.

Chemische Verwitterung

Abbau durch chemische Reaktionen

An der chemischen Verwitterung ist meist Wasser beteiligt. Viele Substanzen lösen sich z. B. im Regenwasser und bilden schwache Säuren. Diese machen das Gestein langsam weicher und lösen die Mineralien, die als Kitt für die Gesteinskörner dienen.

Untere Verwitterungsgrenze

Die untere Grenze der unterirdischen chemischen Verwitterung

Wasser, das durch Spalten sickert, kann das Gestein unterirdisch verwittern lassen. Die Grenze zwischen diesem verwitterten und dem darunter liegenden intakten Gestein nennt man untere Verwitterungsgrenze.

Verwitterung zu Carbonaten

Auflösung von Kalkstein durch schwache Kohlensäure

Löst das Kohlendioxid der Luft sich in Wasser, entsteht die schwache Kohlensäure, die Kalkstein ■ sehr schnell auflöst.

Oxidation

Der chemische Abbau von Gestein durch die Reaktion mit Sauerstoff

Sauerstoff, der aus der Luft stammt oder im Bodenwasser gelöst ist, kann mit den Mineralien im Gestein reagieren und Oxide oder Hydroxide bilden. Diese tragen zur Auflösung des Gesteins bei.

Hydrolyse

Der chemische Abbau von Gestein durch die Reaktion mit Wasser

Wasser reagiert mit manchen Mineralien zu unlöslichen Tonmineralien, welche die Gesteinsstruktur schwächen. Dies gilt vor allem für Gestein mit hohem Feldspatgehalt ■, z. B. für Granit ■. Wenn Wasser in die Erde sickert und dort das Gestein durch Hydrolyse abbaut, kommt es zur **Wollsackverwitterung**. Dabei entstehen runde, abblätternde Brocken; deshalb glaubt man oft fälschlich, es handle sich um Abblätterung ■.

Abblätternde Brocken
Diese Granitblöcke in der Sahara sind durch Wollsackverwitterung entstanden.

Verwitterungsgeschwindigkeit

Die Geschwindigkeit, mit der Gestein abgebaut wird

Gestein, das Schwachstellen enthält, verwittert schneller. Chemische Schwachstellen sind der Kalkspat ■ im Kalkstein und der Feldspat im Granit. Risse, Brüche, Poren ■ und Schichtfugen ■ sind physikalische Schwachstellen. Durchlässiges ■ Gestein ist besonders anfällig für die Wirkung von Wasser. Außerdem hängt die Verwitterungsgeschwindigkeit vom Klima ab. Ein warmes, feuchtes Klima begünstigt die chemische Verwitterung, bei kaltem, feuchtem Wetter kommt es zur Frostsprengung ■. Warmes, trockenes Klima verlangsamt die Verwitterung. Wichtig ist auch die **Ausrichtung** der Gesteinsschichten zu den vorherrschenden Wetterphänomenen.

◄ *Fortsetzung von der vorherigen Seite*

Felslandschaften

Die Landschaft sieht von Ort zu Ort sehr verschieden aus, weil Gesteine unterschiedlich stark verwittern. Jeder Hauptgesteinstyp lässt seine eigene Landschaftsform entstehen, von sanft gerundeten Kreidefelsen bis zu bizarren Schluchten.

Ein Granithärtling
Härtlinge entstehen vermutlich durch allmähliche Freilegung von Gestein, das unterirdisch bereits teilweise verwittert ist.

Granitlandschaft

Typisches Gelände in Granitgebieten

Granit ■ lässt je nach Klima ■ unterschiedliche Landschaften entstehen. In kalten Gegenden entstehen durch seine Widerstandsfähigkeit gegen mechanische Verwitterung ■ auffällige Spitzen. Wegen seines hohen Feldspatgehalts ■ ist er aber besonders anfällig für chemische Verwitterung. Außerdem kann durch sein Kluftmuster auch unterirdische Hydratation ■ stattfinden. Liegt der Granit frei, bildet er felsige **Härtlinge**. Ähnliche Strukturen kommen auch in den Tropen ■ vor.

Siehe auch

Basalt 89 • chemische Verwitterung 100
Durchlässigkeit 107 • Feldspat 83
Gelifluxion 126 • Granit 90 • Höhle 103
Hydratation 100 • Kalkstein 94 • Kalksteinlandschaft 102 • Karst 102 • Klima 154
Kreide 94 • Lava 55 • mechanische Verwitterung 99 • oberirdischer Abfluss 108
Pore 107 • Quelle 109 • Sandstein 93
Schluckloch 102 • Tropen 35

Sandsteinlandschaft

Typisches Gelände in Sandsteingebieten

Sandstein ■ ist durchlässig ■: Wasser kann leicht hindurchsickern. In Sandsteinlandschaften sickert das Wasser in den Boden und fließt nur zu einem kleinen Teil oberirdisch. Die Landschaft wird nicht durch oberirdische Abflüsse ■ abgerundet.

Sandsteinklippen
Sandsteinlandschaften wie diese Klippen in der Provence (Frankreich) sind oft bizarr geformt, weil sie nicht durch fließendes Wasser abgetragen werden.

Basaltlandschaft

Typisches Gelände in Basaltgebieten

Basalt ■ lässt sehr unterschiedliche Landschaften entstehen. Manchmal hat die Basaltlava ■ beim Abkühlen sechseckige Säulen gebildet.

Kreidelandschaft

Typisches Gelände in Kreidegebieten

Kreide ■ ähnelt chemisch dem Kalkstein ■, ist aber viel weicher. Deshalb sehen Kreidelandschaften runder aus als Kalk- ■ oder Karstlandschaften ■. Oft findet man **Trockentälchen**, die wie Flusstäler aussehen, in denen aber kein Fluss fließt. Sie sind vielleicht früher bei feuchterem Klima durch Flüsse entstanden. Außerdem gibt es die halbkreisförmigen **Trockenrinnen**, die vermutlich in kühleren Zeitaltern durch Gelifluxion ■ entstanden sind oder von einer Quelle ■ in den Berg geschnitten wurden.

Lösungsnapf

Kleine Vertiefung im Kreidegestein

Wenn Wasser auf Kreide fällt, sickert es ein und breitet sich durch die Poren ■ des Gesteins gleichmäßig aus. Deshalb gibt es in Kreidegestein kaum einmal größere Höhlen ■ und Schlucklöcher ■ wie in Kalkstein. Nur kleine Vertiefungen, Lösungsnäpfe genannt, bilden sich an Stellen, wo der Regen das Gestein auswäscht.

Fortsetzung nächste Seite ➤

Karstlandschaft in China
Die steilen, schmalen Kalksteintürme der chinesischen Guilin-Berge bilden eine besonders beeindruckende Karstlandschaft.

Kalksteinlandschaft

Eine Landschaft, die durch chemische Veränderung von Kalkstein entsteht

Wasserläufe und Regenwasser nehmen Kohlendioxid aus Boden und Luft auf und bilden so die sehr schwache Kohlensäure. Wo Kalkstein ■ dicht unter der Oberfläche liegt, kann diese Säure den Kalkstein zu Carbonaten ■ verwittern lassen und so eine Aufsehen erregende Landschaft schaffen. Solche Landschaften bezeichnet man oft als **Karst**, weil die Karst-Hochebene in Bosnien in dieser Hinsicht typisch ist. Andere große Karstgebiete gibt es in China, Laos, den USA, Australien, Malaysia, Großbritannien und dem französischen Zentralmassiv. Im Karst entstehen Höhlen, steile »Felstürme«, Klippen und flache »Pflaster«. Am besten entwickelt sich ein Karst in feuchtem Klima.

Siehe auch

Carbonat 83 • chemische Verwitterung 100
Grundwasserspiegel 108 • Kalkstein 94
Klima 154 • Schichtfuge 93
Verwitterung zu Carbonaten 100

Doline

Eine runde Höhlung in einer Kalksteinlandschaft

Wenn Wasser in ein Schluckloch fließt, löst es das umgebende Gestein allmählich auf. Eine Doline entsteht, ein trichterförmiger, bis zu 100 m großer Hohlraum. Manchmal verbindet sie sich mit benachbarten Dolinen zu einer riesigen **Uvala** oder **Karstwanne**.

Schluckloch

Die Stelle, an der ein Wasserlauf in einer Kalksteinlandschaft unter der Erde verschwindet

Kalkstein gehört wegen seiner starken Zerklüftung zu den durchlässigsten Gesteinen. Deshalb gibt es in Karstlandschaften kaum Oberflächenwasser: Die meisten Wasserläufe verschwinden sehr bald unter der Erde. Die Stelle, an der ein Wasserlauf verschwindet, nennt man Schluckloch. Oft sickert das Wasser dort einfach in den Boden. Durch chemische Verwitterung ■ können solche Versickerungsstellen sich aber auch zu großen senkrechten Öffnungen erweitern, durch die dann Aufsehen erregende Wasserfälle manchmal mehrere hundert Meter in die Tiefe stürzen.

◄ Fortsetzung von der vorherigen Seite

Stalaktit

Spitz zulaufende, an der Höhlendecke hängende Mineralablagerung

Wenn Wasser vom Dach einer Kalksteinhöhle tropft, bildet das darin gelöste Calciumcarbonat lange, eiszapfenähnliche Ablagerungen, die an der Höhlendecke hängen. Diese Gebilde nennt man Stalaktiten. Ein Teil des Carbonats aus den Tropfen wird auch am Boden abgelagert und bildet einen **Stalagmiten**. Am Ende wachsen Stalaktit und Stalagmit zu einem **Pfeiler** zusammen.

Querschnitt durch eine Höhle

Kalksteingebiete sind oft von Höhlen durchzogen. Die Hohlräume entstehen dort, wo Wasser durchdringt. Manchmal entsprechen sie den Schichtfugen, durch die das Wasser sickert; häufig befinden sie sich auf Höhe des Grundwasserspiegels.

Höhle

Ein großer unterirdischer Hohlraum

Wenn Wasser durch die Klüfte im Kalkstein sickert, löst die darin enthaltene Säure das Gestein allmählich auf und erweitert die Klüfte zu größeren Hohlräumen. So entstehen zunächst kleine und dann größere Höhlen. Schließlich wird das Höhlendach unter Umständen so schwach, dass es einstürzt. Dann entsteht an der Oberfläche ein großes Loch, und der Höhlenboden ist mit Haufen von Gesteinsbrocken übersät.

Schrattenzone

Ein Gebiet aus flachem, von tiefen Rinnen durchzogenem Kalkstein

Auf einer Kalksteinoberfläche sickert das Wasser meist durch Risse ins Gestein und in den Boden. Durch chemische Verwitterung der Klüfte kann aber eine auffällige Oberflächenform entstehen, bei der nacktes, flaches Gestein durch tiefe Rinnen unterteilt ist. Diese Rinnen bezeichnet man als **Karren** oder **Schratten**.

EINE SCHLUCHT

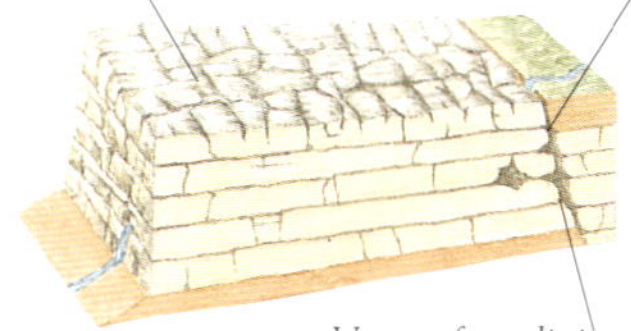

1 Wasserlauf trägt Kalkstein unterirdisch entlang der Verwerfungslinie ab.

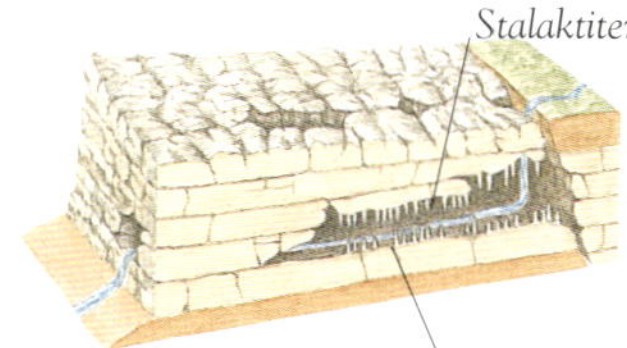

2 Wasser wäscht entlang der Schichtfugen immer größere Hohlräume aus.

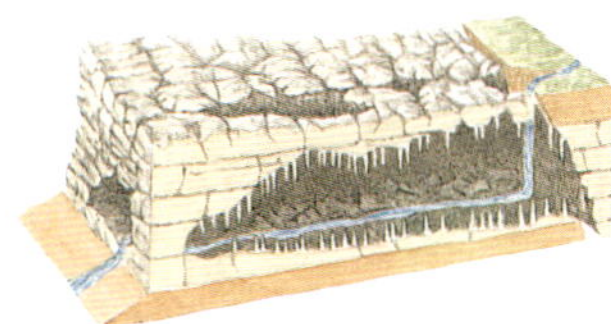

3 Das Wasser erweitert die Hohlräume und verbindet sie zu einer großen Höhle.

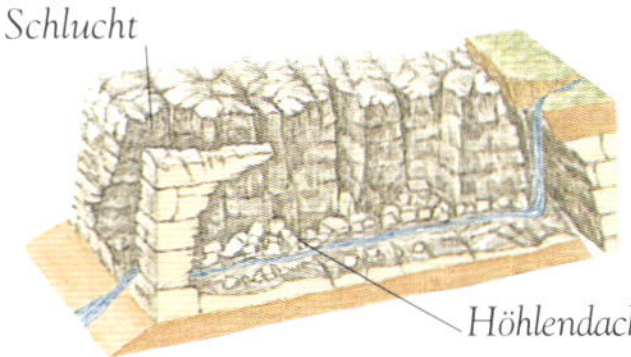

4 Schließlich stürzt das Kalksteindach ein, und es entsteht eine Felsenschlucht.

Schlucht

Ein tiefes, enges Tal mit klippenförmigen Wänden

Sie entsteht durch Einsturz eines zusammenhängenden Höhlensystems. In manchen großen Schluchten findet man jedoch keine Brocken von Höhlendächern. Diese Schluchten wurden wahrscheinlich in Zeiten mit feuchterem Klima von Flüssen gegraben.

Berge & Böschungen

Berge wirken unveränderlich, aber auch sie halten nicht ewig. Sie werden ständig durch Wetter, fließendes Wasser, wanderndes Eis, Erdrutsche und andere Erosionsfaktoren abgetragen. Langsam und unerbittlich, über Jahrtausende oder Jahrmillionen hinweg, werden Täler breiter und Berge flacher.

Massenbewegung

Die Bergabbewegung von Gestein und verwittertem Material

Sobald verwittertes Material sich von der Gesteinsunterlage gelöst hat, kann es bergab wandern. Meist bildet es dabei eine einheitliche Masse. Manche Massenbewegungen laufen sanft und ununterbrochen ab, andere nur dann, wenn das Material bricht, weil es zu schwach wird oder der Untergrund zu steil ist. Den größtmöglichen Winkel einer Böschung nennt man **Ruhewinkel** oder **natürlichen Böschungswinkel**. **Treibsand** ist lockerer, feuchter Sand, der bei plötzlichen Erschütterungen »flüssig« wird, sodass schwere Körper einsinken.

Steinschlag

*Bei Steinschlag (**1**) brechen Stücke von einer steilen Böschung ab.*

1

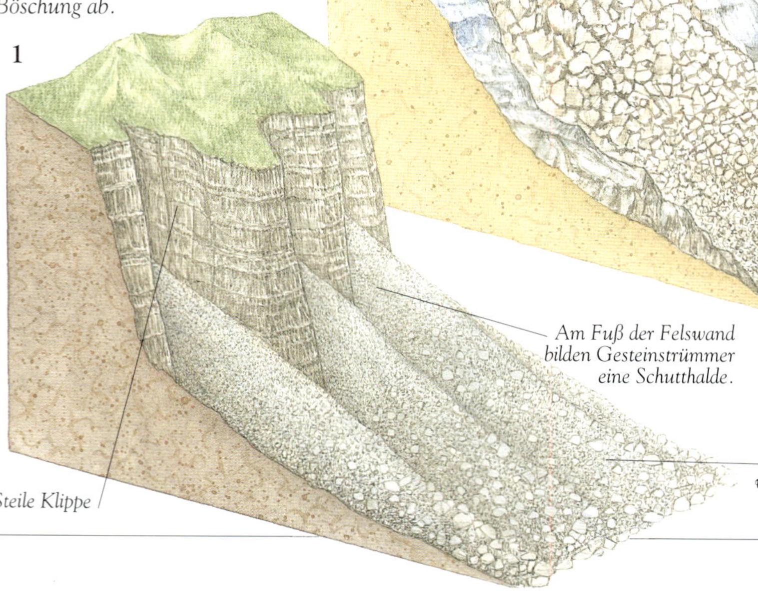

Erdrutsch

Das plötzliche Abrutschen großer Massen an einem Berghang

Die Ursache ist vielfach ein Erdbeben, die Sättigung des Bodens mit Wasser nach starkem Regen oder die Tätigkeit von Meereswellen. Bei Küstenkliffs ist das gut zu erkennen. Werden die Gesteinsklüfte durch chemische Verwitterung geschwächt, kommt u. U. auch festes Gestein durch einen **Felssturz** in Bewegung. Eine **Lawine** ist eine große Menge abrutschender Schnee.

2

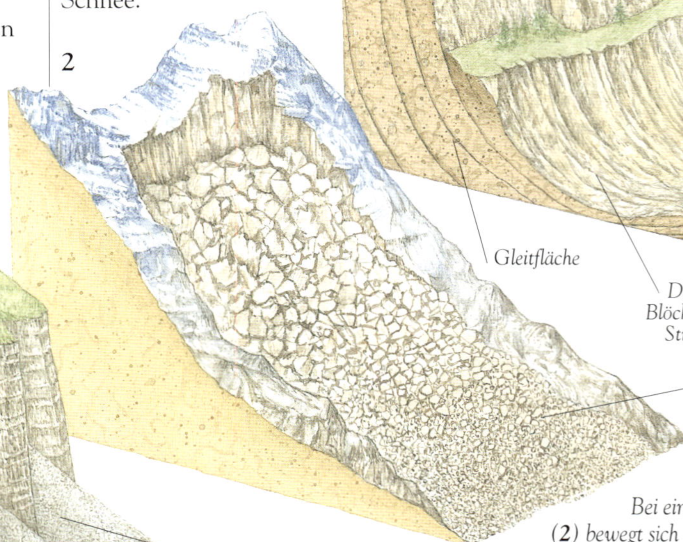

Felsrutsch

*Bei einem Felsrutsch (**2**) bewegt sich eine Gesteinsmasse schnell die Böschung hinunter. Ein Felsrutsch ist gefährlicher als Steinschlag, weil er meist in tieferen Regionen und näher an Siedlungen stattfindet.*

Hügel

Eine Erhebung von meist weniger als 600 m Höhe

Hügel sind nicht nur niedriger als Berge, sondern haben meist auch eine rundere Form mit sanfteren Steigungen, da sie meist in weniger stark gefaltetem Gelände liegen. Außerdem werden Hügel häufig von Wasserläufen glatt geschliffen, hohe Berge dagegen reißt der Frost zu scharfen Spitzen auseinander. Eine von steil abfallenden Böschungen umgebene Hochebene bezeichnet man auch als **Plateau**.

3

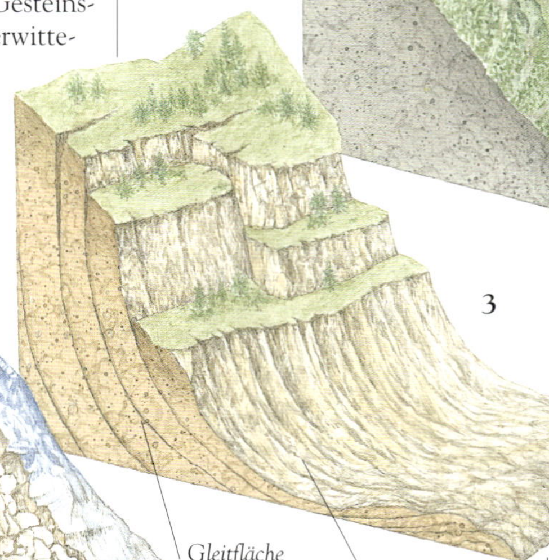

Bodengekriech
Das Bodengekriech (6) sieht man nicht unmittelbar, aber seine Wirkungen sind zu erkennen: schief stehende Zäune, Mauern und Telefonmasten, krumme Baumstämme und verschobene Gesteinsschichten.

Fließrutschung
Bei einer Fließrutschung (5) löst der feuchte Boden sich auf und bewegt sich die Böschung hinunter, wobei eine zungenförmige Figur entsteht. Am häufigsten geschieht das auf Böschungen aus Ton, Silt und Sand.

Mure
Von einer wassergesättigten Böschung kann eine gefährliche Mischung aus Schlamm und Felsbrocken zu Tal gleiten (4).

Erdrutsch
Bei einem Erdrutsch (3) bewegen sich große Massen auf einer einwärts gewölbten Unterlage.

Gleitfläche

Die untere Grenzfläche eines Erdrutsches

Bei einem typischen Erdrutsch setzt sich die Böschung in Bewegung und gleitet in einem Bogen nach unten wie Gelee, das vom Löffel rutscht. Diesen abwärts gerichteten Bogen nennt man Gleitfläche; sie ist konkav geformt, und die rutschende Masse beschreibt auf ihr eine halbkreisförmige Bewegung. Dabei kann sie sich auf einer oder mehreren Gleitflächen bewegen. Ist die Böschung sehr feucht und mürbe, vermischen sich die Gleitebenen zu einem großen Durcheinander.

Mure

Eine Masse aus verwittertem Material, die eine Böschung hinuntergleitet

Muren bewegen sich schneller als Bodengekriech, aber langsamer als Erdrutsche. Sie entstehen, wenn ein Teil der Schuttdecke sehr feucht wird und in Bewegung gerät. Bewegt sich die Masse etwas langsamer, spricht man von einer **Fließrutschung**.

Bodengekriech

Die langsame Bergabbewegung verwitterten Materials

Auch an einer sehr sanften Steigung »kriecht« der Schutt bergab, insbesondere in kaltem, feuchtem Klima. Durch aufgenommenes oder gefrierendes Wasser schwillt das Material an. Wenn es dann trocknet oder das Eis schmilzt, schrumpft es wieder und wandert dabei abwärts. Kleine **Rasenstufen** an grasbewachsenen Hängen sind häufig ein Zeichen des Bodengekriechs; manchmal wurden sie aber auch über Jahrhunderte von Tieren ausgetreten.

Siehe auch

Berg 64 • chemische Verwitterung 100
Erdbeben 58 • Geröll 99
Küstenkliff 129 • Verwitterung 98

Schuttdecke

Eine Schicht aus lockerem, verwittertem Material

Da Gestein vom Wetter ständig abgebaut wird, sammelt sich über dem intakten **Muttergestein** eine lockere Schicht aus verwittertem Material an. Auf Ebenen und in flachen **Niederungen** bleibt die Schuttdecke oft über Jahrmillionen liegen, sodass sie sehr dick wird. Auf Bergen dagegen gleitet das Material unter dem Einfluss der Schwerkraft langsamer oder schneller abwärts. An steilen Berghängen ist die Schuttdecke fast nie sehr dick, weil sie fast ebenso schnell abrutscht, wie das Gestein verwittert. Am Fuß einer Böschung ist die Schuttdecke meist dicker.
In feuchten Gegenden verleiht sie einem Berg sein abgerundetes Aussehen.

Rasenstufen
An manchen Grasabhängen erkennt man ein Muster aus 20 bis 60 cm hohen Rippen oder Stufen. Ob sie durch Bodengekriech – die langsame Bergabbewegung der Schuttdecke – entstehen oder von Tieren im Laufe vieler Jahre ausgetreten wurden, ist nicht abschließend geklärt.

Fortsetzung nächste Seite ➤

Siehe auch

Bodengekriech 105 • Davis 180
Geomorphologie 13 • oberirdischer Abfluss 108 • Penck 181
Schuttdecke 105 • Verwitterung 98

Böschungsprofil

Die Form einer Böschung, von der Seite gesehen

Böschungen sind so vielgestaltig, dass man ihr Profil nur schwer genau beschreiben kann. In der Geomorphologie ▪ unterteilt man sie meist in eine Reihe **gerader** und **gebogener Elemente**.

Ein typisches Böschungsprofil
In dem Schema ist die Böschung in ihre Teile zerlegt.

Abflachungstheorie

Die Theorie, dass eine Böschung im Laufe der Zeit durch Abtragung flacher wird

Die Theorie der Abflachung von Böschungen stellte William Morris Davis ▪ im Jahr 1899 auf. Nach seiner Ansicht verwittern ▪ die oberen Abschnitte einer Böschung stärker als die unteren, weil diese durch die Schuttdecke ▪ aus verwittertem Material geschützt sind. Deshalb werden Böschungen allmählich abgetragen, sodass sie immer flacher werden.

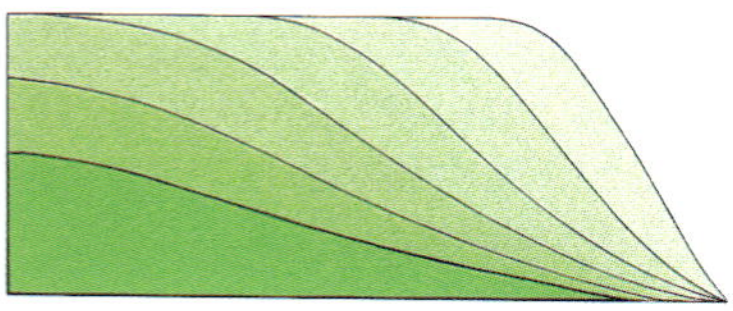

Abflachung
Die Böschung wird auf ihrer ganzen Länge flacher. Der obere Teil wird schneller abgetragen als der untere.

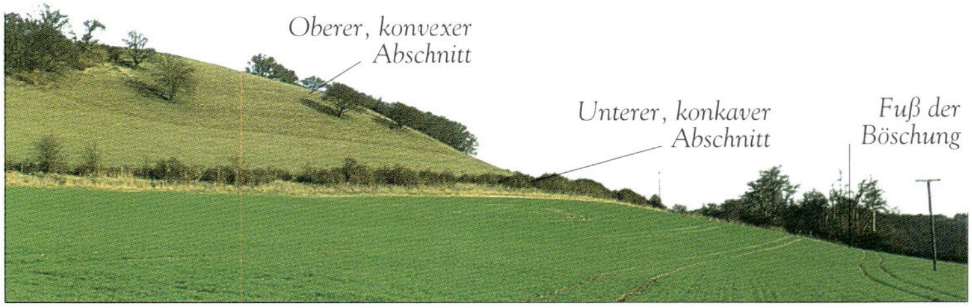

Konvex-konkaves Profil
Diese konvex-konkave Böschung befindet sich in Oxfordshire (England).

Geradlinige Böschung

Gerader Abschnitt einer Böschung

An manchen Hügeln erkennt man gerade oder fast gerade Böschungsabschnitte. In der Regel liegen sie zwischen dem oberen, konvexen und dem unteren, konkaven Abschnitt. Manchmal ist die geradlinige Böschung auch eine steile, fast nackte Gesteinsfläche. Diese ist dann so steil, dass Schutt sich nicht ansammeln kann und ungehindert nach unten fällt.

Theorie der Auswechslung von Böschungen

Die Theorie, dass die steilen Abschnitte einer Böschung im Laufe der Zeit kürzer werden

Die Theorie der Auswechslung von Böschungen formulierte Walther Penck ▪ im Jahr 1924. Danach wird eine Böschung nicht langsam flacher, sondern ihr oberer Teil bleibt während der Verwitterung immer gleich steil. Da sich aber das verwitterte Material in tieferen Bereichen ansammelt, wird der obere Abschnitt der Böschung immer kürzer, während der untere sich verlängert.

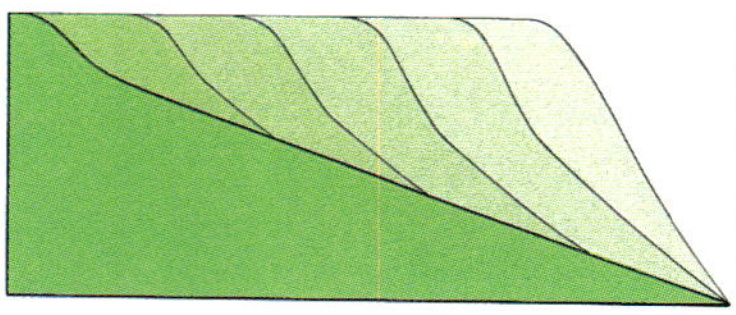

Auswechslung
Im Laufe der Abtragung wird der flache untere Abschnitt länger, und der obere, steilere verkürzt sich.

Konvex-konkave Böschung

Böschung mit vorgewölbtem oberem und vertieftem unterem Teil

In feuchten Gebieten haben Böschungen vielfach einen nach außen gewölbten (konvexen) oberen Teil, der weiter abwärts immer steiler wird, und einen einwärts gewölbten (konkaven) unteren Abschnitt, dessen Steigung immer geringer wird. Der Schutt wandert vor allem durch Bodengekriech ▪ allmählich bergab. Auf seinem Weg vom Gipfel nach unten türmt er sich auf, sodass die Böschung steiler wird. Weiter unten wandert das Material vorwiegend durch oberirdische Abflüsse ▪. Wenn Regen vom oberen Abschnitt die Böschung hinunter läuft, nimmt er Material aus den tiefer gelegenen Teilen mit, sodass diese immer flacher werden.

Parallelrückzugtheorie

Theorie, dass Steigung während der Abtragung immer gleich bleibt

In trockenen Gebieten werden Böschungen stärker seitlich als von oben nach unten abgetragen und behalten deshalb ihre Form bei. Diese Theorie nennt man Parallelrückzug.

Parallelrückzug
Die Böschung behält während der Abtragung ihre Form bei; nur der untere, konkave Abschnitt wird länger.

◂ *Fortsetzung von der vorherigen Seite*

Oberirdische Gewässer

Regen und Schnee bleiben nur selten an der Stelle, auf die sie fallen. Ein Teil sickert in den Boden, ein anderer wird von Pflanzen aufgenommen oder verdunstet. Wasser strömt aber auch in Bäche und Flüsse, die schließlich in Seen und Meere münden.

Abgefangenes Regenwasser
Dieses Regenwasser wurde von Ästen und Blättern eines Baumes abgefangen.

Niederschlagswasser

Wasser, das als Regen, Schnee oder sonstiger Niederschlag gefallen ist

Fast das gesamte Wasser auf der Erdoberfläche ist als Regen oder Schnee aus der Atmosphäre zu Boden gefallen. Ein Teil dieses so genannten Niederschlagswassers geht auf Pflanzen nieder. Nur ein winziger Teil des Oberflächenwassers ist **jungfräuliches Wasser**, das in Form heißer Quellen aus dem Erdinneren gedrungen ist. Einen noch geringeren Anteil stellt das **konnate Wasser**, Meer- oder Süßwasser, das bei der Entstehung eines Gesteins in den Poren festgehalten wurde.

Siehe auch

Atmosphäre 138 • Boden 130
Kalkstein 94 • Kies 81 • Quelle 109
Regen 149 • Sand 81 • Schiefer 97
Schnee 149 • Ton 93

Porosität

Fähigkeit eines Gesteins, Wasser in Hohlräumen festzuhalten

Manche Gesteinstypen gleichen einem Schwamm: Wasser kann in ihre Hohlräume oder **Poren** einsickern. Die Porosität misst man als das Volumenverhältnis von Poren und festem Gestein. Sie schwankt sehr stark: von weniger als 1 % bei Schiefer bis zu über 30 % bei Kies. Durch sehr poröses Gestein sickert Wasser in der Regel leicht hindurch.

Flüssigkeit wird in den Hohlräumen zwischen den Kieseln festgehalten.

Kies

Flüssigkeit ist in der obersten Schicht in die Hohlräume zwischen den Sandkörnern gesickert.

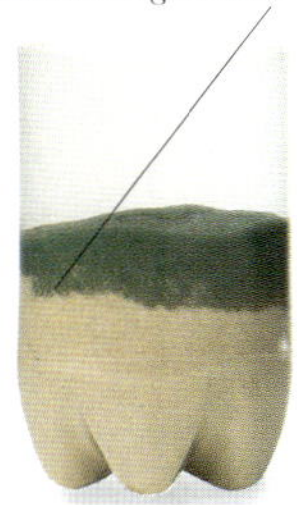

Sand

Die Flüssigkeit steht über dem Ton und sickert nicht ein.

Ton

Porosität im Experiment
Das Experiment zeigt die unterschiedliche Porosität von Kies, Sand und Ton. In den porösen Kies dringt das Wasser leicht ein. Sand ist poröser als Ton, der überhaupt kein Wasser durchlässt, sodass es oben bleibt.

Durchlässigkeit

Ein Maß dafür, wie leicht Wasser durch Gestein sickern kann

Die Durchlässigkeit eines Gesteins gibt an, wie leicht es Wasser passieren lässt. Sand und Kies sind sehr **durchlässig**, Ton dagegen ist **undurchlässig** – Wasser kann überhaupt nicht durchdringen. Kalkstein ist sehr durchlässig, obwohl er nicht sehr porös ist: Das Wasser fließt durch seine großen Spalten.

Behälter mit Loch im Boden

Ein Teil der Flüssigkeit wird im Kies festgehalten, der Rest fließt hindurch.

Kies

Die Flüssigkeit bleibt vollständig im Sand.

Sand

Den undurchlässigen Ton kann die Flüssigkeit nur durchdringen, wenn er ein Loch hat.

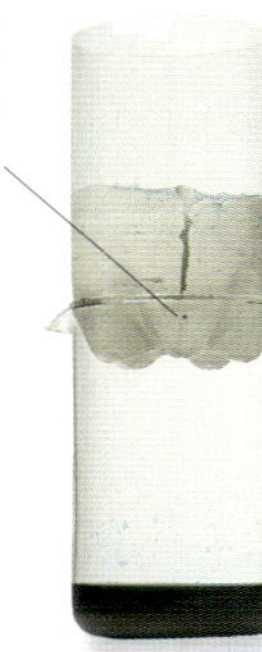

Ton

Durchlässigkeit im Experiment
Kies ist durchlässiger als Sand. Ton ist in der Regel völlig undurchlässig, weil seine dichten Teilchen kein Wasser durchlassen, außer durch größere Öffnungen im Ton.

Versickerung

Eindringen von Wasser in den Boden

Regenwasser sickert zum größten Teil in den Boden und in durchlässiges Gestein. Von **Durchsickerung** spricht man, wenn es den Boden sofort durchdringt und an anderer Stelle wieder zum Vorschein kommt. Die Versickerungsgeschwindigkeit hängt u.a. von der Durchlässigkeit des Bodens und vom Pflanzenbewuchs ab.

Fortsetzung nächste Seite ➤

Siehe auch

Pore 107 • Schuttdecke 105 • Sedimentgestein 92 • Strömungsmesser 18
Versickerung 107

Abfluss

Wasser, das von dem Ort, wo es fällt, abfließt

Regenwasser sickert zum größten Teil in den Boden, oder es fließt auf der Oberfläche ab. Die Menge des auf einer Fläche gefallenen, abfließenden Wassers ist die Abflussmenge. Der Rest verdunstet am Ort des Niederschlages oder wird von Pflanzen aufgenommen. Auf allen Wegen kehrt es letztlich in die Atmosphäre zurück: Das von Pflanzen aufgenommene Wasser verdunstet durch ihre Spaltöffnungen **(Transpiration)**. Die Summe aus Transpiration und direkter Verdunstung heißt **Evapotranspiration**.

Grundwasser

Das gesamte unterirdische Wasser

Grundwasser ist in die Hohlräume und Poren ■ des Gesteins eingesickert. Bis zur Höhe des **Grundwasserspiegels** ist das Gestein immer mit Wasser gesättigt. Das Wasser in dieser **Sättigungszone**, **freies Grundwasser** genannt, bewegt sich kaum. Häufig reicht das Grundwasser bis zu 1000 m unter den Grundwasserspiegel hinab. Über dem Grundwasserspiegel befindet sich die meist nicht vollständig gesättigte **Aerationszone** mit dem **vadosen Wasser**, das ständig nach oben oder unten sickert.

Durchfluss

Durch den Boden fließendes Wasser

Wasser, das in die Schuttdecke einsickert, trifft häufig auf eine dichte Schicht, die seinen Fluss behindert. Deshalb fließt ein Teil des Grundwassers nicht abwärts, sondern waagerecht. Dies ist in kalten, feuchten Zonen die wichtigste Quelle für das Wasser der Flüsse.

Oberirdischer Abfluss
Hier in Yorkshire (England) hat sich nach einem Unwetter viel Wasser gesammelt, das jetzt an der Oberfläche abfließt.

Oberirdischer Abfluss

Regenwasser, das über die Erdoberfläche fließt

Wenn der Boden gesättigt ist oder wenn das Wasser bei starkem Regen nicht schnell genug versickern ■ kann, fließt es oberirdisch ab. Bei leichtem Regen bildet es winzige Rinnsale, die sich bei stärkerem Niederschlag zu einer dünnen, fließenden Schicht vereinigen. Diese nennt man manchmal auch **Schichtflut**.

Wasserkreislauf
Ein Teil des Regenwassers versickert im Boden, ein anderer Teil fließt oberirdisch ab oder wird von Pflanzen aufgenommen. Später gelangt es wieder in die Atmosphäre.

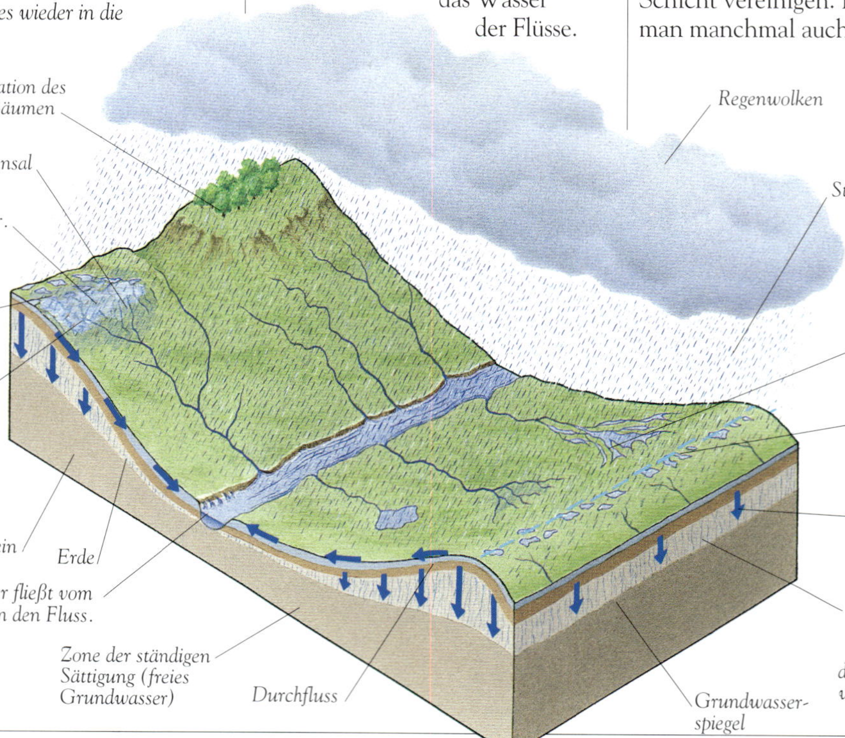

◂ Fortsetzung von der vorherigen Seite

Quelle

Eine Stelle, wo Wasser aus dem Boden hervortritt

Trifft der Grundwasserspiegel (z. B. am Fuß einer Böschung) auf die Oberfläche, sprudelt das Wasser aus dem Boden. Handelt es sich nur um ein winziges Rinnsal, spricht man vom **Ausschwitzen**. Einen stärkeren Strom nennt man Quelle. Viele dicht benachbarte Quellen bilden ein **Quellgebiet**.

Blubbernde Quellen
Diese Süßwasserquellen treten am Strand von Wide Bay (Australien) durch Sand und Schlamm ins Freie.

Einzugsgebiet

Der Bereich, in dem ein Fluss alle Niederschläge von der Oberfläche aufnimmt

Je nachdem, wohin das Wasser abfließt, teilt man die Landschaft in verschiedene Bereiche ein. Das Gebiet, das einen Fluss mit Wasser versorgt, bezeichnet man als sein Einzugsgebiet. Ein **Abflussbecken** ist die Region, in der alle Flüsse in einen einzigen Fluss münden. Die Grenze zwischen zwei Abflussbecken heißt **Wasserscheide**. Ein **Zwischenstromland** ist der hoch gelegene Geländestreifen zwischen zwei Flüssen, die zu demselben Abflussbecken gehören.

Artesisches Becken

Eine Gesteinsstruktur, die einen natürlichen Wasserspeicher bildet

Wenn Sedimentgesteinsschichten zu einer Mulde oder **Senke** gefaltet sind, kann das Grundwasser zu ihrem Boden fließen und ein natürliches Reservoir bilden. Eine **Wasser führende Schicht** besteht aus durchlässigem Gestein, das Wasser speichern kann. Liegt eine solche Schicht in einer Senke zwischen zwei undurchlässigen Schichten, steht das darin enthaltene Wasser durch das Gewicht des in die Senke nachströmenden Wassers unter hohem Druck. Bohrt man ein Loch bis in die Wasser führende Schicht, schießt das Wasser als **artesischer Brunnen** heraus.

Schüttung

Die Wassermenge in einem Fluss

Als Schüttung bezeichnet man die Wassermenge, die in einer Sekunde an einer Stelle vorüberströmt. Sie wird mit einem Strömungsmesser in Kubikmetern pro Sekunde gemessen. In feuchten Regionen ist die Schüttung eines Flusses meist das ganze Jahr über recht konstant; in trockenen Gebieten dagegen kann sie stark schwanken. Normalerweise bewegt sie sich zwischen einer **Mindest-** und einer **Höchstwassermenge**. Ist die **Ausuferungsmenge** erreicht, tritt der Fluss fast über die Ufer. Die **Hochwassermenge** führt ein Fluss, der bei **Hochwasser** sein Bett verlassen hat.

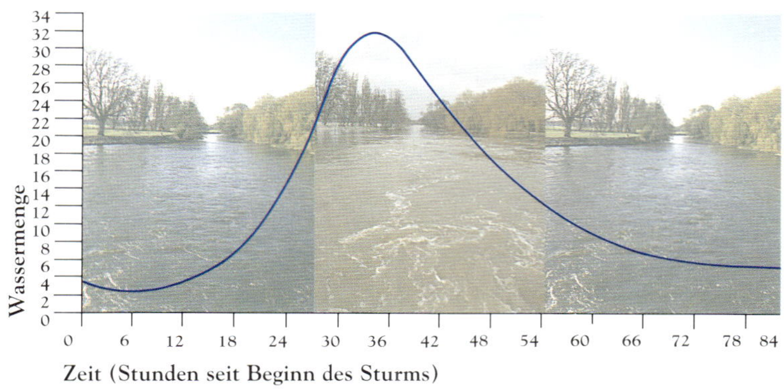

Hochwasser-Abflusskurve
Die Kurve zeigt die Wassermenge eines Flusses während eines Unwetters an. Das Foto zeigt den Fluss Ouse bei Huntingdon (England) vor, während und nach einem Hochwasser.

Verteilung der Wasserführung

Zeitliche Schwankungen der Wassermenge eines Flusses

Intermittierende Flüsse führen nur nach starkem Niederschlag oder in der feuchten Jahreszeit Wasser. Dazwischen trocknen sie aus. Ist das ganze Jahr über Wasser vorhanden, spricht man von einem **durchhaltenden Fluss**. Er wird zwischen den Niederschlägen ständig durch das Grundwasser gespeist.

Unwetter-Abflussmengenkurve

Kurve, die die Wassermenge eines Flusses nach einem Unwetter angibt

Nach einem Unwetter steigt der Wasserspiegel eines Flusses vorübergehend an. Diese Veränderung der Durchflussmenge kann man als Kurve darstellen. Da das Regenwasser erst nach seinem ober- und unterirdischen Weg den Fluss erreicht, stellt sich der höchste Wasserstand erst nach einer Verzögerung ein. Die Kurve hat gewöhnlich einen steilen **ansteigenden Ast**, weil das Wasser schnell ansteigt, und einen flach **abfallenden Ast**, weil der Wasserstand langsamer wieder zurückgeht.

Flussverläufe

Flüsse nehmen in der Landschaft unterschiedliche Formen an. Manche bilden z. B. verzweigte Fluss-Systeme, andere ein regelmäßiges und wieder andere gar kein erkennbares Muster. Wie ein Fluss sich entwickelt, hängt von Art und Vergangenheit seines Untergrundes ab.

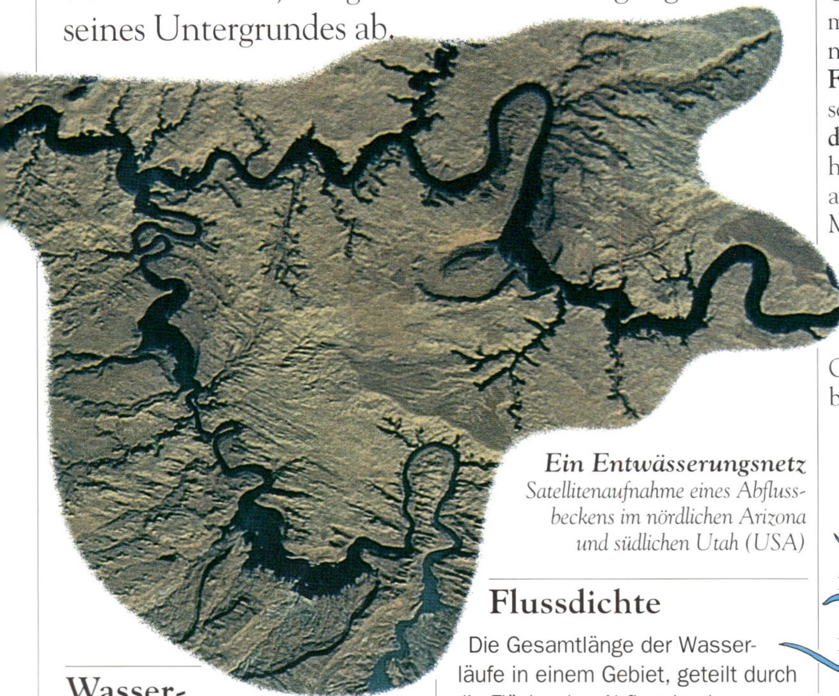

Ein Entwässerungsnetz
Satellitenaufnahme eines Abflussbeckens im nördlichen Arizona und südlichen Utah (USA)

Wasserlauf

Wasser, das in einem Bett bergab fließt

Wasserläufe sind sehr unterschiedlich groß. Die kleinsten, **Rinnsale** genannt, fließen nach einem Regen nur kurze Zeit und stellen ein Zwischending zwischen einem oberirdischem Abfluss und echten Wasserläufen dar. Kleine Wasserläufe nennt man **Bäche**, größere heißen **Flüsse** oder **Ströme**.

Siehe auch
Batholith 56 • Faltung 62 • Gelände mit Schichtfolgen 63 • Hydrologie 13 • Kuppe 63 • Neigung 62 • oberirdischer Abfluss 108 • tektonische Platte 46 • Ursprung 113 • Verwerfung 60

Flussdichte

Die Gesamtlänge der Wasserläufe in einem Gebiet, geteilt durch die Fläche des Abflussbeckens

Die Anordnung der Wasserläufe wird in der Hydrologie mit dem Begriff der Flussdichte genauer beschrieben. Sie ist in Gebirgsgegenden mit viel Regen oft am größten.

Entwässerungsnetz

Die Anordnung der Wasserläufe in einer Landschaft

Wie Wasserläufe angeordnet sind, hängt u. a. ab von Gestein, Boden, Klima und menschlichen Eingriffen. Das Muster bildet sich in der Geschichte eines Gebietes recht früh und ändert sich später kaum noch. An einem **Zusammenfluss** vereinigen sich zwei Wasserläufe. Ein **Nebenfluss** mündet in einen größeren Fluss.

Ordnung von Wasserläufen

Die Stellung eines Nebenflusses

Jedem Abschnitt eines Flusses kann man nach seiner Stellung in der Hierarchie der Nebenflüsse eine Ordnung zuweisen. Ein **Wasserlauf erster Ordnung** erstreckt sich vom Ursprung bis zum ersten Zusammenfluss. Zwei Flüsse erster Ordnung vereinigen sich zu einem **Fluss zweiter Ordnung**, aus zwei solchen Flüssen entsteht ein **Fluss dritter Ordnung** usw. Ein Fluss höherer Ordnung entsteht immer aus zwei Flüssen gleicher Ordnung. Mündet ein Fluss niedrigerer in einen mit höherer Ordnung, bleibt dessen Ordnung gleich. Ein Abflussbecken kann man anhand des Flusses höchster Ordnung beschreiben, den es enthält.

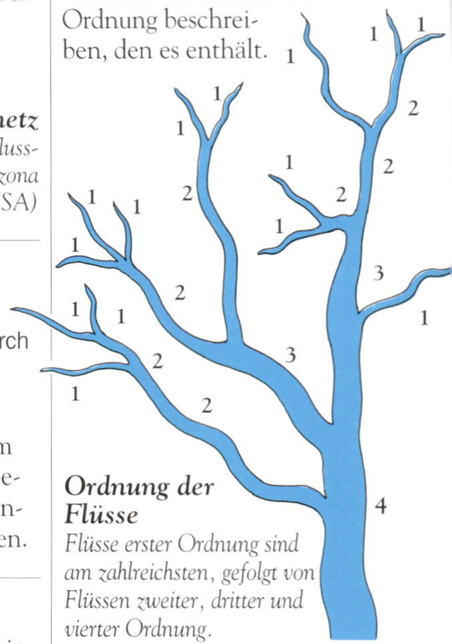

Ordnung der Flüsse
Flüsse erster Ordnung sind am zahlreichsten, gefolgt von Flüssen zweiter, dritter und vierter Ordnung.

Konkordante Entwässerung

Entwässerungsnetz, das unmittelbar mit der Neigung der Gesteinsschichten zusammenhängt

Bei konkordanter Entwässerung wirkt die Gesteinsstruktur sich unmittelbar auf den Flussverlauf aus. Die **diskordante Entwässerung** hängt nicht unmittelbar davon ab.

ENTWÄSSERUNGS-NETZE

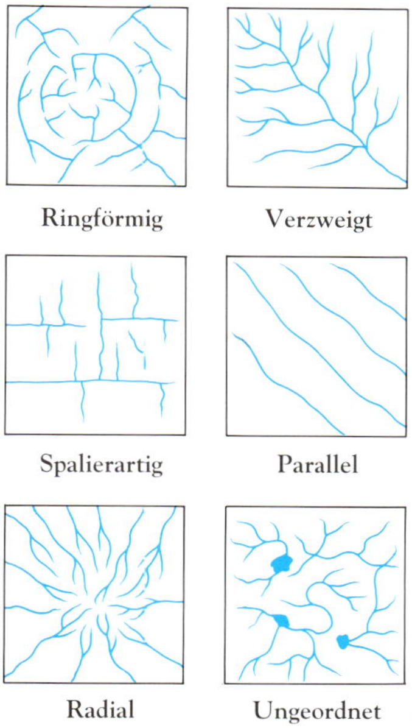

Antezedente Entwässerung

Entwässerungsnetz, das auch bei Ansteigen des Geländes gleich bleibt

Diskordante Entwässerungsnetze können antezendent oder epigenetisch sein. Bei antezedenter Entwässerung hebt sich das Gestein allmählich, und der Fluss gräbt sich mit der gleichen Geschwindigkeit hinein. Dabei bleibt das Entwässerungsnetz unabhängig von der Struktur des aufsteigenden Gesteins erhalten. Eine **epigenetische Entwässerung** dagegen hat sich so an die obere Gesteinsschicht angepasst, dass sie ihre Form auch beibehält, wenn sie sich in ganz andere Strukturen gräbt.

Ringförmige Entwässerung

Ringförmiges Entwässerungsnetz

Über Batholithen ▪ und ähnlichen runden Gesteinsstrukturen entwickelt sich das Netz manchmal als Abfolge konzentrischer Kreise.

Verzweigtes Entwässerungsnetz

Entwässerungsnetz in Baumform

In Gebieten mit einheitlichem Gestein, das kaum durch Faltung ▪ oder Verwerfungen ▪ verändert ist, bilden die Flüsse ein baumartig verzweigtes System.

Spalierartige Entwässerung

Ein rechteckig gegliedertes Entwässerungsnetz

In manchen Gebieten werden die Flüsse in fast parallel zu anderen Nebenflüssen verlaufende Bahnen gedrängt. Ein solches Muster ist typisch für Gelände mit Schichtfolgen ▪, wo die Wasserläufe den weicheren Gesteinsschichten und deren Neigung folgen. Manchmal lassen Gesteinsklüfte ein **rechteckiges Entwässerungssystem** entstehen, das dem spalierartigen ähnelt, aber weniger charakteristisch ist. Bei **paralleler Entwässerung** verlaufen die Wasserläufe durch die Gesteinsstruktur (z. B. gleich ausgerichtete Faltungen) fast parallel.

Radiale Entwässerung

Ein speichenförmiges Fluss-System

Vom Gipfel einer Kuppe ▪ oder eines Vulkans aus fließen Flüsse meist in alle Richtungen, sodass ein sternförmig von einem Punkt ausgehendes System entsteht.

Ungeordnete Entwässerung

Ein unregelmäßiges System

Wenn Inlandeis ▪ schmilzt, bleibt meist ein unregelmäßiges System von Wasserläufen, Sümpfen und Seen zurück. Die Flüsse folgen dabei den Unregelmäßigkeiten in der Eisablagerung und haben keine Zeit, sich an die darunter liegenden Gesteinsstrukturen anzupassen.

Folgefluss

Wasserlauf, der dem ursprünglichen Gefälle des Gebietes folgt

Wenn durch tektonische Tätigkeit ▪ eine neue Landfläche emporgehoben wird, folgen die so genannten Folgeflüsse der Neigung des Geländes. **Obsequente Flüsse** fließen entgegen der Neigungsrichtung des Gesteins. **Subsequente Flüsse** graben sich ihr Bett entlang einer Schicht aus weicherem Gestein oder einer Schwachstelle im rechten Winkel zur ursprünglichen Geländeneigung.

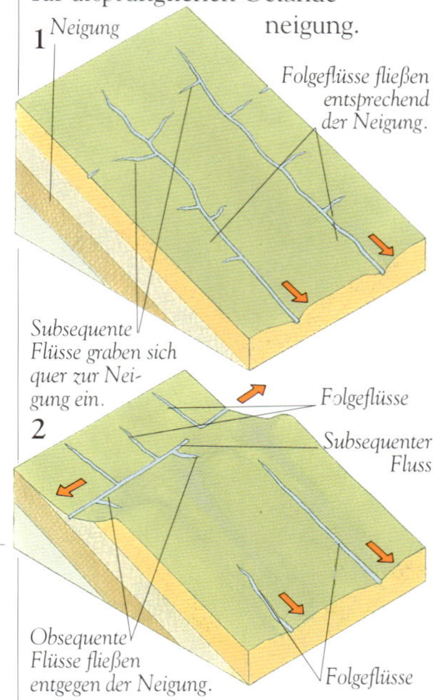

Obsequente Flüsse entstehen
*Die subsequenten Flüsse im oberen Bild (**1**) graben ein Tal, in das ihnen die obsequenten Flüsse folgen (**2**).*

Flusskappung

Übernahme eines Entwässerungsnetzes durch einen anderen Fluss

Manchmal arbeitet ein Nebenfluss sich so weit vor, dass er ein anderes Fluss-System kreuzt und das Wasser in sein eigenes umleitet. Die Biegung, wo der gekappte Fluss abgelenkt wird, heißt **Ablenkungs-** oder **Anzapfungsknie**. Das Tal, das nach der Anzapfung zurückbleibt, nennt man **trockenes Durchbruchstal**.

Flüsse

Flüsse formen die Landschaft: Sie tragen an manchen Stellen Material weg und lagern es an anderen wieder ab. Auf ihrem gewundenen Weg schneiden sie tiefe Täler in festes Gestein, und die riesigen Schlammmengen, die sie mitnehmen, bilden große, weite Ebenen.

Flussbett

Die lange Vertiefung, in der ein Fluss fließt

In einem gewundenen oder rauen Flussbett fließt das Wasser wegen der Reibung langsamer. In einem schmalen, tiefen Bett herrscht eine schnellere Strömung als in einem breiten und flachen. In der Hydrologie ■ bezeichnet man die Form des Flussbetts mit verschiedenen Begriffen. Der **Umfang des Wasserkörpers** ist die Strecke von der Höhe des Wasserspiegels an einem Ufer durch das Bett bis zur gleichen Linie am anderen. Als **hydrologischen Radius** bezeichnet man das Verhältnis zwischen Querschnittsfläche und Umfang des Wasserkörpers.

Strömung

Die Bewegung eines Flusses zwischen seinen Ufern

Der Strömungsmesser ■ zeigt, dass die meisten Flüsse in ihrem Unterlauf am schnellsten fließen. Weiter oben, wo der Fluss flach ist und durch ein raues Bett fließt, verlangsamt Reibung die Strömung; manchmal findet man aber auch **Stromschnellen**. Stromabwärts, wo der Fluss zwischen glatten Ufern aus Silt ■ fließt, ist die Reibung geringer. Eine **laminare Strömung** bewegt sich glatt und fast ohne Durchmischung des Wassers; in Flüssen ist die Strömung aber meist **turbulent**: Um kleine Unebenheiten des Flussbettes bilden sich Wirbel und Strudel.

Flusserosion

Die Art, wie ein Fluss seine Ufer abträgt

Flüsse tragen ihre Ufer ab und werden dadurch ständig breiter und tiefer. Das kann auf unterschiedliche Weise geschehen. **Sandschliff** ist die Abtragung von Sand, Kies und Steinen im gesamten Flussbett. Eine so entstehende Erosion nennt man **Abschleifung**. Bei der **Ausstrudelung** werden die Teilchen herumgewirbelt und »bohren« runde Löcher ins Flussbett. Die Auflösung von Flussbett und Ufern durch die reine **Wirkung des Wassers** ist viel weniger wichtig als die Abschleifung. Manche Stoffe **lösen** sich einfach im Wasser. **Abrieb** ist die Abtragung von Teilchen, die im Fluss auf andere Teilchen treffen.

Erosion eines Flussufers
Der am Ufer entlangströmende Fluss nimmt Material mit und trägt es fort. So kann ein überhängendes Ufer entstehen.

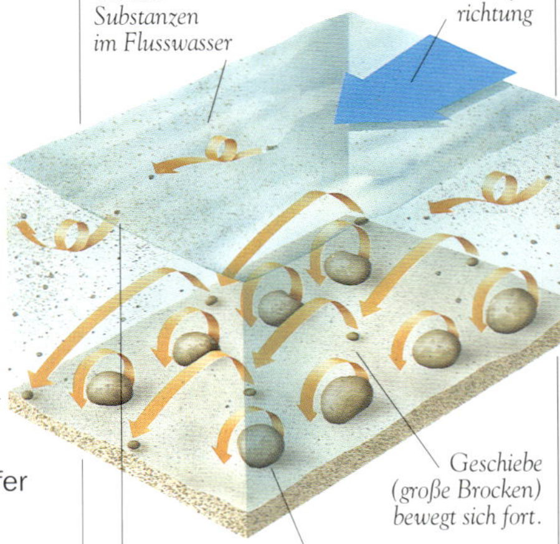

Transport der Last
Wie die Last eines Flusses transportiert wird, hängt von der Teilchengröße ab.

Last

Alle von einem Fluss mitgeführten Feststoffe

Es gibt drei Haupttypen der Last. Das **Geschiebe** besteht aus Steinen und großen Brocken, die im Flussbett weitergeschoben werden. Manche von ihnen **springen** geradezu durch das Flussbett. Die **Schwebstoffe** treiben fein verteilt im Wasser, und die **gelöste Last** ist physikalisch im Wasser gelöst. Die Last ist je nach umgebendem Gelände und Fließgeschwindigkeit unterschiedlich groß. Am meisten Material wird in kurzen Hochwasserphasen ■ transportiert. Ströme wie der Gelbe Fluss in China befördern bei Überschwemmungen viele Milliarden Tonnen Sediment ■.

Flusstransport

Der Abtransport erodierten Materials durch einen Fluss

Wie viel Material ein Fluss transportiert, hängt von seiner Strömung ab. Als **Fördermenge** bezeichnet man die maximale Stoffmenge, die ein Fluss transportieren kann.

Längsprofil

Eine grafische Darstellung des Flussgefälles

Den Anfang eines Flusses nennt man **Quelle** oder **Ursprung**. Am tiefsten Punkt, dem Meer oder einem See, liegt die **Mündung**. Das Längsprofil zeigt schematisch die Höhe eines Flusses über seinem tiefsten Punkt. Meist ist der Fluss im Oberlauf steiler, und zur Mündung hin nimmt das Gefälle ab, weil die Nebenflüsse die Wassermenge steigen lassen, sodass der Fluss schneller und leichter über ein flacheres Gefälle fließt.

Ausgeglichenes Profil

Ein Flusslauf, in dem Erosion und Ablagerung sich die Waage halten

Jeder Fluss tritt ständig mit seinem Bett in Wechselwirkung – manche Teile werden abgetragen, an anderen kommt es zur **Ablagerung** von Sedimenten. Mit Veränderungen der Strömung ändert sich auch die Form des Flussbetts. Die meisten Flüsse entwickeln sich in Richtung eines ausgeglichenen Profils: Abtragung und Ablagerung stehen über den Flusslauf hinweg in einem ausgewogenen Verhältnis. Danach ändert sich die Form des Flussbetts nur noch durch Störungen dieses Gleichgewichts.

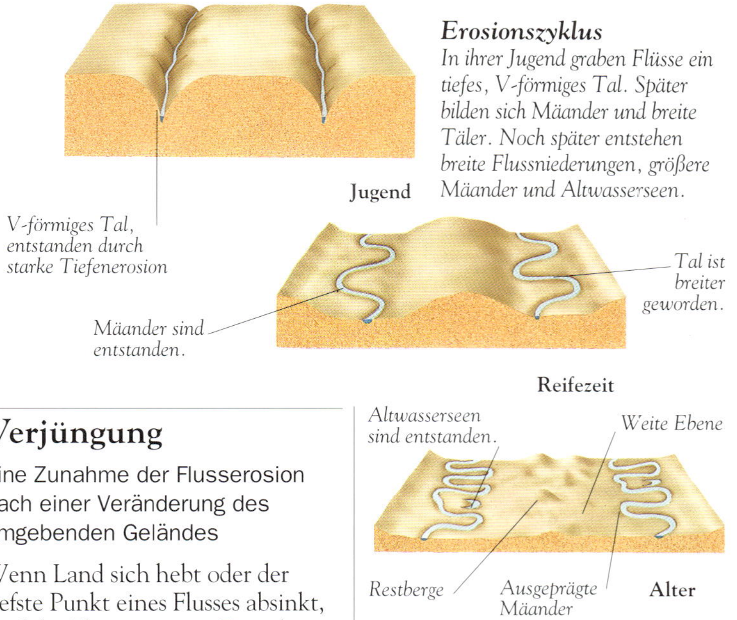

Erosionszyklus
In ihrer Jugend graben Flüsse ein tiefes, V-förmiges Tal. Später bilden sich Mäander und breite Täler. Noch später entstehen breite Flussniederungen, größere Mäander und Altwasserseen.

Verjüngung

Eine Zunahme der Flusserosion nach einer Veränderung des umgebenden Geländes

Wenn Land sich hebt oder der tiefste Punkt eines Flusses absinkt, wird der Fluss verjüngt: Er gräbt sich tiefer ein, und durch die plötzliche Zunahme der Erosion entsteht ein **Knick**, an dem der Fluss sich nach unten und hinten eingräbt. Der alte Flussbettboden eines derart verjüngten Flusses bleibt unter Umständen als **Geländestufe** zurück. Manchmal gräbt der Fluss sich auf seinem ursprünglichen Weg sehr tief ein und bildet einen **eingeschnittenen Mäander**.

Tief eingeschnittener Mäander
Der San Juan River in Utah (USA) hat ein tief eingeschnittenes Bett.

Erosionszyklus

Eine theoretische Abfolge der Landschaftsentwicklung

Nach der Theorie der Erosionszyklen haben Flüsse und Landschaften einen Lebenszyklus: Sie machen nach der Verjüngung verschiedene Phasen durch, die man als **Jugend**, **Reifezeit** und **hohes Alter** bezeichnet. In seiner Jugend gräbt ein Fluss sehr energisch ein enges, V-förmiges Tal ■. In der Reifezeit wird er breiter und tiefer, und die Böschungen flachen ab. Im Alter schließlich verbreitet sich das Tal zu einer weiten **Flussniederung**, und von den Böschungen bleiben nur einzelne **Restberge** übrig. Einer wissenschaftlichen Theorie zufolge macht ein Fluss diese Stadien nicht über längere Zeit, sondern auf seinem Weg durch, mit einem jugendlichen Ober- und einem älteren Unterlauf. Heute weiß man, dass die wahren Verhältnisse komplizierter sind.

Siehe auch

Hochwasser 109 • Hydrologie 13 • Sediment 92 • Silt 81 • Strömungsmesser 18 • V-förmiges Tal 114

Fortsetzung nächste Seite ➤

Flusstal

Ein von einem Fluss gegrabenes Tal

Durch Verwitterung ▪ und Massenbewegung ▪ graben Flüsse langsam immer tiefere Täler. In höheren Lagen windet sich ein Fluss häufig zwischen Bergvorsprüngen hindurch, wobei ein enges, V-förmiges **Kerbtal** entsteht. Weiter flussabwärts ist das Tal meist breiter.

Wasserfall

Ein senkrechter Abfall eines Flusses

Manchmal ist der sanft bergab fließende Fluss von einem Wasserfall unterbrochen. Wasserfälle bilden sich häufig über einer Schwelle oder einem Sill ▪ aus hartem Gestein. Das weiche Gestein darunter wird vom Fluss abgetragen, während die harte Schwelle stehen bleibt. Im **Strudelkessel** am Fuß des Wasserfalls bilden sich Wasserwirbel. Wasserfälle können sich auch an Küstenkliffs, Verwerfungsabstürzen ▪, dem Ende eines Hängetals ▪ sowie den Kanten von Hochebenen bilden. Der höchste Wasserfall ist mit 979 m der Salto Ángel in Venezuela. Als **Katarakt** bezeichnet man eine Folge von Stromschnellen.

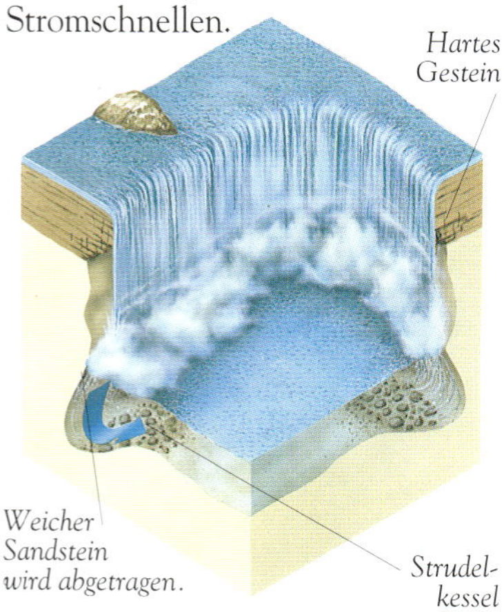

Entstehung eines Wasserfalls
Der Fluss, der über hartes Gestein strömt, trägt unten das weiche Gestein ab. Bricht das harte Gestein ab, rückt der Wasserfall weiter stromaufwärts.

Flusskliff

Ein Steilufer, entstanden durch einen Fluss, der sich in das Tal eingräbt, das er durchfließt

Ein Fluss gräbt sich in seinem Tal von oben nach unten, in den Windungen aber auch seitwärts. Dabei entstehen oft unterhöhlte Flusskliffs, an denen der tiefere Teil des Tals abgetragen wurde. Diese **Kliffunterhöhlung** kann auch in rückwärtiger Richtung stattfinden.

Altwassersee

Ein halbmondförmiger See in einer Flussniederung

Die Windungen eines Flusslaufes werden durch Auswaschung allmählich immer enger. Schließlich durchstößt der Fluss die engste Stelle der Windung. Wird dann die abgeschnittene Windung durch Sedimentbarrieren vom Fluss getrennt, entsteht ein Altwassersee oder **alter Flussarm**.

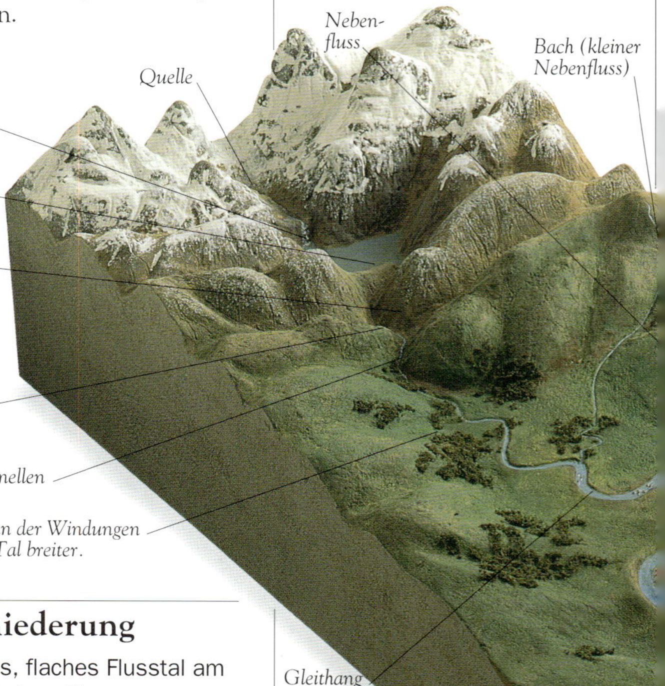

Ein Flusslauf
Viele Flüsse entspringen im Gebirge. Im steilen Oberlauf, wo das Bett felsiger und der Fluss schmaler ist, findet man häufig eine turbulente Strömung. Stromabwärts wird der Fluss breiter, und das Tal erweitert sich zur Flussniederung.

Flussniederung

Ein breites, flaches Flusstal am Unterlauf eines Flusses

Im Unterlauf fließt ein Fluss häufig durch eine weite Ebene mit Sedimenten ▪ oder **Schwemmland**. Die Flussniederung des Amazonas in Südamerika ist mehrere hundert Kilometer breit. Manchmal strömt der Fluss zwischen erhöhten Ufern durch die Niederung. Solche **Flussdeiche** bilden sich, wenn der Fluss bei Überschwemmungen über die Ufer tritt und einen großen Teil seiner Last ▪ ablagert. Manchmal können Nebenflüsse sich wegen der Deiche nicht mit dem größeren Fluss vereinigen.

Untiefe

Barriere aus Sand oder Kies

Ein Flussbett bildet auf seiner Länge abwechselnd tiefe Stellen und Untiefen, an denen sich Sand und Kies sammeln.

◄ Fortsetzung von der vorherigen Seite

Mäanderförmige Windung

Eine Fluss-Schleife

Alle Flüsse sind bestrebt, sich zu winden. In der Nähe der Meeres sind die Windungen zahlreicher; mehrere solche hufeisenförmige Windungen bilden einen Mäander. Er ist typisch für den Unterlauf von Flüssen, kann sich aber überall bilden, wenn der Fluss breit und das Material von Bett und Ufern feinkörnig ist. Der Mäander bildet sich, wenn durch Abtragung und Ablagerung des Materials tiefe Stellen und Untiefen entstehen. Durch weiteres Wachstum der Untiefen entsteht schließlich der Mäander. Zum Teil wird er auch durch die Bewegung des Wassers zwischen den Ufern erzeugt.

FLUSSDELTATYPEN

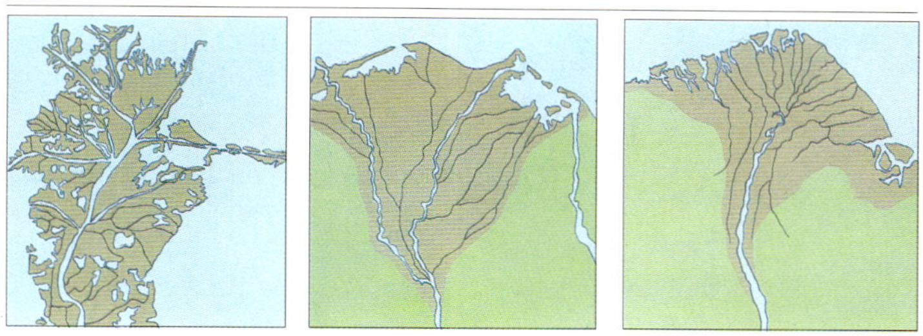

Mississippi: Vogelfußdelta | **Nil:** bogenförmiges Delta | **Niger:** abgewandeltes V-förmiges Delta

Schneckenartige Strömung

Die korkenzieherförmige Bewegung des Wassers durch ein Flussbett

Das Wasser eines Flusses fließt nicht nur bergab, sondern vollführt quer durch das Flussbett auch eine spiralförmige Bewegung. Der Grund: Es strömt an der Außenseite der Windungen, dem **Prallhang,** am schnellsten und trägt dort das Ufer ab. Innen, am **Gleithang,** fließt es langsamer. Dort wird Material abgelagert, sodass manchmal eine **Ufersandbank** entsteht.

Delta

Fächerförmige Niederung aus den Sedimenten einer Flussmündung

Wenn ein Fluss ins Meer mündet, verlangsamt sich seine Strömung. Die Sedimente, die er nun nicht mehr transportieren kann, bilden das Delta, eine oft recht große Ebene aus Schwemmland. Häufig teilt sich der Fluss in mehrere **Mündungsarme**. Ein **bogenförmiges Delta**, z. B. das des Nils in Ägypten, hat einen gekrümmten Küstenverlauf. Die Küste eines **Vogelfuß-Deltas**, z. B. an der Mündung des Mississippi in den USA, verläuft gezackt; eine solche Formation bildet sich zwischen den Deichen der Mündungsarme. Der Tiber in Italien ist ein Beispiel für ein **V-förmiges Delta**: Hier wird das Material gleichmäßig beiderseits des Hauptbettes abgelagert.

Trichtermündung

Wird zum Meer hin breiter wird

Die meisten Flüsse verbreitern sich vor der Mündung zu einem breiten, häufig sehr fruchtbaren Trichter.

Siehe auch

Hängetal 123 • Hochwasser 109
Last 112 • Massenbewegung 104
Sediment 92 • Sill 57
Verwerfungsabsturz 60 • Verwitterung 98

Trockene Landschaften

In Gebieten, wo wenig oder gar kein Regen fällt, wird die Landschaft von anderen Kräften geformt als in feuchteren Gegenden. Trockene Landschaften, deren Umrisse kaum eine Bodendecke oder Flüsse abrunden, bestehen vorwiegend aus nacktem Gestein, spitzen Felsen und ausgedörrten Tälern.

Verkrustetes Gestein
Durch Verdunstung des Wassers ist oben auf diesem Felsen in der Wüste eine harte Kruste entstanden. Die Oberfläche ist vor weiterer Verwitterung geschützt. Chemische Reaktionen bauen aber das Gestein unter der Kruste und um sie herum weiter ab.

Wüste

Ein Gebiet mit wenig oder gar keinem Niederschlag

In Wüsten, z. B. der Sahara in Afrika oder der südamerikanischen Atacama-Wüste, regnet es sehr selten: Sie sind trockene oder **aride** Gebiete. Hier geht durch Evapotranspiration häufig mehr Wasser verloren, als durch Niederschlag ▪ hinzukommt. Der Bewuchs ist spärlich oder fehlt ganz, sodass die Erdoberfläche der Luft ausgesetzt ist. Meist herrschen extreme Temperaturgegensätze. Viele Wüsten gehören zu den heißesten Regionen der Welt. In den Eiswüsten von Arktis und Antarktis ist es sehr kalt, aber der Niederschlag ist dort kaum höher als in der Sahara.

Trockene Verwitterung

Verwitterung in niederschlagsarmen Gebieten

Früher glaubte man, in der Wüste sei vor allem die Sonne für den Gesteinszerfall verantwortlich (Insolationsverwitterung ▪). Heute weiß man, dass auch die chemische Verwitterung ▪ beträchtlich dazu beiträgt. Sie lässt viele Geländemerkmale entstehen, z. B. **Pilzfelsen** wie den Pedestal Rock in Utah (USA). Dennoch lässt die Verwitterung in der Wüste meist nicht genügend Boden ▪ entstehen, und deshalb besteht die Oberfläche dort – außer in Sandwüsten – meist aus nacktem Gestein.

Wüstenrinde

Harte Oberflächenschicht aus mineralischen Ablagerungen in der Wüste

Wasser verdunstet in der Wüste sehr schnell und hinterlässt seine gelösten Mineralien ▪ als harte Kruste auf der Oberfläche. Sind sie hart und glänzend, spricht man auch von **Wüstenlack**. Er ist blau-schwarz und besteht vorwiegend aus Eisen- und Manganoxiden. **Salzbodenkrusten** sind dicker, und zwar **Carbonatzement** aus Calciumcarbonat ▪, **Gipszement** aus Gips ▪ und **Kieselkonglomerat** aus Siliziumdioxid.

Wüstenlandschaft
Diese öde Felswüste ist das Monument Valley an der Grenze zwischen Arizona und Utah (USA). Wegen der geringen Feuchtigkeit ist der Pflanzenwuchs spärlich.

Wadi

Ein schluchtartiges, meist trockenes Wüstental

Da es in der Wüste wenig Regen und Versickerung gibt, sind die meisten Gewässer nur vorübergehend vorhanden. Ihre trockenen Flussbetten heißen auch **Relikttäler** oder **Arroyos**. In der Sahara und in Arabien lassen die seltenen starken Regengüsse enge Wadis entstehen, die meist trocken sind und sich nur nach einem Unwetter plötzlich mit Wasser füllen.

Wadi Kelt
Dieses Wadi in Israel ist tief ins Gestein eingeschnitten.

Bajada

Eine schräge Sandfläche, die Flüsse an Bergrändern in der Wüste abgelagert haben

Das Wasser, das sich aus einem Wadi in die Ebene ergießt, lagert wie ein Flussdelta einen fächerförmigen Hügel aus Schwemmland ab. Viele solche Hügel können sich zu einer einzigen schrägen Fläche verbinden, einer Bajada.

Flächenhafte Abspülung

Dünne, abfließende Wasserschicht nach einem Regenguss

Regen kann durch die harte Bodenkruste kaum versickern. Nach Unwettern breitet er sich deshalb in einer dünnen Schicht aus, die man auch **Schichtflut** nennt.

Inselberg

Einzeln stehender Berg mit steilen Abhängen, meist in der Wüste

In vielen Wüstengegenden stehen einzelne Berge wie Burgen in einer Ebene. Sie sind vermutlich durch Parallelrückzug der steilen, kliffähnlichen Abhänge entstanden und behalten ihre Form bei, weil sie im Gegensatz zu Bergen der kühleren, feuchteren Gebiete nie mit Erde oder verwittertem Material (Schuttdecke) bedeckt waren. Ein bekannter Inselberg ist der Uluru (Ayers Rock) in Australien.

Mesa

Einzeln stehender Wüstenberg mit steilen Hängen und flacher Spitze

Mesas, in stärker erodierter Form auch **Restberge** genannt, enstanden anders als Inselberge. Sie gehörten früher zu einer großen Hochebene, die bei feuchterem Klima durch Flusserosion abgetragen wurde.

Wüstenpflaster

Große, flache Kruste aus nackten Kieseln und größeren Steinen

In manchen Wüsten, vor allem in der Sahara, sind große Gebiete mit Kies und Steinen bedeckt. In einer **Steinwüste** oder **Hammada** liegen größere Felsbrocken; ein **Reg** ist von Kies bedeckt. Beide entstehen einer Theorie zufolge durch den Wind, der feineres Material wegweht und die größeren Steine übrig lässt. Diese werden dann möglicherweise zum Wüstenpflaster verkittet. Ähnliche steinerne Pflaster gibt es auch in Periglazialgebieten .

Restberge und Felsfußflächen
Diese Restberge erheben sich aus der Ebene und stehen auf einer Felsfußfläche. Sie liegen im Monument Valley an der Grenze zwischen Arizona und Utah (USA) und heißen Mitten Rocks.

Felsfußfläche

Eine flache Steinrampe am Rand eines Wüstenberges

Viele Wüstenlandschaften sind durch steile, nackte Abhänge und senkrechte Flächen gekennzeichnet, an deren Fuß sich die flachen Felsfußflächen befinden. Wie sie entstehen, weiß man nicht genau – möglicherweise durch Parallelrückzug oder flächenhafte Abspülung.

Bolson

Ein geschlossenes Becken in den Wüsten Mexikos und des Südwestens der USA

Da Wasserläufe in der Wüste nur vorübergehend vorhanden sind, fließen sie meist nicht bis zum Meer. Sie bilden vielmehr Salzseen in der Mitte der als Bolsons bezeichneten Abflussbecken . Die Bolsons sind meist von Bajadas umgeben.

Siehe auch

Abflussbecken 109 • Boden 130
Carbonat 83 • chemische Verwitterung 100
Delta 115 • Evapotranspiration 108
Gips 83 • Insolation 99 • Mineral 82
Niederschlag 149 • Parallelrückzug 106
Periglazialgebiet 126 • Schichtflut 108
Schuttdecke 105 • Schwemmland 114
Versickerung 107

Fortsetzung nächste Seite ➤

Siehe auch

Eiszeit 121 • Grundwasserspiegel 108
Hauptwindrichtung 143 • Oase 172
Unwetter 152 • Wirbelsturm 152

Windaktivität

Erosion, Stofftransport und Ablagerung durch den Wind

Die Windaktivität ist in der Wüste besonders wirksam, weil kaum Pflanzen vorhanden sind, die den Wind bremsen und das leichte, trockene Oberflächenmaterial festhalten könnten. Früher glaubte man, Wüstenlandschaften würden fast ausschließlich vom Wind geformt. Später erkannte man, dass sie vielfach durch Wasser entstanden sind; der Wind hat nur die Oberfläche ein wenig verändert. Satellitenaufnahmen zeigen allerdings in der Atacama-Wüste und der Sahara lange, schmale, parallele Erhebungen und Senken, die nur der Wind geformt haben kann. Die Erhebungen, **Yardangs** genannt, sind entsprechend der Hauptwindrichtung ■ angeordnet; sie können mehrere hundert Meter hoch und dutzende von Kilometern lang sein. Der Wind trägt das weiche Gestein ab und lässt die harten »Rippen« zurück.

Windtransport

Die Bewegung von Material durch den Wind

Der Wind nimmt Feststoffe auf unterschiedliche Weise mit. Die feinsten Staubkörner mit bis zu 0,15 mm Durchmesser hängen häufig als **Schwebstoffe** in der Luft. Geringförmig größere Teilchen (0,15 bis 2 mm) werden **springend** vorangetrieben. Dabei hüpfen sie jeweils einige Meter weit, ohne sich nennenswert vom Boden zu entfernen. Die größten Körner werden über den Boden gerollt und geschoben.

Lössablagerungen in China
Lössablagerungen in der Ordos-Hochebene in der Inneren Mongolei.

Löss

Ein feines, gelbes, vermutlich vom Wind abgelagertes Sediment

Die Windaktivität ist nicht nur in der Wüste von Bedeutung, sondern auch an Küsten und Gletscherrändern, wo leichtes, trockenes Material abgelagert wird. Die dicken Lössschichten, die sich in weiten Teilen Chinas, Mitteleuropas und Sibiriens gebildet haben, entstanden wahrscheinlich während der letzten Eiszeit ■ durch starke Winde, die das Sediment ablagerten. Der Huang He in China ist besser unter dem Namen bekannt, den er dem mitgeführten Löss verdankt: Gelber Fluss. **Ödland** nennt man eine stark zerklüftete Landschaft, wie sie sich oft auf Löss und anderem lockeren Material entwickelt.

Deflation

Der Abtransport des feinen Oberflächenstaubes durch den Wind

Starker Wind kann feines Material wie Sand, Silt und Ton schnell über große Entfernungen transportieren, bevor er es fallen lässt (Deflation oder **Abwehung**). Ist das feine Material weggeweht, bleibt eine mit Kies übersäte, spärlich bewachsene **Windschlifffläche** zurück.

Deflationskessel

Eine vom Wind ausgehöhlte Senke

Wenn der Wind feines Material wegträgt, entstehen manchmal große Senken wie die riesige Qattara- und die Kharga-Niederung in Ägypten. In der Quattara-Senke hat der Wind eine 320 km lange, 134 m unter dem Meeresspiegel liegende Niederung geschaffen. Die Senke kann sogar bis zum Grundwasserspiegel ■ hinabreichen; dann entsteht eine Oase ■, eine wichtige feuchte Insel in der trockenen Wüste.

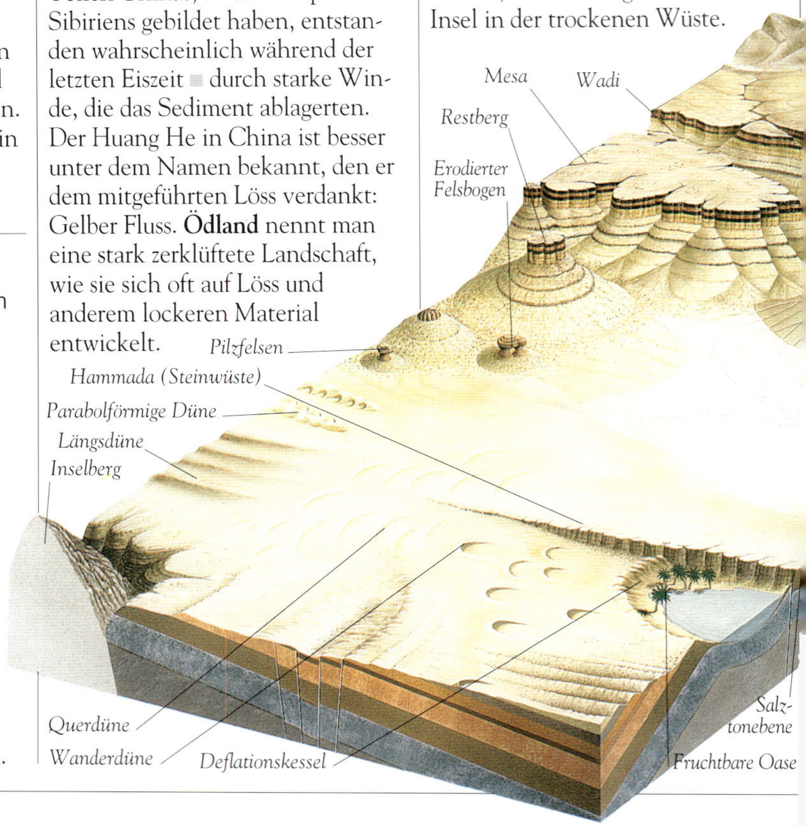

◂ *Fortsetzung von der vorherigen Seite*

Sandsturm

Eine dichte, wirbelnde, vom Wind aufgewühlte Sand- und Staubwolke

Warme Wüstenwinde wie der arabische **Samum** können durch aufgewirbelten Staub die Sicht fast völlig verdunkeln und sehr heiße, elektrisch geladene Luft mitführen. Auf seinem Weg über die Wüste hebt das Unwetter ■ viele tausend Tonnen Sand und Staub in einem **Wirbel** über 3000 m hoch. **Staubteufel**, kleine, kurzlebige Wirbelstürme ■, die mit 30 km/h kreisen und rund 500 m hoch reichen, entstehen durch lokale Erwärmung des Bodens.

Windkanter

Ein vom Wind geformter Stein

Der Wind beschießt Kiesel und Felsen in der Wüste ständig mit Sand und Staub, sodass sie eine eckige Form annehmen. Solche Steine nennt man Windkanter. Haben sie drei Seiten, heißen sie **Dreikanter**.

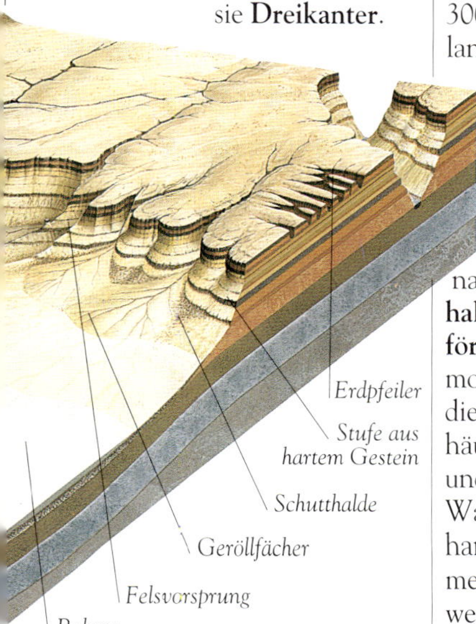

Landschaftsformen in der Wüste
Wüstenlandschaften sind häufig bizarr, weil kein Pflanzenbewuchs sie sanfter macht. Sie werden von Wind, Extremtemperaturen und seltenen, sintflutartigen Regenfällen gestaltet.

Sanddünen
In den riesigen Sandgebieten der Sahara hat der Wind wie hier in Algerien viele Dünen aufgetürmt.

Sanddüne

Vom Wind angewehter Sandhügel in der Wüste oder an der Küste

In Wüsten wie der Sahara oder der Arabischen Wüste gibt es riesige **Sandmeere** oder **Ergs**. Der Große Östliche Erg in Algerien ist größer als Frankreich. Die größten Dünen dort sind die **Draa**, die oft über 300 m hoch und viele Kilometer lang sind. Es gibt viele Dünentypen. Welcher sich bildet, hängt von der verfügbaren Sandmenge, der Schwankungsbreite der Windrichtung und dem Pflanzenbewuchs ab. Häufig benennt man Dünen nach ihrer Form: Es gibt **stern-, halbmond-, schwert-, und parabolförmige Dünen**. Zu den halbmondförmigen Dünen gehören die kleinen **Möndchen**, die sich häufig an Sandstränden bilden, und die größeren **Wanderdünen**. Wanderdünen entstehen auf hartem Untergrund und kriechen mehrere Meter im Jahr vorwärts, weil der Wind den Sand von einer Seite zur anderen weht. Manchmal benennt man Dünen auch nach ihrer Lage zur Windrichtung. **Längsdünen** liegen parallel zur Hauptwindrichtung, **Querdünen** sind quer dazu ausgerichtet.

DÜNENTYPEN

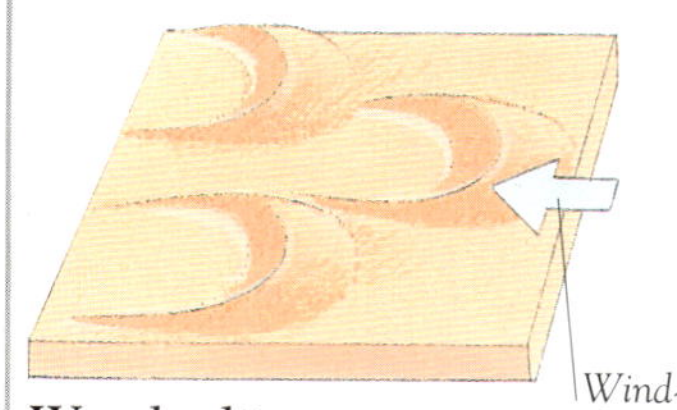

Wanderdünen
Sie bilden sich bei geringen Sandmengen und konstanter Windrichtung.

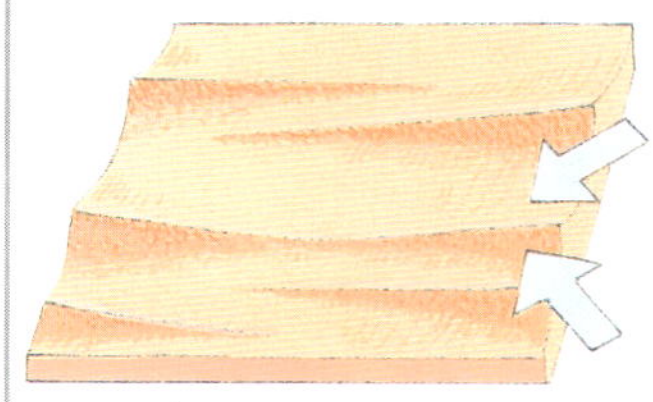

Längsdünen
Bilden sich bei geringen Sandmengen, wenn Wind aus zwei Richtungen kommt.

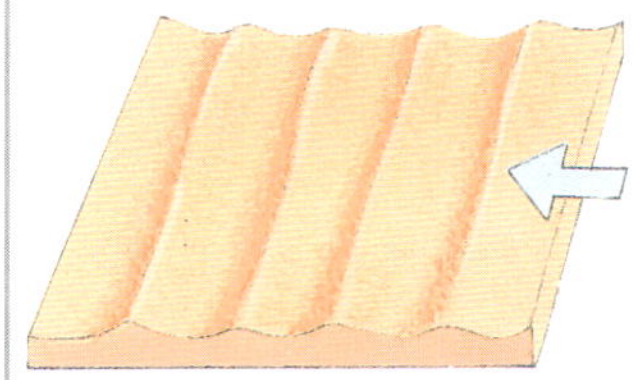

Querdünen
Bei reichlich Sand bilden sich Rippen im rechten Winkel zur Hauptwindrichtung.

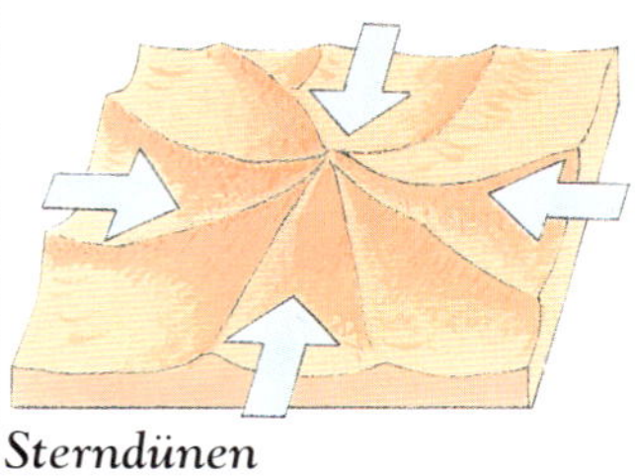

Sterndünen
Kommt der Wind aus wechselnden Richtungen, bilden sich große Dünen.

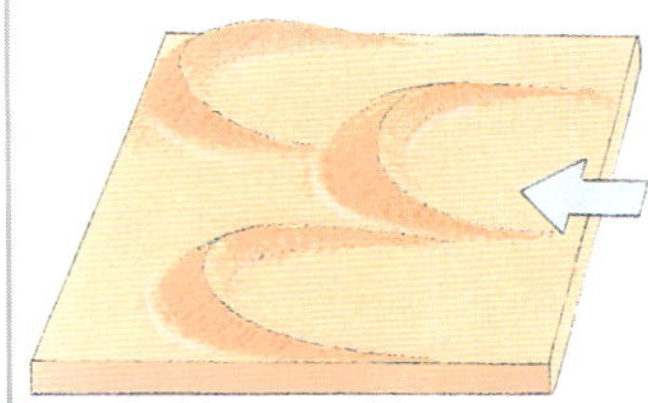

Parabolförmige Dünen
Sind an den Küsten verbreitet. Häufig durch Pflanzenbewuchs stabilisiert.

Gletscher & Eiskappen

An den Polen und im Gebirge sind große Gebiete von Eis bedeckt – entweder von Flüssen aus Eis, die man Gletscher nennt, oder von riesigen Eiskappen. Während der Eiszeiten, früherer Abschnitte der Erdgeschichte, waren die Vereisungsgebiete viel größer; das Eis hat in der Landschaft Spuren hinterlassen.

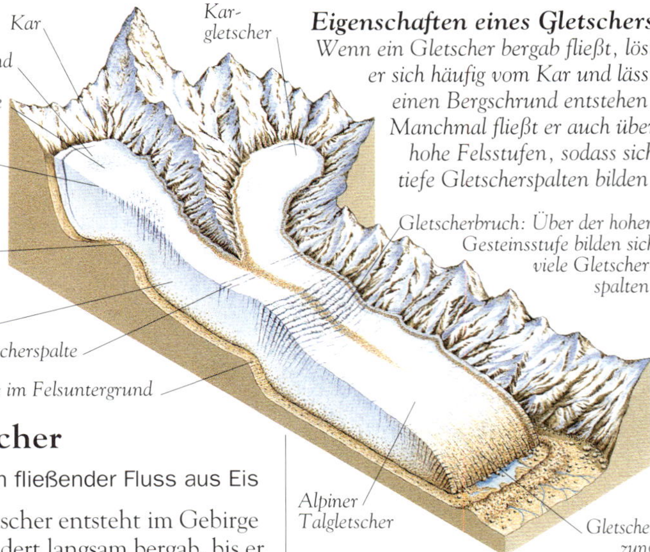

Eigenschaften eines Gletschers
Wenn ein Gletscher bergab fließt, löst er sich häufig vom Kar und lässt einen Bergschrund entstehen. Manchmal fließt er auch über hohe Felsstufen, sodass sich tiefe Gletscherspalten bilden.

Gletscher

Langsam fließender Fluss aus Eis

Ein Gletscher entsteht im Gebirge und wandert langsam bergab, bis er schließlich schmilzt. Auf seinem Weg bricht das Eis, sodass tiefe **Gletscherspalten** entstehen. An der Rückseite des gewölbten **Kars**, das häufig den Ursprung des Gletschers bildet, zieht das Eis sich vielfach von der Felswand zurück und lässt einen tiefen **Bergschrund** entstehen. Das untere Ende eines Talgletschers heißt **Gletscherzunge**.

Eiskappe

Eine riesige Eisschicht

Eiskappen bedecken rund um die Pole Flächen von der Größe eines Kontinents. Bei manchen dieser Flächen, z. B. in Grönland, spricht man auch von **Inlandeis**. Einzelne Berge haben oft **vereiste Gipfel**. Ein **Eisberg** ist eine große Eismasse, die von einer Eiskappe oder einem Gletscher abgebrochen ist und im Meer schwimmt.

Talgletscher

Ein Gletscher, der durch ein vorhandenes Tal bergab fließt

Es gibt verschiedene Gletschertypen. Talgletscher fließen durch vorhandene Flusstäler unter dem Einfluss der Schwerkraft bergab. **Abflussgletscher** entspringen am Rand einer Eiskappe. Die kleinen **Kargletscher** entstehen recht schnell in einem Kar hoch im Gebirge und fließen durch das darunter liegende Tal; mehrere von ihnen können sich zu einem **Hochgebirgsgletscher** vereinigen. **Vorlandgletscher** wie der Malaspina-Gletscher in Alaska sind breit und entstehen aus mehreren Talgletschern, die sich nach dem Austritt aus dem Gebirge verbinden.

Ein zerklüfteter Gletscher
Im John-Hopkins-Gletscher in Alaska haben sich auf dem Weg durch das Tal viele Spalten gebildet.

Vereister Schnee

Schnee, aus dem ein Gletscher entsteht

Ein Gletscher entsteht aus Schnee ■, der durch sein eigenes Gewicht zu dem dichteren **Firn** zusammengepresst wird. Dabei wird Luft herausgedrückt. Durch neu hinzukommenden Schnee setzt sich die Verdichtung fort, und schließlich entsteht das undurchsichtige **Gletschereis**.

Gletschermassenbilanz

Das Verhältnis zwischen dem entstehenden und dem schmelzenden Eis eines Gletschers

Gletscher entstehen durch Anhäufung und Verdichtung von Neuschnee. Gleichzeitig geht aber durch Schmelzen und Verdunstung auch Eis verloren. Das Verhältnis zwischen Zugewinn und Verlust ist die Gletschermassenbilanz. Ist sie positiv (mehr Zugewinn als Verlust), weitet sich der Gletscher aus, bei negativer Bilanz (mehr Verlust als Zugewinn) zieht er sich zurück.

Siehe auch

Kar 122 • Pleistozän 72 • Schnee 149
Sonnenstrahlung 140

Vereisung

Die Bedeckung der Landflächen mit Eis während einer Eiszeit

Die Vereisung reichte sehr weit, in der letzten Eiszeit z. B. vom Nordpol bis nach Mitteleuropa und Russland sowie in Nordamerika bis nach Illinois und Indiana. Selbst in Neuseeland und Südamerika bildeten sich Eisschichten.

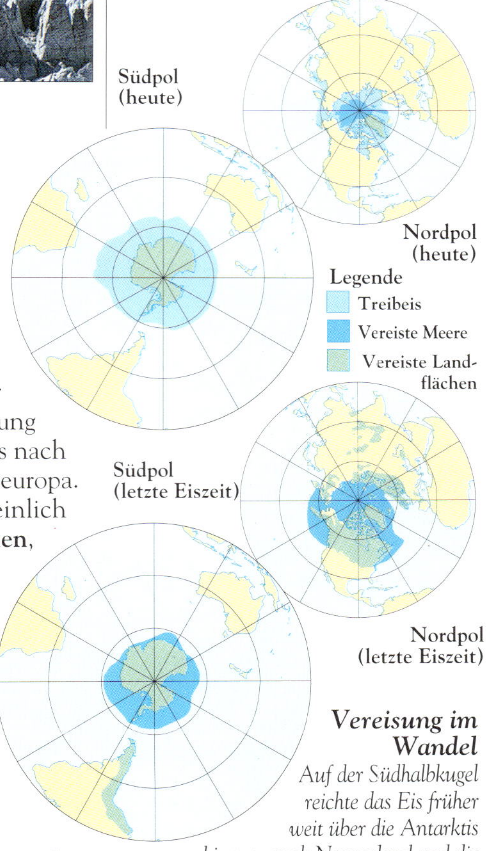

Vereisung im Wandel
Auf der Südhalbkugel reichte das Eis früher weit über die Antarktis hinaus; auch Neuseeland und die südlichen Anden waren vereist. Auf der Nordhalbkugel waren Kanada und Nordeuropa größtenteils von Eis bedeckt. Heute tragen nur die Antarktis (wo sich 90% des gesamten Eises befinden) und Grönland eine Eiskappe.

Gletscherwanderung

Die Bewegung eines Gletschers

Es gibt zwei Haupttypen der Gletscherbewegung. Gletscher, deren Temperatur an der Unterseite bei etwa 0°C liegt, wandern als Einheit auf ihrer geschmolzenen Basis. Liegt die Temperatur an der Basis deutlich unter dem Gefrierpunkt, findet vor allem eine **innere Verformung** statt: Die Oberseite fließt schneller als die Basis, und die Eisschichten verschieben sich gegeneinander. Bei den meisten Gletschern beobachtet man eine Kombination beider Vorgänge.

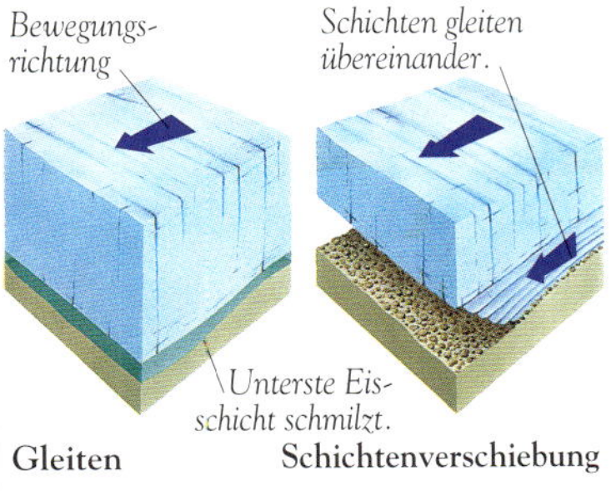

Wie Gletschereis sich bewegt
Gletscher wandern über geschmolzenes Eis oder durch Verschiebung der Schichten.

Eiszeit

Eine erdgeschichtliche Kälteperiode mit ausgedehnter Vereisung

Es gibt viele Hinweise darauf, dass es in manchen Phasen der Erdgeschichte viel kälter war als heute; die Vereisung erstreckte sich damals bis nach Nordamerika und Mitteleuropa. Ursache waren wahrscheinlich die **Milankowitsch-Zyklen**, Schwankungen der Sonnenstrahlung ▪, die durch das Wackeln der Erdachse verursacht werden. In jeder Eiszeit sind mehrere **Vereisungsphasen** von **Zwischeneiszeiten** unterbrochen. Die letzte Eiszeit im Pleistozän ▪ begann vor zwei Millionen Jahren und endete vor 10 000 Jahren. Auch in früheren Zeiten gab es Vereisungen, so im **Huronium** vor 2,4 Milliarden Jahren in Kanada.

Gletschererosion

Gletscher bewegen sich sehr langsam, formen aber die Landschaft mit ihrer schieren Größe und ihrem gewaltigen Gewicht. Sie graben breite Täler, reißen riesige Vertiefungen in Berghänge und planieren auf ihrer Wanderung unaufhaltsam ganze Berge und Täler.

Gletscherschutt

Gesteinsbrocken, die ein Gletscher aufnimmt und transportiert

Früher glaubte man, Steine würden durch **Gletscherabtrag** mitgenommen, indem das Eis um verankerte Blöcke gefriert und sie dann abreißt. Heute gilt das als unwahrscheinlich. Der Gletscher dürfte rings um Brocken gefrieren, die bereits durch Frostsprengung gelockert sind, und sie dann mitreißen. Damit das Eis sich neu bilden kann, muss es zunächst schmelzen und dann wieder gefrieren. Dies geschieht durch den Druck des darüber liegenden Eises, der den Schmelzpunkt sinken lässt. Das Schmelzwasser fließt bergab, bis der Druck nachlässt und der Schmelzpunkt ansteigt; dann gefriert es wieder.

Gletscherabrasion

Abschleifung von Gestein durch Steine im Gletscher

Steine und Kies im Gletscherfuß schleifen das darunter liegende Gestein ab. Vereiste Gebiete sind deshalb durch glatte Gesteinsoberflächen und **Rutschrillen** gekennzeichnet.

Siehe auch

Eiszeit 121 • Frostsprengung 99
Gletscher 120 • Kargletscher 120
Katarakt 114 • Kerbtal 114 • vereister Schnee 120 • Wasserfall 114

Kar mit Karsee
An der Nordflanke des Berges Cadre Idris in Wales erhebt sich der Grat Cyfrwy hinter dem Kar Cwm Y Gaddir. Unten im Kar hat sich ein See gebildet.

Kar

Eine sesselförmige, vom Eis geschaffene Aushöhlung in einem Steilhang

Kare sind ein besonders häufiges Merkmal vergletscherter Gebirgsregionen. Ihre Rückwand ist steil, die vordere Begrenzung bildet die **Karschwelle**. Diese schließt nach dem Schmelzen des Eises häufig einen **Karsee** ein. Ein Kar entsteht wahrscheinlich aus einer kleinen Senke, in der sich vereister Schnee sammelt. Je weiter der Gletscher sich entwickelt, desto tiefer und breiter wird die Höhlung, die er im Felsen schafft.

Grat

Die schmale Kante zwischen zwei Karen

Kare kommen meist nicht einzeln vor, sondern gruppieren sich zu mehreren um einen Berg. Je tiefer der Kargletscher sich in den Berg gräbt, desto schmaler werden die Grate zwischen den Karen, bis schließlich nur noch eine messerscharfe Kante stehen bleibt. Am höchsten Punkt des Berges bleibt oft nur noch ein spitzer, schmaler Gipfel. Ein berühmtes Beispiel ist das Matterhorn in der Schweiz.

Rundhöcker

Ein vom Eis geformter Felsen mit einer glatten und einer rauen Seite

Rundhöcker sind große, vom Eis geformte Felsen. Ihre »stromaufwärts« gelegene Seite ist glatt geschliffen, die andere dagegen ist zerklüftet.

U-förmiges Tal

Ein breites, von einem Gletscher gegrabenes Tal

Gletscher haben im Laufe vieler Jahrtausende zahlreiche Flusstäler vertieft, erweitert und geglättet. Anders als die V-förmigen Kerbtäler der Flüsse haben sie eine charakteristische U-Form.

Ein U-förmiges Tal
Das Glen Rosa auf Arran (Schottland) ist ein typisches U-förmiges Tal.

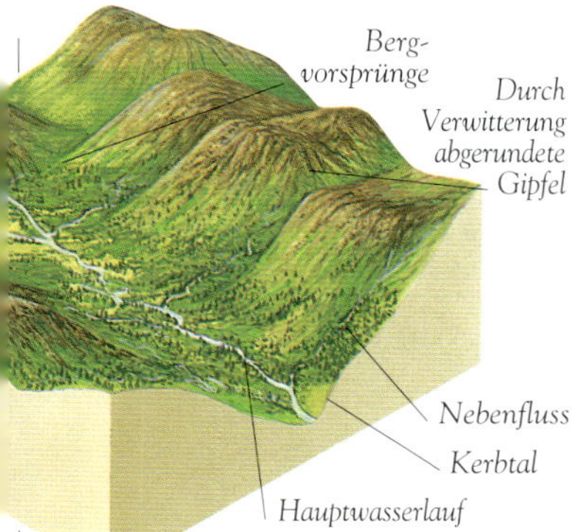

1 Vor der Vereisung

Klamm

Ein Tal mit steilen Wänden, gegraben vom Schmelzwasser eines Gletschers

Durch das Schmelzen der Eiskappen werden gewaltige Wassermengen frei, die als große Flüsse riesige Kanäle graben. Solche **Schmelzwasserrinnen** durchstoßen Bergrücken und bilden tiefe Täler mit steilen Wänden, die in den USA als *coulees* bezeichnet werden.

Ein Fjord
Der Trollfjord in Norwegen hat beinahe senkrechte Felswände.

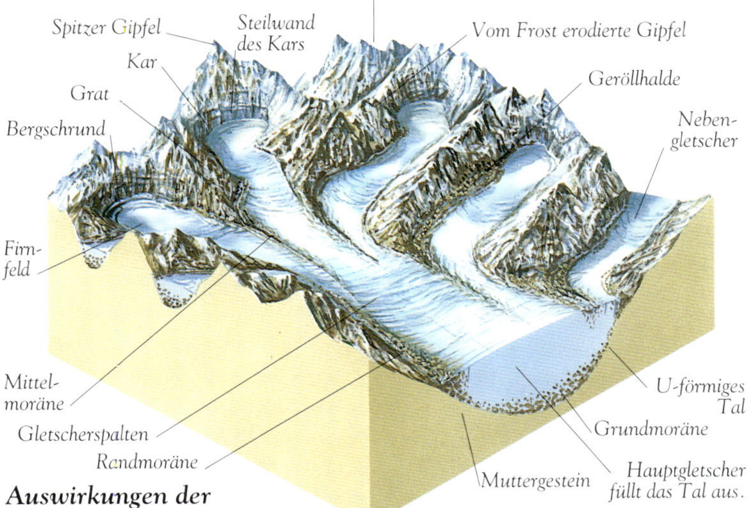

2 Während der Vereisung

Auswirkungen der Gletschererosion
Ein Flusstal kann sich vom Kerbtal in ein weites, U-förmiges Tal verwandeln, das von eisbedeckten Gipfeln umgeben ist.

Fjord

Von einem Gletscher geschaffener, tief eingeschnittener Meeresarm

In der letzten Eiszeit gruben die Gletscher an den Küsten, z. B. in Norwegen und Alaska, tiefe Täler. Als das Eis schmolz und der Meeresspiegel stieg, lief das Wasser in die oft über 1000 m tiefen Rinnen. An der Mündung sind Fjorde häufig seichter, weil der Gletscher dort ins Meer floss und eine geringere Erosionswirkung hatte. Auch eine kleine Schwelle kann sich dort bilden.

Hängetal

Ein abrupt endendes Seitental hoch über dem Haupttal

Ein Gletscher, der im Hauptal bergab fließt, kann die sanft abfallenden **Nebentäler** an ihren Enden abschneiden, sodass sie weit über dem Haupttal »hängen«. Die Gewässer solcher Hängetäler stürzen als Wasserfälle oder Katarakte in das Haupttal. Ganz ähnlich werden auch die Bergvorsprünge, die ursprünglich in das Tal reichten, vom Gletscher scharf abgeschnitten.

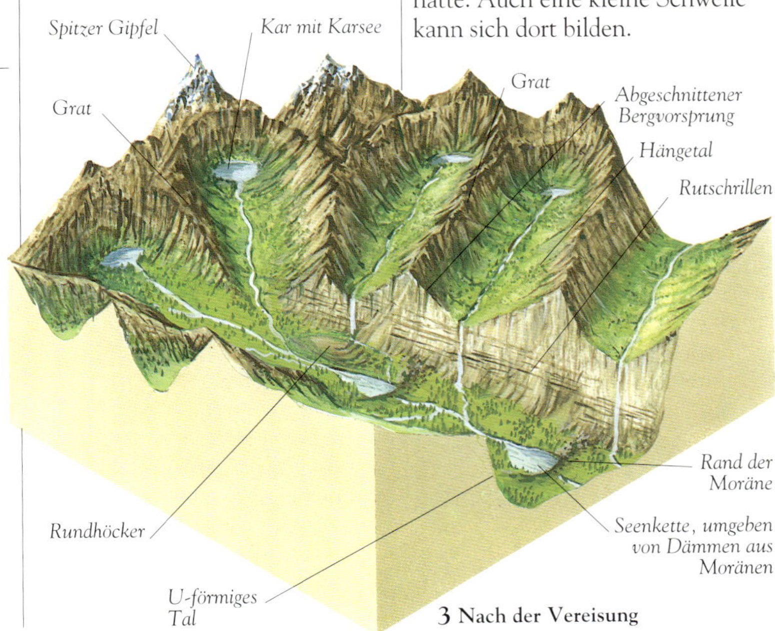

3 Nach der Vereisung

Gletscherschutt

Gletschereis ist nicht durchsichtig, sondern oftmals schmutzig und mit viel Schutt durchsetzt. Dieses Material stammt von den darüber liegenden Bergen, oder der Gletscher selbst schabt es vom Untergrund ab. Wenn der Gletscher wandert oder sich zurückzieht, wird der Schutt in Bodenwellen abgelagert.

Glazialgeschiebe

Von Gletschern abgelagerter Schutt

Gletscher lassen verschiedene Schutttypen entstehen. **Fluvioglazialschutt** wird vom **Gletscherschmelzwasser** abgelagert. **Moränenschutt**, den Gletscher ■ und Eiskappen ■ zurücklassen, ist manchmal eine Mischung aus größeren und kleineren Steinen, manchmal ähnelt er grobem Meereskies ■. Oder aber das Schmelzwasser durchmischt ihn mit **Geschiebelehm**, einem feinen, mit Steinen durchsetzten Sediment ■. **Grundmoränengeschiebe** wird unter dem wandernden Eis abgelagert, **Obermoränenschutt** stammt von der Oberseite des Gletschers und bleibt liegen, wenn er schmilzt.

Findling

Felsblock, vom Eis in ein Gebiet mit anderem Gestein transportiert

Gletscher können große Felsblöcke weit von ihrem Ursprungsort in Gebieten mit ganz anderem Gestein zurücklassen. Die Blöcke liegen oft als **erratische Blöcke** auf Hügeln.

Ein Findling
Dieser Findling in Norber (England) wurde auf weicherem Gestein abgelagert, das bis auf eine kleine Unterlage erodiert ist.

Moräne

Ein vom Gletschereis zurückgelassener Schuttberg

Moränen sind Haufen aus Felsblöcken, kleineren Steinen, Kieseln ■ und Ton ■. **Endmoränen** bilden sich vor dem wandernden Eis. **Rückzugsmoränen** entstehen, wenn ein Gletscher auf dem Rückzug vorübergehend zum Stillstand kommt. **Seitenmoränen** entwickeln sich neben dem Gletscher aus herabgefallenem Material, **Mittelmoränen** entstehen in der Mitte des Gletschers aus der Vereinigung zweier Seitenmoränen. **Vorstoßmoränen** bilden sich, wenn Eis durch bereits vorhandenen Schutt vorstößt. **Waschbrett-**, **Quer-** und **gerippte Moränen** werden vor der Eisvorderfront abgelagert.

Esker

Gewundener, vom Gletscherschmelzwasser zurückgelassener Rücken aus Sand und Kies

Fluvioglazialschutt ist viel feiner als Gletscherschutt und besteht aus Sand ■ und Kies ■. Esker sind gewunden und werden von unter dem Eis fließenden **Gletscherbächen** zurückgelassen. Als **Kam** bezeichnet man einen steilen Sand- und Kieshügel, wie das über den Gletscher fließende Schmelzwasser ■ ihn häufig in Gletscherspalten zurücklässt. Eine **Sandr-** oder **Auswaschebene** besteht aus breiten, flachen Ablagerungen, die aus dem Schmelzwasser einer Eiskappe stammen.

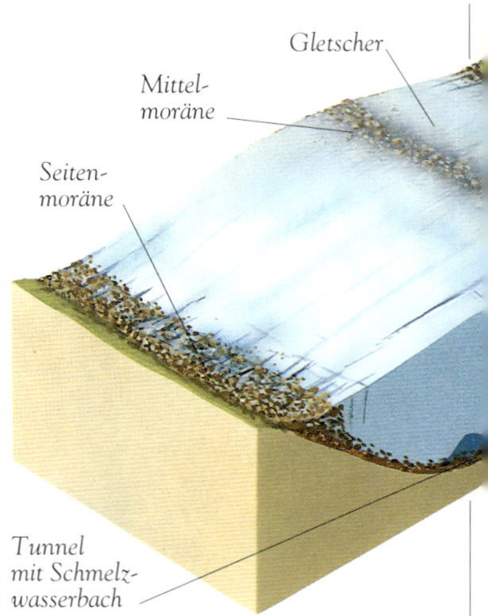

Drumlin

Eine hügelartige Anhäufung von Moränenschutt

Drumlins sind Hügel aus Moränenschutt, die sich unter einer Eiskappe bilden. Meist ist die dem Eis zugewandte Seite die steilere; die andere ist lang gestreckt. Drumlins treten häufig gruppenweise auf. Nach Ansicht mancher Fachleute sind sie um Felsen oder gefrorene Schuttklumpen herum entstanden. Andere glauben, das Eis habe sie aus dem Schutt an ihrer Unterseite geformt.

Stromlinienförmige Drumlins
Diese Drumlins bei Ribblehead (England) sind alle gleich ausgerichtet.

Grundmoränenlandschaft

Große »Decke« aus Gletscherschutt

Eine große Eisfläche hinterlässt bei ihrem Rückzug eine riesige Decke aus Schutt, die oft bis zu 100 m dick ist und alle Unebenheiten nivelliert.

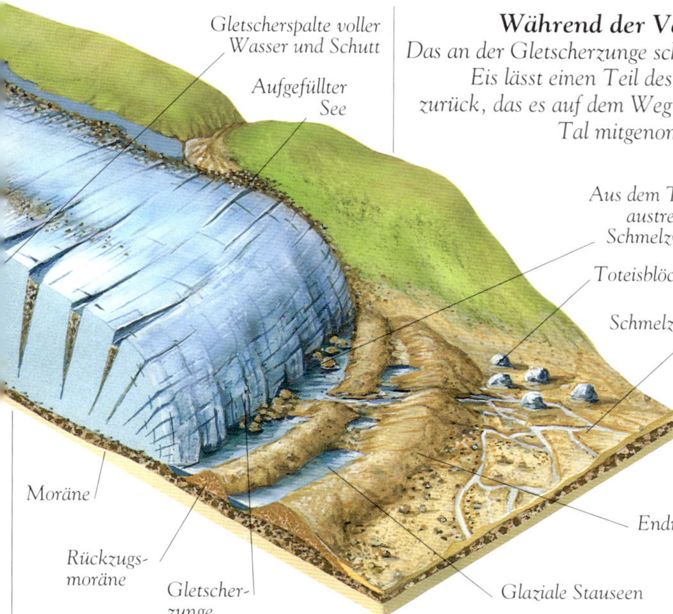

Während der Vereisung
Das an der Gletscherzunge schmelzende Eis lässt einen Teil des Materials zurück, das es auf dem Weg durch das Tal mitgenommen hat.

Sanft auslaufender Berg
Dieser Berg befindet sich in North Berwick Law (Lothian, Schottland).

Sanft auslaufender Berg

Erhebung aus hartem Gestein mit langem, weicherem Ausläufer

Eine Erhebung aus besonders hartem Gestein, z. B. ein Eruptionspfropfen ■, kann das weichere Gestein dahinter vor der Erosion durch das Eis schützen. Dann entsteht eine charakteristische Geländeformation mit einem Berg aus hartem Gestein und einem langen, stromlinienförmigen, weicheren Ausläufer. Das bekannteste Beispiel ist der Castle Crag, auf dem die Burg von Edinburgh steht.

Nach der Vereisung
Nach dem Schmelzen des Eises ist die Landschaft verändert. Moränen verschiedener Typen wurden ungeordnet abgelagert. Strukturen wie die Esker dagegen haben wegen der Schmelzwasserbäche eine klare Form.

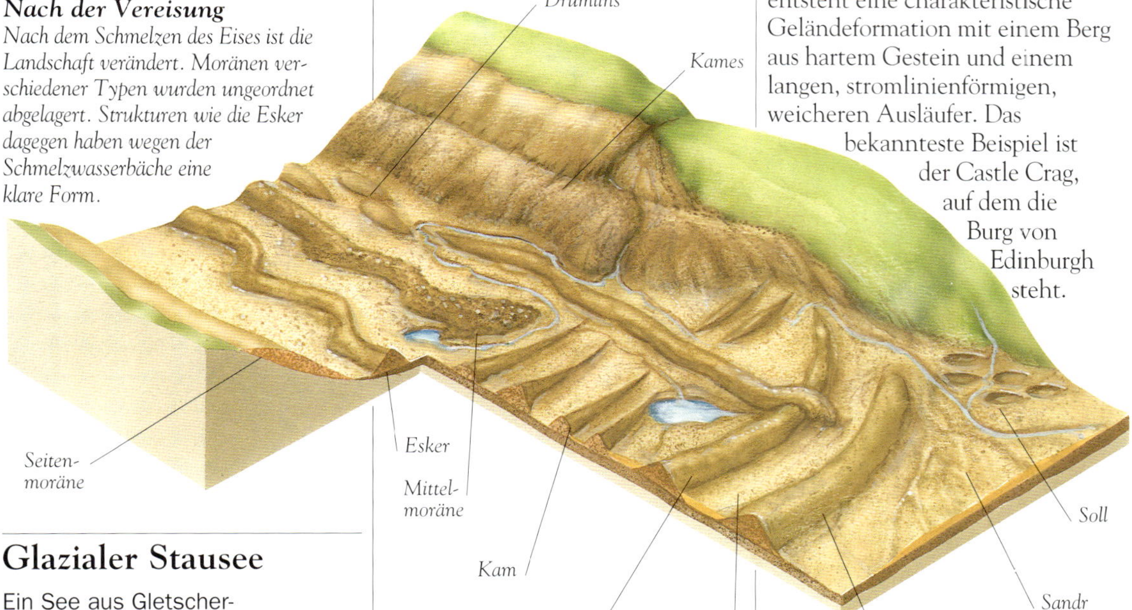

Glazialer Stausee

Ein See aus Gletscherschmelzwasser, der sich vor einer Eisfläche staut

Vor einem im Rückzug begriffenen Gletscher stauen sich oft riesige Seen auf. An der heutigen Grenze zwischen den USA und Kanada bei Winnipeg erstreckte sich z. B. früher der Lake Agassiz. Er hatte eine Fläche von über 500 000 km².

Sölle

Hohlräume im Gletscherschutt

Eine Eisdecke hinterlässt beim Rückzug manchmal kleine »Toteisblöcke« unterm Gletscherschutt. Schmelzen sie, bleiben kleine Löcher, die Sölle (Einzahl Soll).

Siehe auch

Eiskappe 120 • Erosion 98
Eruptionspropfen 54 • Geröll 81
Gletscher 120 • Gletscherspalte 120
Kies 81 • Meereskies 129 • Sand 81
Sediment 92 • Ton 81

Periglaziale Landschaften

Die Eiszeiten wirkten sich weit über die Vereisungsgebiete hinaus aus. Die »periglazialen« Bedingungen ließen auch weiter südlich, so in Illinois (USA) und Frankreich, typische Geländeformen entstehen. Ähnliches findet man heute in Alaska und Sibirien.

Gefrorene Seen in der Tundra
Blick auf die Tundra der kanadischen Nordwestterritorien

Periglazialgebiet

Die kalte Region rund um ein Vereisungsgebiet

Als periglazial bezeichnet man die Gebiete, die während der Eiszeit ■ an die Eiskappen ■ grenzten, und solche, wo heute ähnliche Bedingungen herrschen. Dazu gehören die öde Tundra in Sibirien und Nordkanada sowie die über Eiskappen und Gletscher ■ hinausragenden **Nunataks**. Periglazialgebiete haben einen langen, kalten Winter mit Temperaturen bis zu –50 °C. Im kurzen, milden Sommer schmilzt das Eis. In der sumpfigen Landschaft gedeihen nur Flechten, Moose und Sträucher, sodass auch die Windaktivität ■ die Landschaft formen kann.

Siehe auch

Eiskappe 120 • Eiszeit 121
Gletscher 120 • Grundwasser 108
Tundra 163 • Windaktivität 118

Permafrost

Ständig gefrorener Boden

In Periglazialgebieten taut das Eis nur in den obersten Bodenschichten. Ihre Landschaftsform verdanken Periglazialgebiete dem Schmelzwasser, das den Boden oberhalb der Permafrostschicht aufwühlt und die Sedimentschichten zu unebenen Schichten verformt. Wenn der gefrorene Boden sich zusammenzieht, bilden sich häufig Risse. Diese füllen sich mit Schmelzwasser, das sich beim Gefrieren ausdehnt und tief reichende **Eiskeile** entstehen lässt.

Gelifluxion

Das langsame Kriechen auftauenden Bodens

Durch tauendes Eis wird der Boden so weich, dass er oft an Abhängen hinunterfließt und große Vorsprünge oder Terrassen bildet.

Steinerne Muster
In einem ausgetrockneten See in Alaska hat sich ein Wabenboden gebildet.

Wabenboden

Durch Kälte entstandenes, unregelmäßiges Muster auf dem Boden

Der Boden in Periglazialgebieten hat häufig ein Muster, das durch **Frostauftreibung** entsteht: Der Boden gefriert, und Steine werden nach oben gedrückt. An anderen Stellen wird das Sediment zu Kuppeln geformt; große, auf den Boden rollende Steine grenzen die Waben voneinander ab. In abschüssigem Gelände sind die Waben auseinander gezogen.

Palsen

Erdhügel mit einem dauerhaften Eiskern

Palsen können bis zu 50 m hoch werden. Der Eiskern gehörte früher wohl zu einem flachen See, aus dessen Sedimenten der Erdhügel entstand. Es könnte aber auch gefrorenes Grundwasser sein.

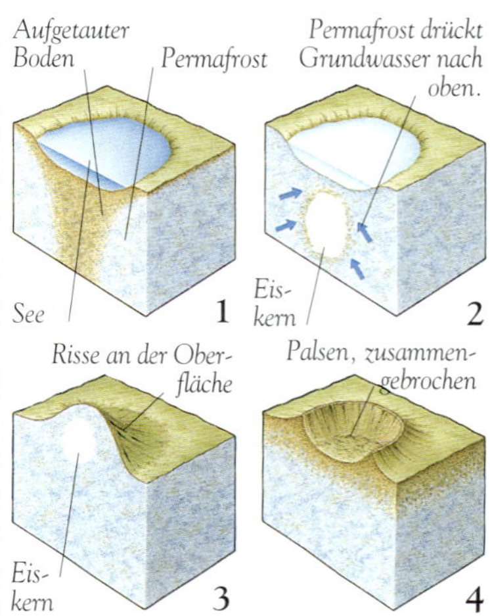

Die Entstehung von Palsen
Grundwasser gefriert, wird vom Permafrost hoch gedrückt, bildet einen Hügel.

Küsten

Die charakteristische Landschaftsform von Küsten entsteht durch die stetige Wirkung von Wellen und Meerwasser. Sand wandert, Strände wachsen und verschwinden, und sogar große Felsblöcke werden von der Brandung schließlich in Sand verwandelt.

Eine Sandküste
Die Luftaufnahme zeigt die Sandküste der Wüste Namib in Namibia.

Küste

Die Grenze zwischen Land und Meer

Ein **Ufer** ist jede Grenze zwischen Wasser und Land, aber nur am Meer spricht man von einer Küste. Die **Küstenlinie** ist die Linie der höchsten **Flut** eines Jahres. Den Bereich zwischen Hoch- und Niedrigwasserlinie nennt man **Watt**. Das **Vorland** liegt außerhalb der Hochwasserzone und wird nur bei schweren Stürmen überschwemmt.

Welle

Eine regelmäßige Bewegung der Wasseroberfläche

Der Wind, der über das Meer weht, lässt kleine Kräuselungen entstehen, die bei ausreichend starkem Wind zu Wellen werden. Ihre Größe hängt nicht nur von der Windstärke ab, sondern auch von der Strecke, über die sie sich aufbauen können. In großen Ozeanen wie dem Pazifik oder dem Atlantik bildet sich eine **Dünung** mit großen, regelmäßigen, ununterbrochenen Wellen, die tausende von Kilometern wandern, bis sie auf eine Küste treffen. Wellen legen weite Strecken zurück, das Wasser bleibt aber an seinem Ort und bewegt sich in einer **Orbitalbewegung** wie auf einem Förderband im Kreis.

Wie Wellen entstehen
Wellen ändern auf dem Weg vom tiefen ins flache Wasser ihre Form. Die kreisförmige Orbitalbewegung wird bei geringer Tiefe elliptisch.

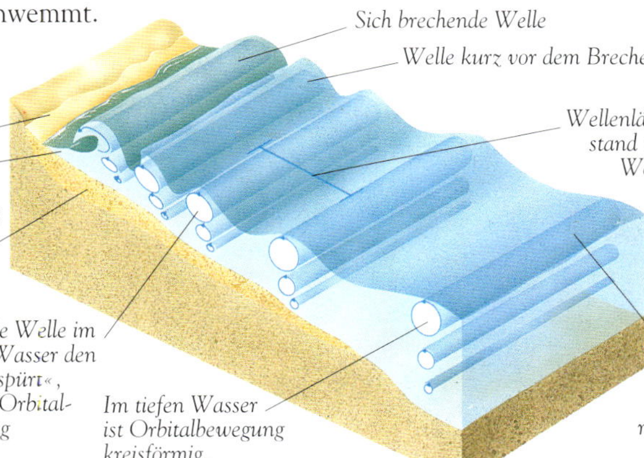

Brecher

Eine Welle, die vornüber kippt und sich an der Küste bricht

In flachem Wasser verhindert der Boden die Orbitalbewegung des Wassers. Deshalb rücken die Wellen näher zusammen; gleichzeitig werden sie höher, bis der Wellenkamm nach vorn kippt. Die Energie der Welle wird frei, wenn sie als **Vorwärtsströmung** auf den Strand trifft und dann als **Rückströmung** wieder zurückfließt. Beide Bewegungen können Material auf den Strand transportieren. Ist die Vorwärtsströmung stärker, spricht man von einer **konstruktiven**, sonst von einer **destruktiven** Welle.

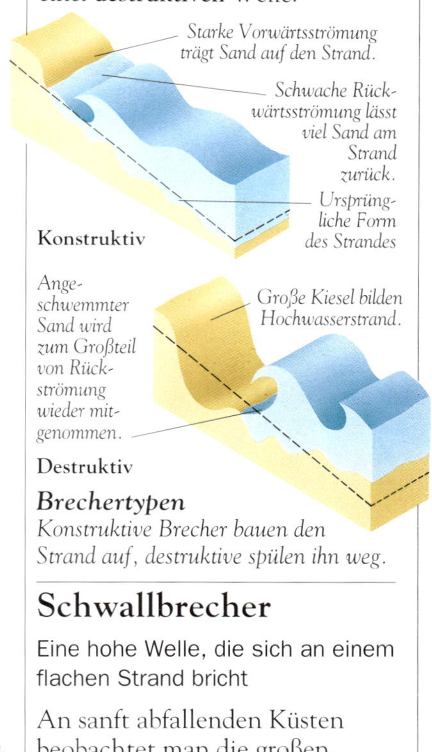

Brechertypen
Konstruktive Brecher bauen den Strand auf, destruktive spülen ihn weg.

Schwallbrecher

Eine hohe Welle, die sich an einem flachen Strand bricht

An sanft abfallenden Küsten beobachtet man die großen, kippenden Schwallbrecher, an steileren Küsten dagegen die **Reflexionsbrecher**. Dazwischen liegen die **Sturzbrecher**.

Siehe auch

Gezeiten 137 • Hochwasserstrand 129
Sturm 152

Fortsetzung nächste Seite ➤

Halbinsel

Ein schmaler, ins Meer reichender Landstreifen

Küsten verlaufen oft nicht in geraden Linien. Eine hohe Landzunge, die ins Meer reicht, heißt **Vorgebirge** oder **Landspitze**. Eine Halbinsel ist ein langer Landstreifen, der mit einem Vorgebirge endet. Die Spitze heißt manchmal auch **Kap**.

Wellenbrechung

Das Vornüberkippen der Wellen in flachem Wasser

Der untere Teil einer Welle, die in flaches Wasser gelangt, wird stärker verlangsamt, sodass der Wellenkamm vornüberkippt. Eine Welle, die auf eine Küste mit Vorgebirgen und Buchten trifft, wird am Vorgebirge gebremst.

Nehrung

Eine schmale Sandbank an einer Biegung der Küste

An Stellen mit starker Küstenversetzung wird der Sand ■ manchmal zu einer schmalen Sandbank oder Nehrung aufgespült. Häufig geschieht das an Flussmündungen ■, wo die Strömung sich im tieferen Wasser verlangsamt, sodass mitgeführtes Material abgelagert wird. Hin und wieder reicht die Nehrung bis zu einer Insel, die dann über eine **Sandbrücke** mit dem Festland verbunden ist.

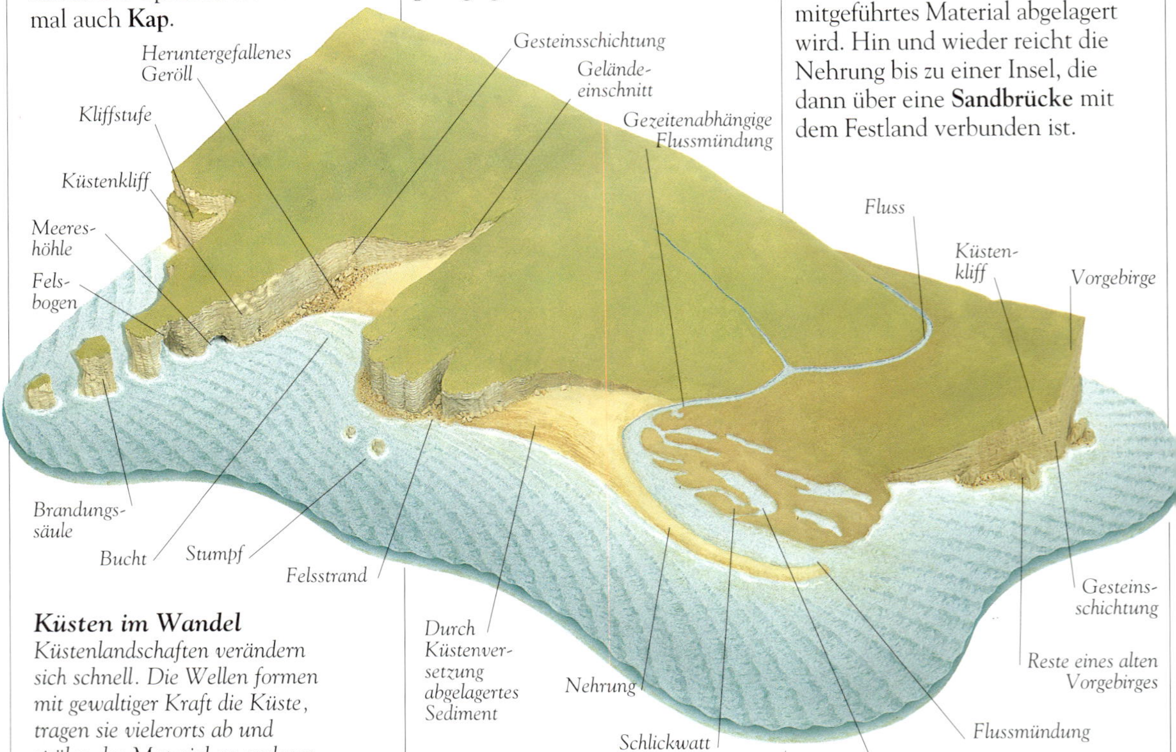

Küsten im Wandel

Küstenlandschaften verändern sich schnell. Die Wellen formen mit gewaltiger Kraft die Küste, tragen sie vielerorts ab und spülen das Material an anderen Stellen wieder an.

Bucht

Weite, gebogene Einbuchtung

Eine Bucht ist eine breite, beiderseits von Vorgebirgen begrenzte Einbuchtung der Küstenlinie. Die Wellen treffen zunächst auf die Vorgebirge. Häufig wird Material von den Vorgebirgen abgetragen und in der Bucht angespült, sodass ein Strand entsteht. An steinigen Küsten findet man häufig kleine **Felsbuchten**. Eine **Bai** ist eine große Bucht wie die Great Australian Bight. Als **Golf** bezeichnet man eine sehr große Meeresbucht.

Küstenversetzung

Die langsame Verschiebung von Sand an einem Strand, den die Wellen schräg treffen

Die Vorwärtsströmung ■ von Wellen, die schräg auf einen Strand treffen, transportiert Material in dem gleichen Winkel ans Ufer. Durch die Rückströmung ■ dagegen wird das Material im rechten Winkel weggespült. So bewegt sich das Material mit jeder Welle langsam am Strand entlang. Mit Barrieren, die man Buhnen ■ nennt, versucht man an vielen Stellen diese Bewegung aufzuhalten.

Salzmarsch

Marschgebiet, das sich an der Küste z. B. hinter einer Nehrung bildet

Salzmarschen entstehen, wenn das Wasser z. B. hinter einer Nehrung flach und vor den Wellen geschützt ist. Aus Schlamm und feinen Sedimenten ■ bildet sich zunächst ein **Schlickwatt**, das dann durch zunehmenden Pflanzenwuchs stabilisiert wird. Eine **Lagune** ist ein See hinter einer Sandbank oder einem Korallenriff ■; auch das Innere eines Atolls ■ bezeichnet man als Lagune.

◄ *Fortsetzung von der vorherigen Seite*

Küstenkliffs in der Brandung
Die Kliffs bei Gantheaume Point (Westaustralien) wurden von den Wellen zu felsigen, zerklüfteten Vorsprüngen geformt.

Küstenkliff

Ein Steilfelsen, der von den Wellen geformt wurde

Die Wellen treffen insbesondere bei Sturm mit großer Kraft auf die Küste und tragen durch die Wirkung des Wassers und aufgewirbelter Steine die Küstenfelsen ab. Eine hoch aufragende Küste wird am Fuß unterhöhlt, sodass ein Kliff entsteht. Dieses kann bei hartem Gestein sehr steil sein, oft dringen die Wellen aber auch tief ein, sodass eine **Meereshöhle** oder ein **Felsbogen** entsteht. Bricht der Bogen schließlich zusammen, bleiben bizarre **Brandungspfeiler** zurück, die später zu Stümpfen abgetragen werden.

Die »Zwölf Apostel«
Diese Gruppe von Brandungspfeilern steht bei Port Campbell (Victoria, Australien).

Strandplatte

Eine ebene, einem Kliff vorgelagerte Felsplatte

Die Wellen, die ein Kliff abtragen, lassen zwischen Niedrigtide- und Hochtidelinie eine breite Felsplattform entstehen. Wenn das Wasser bei Ebbe abfließt, bildet zurückbleibendes Wasser kleine **Gezeitentümpel**. In tropischen Gebieten liegen manche Strandplatten oberhalb der Hochwasserlinie, in Gegenden mit Kalkstein ■ auch darunter. In beiden Fällen sind sie wahrscheinlich nicht durch die Wellen, sondern durch chemische Erosion entstanden.

Eine Felsplatte
Von den Wellen gebildete Strandplatte bei Flamborough Head (England) als Felsabsatz am Fuß der Kliffs

Strand

Ein sanft ansteigendes Sand- oder Kiesband an der Küste

An vielen Küsten ist die Strandplatte mit Schlamm, Sand oder abgerundeten Strandkieseln bedeckt. An steilen Stränden ist der Rückstrom der Wellen stärker als der Vorwärtsstrom, sodass Material weggespült wird und der Strand sich abflacht. An flacheren Stränden sind die Verhältnisse genau umgekehrt, und der Strand wird allmählich steiler. Die Steigung des Strandes ist also von den Wellen abhängig und nimmt im Winter bei stärkerer Brandung häufig zu.

Siehe auch

Atoll 135 • Buhne 177 • chemische Verwitterung 100 • Gezeiten 137 Kalkstein 94 • Kies 81 Korallenriff 135 • Mündung 113 Nipptide 137 • Rückfluss 127 • Sand 81 Sediment 92 • Springtide 137 Vorwärtsströmung 127 • Welle 127

Hochwasserstrand

Ein Kiesband, das bei Sturm weit oben am Strand abgelagert wurde

Kaum ein Strand ist völlig flach. Als Hochwasserstrand bezeichnet man das Kiesband, das bei Sturm weit über der normalen Hochwasserlinie entsteht und nur selten von den Wellen berührt wird. An der Linie, die von den Wellen gerade noch erreicht wird, bildet sich oft ein **Böschungsabsatz** mit Kies. Unterhalb der Linie der höchsten Springtide ■ zieht sich eine Reihe solcher Absätze entsprechend dem zurückgehenden Hochwasserstand bis zur Linie für die Nipptide ■. Sie werden von der nächsten Springtide wieder eingeebnet. **Strandhörner** sind muschelförmige Ablagerungen aus Sand oder Kies, die sich bei schräg anlaufenden Wellen am Strand entlang ziehen.

Strandhörner
Am Pearl Beach in Neusüdwales (Australien) haben sich gut ausgeprägte Strandhörner gebildet.

Boden

Der Boden ist die dünne, lockere Schicht, die mit Ausnahme der Polarregionen und vieler Wüsten fast alle Landflächen der Erde bedeckt. Er besteht vorwiegend aus verwitterten Gesteinsbrocken und verwesendem organischem Material. Der Boden ist ein dynamisches, sich ständig wandelndes System.

Boden

Lockere Mischung aus kleinen Gesteinsbrocken und verwesender organischer Materie

Boden enthält die Überreste toter Pflanzen und Tiere sowie verwitterte Stücke des darunter liegenden Gesteins. Die Schuttdecke dagegen hat keine organischen Bestandteile. Winzige **Poren** im Boden sind mit Luft, Wasser, Bakterien, Algen und Pilzen gefüllt. Diese verändern die chemische Zusammensetzung des Bodens und beschleunigen den Abbau organischen Materials.

Tullgren-Apparat
Mit diesem Apparat kann man Kleintiere sammeln, die im Boden leben. Die Tiere wandern von einer Lichtquelle über dem Trichter weg und fallen durch das Gitter ins Sammelgefäß.

Humus

Die dunkle Masse aus verwesendem organischem Material im Boden

Pflanzliche und tierische Reste, die von Bakterien und Pilzen abgebaut werden, bilden eine dunkelbraune oder schwarze Masse, die man Humus nennt. Humus reichert den Boden mit den für das Pflanzenwachstum wichtigen Mineralien und Nährstoffen an. **Mull** ist nährstoffreicher Humus in gut entwässertem Boden. Den sauren **Rohhumus** findet man in schlecht entwässertem Boden, der sich manchmal zu Torf entwickelt. **Moder** ist ein Humus, dessen Nährstoff- und Säuregehalt zwischen Mull und Rohhumus liegt.

Bodenorganismen

Lebewesen im Boden

Der Boden beherbergt zahlreiche Lebewesen, darunter unzählige Bakterien und grabende Tiere wie Ameisen, Termiten, Regenwürmer und Nager. Im Boden leben mehr Tiere als in allen anderen Lebensräumen zusammen. Die Bakterien bauen organische Substanzen ab und tragen so zur Versorgung der Pflanzen bei. Größere Lebewesen durchmischen den Boden. Regenwürmer verbessern seine Struktur, indem sie den Boden fressen; nachdem er den Verdauungstrakt durchlaufen hat, wird er als **Regenwurmkot** wieder ausgeschieden.

Bodenwasser

In den Bodenporen festgehaltenes Wasser

In den meisten Böden ist ständig Wasser in Bewegung. Ein Teil des Wassers sickert einfach unter dem Einfluss der Schwerkraft durch den Boden, wobei es Mineralstoffe und organisches Material auswäscht, sodass Horizonte entstehen. Wenn Regenwasser durch den Boden versickert, bleibt stets ein Teil in den winzigen Poren hängen. Dieses **Kapillarwasser** können Pflanzen gut aufnehmen. Die Tropfen des **hygroskopischen Wassers** hängen so fest an den Bodenpartikeln, dass sie für Pflanzen nicht zugänglich sind.

Bodenbildung
Fruchtbarer, reifer Boden bildet sich über Jahrtausende aus verwitterten Gesteinsresten und den verwesten Resten von Lebewesen.

Bodenbildung

Die Neuentstehung von Boden

Die Entstehung von Boden hängt davon ab, wie schnell das darunter liegende, feste **Muttergestein** verwittert. In der Regel entsteht durch die Verwitterung zunächst eine Schuttdecke, aus der sich allmählich ein grobkörniger, sandiger **Gesteinsboden** mit Spuren von organischem Material bildet. Ein **reifer Boden** entwickelt sich nach 10 000 oder mehr Jahren. **Verwitterungsboden** entsteht aus verwittertem Muttergestein. **Absatzboden** bildet sich aus von Wind, Flüssen und Eis transportierten Teilchen.

Lessivierung

Auswaschen von Bodenteilchen

In feuchten Regionen spült das Bodenwasser häufig Tonpartikel durch Wurzelkanäle und Wurmlöcher, bevor sie im Unterboden abgelagert werden. Diesen Vorgang nennt man Auswaschung. Im Unterboden umgeben die Tonpartikel kleine Bodenkörner mit einem **Häutchen**; solcher Boden ist klebrig, feucht und schwer zu bearbeiten.

Bodenprofil

Senkrechter Schnitt durch den Boden

Im Laufe der Bodenentwicklung bilden sich verschiedene Schichten oder **Horizonte**, die sich in Farbe, Struktur, Mineralien- und Humusgehalt unterscheiden. Der **H-** oder **O-Horizont** ist eine dünne Deckschicht aus verwesendem organischem Material. Die oberste Schicht des eigentlichen Bodens ist der mineralien- und humusreiche **A-Horizont (Mutterboden)**. Darunter liegt der **B-Horizont (Unterboden)**, der weniger Humus, aber viele aus oberen Schichten ausgewaschene Mineralien enthält. Der **C-Horizont** besteht aus unfruchtbarem, verwittertem Gestein. Der **D-Horizont** ist unverwittertes Muttergestein unter dem Boden.

Siehe auch

Löss 118 • Mineral 82
Nährstoffe 161 • Niederschlag 94
Schuttdecke 105 • Ton 132
Verwitterung 98 • Wüstenrinde 116

Auslaugung

Die Auswaschung gelöster Mineralien aus dem Boden

Das Bodenwasser löst Mineralien und wäscht sie aus dem Boden aus. Auch organisches Material kann vom Wasser aus dem Boden herausgelöst werden. Alle derartigen Vorgänge bezeichnet man zusammenfassend als **Auswaschung**. Durch die Auswaschung gehen dem Oberboden wertvolle Nährstoffe verloren. Die gelösten Mineralien fallen unter Umständen als Niederschlag aus und gelangen in unlöslicher Form in den B-Horizont (**Anreicherungshorizont**). Ausgefälltes Eisen bildet z. B. manchmal eine harte Schicht **(Eisenortstein)**.

Bodenversalzung

Die Ablagerung von Salz durch Verdunstung von Bodenwasser

Wenn Bodenwasser mit gelösten Mineralien an der Oberfläche verdunstet, bleiben die Salze im Mutterboden zurück. In der Wüste bilden sie manchmal eine harte Wüstenrinde.

Ein Salzfluss
Diese harte Salzkruste im kalifornischen Death Valley ist durch Bodenversalzung entstanden, die öde, landwirtschaftlich nicht nutzbare Flächen entstehen lässt.

Fortsetzung nächste Seite ➤

Boden-pH-Wert

Säure- oder Alkaligehalt des Bodens

Stark alkalisches Wasser kann Mineralien nicht lösen und zu den Pflanzen transportieren. Ist das Wasser zu sauer, lösen sich die Nährstoffe zu leicht, und der Boden ist ausgelaugt ■, bevor die Pflanzen sie aufnehmen können. Den Säure- und Alkaligehalt misst man mit der von 1 bis 14 reichenden **pH-Skala**. **Saurer Boden** hat einen niedrigen pH-Wert, **alkalischer Boden** einen hohen. **Neutraler Boden** hat einen pH-Wert von 7. Die meisten Pflanzen gedeihen nur bei pH-Werten zwischen 4 und 10.

Sauer | Neutral | Alkalisch

Messung des Boden-pH-Werts
Man gibt eine Indikatorsubstanz zu einer Bodenprobe. Der Indikator wechselt je nach dem pH-Wert des Bodens die Farbe.

Bodengefüge

Die Art, wie die Bodenteilchen zusammenhalten

Die Teilchen des Bodens halten als Bodengefüge oder **Bodenstruktur** zusammen. Im **Einzelkorngefüge** sind die Teilchen nicht verbunden, im **Kohärentgefüge** haften sie locker aneinander, im **Aggregatgefüge** ist die Bindung fester. Das Bodengefüge ist für Porosität ■ und Durchlässigkeit ■ sehr wichtig.

Siehe auch

A-Horizont 131 • Auslaugung 131
Auswaschung 131 • Bodenerosion 176
Bodenprofil 131 • Bodenwasser 130
Durchlässigkeit 107 • Eisenortstein 131
Horizont 131 • Humus 131 • Porosität 107

Tonboden

Siltboden

Sandboden

Korngrößen
Tonböden sind schwer, halten Wasser fest und enthalten viele Nährstoffe. Siltboden ist recht feucht und fruchtbar, Sandboden ist trocken, leicht und ziemlich unfruchtbar.

Bodenbeschaffenheit

Größe und Art der Bodenteilchen

Die Bodenbeschaffenheit hängt von der Korngröße ab. Am feinkörnigsten sind **Tonböden**, gefolgt von **Silt-** und den grobkörnigen **Sandböden**. Im Einzelnen werden die Korngrößen in verschiedenen Klassifikationssystemen ein wenig unterschiedlich definiert. **Lehmboden** ist eine recht ausgewogene Mischung aus Ton, Silt und Sand. Auf Lehmboden wachsen Pflanzen am besten.

Bodeneinteilung

Ein System zur Klassifikation von Böden

Es gibt auf der Erde eine riesige Vielfalt von Böden – ein System kennt allein in den USA über 10 000 Typen. Deshalb ist kein System international in Gebrauch. Am genauesten ist das **Comprehensive Soil Classification System (CSCS)**, das vom US-Landwirtschaftsministerium entwickelt wurde. Es teilt die Böden nach bestimmten Schlüsseleigenschaften ein und richtet sich nach einem bestimmten Horizont ■ oder einer oberflächlichen Humusschicht ■.

Podsol

Sandboden mit grauem A-Horizont, der sich in den Nadelwäldern der kühlen Klimazonen entwickelt

Der Boden der Nadelwälder kühler Regionen ist schlecht durchmischt mit klar abgegrenzten Horizonten. Aus dem sauren A-Horizont ■ werden Eisen und Aluminium ausgewaschen, sodass graues Siliziumdioxid und in tieferen Schichten Eisenortstein zurückbleiben. Diesen Vorgang nennt man **Podsolisierung**. Im CSCS wird der Podsol als Alfisol oder Spodisol bezeichnet.

Profil des Podsols

Schwarzerde

Ein sehr dunkler, humusreicher Boden unter den Graslandschaften mittlerer Breiten

Schwarzerde entsteht in den trockenen, gemäßigten Graslandschaften Nordamerikas, Asiens, Argentiniens und Australiens. Sie wird auch **Prärieerde** genannt. Ihr A-Horizont ist tief und humusreich; Auslaugung findet kaum statt. Schwarzerde dient zum Getreideanbau, ist aber anfällig für Bodenerosion ■. In trockeneren Gebieten entsteht der weniger humusreiche **kastanienfarbige Boden**, der oft für Weideland verwendet wird. Beiden entspricht im CSCS der Mollisol.

Profil der Schwarzerde

◄ *Fortsetzung von der vorherigen Seite*

Bodenklassifikation (Comprehensive Soil Classification System)

Ordnung	Beschreibung	Lage
Entisol	Junge Böden, wegen des geringen Alters noch ohne Horizonte	Steile Böschungen und Überflutungsebenen
Inceptisol	Junge Böden mit schwach ausgeprägten Horizonten, Grundlage für Reisanbau	Unterlauf großer tropischer Flüsse
Histosol	Feuchte Böden, v.a. verrottendes Pflanzenmaterial	Sümpfe und Moore in der Tundra
Oxisol	Reife, stark ausgelaugte Böden mit klarem oxidativem Horizont	Warmfeuchte tropische Wälder
Ultisol	Roter Boden, weniger ausgelaugt als Oxisol, mit tonreichem Horizont	Feuchte tropische und subtropische Gebiete
Alfisol	Böden mit tonreichem Oberflächenhumus	Feuchte Gebiete mittlerer Breiten, z.B. im »Getreidegürtel« der USA
Spodisol	Podsolisierte Böden mit starkem Albic- und Spodic-Horizont	Nadelwälder hoher und mittlerer Breiten
Mollisol	Fruchtbare Böden, dunkler Oberflächenhumus	Graslandschaften mittlerer Breiten
Aridisol	Trockene Böden mit ausgeprägtem Salic-, Calcic- und Gypsic-Horizont	Wüsten
Vertisol	Dunkle Böden mit tiefen, durch Austrocknung entstandenen Rissen	Halbtrockene tropische und subtropische Gebiete

Beispiele

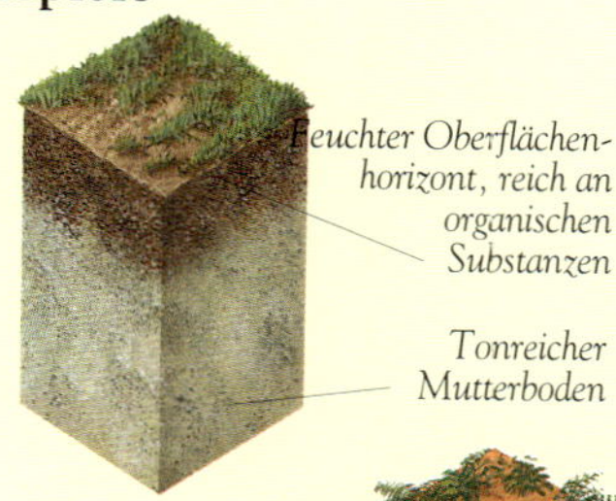

Histosol

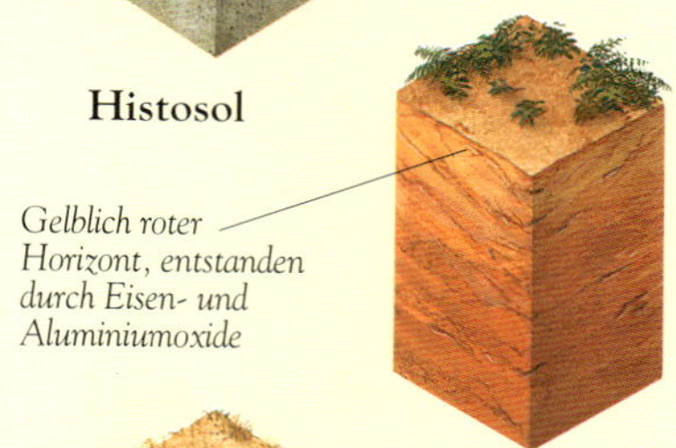

Oxisol

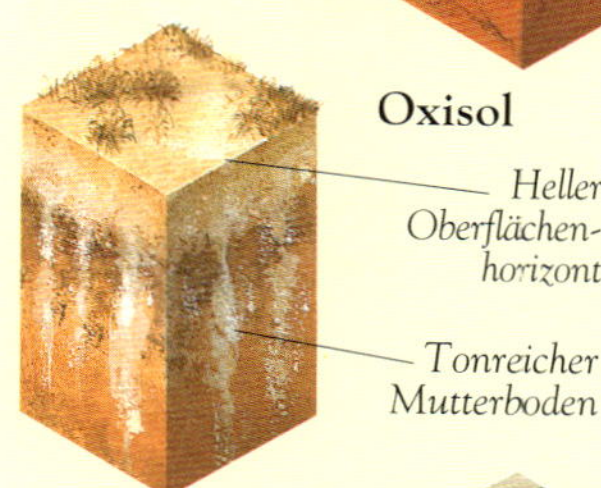

Aridisol

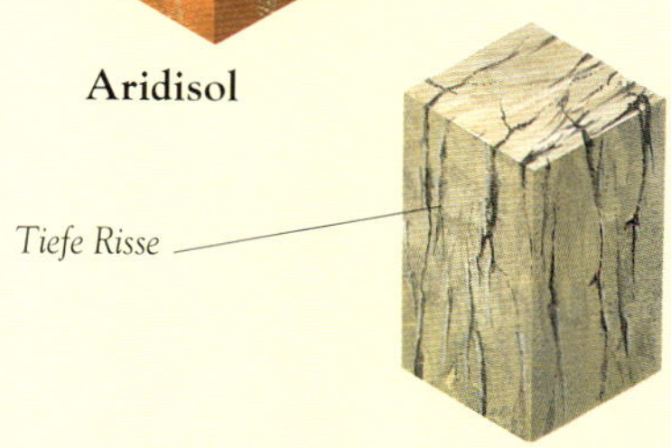

Vertisol

Horizonte & Oberflächenhumus

Horizont	Beschreibung
Oxic	Schicht unter der Oberfläche, reich an Eisen- und Aluminiumoxiden, in tropischen und subtropischen Böden
Albic	Sandiger, leichter Horizont, aus dem Ton und Eisenoxide ausgewaschen wurden
Spodic	Dunkle Schicht unter dem A-Horizont; Humus und Eisenoxide sind ausgewaschen
Calcic	Schicht unter der Oberfläche, reich an Calcium- oder Magnesiumcarbonat
Salic	Dicke Schicht aus Mineralsalzen in Wüstenböden
Gypsic	Schicht unter der Oberfläche, reich an Gips (Calciumsulfat)
Argillic	Humus mit hohem Tonanteil; bildet sich meist durch Auswaschung unter dem A-Horizont
Ochric	Helle, dünne Schicht an der Oberfläche, keine organischen Bestandteile
Mollic	Dicke, dunkle Oberflächenschicht, reich an Humus und wichtigen Mineralien wie Calcium

Die Ozeane

Lange war der Boden der Weltmeere geheimnisvoll und unbekannt wie die Oberfläche der Venus. Mittlerweile hat die moderne Meeresforschung gezeigt, dass die Landschaft am Boden der Ozeane ebenso vielfältig ist wie auf den Kontinenten, mit hohen Bergen, riesigen Ebenen und tiefen Tälern.

Ozean

Eine riesige, offene Meerwasserfläche

Es gibt auf der Erde fünf Ozeane: Pazifik, Atlantik und Indischer Ozean vereinigen sich im Südpolarmeer rund um die Antarktis, der Nordpol liegt in dem kleinen Nordpolarmeer. Zu den kleineren **Binnenmeeren** gehören das Mittelmeer, das Rote Meer und die Ostsee. Zusammen machen Meere und Ozeane mit 361 Millionen km^2 mehr als 70 Prozent der Erdoberfläche aus. Ihre durchschnittliche Tiefe liegt bei 3730 m.

Kontinentalschelf

Ein sanft abfallender Bereich des Meeresbodens zwischen einem Kontinent und der Tiefsee

Über dem Kontinentalschelf oder **Kontinentalsockel** ist das Wasser durchschnittlich 130 m tief. Außerhalb davon fällt der Meeresboden an der **Kontinentalböschung** steil ab. Am Fuß der Böschung befindet sich der sanft geneigte **Kontinentalanstieg**, der in die Tiefsee führt. Anstieg, Böschung und Sockel bilden zusammen den **Kontinentalsaum**.

Siehe auch

Erdbeben 58 • Flusstal 114
Lagune 128 • mittelozeanischer Rücken 50 • ozeanische Kruste 40
Sediment 92 • Tiefseegraben 48
Vulkan 52 • Vulkanasche 55

Submarine Canyons

Tiefe Täler im Meeresboden am Kontinentalsaum

Submarine Canyons sind Vertiefungen in der Kontinentalböschung, die sich zum Boden der Tiefsee öffnen. Die Öffnung ist meistens durch einen fächerförmigen Sedimenthaufen gekennzeichnet, der von einer schlammhaltigen Strömung abgelagert wurde. Solche Strömungen, die man auch **Trübeströme** nennt, werden durch Seebeben oder unterseeische Erdrutsche ausgelöst. Die submarinen Canyons bilden sich, wenn der Kontinentalsaum durch Trübeströme abgetragen wird. Es könnte sich aber auch um die Überreste von Flusstälern handeln, aus der Zeit, als das Gebiet über dem Meeresspiegel lag.

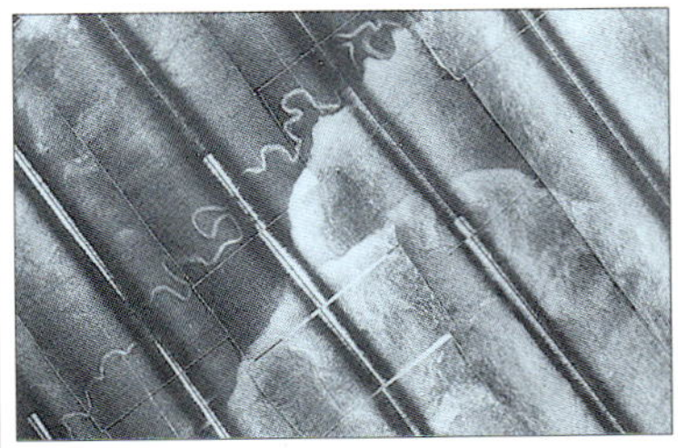

Ein Tiefseekanal
Die Echolotaufnahme zeigt einen gewundenen Kanal, den die aus Sand und Wasser bestehenden Trübeströme (die hellen, gekräuselten Bereiche rechts) am Meeresboden gegraben haben.

Meeresboden

Der gesamte Boden der Meere unter der Niedrigwassermarke

Als Meeresboden bezeichnet man den Teil der Erdoberfläche, der von Meeren und Ozeanen bedeckt ist. Der **Boden der Ozeanbecken** dagegen ist nur der Teil des Meeresbodens außerhalb der Kontinentalsockel; er umfasst die Kontinentalböschungen, die mittelozeanischen Rücken und die Tiefseegräben. Zum größten Teil liegt er in mehr als 2000 m Tiefe.

Unterwasserlandschaft
Das Modell zeigt Merkmale des Meeresbodens, die man mit modernen Erkundungsmethoden entdeckt hat.

WIE EIN ATOLL ENTSTEHT

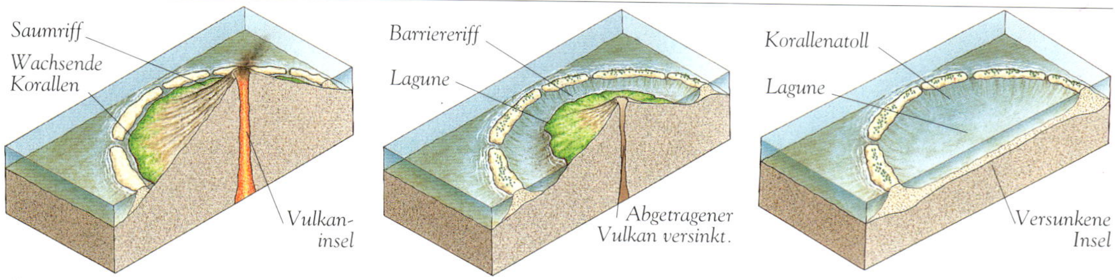

1 *Korallen wachsen entlang der Küste einer Vulkaninsel und bilden ein Saumriff.*

2 *Der Vulkan versinkt im Meer, eine Lagune entsteht, und das Riff wird zum Barriereriff.*

3 *Der Vulkan ist verschwunden; das Riff bleibt zurück und bildet kleine Sandinseln.*

Tiefseeberg

Einzelner Berg am Meeresboden

Der Tiefseeboden, auch Tiefsee-Ebene genannt, ist nicht völlig flach; er wird immer wieder durch einzelne Berge unterbrochen. Diese Erhebungen sind vermutlich vulkanischen Ursprungs und liegen vollständig unter Wasser, können sich aber 1000 m und mehr vom Meeresboden erheben. An manchen Stellen gibt es abgeflachte Tiefseeberge **(Guyots)**. Auch sie waren wahrscheinlich Vulkane ■, aber da sie über die Oberfläche ragten, wurde ihr Gipfel von den Wellen abgetragen. Durch die Bewegung der ozeanischen Kruste ■ verschwanden sie dann im Wasser.

Tiefsee-Ebene

Der glatte Boden der Tiefsee

Die Tiefsee-Ebene liegt in Tiefen von bis zu 5000 m und ist mit einer dicken Schicht schleimigen **Schlicks** bedeckt. Ein Teil davon ist **biogenen** Ursprungs, d. h., er besteht aus den Überresten von Protozoen, Muscheln und anderen Meereslebewesen. Ein anderer Teil besteht aus **rotem Tiefseeton**, der aus Vulkanasche ■, Meteorstaub und schmelzenden Eisbergen entstanden ist.

Tiefsee

Die Ozeane unterhalb 1800 m

An der Kontinentalböschung befindet sich das **Bathyalgebiet**, in dem zahlreiche Tiere leben, obwohl kein Licht dorthin vordringt. Über dem Kontinentalschelf befindet sich die **Flachsee**. Als **pelagische Zone** bezeichnet man den Ozean jenseits des Kontinentalschelfs bis zu einer Tiefe von rund 180 m. Das **Litoral** ist das Gebiet zwischen Hoch- und Niedrigwasserlinie.

Insel

Von Wasser umgebenes Stück Land

Das Spektrum der Inseln reicht von kleinen Felsen bis zu Landmassen wie Grönland mit 2,2 Mio. km^2. Große Inselgruppen wie die griechischen Kykladen in der Ägäis heißen auch **Archipele**.

Korallenriff

Durch Korallenpolypen geschaffene unterseeische Erhebung

Korallenpolypen sind winzige Meerestiere. Sie schützen sich mit Calciumcarbonat, das um ihren weichen Körper ein hartes Skelett bildet. Die Polypen bleiben während ihres ganzen Lebens an einem Ort und heften sich an die Skelette ihrer abgestorbenen Vorgänger. Ein Riff besteht aus den Skeletten vieler Millionen toter Polypen. Entwickelt es sich in der Nähe der Küste, spricht man von einem **Saumriff**. Ein **Barriereriff** dagegen ist durch eine tiefe Lagune ■ von der Küste getrennt. Das Große Barriereriff erstreckt sich über mehr als 2000 km vor der Küste des australischen Queensland und ist bis zu 200 km breit. Ein **Korallenatoll** ist eine ringförmige Insel mit einer flachen Lagune in der Mitte.

Leben am Riff
Korallenriffe beherbergen eine üppige Vielfalt farbenprächtiger Lebewesen.

Die Ozeane in Bewegung

Die Ozeane der Erde stehen niemals still: Wind, Sonne und Mond halten sie in ständiger Bewegung. Der Wind erzeugt Wellen und treibt die Meeresströmungen über große Entfernungen; die Schwerkraft des Mondes zieht das Wasser zweimal täglich hin und her.

Meerwasser

Das Wasser in den Ozeanen

Meerwasser besteht nur zu 96,5% aus Wasser. Den Rest stellen vor allem gelöste Mineralsalze, insbesondere Natriumchlorid (Kochsalz). Weitere Bestandteile sind Magnesium, Schwefel, Calcium und Kalium. In Spuren kommen auch fast alle anderen Elemente ■ vor, die man an Land findet.

Verteilung der Meerestemperatur

Schwankungen der Wassertemperatur

Am wärmsten ist das Meerwasser am Äquator ■, wo die Sonneneinstrahlung am intensivsten ist. Nach Norden und Süden wird es immer kühler.

Wärmeschichtung

Die Schichtenverteilung der Meerestemperatur

Mit zunehmender Tiefe wird das Meerwasser immer kälter, weil die Sonnenstrahlung nicht so weit vordringt. Die Oberflächentemperatur tropischer Meere erreicht häufig 25°C, in 1000m Tiefe liegt die Temperatur aber bei nur 5°C. In noch größerer Tiefe sinkt sie bis auf 1–2°C ab. Man kann drei Wasserschichten unterscheiden: Oben liegt das dünne, warme **Epilimnion**, das von Wind und Sonnenwärme ständig durchmischt wird. Darunter, in der **Sprungschicht**, sinkt die Temperatur stark ab. Am Boden befindet sich das kalte, kaum bewegte Wasser des **Hypolimnions.**

Oberflächenströmung

Eine strömende Wassermasse unmittelbar unter der Meeresoberfläche

Der Wind kann Meerwasser bis in rund 100m Tiefe aufwirbeln und Strömungen in Bewegung setzen, die tausende Kilometer weit fließen. Ihre Verteilung hängt vorwiegend von der Hauptwindrichtung ■ ab. Sie bewegen sich aber nicht in gerader Linie, sondern werden von der Corioliskraft ■ und der Form der Ozeanbecken in gebogene Bahnen gelenkt. In den Subtropen bilden sie häufig riesige **Wirbel**.

Tiefseeströmung

Der langsame Kreislauf des Wassers tief unter der Oberfläche

Auch Unterschiede in Temperatur und Salzgehalt setzen Meeresströmungen in Bewegung. Kaltes Polarwasser sinkt zum Meeresboden und strömt langsam zum Äquator. Manche Strömungen steigen auch aus der Tiefe auf. Vor Peru z.B. treiben die Passatwinde ■ den kalten Humboldtstrom von der Küste weg, und kaltes Tiefenwasser gelangt an die Oberfläche.

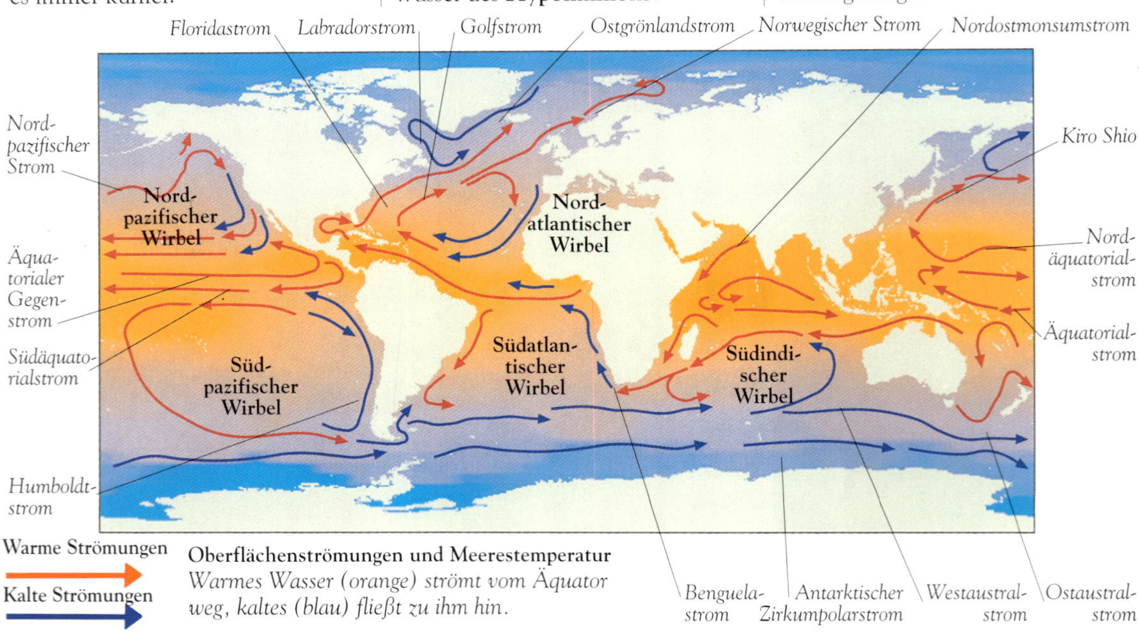

Oberflächenströmungen und Meerestemperatur
Warmes Wasser (orange) strömt vom Äquator weg, kaltes (blau) fließt zu ihm hin.

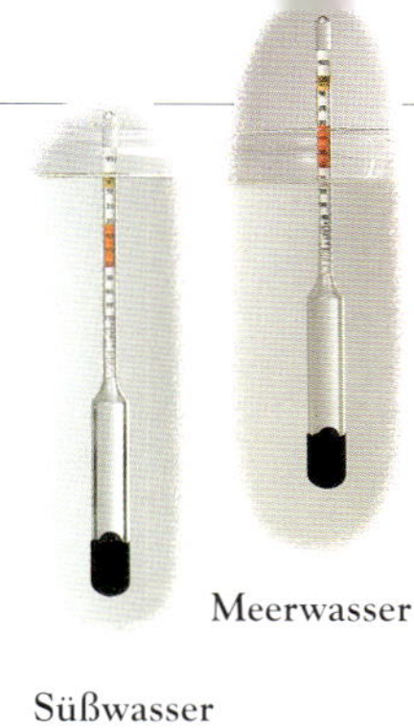

Dichtes Wasser
Die Dichte einer Flüssigkeit misst man mit dem Aräometer. Es steigt in Meerwasser höher als in Süßwasser, weil die Dichte durch die Salze ansteigt.

Salzgehalt

Die Konzentration der im Wasser gelösten Mineralsalze

In den Subtropen ist der Salzgehalt hoch: Das Wasser wird kaum von Regen verdünnt und verdunstet schnell, sodass konzentrierte Salze zurückbleiben. Den höchsten Salzgehalt haben flache Meere in heißen Regionen. Im Toten Meer liegt er bei 23,8 Prozent. Am Äquator dagegen ist der Salzgehalt niedriger, weil große Flüsse das Meerwasser verdünnen. Am geringsten ist er im Polargebiet, wo Schmelzwasser für Verdünnung sorgt.

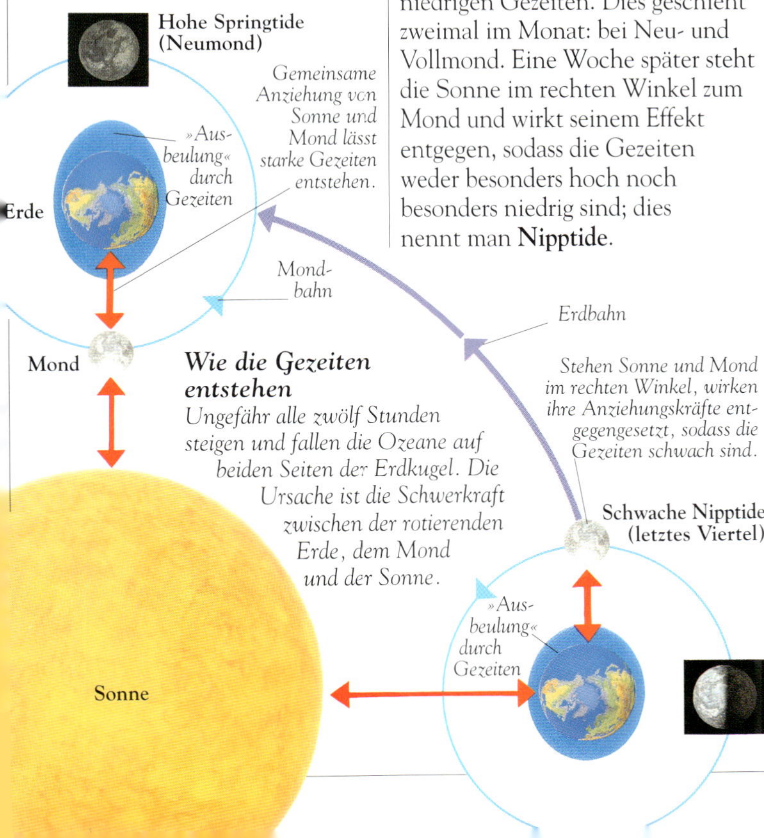

Wie die Gezeiten entstehen
Ungefähr alle zwölf Stunden steigen und fallen die Ozeane auf beiden Seiten der Erdkugel. Die Ursache ist die Schwerkraft zwischen der rotierenden Erde, dem Mond und der Sonne.

Gezeiten

Das zweimal täglich ablaufende Fallen und Steigen des Meeresspiegels

Hauptursache der Gezeiten (Tiden) ist die Schwerkraft ■ zwischen Erde und Mond. Der Mond zieht die ihm gegenüber liegende Seite stärker an als die von ihm abgewandte, sodass die Erde geringfügig zu einem Oval gedehnt wird. Die feste Erde ist davon kaum betroffen, aber die Ozeane sammeln sich auf der einen Seite als Flut. Da die Erde sich dreht, steigt jeder Teil des Ozeans zweimal am Tag und fällt dazwischen während der Ebbe ab.

Springtide

Eine besonders hohe Flut oder niedrige Ebbe

Nicht nur der Mond, sondern auch die Sonne beeinflusst mit ihrer Schwerkraft die Gezeiten. Stehen Sonne, Mond und Erde in einer Linie, führt dieser zusätzliche Einfluss zu besonders hohen oder niedrigen Gezeiten. Dies geschieht zweimal im Monat: bei Neu- und Vollmond. Eine Woche später steht die Sonne im rechten Winkel zum Mond und wirkt seinem Effekt entgegen, sodass die Gezeiten weder besonders hoch noch besonders niedrig sind; dies nennt man **Nipptide**.

Pflanzen im Gezeitengürtel
*An diesem Küstenabschnitt in Wales zeigen Pflanzen, wo der Gezeitengürtel verläuft. Flechten (**A**) wachsen über der dunklen Hochwasserlinie (**B**). Der knapp darunter gedeihende grüne Seetang (**C**) gerät nur kurze Zeit unter Wasser. Der braune Seetang darunter (**D**) ist meistens überflutet. Unter der Niedrigwassermarke (**E**) und damit ständig unter Wasser wächst der rote Seetang (**F**).*

Gezeitenabstand

Der Zeitraum zwischen zwei Gezeitenhöchstständen

Der Mond wandert jeden Tag um 12° um die Erde. Deshalb liegen zwischen einer Flut und der nächsten keine 12 Stunden, sondern durchschnittlich 12 Stunden und 25 Minuten. Dieser Zeitraum schwankt ebenso von Ort zu Ort wie der Tidenhub, der Abstand zwischen Hoch- und Niedrigwasser. In kleinen Binnenmeeren wie der Ostsee liegt der Tidenhub oft unter 1 m. In großen, trichterförmigen Meeresbuchten dagegen ist der Unterschied des Wasserstandes der Gezeiten sehr hoch.

Siehe auch

Äquator 37 • Corioliskraft 143
Element 42 • Hauptwindrichtung 143
Ozean 134 • Passatwind 144
Schwerkraft 31

Die Atmosphäre

Die Erde ist von einer Gashülle umgeben, der Atmosphäre. Ohne diese dünne Schicht wäre Leben unmöglich. Sie liefert uns die Luft zum Atmen, das Wasser zum Trinken, hält die Wärme fest und schützt uns vor gefährlicher Sonnenstrahlung wie auch vor Meteoriten.

Atmosphäre

Die dünne Gashülle der Erde

Die Erdatmosphäre ist ein farb-, geruch- und geschmackloses »Meer« aus Gasen, Wasser und feinem Staub. Sie reicht rund 700 km hoch, hat aber keine feste Grenze, sondern wird zum Weltraum hin immer dünner. Leichtere Gasmoleküle wie Wasserstoff und Helium gehen ständig verloren, weil sie sich der Schwerkraft entziehen. Auf Grund der in gewissen Höhen vorherrschenden Temperaturen kann man mehrere Atmosphärenschichten unterscheiden.

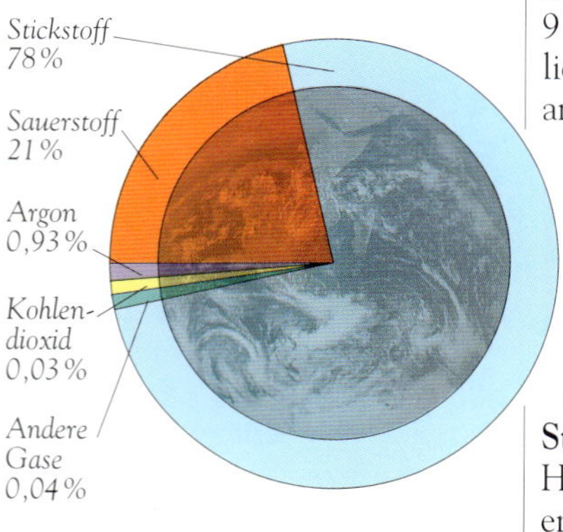

Luft: Chemische Zusammensetzung
Luft besteht vorwiegend aus Stickstoff und Sauerstoff sowie aus geringen Mengen Argon, Kohlendioxid und anderen Gasen.

Siehe auch

Klima 154 • Kondensation 146
Molekül 42 • Ozonloch 175
Schwerkraft 31 • Warmfront 151

Troposphäre

Die unterste Atmosphärenschicht

Die Troposphäre reicht nur rund 12 km hoch, enthält aber 75 % der gesamten Gasmenge in der Atmosphäre sowie riesige Wasser- und Staubmengen. Der von der Sonne aufgeheizte Erdboden hält das Gemisch in Bewegung und ist damit die Ursache aller Wettererscheinungen. Die Troposphäre ist normalerweise unten am wärmsten und wird bis zu ihrer Obergrenze, der **Tropopause**, immer kälter. Die Entfernung der Tropopause vom Boden schwankt zwischen 18 km am Äquator über 9 km am 50. nördlichen und südlichen Breitengrad bis zu 6 km an den Polen.

Stratosphäre

Die Atmosphärenschicht über der Tropopause

Die Stratosphäre erstreckt sich von der Tropopause bis zur **Stratopause**, die in etwa 50 km Höhe ihre Obergrenze bildet. Sie enthält rund 19 % der gesamten Gasmenge. In dieser Schicht ist es vergleichsweise ruhig, und sie enthält wenig Wasserdampf. In der Stratosphäre liegt die Ozonschicht, die den gefährlichen Ultraviolettanteil aus dem Sonnenlicht filtert. Die Stratosphäre wird in größerer Höhe immer wärmer – von –60 °C an ihrer Untergrenze bis zu +10 °C in der Stratopause.

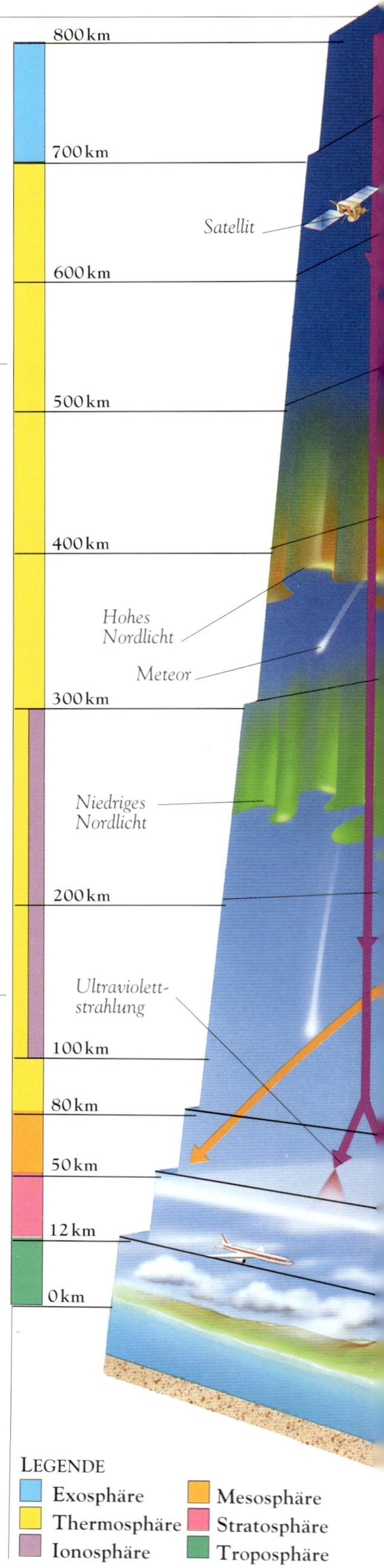

Mesosphäre

Die Atmosphärenschicht über der Stratopause

Die Gase der Mesosphäre sind so dünn, dass sie aus dem Sonnenlicht kaum Wärme aufnehmen können. Deshalb geht die Temperatur dort mit zunehmender Höhe stark zurück; in der **Mesopause**, 80 km über dem Erdboden, liegt sie bei −120 °C. Selbst die dünne Luft der Mesosphäre bremst noch Meteoriten, die in die Atmosphäre eindringen. Dabei verbrennen sie und hinterlassen Feuerspuren am Nachthimmel.

Die Schichten der Atmosphäre *Die Erdatmosphäre reicht rund 700km hoch und ist unterteilt in fünf Hauptschichten und die Ionosphäre.*

Thermosphäre

Die Atmosphärenschicht über der Mesopause

In der Thermosphäre sind die Gase noch dünner als in der Mesosphäre, aber sie absorbieren ultraviolettes Licht von der Sonne und heizen sich dabei bis auf 2000 °C auf.

Ionosphäre

Eine Atmosphärenschicht über der Mesopause, in der sich viele elektrisch geladene Teilchen befinden

Die Ionosphäre gehört zur Thermosphäre. Sie besteht aus Gasteilchen, die durch die Ultraviolett- und Röntgenstrahlung der Sonne ionisiert (elektrisch geladen) sind. Die Ionosphäre ist von großer Bedeutung für die Telekommunikation: Funksignale prallen an ihr ab und verbreiten sich so über die ganze Welt.

Exosphäre

Die äußerste Atmosphärenschicht

Die äußerste Atmosphärenschicht, die Exosphäre, endet bis zu 700 km über dem Erdboden. Hier werden die Gase immer dünner, bis sie sich im Weltraum verlieren.

Wetter

Die atmosphärischen Bedingungen an einem bestimmten Ort oder zu einer bestimmten Zeit

Wegen der ständigen Luftbewegungen in der Troposphäre ändern sich die Bedingungen dort dauernd. Ohne diese Veränderungen gäbe es keine Wetterphänomene wie Sonnenschein, Niederschlag, Wind und Wolken und auch keine Temperaturschwankungen. Die durchschnittlichen Wetterbedingungen über einen längeren Zeitraum – in der Regel mehr als 30 Jahre – bezeichnet man als Klima ■.

Temperaturgradient

Die Geschwindigkeit, mit der die Luft sich in größerer Höhe abkühlt

Normalerweise wird die Luft in der Troposphäre mit größerer Höhe immer kälter. Der **vertikale Temperaturgradient** gibt an, wie stark die Luft sich mit der Höhe abkühlt; er liegt meist bei 0,6 °C/100 m. Der **trockenadiabatische Temperaturgradient** besagt, wie stark ein trockenes, warmes aufsteigendes Luftpaket sich abkühlt – meist um 1 °C/100 m. Der **feuchtadiabatische Temperaturgradient** für ein feuchtes Luftpaket ist niedriger, weil Wasserdampf kondensiert ■; er beträgt rund 0,4–0,9 °C/100 m.

Inversion

Die Umkehr der normalen Neigung der Luft, mit größerer Höhe kälter zu werden

Bei einer Inversion oder **Temperaturumkehr** wird die Luft in größerer Höhe wärmer. Das kann geschehen, wenn zwei Wetterfronten ■ aufeinander treffen und warme Luft sich unter kältere schiebt. In geringerer Höhe bilden sich Inversionen oft über geschützten Tälern.

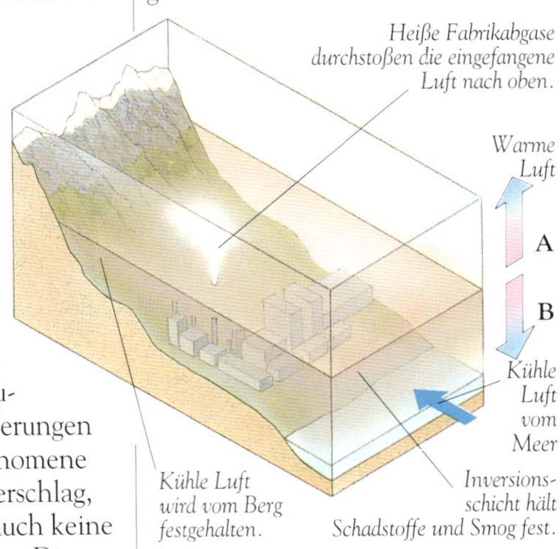

Inversion *Über der Inversion (**A**) steigt die Luft auf und kühlt sich in größerer Höhe ab. Unter der Inversion (**B**) dagegen sinkt sie ab; in größerer Höhe wird sie wärmer.*

Sonnenenergie

Zu jedem Zeitpunkt ist die Hälfte der Erde den gewaltigen Strahlungsmengen der Sonne ausgesetzt. Die Sonne liefert nicht nur Wärme und Licht, die u.a. das Pflanzenwachstum anregen; sie durchmischt auch die Luft, lässt Wasser aus Meeren und Seen verdunsten und hält so das Wettergeschehen in Bewegung.

Sonnenstrahlung

Wärme-, Licht- und andere Strahlen von der Sonne

Von der Sonne gelangt Strahlung verschiedener Typen auf die Erde, u.a. Licht und Wärme. Sämtliche Strahlung hat die Form winziger Wellen. 41 % sind sichtbares Licht, 50 % sind **langwellige Strahlung**, die unser Auge nicht wahrnimmt; einen Teil davon, die **Infrarotstrahlung**, spüren wir aber als Wärme. Die restlichen 9 % sind **kurzwellige Strahlung: Röntgen-, Gamma-** und **Ultraviolettstrahlung**. Diese Strahlung sieht man nicht, sie kann aber Körpergewebe schädigen.

Insolation

Die Menge von Strahlung der Sonne, die den Erdboden erreicht

Wie viel Wärme auf die Erde fällt, hängt vom Strahlungswinkel und damit von geografischer Breite ■ und Jahreszeit ■ ab. In den Tropen ■ und im Sommer ist die Strahlungsmenge am größten. Die Tropen bekommen durchschnittlich zweieinhalbmal so viel Wärme ab wie die Pole. Im Sommer scheint die Sonne an den Polen zwar länger als am Äquator, aber im Winter ist dort die Sonneneinstrahlung fast gleich null. Auch die Bewölkung sowie die Ausrichtung ■ eines Ortes zur Sonne wirken sich auf die Insolation aus.

Sonnenenergiehaushalt

Die Verteilung der Sonnenenergie in der Atmosphäre

Sonnenstrahlen geben auf dem Weg durch die Atmosphäre über die Hälfte ihrer Energie ab. Nur 47 % der Strahlung erreichen den Boden, 19 % werden in der Atmosphäre festgehalten. Der Rest wird in den Weltraum zurückgeworfen.

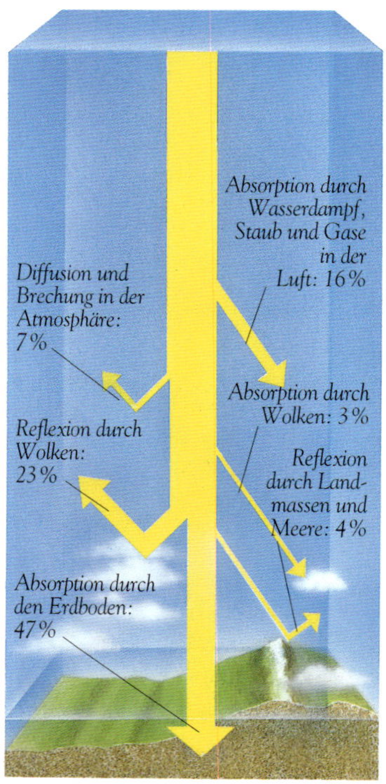

Der Weg der Sonnenstrahlen
Nur 47 % der Strahlungsmenge erreichen den Erdboden. Die restlichen 53 % werden unterwegs auf unterschiedliche Weise absorbiert oder reflektiert.

Treibhauseffekt

Das Festhalten von Sonnenwärme aufgrund der Gase in der Atmosphäre

Glas hält ein Gewächshaus warm, weil es die kurzwellige Sonnenstrahlung durchlässt, die vom Boden zurückgeworfene langwellige Strahlung aber festhält. Die gleiche Wirkung haben Wasserdampf, Kohlendioxid und andere Treibhausgase ■ in der Atmosphäre. Sie halten die Erde warm, können aber auch zur Aufheizung führen, wenn ihre Menge zunimmt.

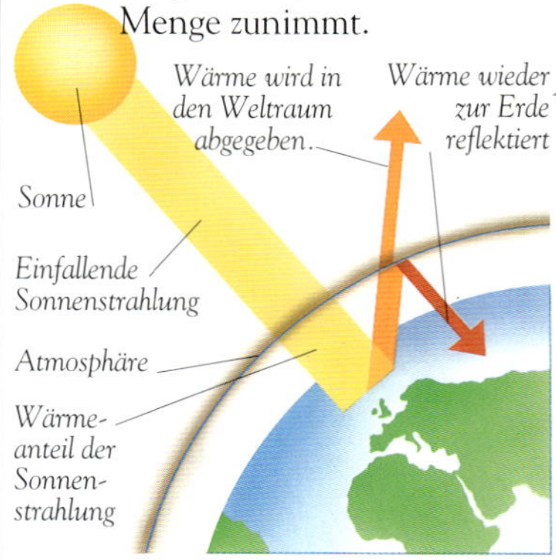

Der Treibhauseffekt
Manche Atmosphärengase halten die Wärme fest, sodass die Erde sich aufheizt.

Wärmeübertragung in der Atmosphäre

Die Ausbreitung der Sonnenwärme in der Luft

Die unteren Atmosphärenschichten werden vor allem durch die langwellige, vom Erdboden reflektierte Sonnenstrahlung erwärmt. Der Boden heizt die Luft ein wenig durch **Wärmeleitung** auf – d.h. durch unmittelbaren Kontakt –, aber da Luft gut isoliert, ist dieser Effekt sehr gering. In der Luft verteilt sich die Wärme durch **Konvektion**: Ein Luftvolumen erwärmt sich, dehnt sich aus und steigt auf, weil es eine geringere Dichte hat als die umgebende Luft. Als **Advektion** bezeichnet man die horizontale Wärmeverteilung, vor allem durch den Wind ■.

Weltweite Temperaturverteilung
Die Karte zeigt, wie stark die jährlichen Durchschnittstemperaturen auf der Erde sich unterscheiden. Die kältesten Gebiete sind dunkel-blau, die wärmsten orange gefärbt.

Umwandlungswärme

Wärme, die bei Phasenübergängen aufgenommen oder abgegeben wird

Verändert das Wasser in der Luft seinen Aggregatzustand, ändert sich auch die Lufttemperatur. Bei der Verdunstung (Übergang flüssig–gasförmig) nimmt es Wärme auf, die umgebende Luft kühlt sich ab. Bei der Kondensation (gasförmig–flüssig) ist es umgekehrt.

Albedo

Die Fähigkeit einer Oberfläche, die Sonnenenergie zu reflektieren

Manche Oberflächen reflektieren Sonnenstrahlung besser als andere. Schnee und Eis sind mit einer Albedo von 85–95 % gute Reflektoren und bleiben deshalb oft auch bei Wärme gefroren. Wälder dagegen nehmen mit einer Albedo von 12 % viel Wärme auf.

Lufttemperatur

Ein Maß dafür, wie warm oder kalt die Luft ist

Die Lufttemperatur wird in Europa mit der Celsius-Skala gemessen; auf ihr liegt der Gefrierpunkt des Wassers bei 0 °C und der Siedepunkt bei 100 °C. Die Lufttemperatur hängt vor allem von der Sonneneinstrahlung ab, aber da die Erwärmung eine gewisse Zeit dauert, wird die höchste Temperatur später erreicht als die höchste Strahlungsintensität. Die wärmste Tageszeit ist deshalb meist die Zeit zwischen 14 und 15 Uhr, die wärmsten Sommertage liegen normalerweise 30 bis 40 Tage nach der Sommersonnwende.

Siehe auch

Ausrichtung 100 • geografische Breite 37
globale Erwärmung 175 • Jahreszeiten 37
Treibhausgas 175 • Tropen 35
vertikaler Temperaturgradient 139
Wind 142

Kontinentalität

Der Einfluss der Kontinente auf die Temperatur

Erwärmung und Abkühlung erfolgen über Landflächen schneller als über den großen Wassermassen der Ozeane. Deshalb schwankt die Temperatur im Landesinneren stärker als an der Küste. Je kontinentaler (d. h. je weiter vom Meer entfernt) ein Gebiet ist, desto größer sind dort die Temperaturunterschiede: Der Sommer ist wärmer und der Winter kälter.

Isotherme

Eine Linie, die Orte gleicher Temperatur verbindet

Die Temperaturverteilung auf der Erdoberfläche gibt man mit Isothermenkarten wieder, auf denen Orte gleicher Temperatur durch Linien verbunden sind. Da die Temperatur aber entsprechend dem vertikalen Temperaturgradienten ▪ mit der Höhe abnimmt, würde eine solche Karte im Gebirge verfälscht. Man rechnet Temperaturen auf Meereshöhe um, indem man je 6 °C für 1000 m addiert. Die Temperaturunterschiede bilden den **horizontalen Temperaturgradienten**.

Reflexion an Oberflächen
Verschiedene Oberflächen reflektieren die Sonnenstrahlung sehr unterschiedlich stark.

Luftdruck & Wind

Luft ist sehr leicht, ihre Menge in der Atmosphäre ist aber so groß, dass Luft dennoch einen gewaltigen Druck ausübt. Der Luftdruck variiert von Ort zu Ort und von einem Zeitpunkt zum anderen, sodass die Luft sich fortbewegt. So entsteht Wind.

Luftdruck

Der Druck, den die Luft auf ihre Umgebung ausübt

Die Luft drückt ständig mit einer Kraft von über 1 kg pro cm^2 in alle Richtungen – nach oben, nach unten und zur Seite. Manchmal wird behauptet, dieser Druck sei einfach das Gewicht der Atmosphäre ■. In Wirklichkeit entsteht er durch das Bombardement der vielen Milliarden Luftmoleküle. Am höchsten ist der Luftdruck auf Meereshöhe, weil die Luft dort am dichtesten ist und die meisten Moleküle enthält; in größerer Höhe wird die Luft dünner, d. h., der Luftdruck nimmt ab.

Isobare

Auf der Landkarte eine Linie zwischen Orten mit gleichem Luftdruck

Der Luftdruck wird in **Millibar** gemessen und auf Landkarten mit Isobaren dargestellt. Das **Druckgefälle** ist das Ausmaß der Druckunterschiede zwischen zwei Orten. Dicht nebeneinander liegende Isobaren weisen auf starke Luftdruckgegensätze und ein steiles Druckgefälle hin. Liegen sie weit auseinander, ist das Druckgefälle gering.

Siehe auch

Albedo 141 • Atmosphäre 138
Hurrikan 152 • Oberflächenströmung 136
Sonnenstrahlung 140
Zirkulationszelle 144

Zeiger für niedrigsten Luftdruck

Zeiger für aktuellen Luftdruck

Luftdruck in Millibar

Luftdruck in mm Quecksilbersäule

Dosenbarometer
Niedriger Luftdruck kündigt stürmisches Wetter an, hoher Druck trockenes Wetter.

Barometer

Ein Instrument zur Messung des Luftdrucks

Im **Quecksilberbarometer** wird Quecksilber in einem Rohr, das oben verschlossen und am unteren Ende offen ist, durch den auf das untere Ende wirkenden Luftdruck nach oben gedrückt. Wie weit es steigt, hängt vom Luftdruck ab. Auf Meereshöhe ist die Quecksilbersäule durchschnittlich 76 cm hoch. Weniger genau ist das **Dosenbarometer**. Es enthält eine Metalldose, in der ein Teilvakuum herrscht. Durch Luftdruckänderungen in der Umgebung wird die Dose ein wenig größer oder kleiner; dies überträgt sich auf eine Nadel. Der Normaldruck auf Meereshöhe beträgt 1013 mb, er kann aber zwischen 800 und 1050 mb schwanken.

Tief

Ein Gebiet niedrigen Luftdrucks

Da die Luft in manchen Gebieten von der Sonnenstrahlung ■ stärker erwärmt wird als in anderen, variiert der Luftdruck von Ort zu Ort und von einem Zeitpunkt zum anderen. In einem **Hochdruckgebiet** oder **Hoch** ist die Luft kalt, und ihr Druck ist gegenüber dem der Umgebung erhöht. **Tiefdruckgebiete** oder **Tiefs** entstehen in warmer, weniger dichter Luft. In den Tropen wird ein Tiefdruckgebiet manchmal zum Hurrikan ■.

Polares Hoch

Die normale Hochdruckzone über den Polen

Da kalte Luft dichter ist, befindet sich über den Polen in der Regel eine Hochdruckzone. Entsprechend liegt über dem Äquator das **Äquator-Tief**. Außerdem gibt es **subtropische Hochs** bei 30° nördlicher und 30° südlicher Breite, wo absinkende Luft eine Zirkulationszelle ■ entstehen lässt, und **subpolare Tiefs** bei etwa 55° nördlicher und südlicher Breite.

Wind

Eine Luftströmung

In der Nähe der Erdoberfläche strömt die Luft fast ständig von Gebieten mit höherem Druck zu solchen mit niedrigerem Druck. Diese Luftbewegung, Wind genannt, ist umso stärker, je größer der Luftdruckgegensatz ist. Die **Windgeschwindigkeit** misst man meist in km/h. Die Beaufort-Skala kennt 13 Stufen für die **Windstärke**.

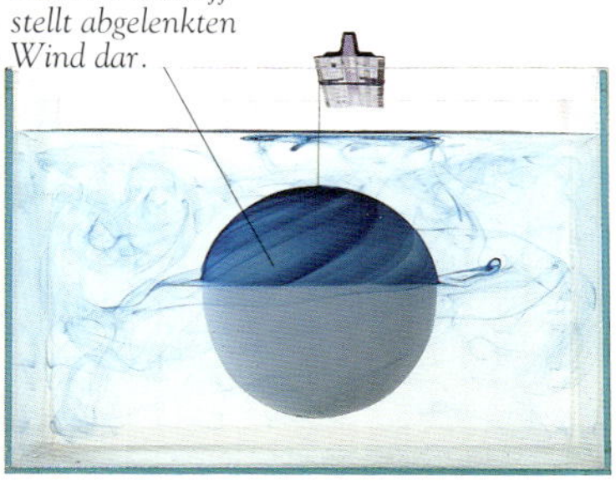

Corioliseffekt im Experiment
Die rotierende Kugel im Wasserbad veranschaulicht die Auswirkung der Erddrehung auf den Wind – der Corioliseffekt.

Corioliskraft

Ablenkung des Windes durch die Erddrehung

Wegen der Erddrehung bewegt sich der Wind nicht in gerader Linie von Hoch- zu Tiefdruckgebieten. Er wird vielmehr auf der Nordhalbkugel nach rechts und auf der Südhalbkugel nach links abgelenkt, und zwar umso stärker, je größer die Windgeschwindigkeit ist. Ähnlich wirkt die Corioliskraft auch auf Meeresströmungen.

Die Beaufort-Skala

Stärke	Bezeichnung	Windgeschwindigkeit	Auswirkungen
0	Windstille	0 km/h	Rauch steigt gerade empor.
1	Leichter Zug	3 km/h	Rauch wird leicht abgetrieben.
2	Leichte Brise	9 km/h	Blätter rascheln, Wind im Gesicht spürbar
3	Schwache Brise	15 km/h	Blätter und kleine Zweige bewegen sich.
4	Mäßige Brise	25 km/h	Staub & Papier werden hochgehoben.
5	Frische Brise	35 km/h	Kleine Bäume schwanken.
6	Starker Wind	45 km/h	Große Äste bewegen sich.
7	Steifer Wind	56 km/h	Ganze Bäume schwanken.
8	Stürmischer Wind	68 km/h	Gehen gegen den Wind klar erschwert
9	Sturm	81 km/h	Zweige & Dachziegel werden abgerissen.
10	Schwerer Sturm	94 km/h	Schäden an Häusern, Bäume entwurzelt
11	Orkanartiger Sturm	110 km/h	Schwere Schäden an Häusern
12	Orkan	118 km/h	Umfangreiche Schäden

Hintergrundbild: *Birken im Sturm*

Konvergente Zirkulation

Wind, der in Tiefdruckgebiet fließt

In großen Höhen weht **geostrophischer Wind** fast rechtwinklig zum Druckgefälle und parallel zu den Isobaren. In tieferen Schichten weht der Wind in einem bestimmten Winkel zu den Isobaren. Deshalb strömt er als **divergente Zirkulation** aus einem Hochdruckgebiet und als konvergente Zirkulation in ein Tiefdruckgebiet. Auf der Nordhalbkugel bewegt er sich dabei im Hochdruckgebiet im Uhrzeiger- und im Tiefdruckgebiet im Gegenuhrzeigersinn. Auf der Südhalbkugel ist es umgekehrt.

Hauptwindrichtung

Die Richtung, aus der der Wind am häufigsten weht

Winde werden meist nach ihrer Herkunftsrichtung benannt. Ein Südwestwind weht also von Südwesten nach Nordosten. In den meisten Gebieten kommt der Wind vorwiegend aus einer Richtung, die man deshalb als Hauptwindrichtung bezeichnet.

Wie Wind entsteht
Über warmen Gebieten (z. B. einer Stadt) steigt warme Luft auf, und der Luftdruck sinkt. Über kalten Gebieten (Meer) erzeugt absinkende Luft einen hohen Druck. Dieser drückt die Luft als Wind in geringer Höhe in das Tiefdruckgebiet. In größerer Höhe breitet sich die Luft als Höhenwind über dem Tiefdruckgebiet aus.

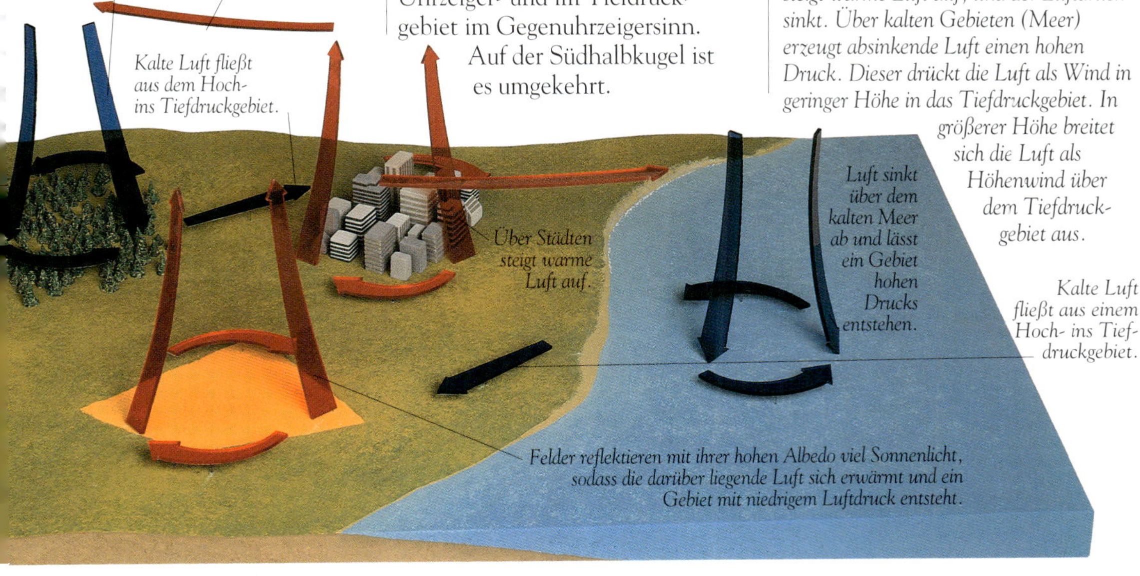

Windzirkulation

Wind und Wetter erscheinen oft chaotisch, aber was die Hauptwindrichtung in den verschiedenen Gebieten der Erde angeht, gibt es eindeutige Gesetzmäßigkeiten. Der Wind ist Teil eines weltweiten Systems der Luftzirkulation, das warme Luft vom Äquator zu den Polen und kalte Luft in umgekehrter Richtung transportiert und so das Temperaturgleichgewicht rund um die Erde aufrechterhält.

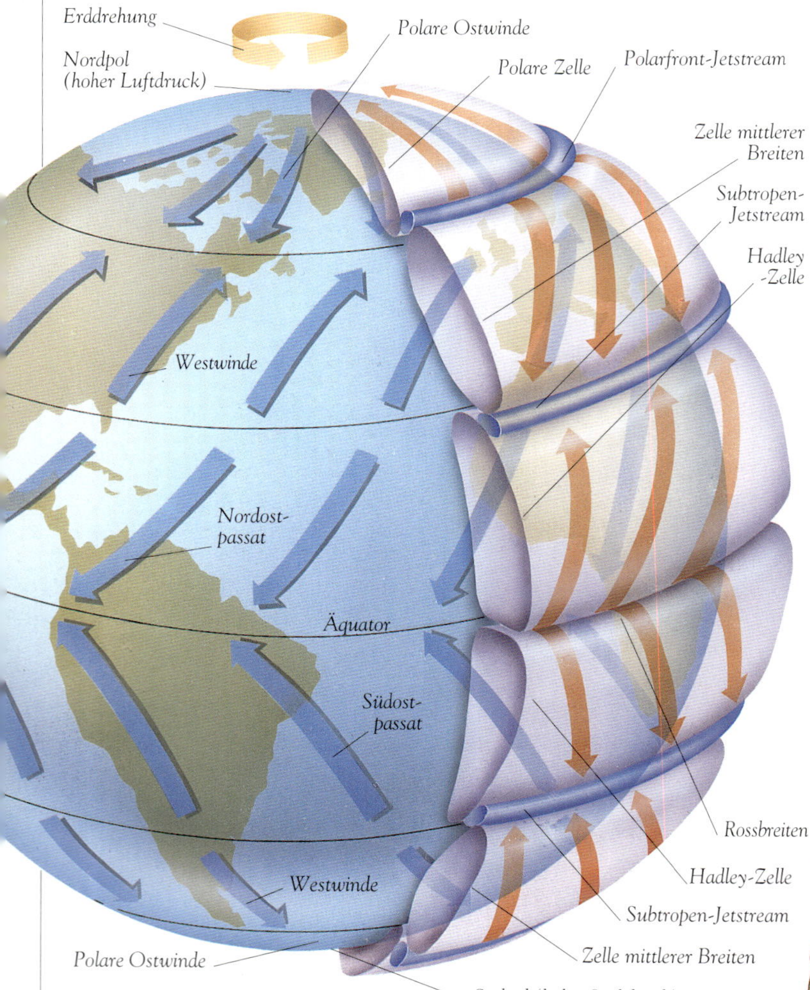

Die weltweiten Windkreisläufe

Durch die Erddrehung wird der Wind jeder Zelle in Bodennähe und in größerer Höhe in entgegengesetzter Richtung abgelenkt. Dieser so genannte Coriolis-Effekt lässt einen riesigen »Korkenzieher« aus kreisenden Winden entstehen.

Zirkulationszelle

Ein großes Zirkulationssystem

Zu jedem bodennahen Wind ▪ gibt es einen anderen, der in größerer Höhe die entgegengesetzte Richtung hat. Luft steigt vor dem warmen, bodennahen Wind auf und sinkt dahinter wieder ab. Einen solchen Kreislauf nennt man Zelle. Auf jeder Erdhalbkugel gibt es drei wichtige Zellen. Die tropische **Hadley-Zelle** besteht aus Luft, die am Äquator aufsteigt, polwärts strömt, am 30. nördlichen und südlichen Breitengrad im subtropischen Hoch ▪ wieder absinkt und in Bodennähe zum Äquator strömt, sodass der Kreislauf geschlossen ist. In Richtung der Pole schließt sich die **Zelle mittlerer Breiten** an. In den **polaren Zellen** fließt kalte, dichte Luft von den Polen weg.

Planetarischer Wind

Einer der großen Winde der Erde

Im bodennahen Bereich der Zellen bilden sich beiderseits des Äquators jeweils drei Gürtel mit einer Hauptwindrichtung ▪. In den Tropen gibt es den trockenen **Nordost-** und **Südostpassat**; dazwischen liegen die **Rossbreiten** mit niedrigem Luftdruck. In mittleren Breiten gibt es warme **westliche Winde**, in den Polarregionen die kalten **polaren Ostwinde**.

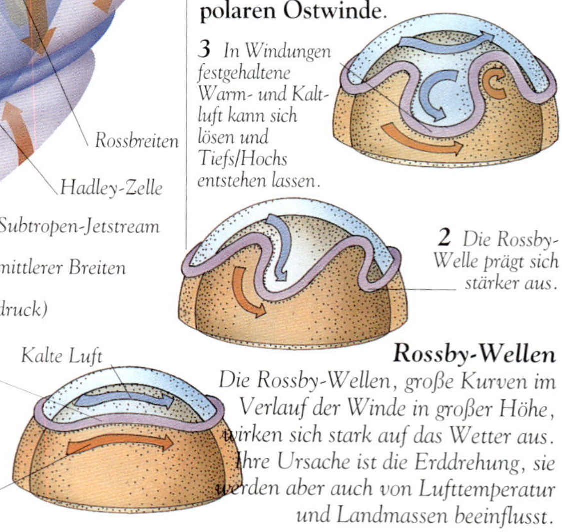

1 Eine Rossby-Welle bildet sich als lange Biegung im Polarfront-Jetstream.

2 Die Rossby-Welle prägt sich stärker aus.

3 In Windungen festgehaltene Warm- und Kaltluft kann sich lösen und Tiefs/Hochs entstehen lassen.

Rossby-Wellen

Die Rossby-Wellen, große Kurven im Verlauf der Winde in großer Höhe, wirken sich stark auf das Wetter aus. Ihre Ursache ist die Erddrehung, sie werden aber auch von Lufttemperatur und Landmassen beeinflusst.

Nachts: ablandiger Wind
Kühle Luft sinkt über dem Land ab und strömt als ablandiger Wind aufs Meer.

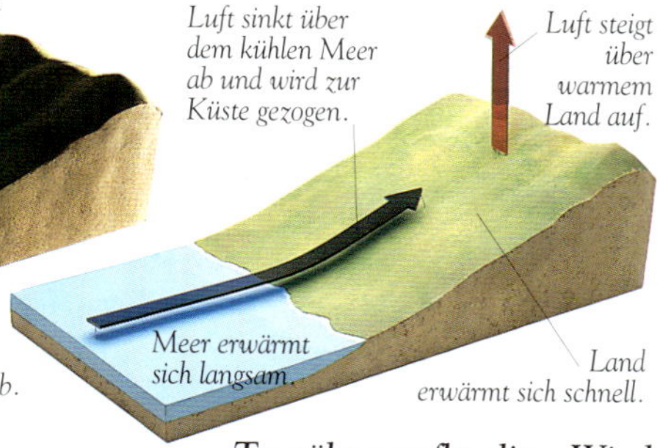

Tagsüber: auflandiger Wind
Kühle Luft strömt als auflandiger Wind aufs Land.

Siehe auch

Corioliskraft 143 • Hauptwindrichtung 143
Kaltfront 151 • Klima 154
subtropisches Hoch 142 • Wind 142

Polarfront

Die Grenze zwischen der polaren Zelle und der Zelle mittlerer Breiten

An der Polarfront treffen die warmen Westwinde aus den Tropen auf die kalten polaren Ostwinde. Die Orte entlang der Grenze sind ständig den durch das Aufeinandertreffen entstehenden Kaltfronten ▪ ausgesetzt.

Jetstream

Ein schmales Westwindband in großer Höhe

Die Jetstreams oder **Strahlströme** sind bis zu 370 km/h schnell. Am stetigsten weht der **Subtropen-Jetstream** zwischen dem 20. und 30. Grad nördlicher und dem 20. und 30. Grad südlicher Breite. Ferner gibt es den **Polarfront-Jetstream** entlang der Polarfront, den **arktischen Jetstream** und den **Polarnacht-Jetstream**, der nur während der langen Polarnacht weht.

Rossby-Wellen

Große Windungen des Polarfront-Jetstreams

Der Polarfront-Jetstream windet sich in vier bis sechs großen Wellen um die Erde, die jeweils rund 2000 km lang sind. Diese Rossby-Wellen werden vom Corioliseffekt hervorgerufen. Ihre Lage ist nicht festgelegt, sondern sie wandern an der Polarfront entlang und lassen Kaltfronten entstehen.

Meeresbrise

Ein lokaler Wind, der vor allem nachmittags vom Meer kommt

Da das Land sich schneller aufheizt als das Meer, steigt tagsüber warme Luft über den Landflächen auf. Die kühle Luft vom Meer strömt dann als Meeresbrise nach. Nachts kühlt das Land schneller ab, und die Windrichtung kehrt sich um. Die kühle Luft über dem Land sinkt unter die wärmere Meeresluft und erzeugt einen **ablandigen Wind**. Die **Monsunwinde** bringen tropischen Regionen wie Indien und Südostasien heftige Niederschläge. Diese starken Seewinde wehen im Sommer vom Ozean zum Land, weil das Innere des asiatischen Kontinents sich erwärmt. Zum Teil wird der Monsun wohl auch von jahreszeitlichen Schwankungen des subtropischen Jetstreams verursacht.

Föhn

Ein warmer Wind an der Windschattenseite von Gebirgen

Gelangt Wind über einem Gebirge in kühlere Luft, gibt er seine Feuchtigkeit zum größten Teil ab. Weht er dann auf der anderen Seite bergab, wird er noch trockener, und die Temperatur steigt oft in wenigen Stunden um 10 °C an. Solche Winde heißen in Neuseeland **Norwester**, im Iran **Samum**, in Südafrika **Berg** und in den Rocky Mountains (USA) **Chinook**.

Katabatischer Wind

Ein lokaler Wind, der nachts von den Bergen kommt

Luft, die sich nachts über Bergen abkühlt, weht häufig als katabatischer Wind bergab. Im Gebirge fließen katabatische Winde häufig nachts in den Tälern zusammen und strömen dann als **Bergwind** ins Flachland. Tagsüber kehren sich die Verhältnisse um: Die Hänge erwärmen sich, und **anabatischer Wind** steigt auf. Im Gebirge zieht die Luft dann als **Talwind** durch die Täler.

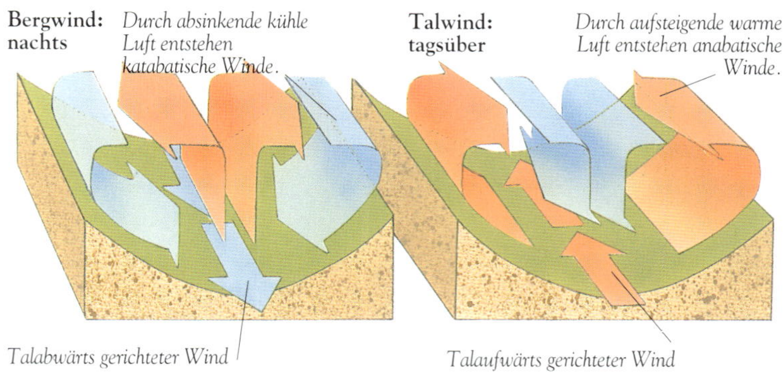

Katabatischer und anabatischer Wind im Gebirge
Wenn die Luft sich im Gebirge nachts abkühlt, wird sie als katabatischer Wind in die Täler gedrückt. Tagsüber heizt sie sich auf und weht als anabatischer Wind talaufwärts.

Luftfeuchtigkeit

Auch wenn es nicht regnet, enthält die Luft fast immer unsichtbaren Wasserdampf und ist deshalb feucht. Kühlt sie stark genug ab, kondensiert der Dampf zu Tropfen: Wolken, Nebel, Tau und Regen entstehen.

Wasserkreislauf

Der Kreislauf des Wassers zwischen Erde und Atmosphäre

Die Wasservorräte der Erde sind ständig in Bewegung. Wasserdampf gelangt durch Verdunstung aus Meeren, Flüssen und Seen sowie durch die Transpiration ■ der Pflanzen in die Atmosphäre. Dort kühlt er sich ab, kondensiert zu Tröpfchen und bildet Wolken. Das Wasser fällt als Niederschlag ■ zu Boden. Es versickert, wird von Pflanzen aufgenommen oder fließt wieder über Flüsse und Seen ins Meer, wo es erneut verdunstet. Diesen Kreislauf des Wassers nennt man auch **hydrologischen Kreislauf**.

Sättigungspunkt

Die maximale Wasserdampfmenge, die die Luft aufnehmen kann

Luft nimmt Wasserdampf auf wie ein Schwamm, der Flüssigkeit aufsaugt. Ihre Fähigkeit zur Aufnahme von Wassermolekülen ■ ist aber begrenzt. Hat sie die maximale Wassermenge aufgenommen, bezeichnet man sie als **gesättigt**. Wenn Luft sich erwärmt, dehnt sie sich aus. Dann ist zwischen ihren Molekülen mehr Platz, sodass sie weiteren Wasserdampf festhalten kann. Entsprechend wird Wasserdampf abgegeben, wenn die Luft kühler wird und sich zusammenzieht. Dann bilden sich Wassertropfen; die Temperatur, bei der das geschieht, nennt man **Taupunkt**.

Luftfeuchtigkeit

Der Wasserdampfgehalt der Luft

Als **absolute Feuchte** bezeichnet man die Wassermenge (in Gramm) in einem Luftvolumen. **Spezifische Feuchte** ist die Wassermenge in 1 kg Luft. Meist wird die **relative Feuchte (RF)** angegeben: Sie ist der Prozentsatz der Höchstmenge, welche die Luft bei der jeweiligen Temperatur aufnehmen kann.

Kondensation

Der Übergang vom Gas zur Flüssigkeit

Kühlt Luft auf 100 % RF – d. h. bis zum Taupunkt – ab, kondensiert das Wasser zu Tröpfchen. Dazu müssen in der Luft aber winzige Teilchen als **Kondensationskerne** vorhanden sein, z. B. Staubkörner oder Meersalzkörnchen. Um sie herum kondensiert das Wasser. Bei sehr sauberer Luft kondensiert das Wasser trotz Sättigung nicht. Umgekehrt kann die Kondensation in sehr schmutziger Luft schon oberhalb des Taupunktes einsetzen.

Ein nie endender Ablauf

Wie die Gesteine der Erde, so werden auch die Wasservorräte ständig neu verwertet. Dieser Vorgang, Wasserkreislauf genannt, ist für das Leben unentbehrlich.

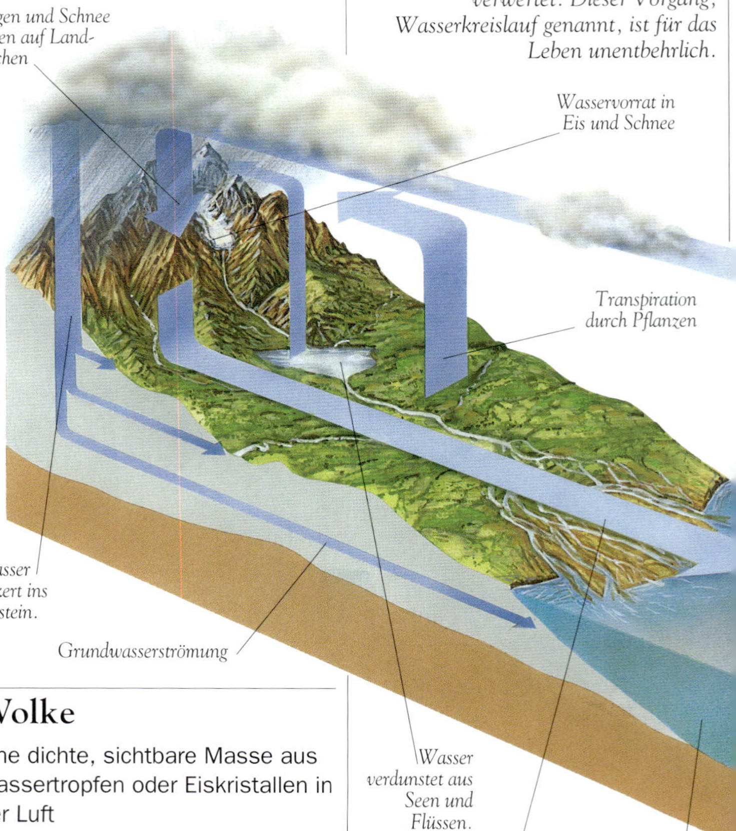

Wolke

Eine dichte, sichtbare Masse aus Wassertropfen oder Eiskristallen in der Luft

Wolken entstehen aus Wasserdampf, der aufsteigt und durch die Abkühlung kondensiert.

Advektionsnebel
Die Golden Gate Bridge in San Francisco (USA) versinkt im Nebel. Er bildet sich in feuchter, warmer Luft, die über kalte Strömungen im Pazifik fließt.

Nebel

Eine dichte, bodennahe Wolke aus Wassertröpfchen

In kalten, klaren Nächten strahlt der Erdboden die tagsüber aufgenommene Wärme sehr schnell ab. Nach dieser Abkühlung des Bodens sinkt auch die Lufttemperatur bis zum Taupunkt, und dann bildet sich eine dichte Wolke aus **Strahlungsnebel**. Fließt warme, feuchte Luft über eine kalte Oberfläche, kondensiert der in ihr enthaltene Wasserdampf zu **Advektionsnebel**.

Tau

Winzige Wassertropfen, die am Boden oder an anderen Oberflächen kondensieren

Durch die nächtliche Abkühlung des Bodens sinkt oft auch die Lufttemperatur unter den Taupunkt, sodass sich Wassertröpfchen bilden. Diese sammeln sich als Tau auf schnell abkühlenden Flächen, z. B. auf Metall oder Grashalmen.

Reif

Eine Eisschicht aus gefrorener Luftfeuchtigkeit

Sinkt die Lufttemperatur unter den Gefrierpunkt (0 °C), gefriert Wasserdampf, ohne sich zuvor in Tau zu verwandeln. Dann ist der Boden mit einer Reifschicht aus weißen Eiskristallen bedeckt. **Nadelförmiger Reif** entsteht, wenn feuchte Luft über eine sehr kalte Oberfläche strömt. **Eisblumen** bilden sich aus gefrierendem Tau. **Raureif** entwickelt sich aus Flüssigkeitströpfchen in Wolken und Nebel, die bei niedrigem Luftdruck bis weit unterhalb des Gefrierpunkts flüssig bleiben. Sie gefrieren, sobald sie eine kalte Oberfläche berühren. **Blitzeis** bildet sich, wenn Regen auf eine kalte Straße fällt.

Adiabatische Abkühlung

Abkühlung von Luft bei Ausdehnung

Steigt ein Volumen warmer Luft in der Atmosphäre auf, sinkt sein Luftdruck ■, und es dehnt sich aus. Dabei rücken die Luftmoleküle voneinander weg, und die Temperatur im adiabatischen Gradienten ■ sinkt. Als **instabil** bezeichnet man ein Luftvolumen, das wärmer als die Umgebung ist und weiter aufsteigt. Ist es kühler, sodass keine weitere Aufwärtsbewegung stattfindet, nennt man es **stabil**.

Arten von Reif

Nadelförmiger Reif
Beim Kontakt mit einer sehr kalten Oberfläche gefriert Wasserdampf sofort zu spitzen Nadeln.

Eisblumen
An Scheiben bilden sich hübsche Kristallformen, wenn Tau bis unter den Gefrierpunkt abkühlt.

Raureif
Raureif, eine dicke weiße Eishülle, bildet sich durch Abkühlung der Luftfeuchtigkeit auf deutlich unter 0 °C.

Siehe auch

Adiabatischer Temperaturgradient 139
Luftdruck 142 • Molekül 42
Niederschlag 149 • Transpiration 108

Fortsetzung nächste Seite ➤

Ein Wolkenturm
Wolkenformationen sind sehr vielgestaltig, aber in der Meteorologie teilt man sie in nur zehn Kategorien ein. Diese sind hier mit ihrer ungefähren Höhe wiedergegeben.

Cirruswolken

Zarte Wolken aus Eiskristallen

Cirruswolken entstehen meist in großer Höhe, wo die Luft sehr kalt ist und der Wind sie zu »Federn« auseinander zieht. In tieferen Schichten bilden sich die flauschigen **Cirrocumuluswolken**, die aus Eiskristallen bestehen und gefleckt oder geriffelt aussehen.

Kondensstreifen

Ein langer Streifen aus Eiskristallen hinter einem Düsenflugzeug

Flugzeugtriebwerke geben heiße Gase und Wasserdampf ab. Trifft ihr Strom auf kalte Luft, kühlt der Wasserdampf sich ab und gefriert: Ein Kondensstreifen entsteht.

Siehe auch

Adiabatische Abkühlung 147 • Blitz 153
Donner 153 • Taupunkt 146

Cumulus

Flauschige weiße Wolken

Cumuluswolken bilden sich in aufsteigender, warmer Luft. An ihrer flachen Unterseite erreicht die Luft durch adiabatische Abkühlung ■ den Taupunkt ■. Durch starken Auftrieb in feuchter Luft können sie zu riesigen **Cumulonimbuswolken** werden, die Regen, Donner ■ und Blitze ■ mitbringen. Häufig haben diese Wolken neben der flachen Unterseite auch eine flache, vereiste, ambossförmige Spitze. Breitet diese sich seitlich zu einer flachen Schicht aus, spricht man von **Stratocumuluswolken. Altocumuluswolken** befinden sich in mittlerer Höhe.

Stratus

Große, formlose Wolkenschichten

Stratuswolken bilden sich, wenn eine Luftschicht sich bis zum Taupunkt abkühlt. Sie bringen oft anhaltenden Regen mit. Man unterscheidet den Schleier der **Cirrostratuswolken** in großer Höhe, die **Altostratuswolken** in mittlerer Höhe, und die dicken schwarzen **Nimbostratuswolken** in niedriger Höhe, aus denen es regnet.

Wolkenvorhang

Eine Wolkenschicht rund um einen Berggipfel

Viele Berge sind wolkenverhangen, weil warme, feuchte Luft an ihren Hängen aufsteigt und dabei bis zum Taupunkt abkühlt.

◂ *Fortsetzung von der vorherigen Seite*

Regen & Schnee

Die Wolken, aus denen Regen und Schnee fallen, sind meist so mit Wasser und Eiskristallen gesättigt, dass sie dunkelgrau aussehen. Den stärksten Niederschlag bringen aufgetürmte Cumulonimbuswolken; auch aus Stratuswolken kann es regnen.

Siehe auch
Cumulonimbus 148 • Kaltfront 150
Kondensationskerne 146
Nimbostratus 148 • Stratus 148
gemäßigtes Klima 155

Orografischer Regen
Strömt feuchte Luft einen Berg hinauf, kann es regnen. Die windabgewandte Seite ist trockener: Sie liegt im »Niederschlagsschatten«.

Niederschlag

Wassertropfen oder Eiskristalle, die aus Wolken zu Boden fallen

Es gibt viele Formen von Niederschlag. **Nieselregen** mit einem Tropfendurchmesser von 0,2–0,5 mm fällt meist aus Stratuswolken ■. Die Tropfen des Regens aus Nimbostratuswolken messen in der Regel 1–2 mm, solche aus Cumulonimbuswolen auch 5 mm und mehr. **Schnee** besteht aus Eiskristallen. **Schneeregen** ist eine Mischung aus Regen und Schnee. Niederschlag fällt, wenn Wassertropfen oder Eiskristalle so schwer werden, dass die Luft sie nicht mehr trägt.

Unterkühltes Wasser

Wasser unter dem Gefrierpunkt

Wie Wasserdampf, der in der Luft nur um Kondensationskerne ■ flüssig wird, so gefriert auch flüssiges Wasser nur um feste Teilchen herum. Deshalb sind die Wolken oft voller unterkühltem Wasser unterhalb des Gefrierpunkts.

Konvektionsregen

Regen, der durch aufsteigende Warmluft verursacht wird

Regen entsteht, wenn warme Luft in einer Wolke nach oben transportiert wird, sodass sie sich abkühlt und der Wasserdampf zu Tropfen kondensiert. Konvektionsregen kommt aus warmer, aufsteigender Luft, in der sich Cumulonimbuswolken bilden. Ebenso kann Regen in aufsteigender Luft an Kalt- und Warmfronten ■ entstehen. **Orografischer Regen** fällt aus Luft, die an einem Berg aufsteigt.

Hagel

Aus Wolken fallende Eiskörner

Hagelkörner entstehen aus Eiskristallen, die in einer Cumulonimbuswolke auf und ab gewirbelt werden. Das Wasser gefriert an den Kristallen schichtweise, bis eine Kugel von 5 mm oder mehr entstanden ist.

Dürre

Längere Periode ohne oder mit unterdurchschnittlichem Niederschlag

In gemäßigten ■ Breiten spricht man von Trockenheit, wenn an 15 aufeinander folgenden Tagen weniger als 0,25 mm Niederschlag fallen.

Wie der Regen fällt
Regentropfen bilden sich z. B. durch Verschmelzung von Tröpfchen oder durch das Wachstum von Eiskristallen.

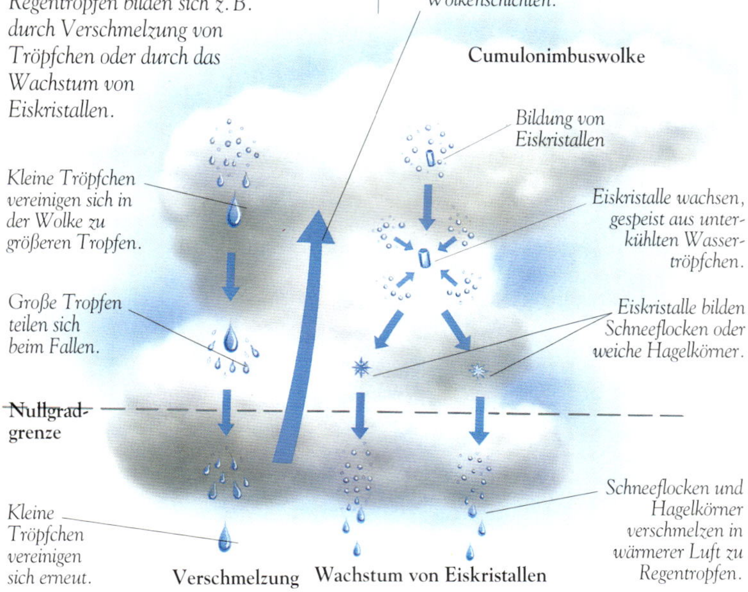

Luftmassen

Jeder Wind bringt den Einfluss einer anderen Luftmasse mit. Eine Luftmasse ist ein großer Abschnitt der Atmosphäre mit einheitlicher Temperatur und Luftfeuchtigkeit. Das Wetter eines Gebietes wird im Wesentlichen von der darüber liegenden Luftmasse bestimmt.

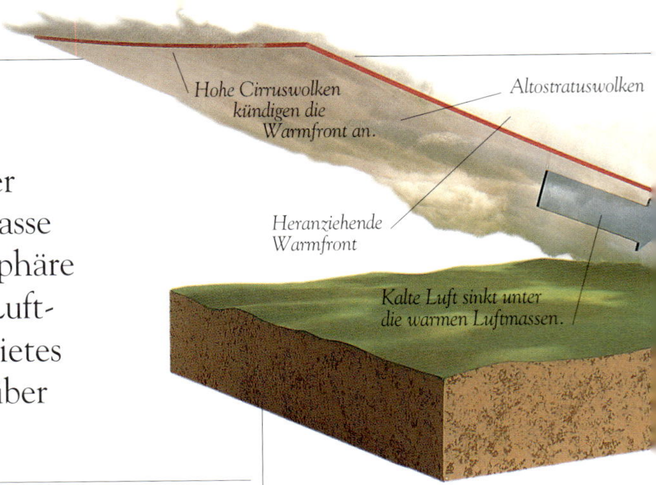

Luftmasse

Ein großer Abschnitt der Atmosphäre mit einheitlich warmer oder kalter, feuchter oder trockener Luft

Eine Luftmasse kann sich über mehrere tausend Kilometer erstrecken. Sie bildet sich, wenn Luft längere Zeit über einer größeren Oberflächenstruktur – z. B. einer Hochebene oder einem Ozean – bleibt und deren Feuchtigkeit und Temperatur annimmt. Im Inneren der Kontinente bleibt eine Luftmasse oft tage- oder wochenlang liegen, sodass das Wetter sich kaum ändert. In Küstennähe kann schon eine leichte Änderung der Windrichtung eine andere Luftmasse heranziehen lassen.

Maritime Polarluft

Luftmasse, die sich über den Ozeanen nahe Nord- und Südpol bildet

Maritime Polarluft ist kalt und feucht; sie bringt meist bedeckten Himmel, Regen oder Schnee. Wenn sie im Sommer nach Süden wandert und trockener wird, ist sie mit klarem Himmel und milden Temperaturen verbunden.

Maritime Tropikluft

Luftmasse, die sich über tropischen und subtropischen Meeren bildet

Maritime Tropikluft ist warm und feucht. Sie bringt meist lange, gleichmäßige Regenschauer mit. Zudem kann sie an Küsten, wo die warme, feuchte Luft polwärts über kühlere Oberflächen fließt, eine dichte Decke aus Advektionsnebel entstehen lassen.

Luftmassen im Winter
Im Winter haben die polaren Luftmassen den größten Einfluss auf das Wetter.

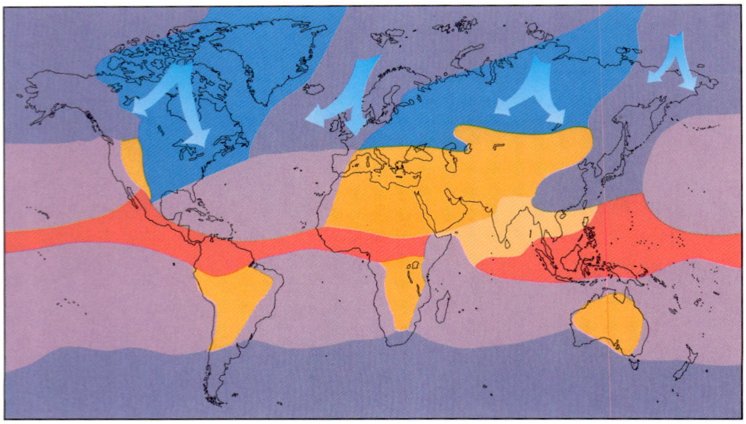

Legende: Kontinentale Polarluft · Maritime Polarluft · Maritime Tropikluft · Kontinentale Tropikluft · Südwestmonsun · Äquatorialluft

Kontinentale Tropikluft

Luftmasse über subtropischen Wüsten und Hochebenen

Kontinentale Tropikluft ist warm und trocken. Sie bringt meist heißes, trockenes Wetter mit klarem Himmel. Unter einer solchen Luftmasse bleibt das Wetter in der Regel längere Zeit sonnig und warm. **Äquatoriale Luftmassen** sind sehr warm und feucht.

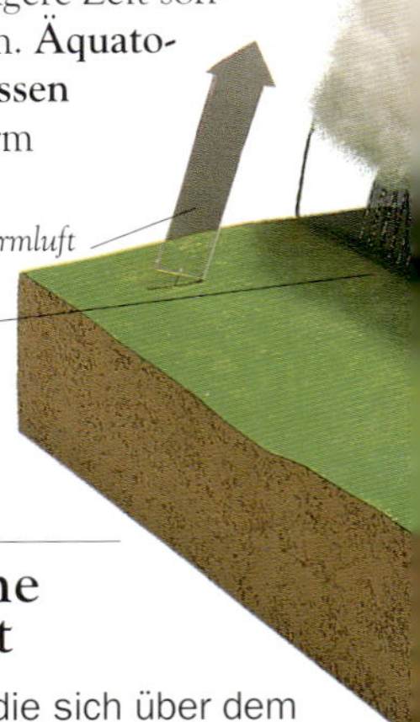

Arktische Polarluft

Luftmasse, die sich über dem Nordpolarmeer bildet

Über dem Nordpolarmeer bildet sich die arktische Polarluft; sie wird »kontinental« genannt, weil das Meer dort den größten Teil des Jahres zugefroren ist. Wenn diese sehr trockene, kalte Luftmasse über einem Gebiet liegt, ist der Himmel klar, und die Temperatur kann auf Rekordwerte sinken. Kontinentale Polarluft bildet sich über dem Norden der Regionen mittlerer Breiten. Sie ist ebenfalls trocken, aber nur im Winter wirklich kalt.

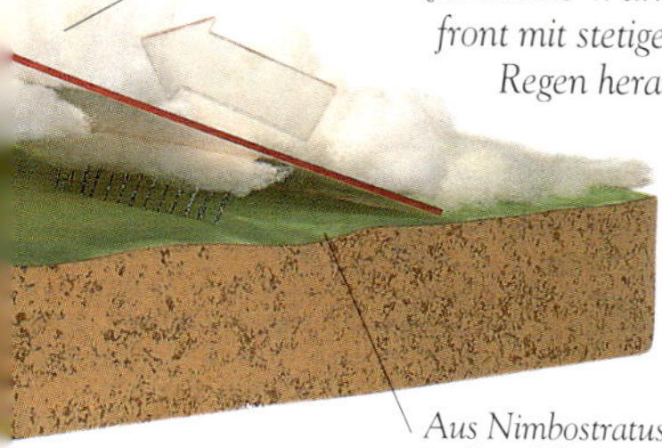

Warmfront
Wenn das Wetter sich verschlechtert, zieht zuerst eine Warmfront mit stetigem Regen heran.

Kaltfront

Grenze zwischen Warm- und Kaltluft, an der kalte Luft vorankommt

An einer Kaltfront schiebt eine kalte Luftmasse sich unter wärmere Luft und drückt diese nach oben. Oft entwickeln sich Gewitterwolken, die kurze, heftige Regenschauer bringen. Hinter der Kaltfront sinkt die Temperatur, und die Wolken verschwinden bis auf ein paar flauschige Cumuluswolken, die leichte Schauer verursachen. Meist folgt eine Kaltfront wenige Stunden nach einer Warmfront. Wenn die Kaltfront eine Warmfront einholt und sich mit ihr verbindet, entsteht eine **Okklusion.**

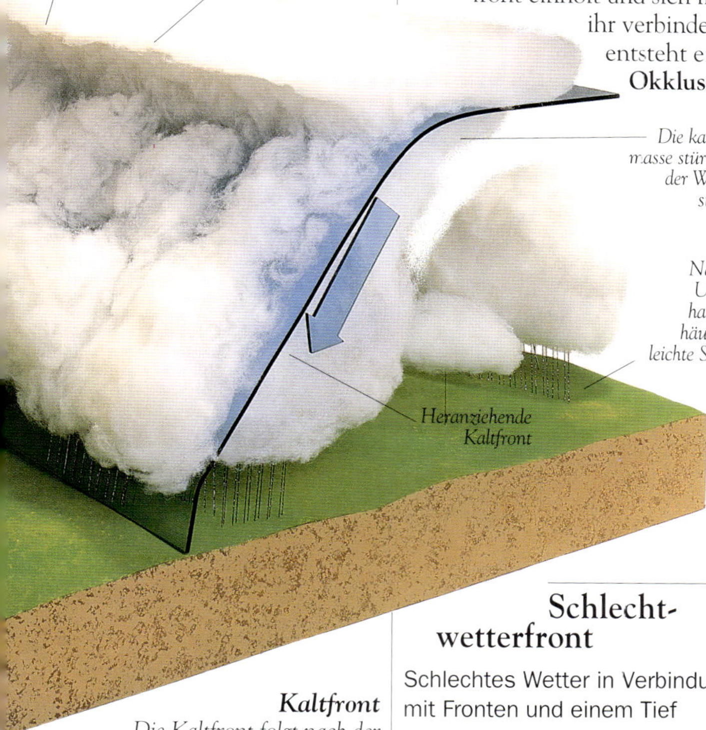

Kaltfront
Die Kaltfront folgt nach der Warmfront und bringt kurze, heftige Schauer sowie häufig auch Gewitter.

Warmfront

Grenze zwischen Warm- und Kaltluft, an der warme Luft vorankommt

An einer Warmfront schiebt warme, feuchte Luft sich über kältere Luft. Dabei entsteht eine lange, leicht geneigte Front, an der es anhaltend regnet.

Schlechtwetterfront

Schlechtes Wetter in Verbindung mit Fronten und einem Tief

Besonders schlechtes Wetter entsteht in mittleren Breiten häufig durch große Tiefdruckgiebete, die sich entlang einer Polarfront bilden. Im Herbst ziehen Tiefdruckgebiete gruppenweise nach Westen. Dabei wird ein »Knick« in der Polarfront zu zwei »Armen«, einer Warm- und einer Kaltfront. Wenn erst die Warm- und dann die Kaltfront vorüberzieht, kommt stürmisches Wetter auf.

FRONTEN

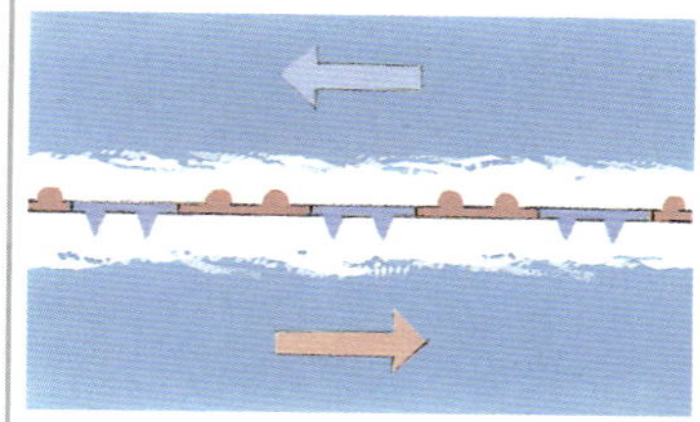

Luftmassen treffen aufeinander
An der Polarfront begegnen sich kalte Polar- und warme Tropikluft.

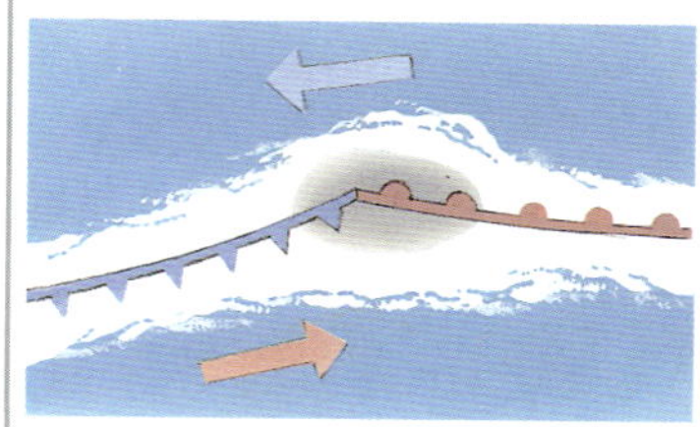

Ausbeulung
Wo die warme Luft sich in die kalte schiebt, entsteht ein Tief.

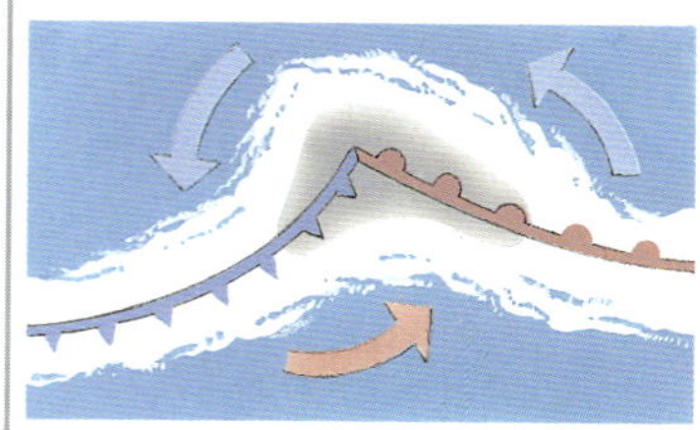

Zweiteilung
Kalte Luft folgt der warmen in einer Spirale. Polarfront teilt sich in zwei Arme.

Okklusion
Kaltfront holt Warmfront ein und verbindet sich mit ihr: Okklusion entsteht.

Siehe auch

Advektionsnebel 147 • Cumulus 148
Luftfeuchtigkeit 146 • Polarfront 145
Regen 149 • Schnee 149 • Sturm 152
Tief 142 • Wind 142

Unwetter

Immer wieder spielen sich in der Atmosphäre heftige, spektakuläre Unwetter ab: sintflutartige Regenfälle, Donner, Blitze und Windgeschwindigkeiten von bis zu 160 km/h. Wo dies geschieht, entstehen große Verwüstungen.

Sturm

Heftiges Wettergeschehen

Als Sturm bezeichnet man umgangssprachlich jedes Wetter ▪ mit heftigem Wind. In der Meteorologie ▪ meint man damit Windgeschwindigkeiten von über 81 km/h (Stärke 9 auf der Beaufort-Skala ▪).

Gewitter

Ein Unwetter mit Blitz und Donner

Gewitter mit Starkregen, Blitz und Donner gehen aus Cumulonimbuswolken ▪ nieder. Solche Gewitterwolken können sich 15 bis 18 km hoch auftürmen; ihr oberes Ende besteht ausschließlich aus Eis und wird vom Wind zu einer Ambossform verweht. Sie bilden sich durch starke Aufwinde, wie sie entlang einer Kaltfront ▪ herrschen, aber auch über dem heißen, von der Sonne aufgeheizten Erdboden. Aus letzterem Grund sind Gewitter in den Tropen sehr häufig.

Ein wirbelnder Hurrikan

Hurrikane können einen Durchmesser von bis zu 800 km erreichen und 18 Stunden oder länger andauern. Im Auge des Hurrikans ist es ruhig, aber weiter außen sind Wind und Regen sehr heftig. Häufig treten spiralförmige Regen- und Sturmbänder in 400 km Abstand auf.

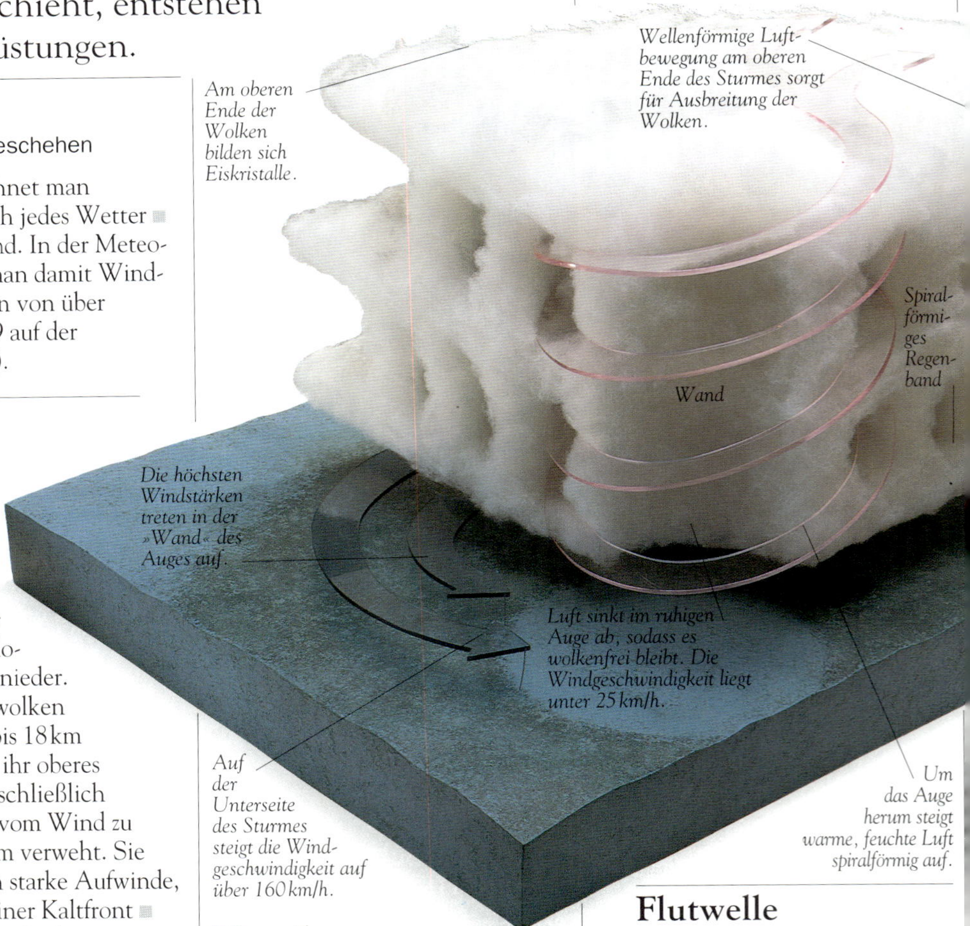

Hurrikan

Ein heftiger tropischer Wirbelsturm

Hurrikane, auch **tropische Zyklone** oder **Taifune** genannt, entwickeln sich aus Gewittern über tropischen Meeren. Ein Hurrikan zieht sich zu einer engen Spirale zusammen, in deren Mitte sich das **Auge** befindet, ein runder Bereich mit niedrigem Luftdruck. Der Hurrikan wandert nach Westen und bringt starken Regen sowie Windgeschwindigkeiten bis zu 360 km/h mit sich.

Flutwelle

Ein plötzlicher Anstieg des Meeresspiegels im Zusammenhang mit einem Unwetter

Bei Sturm kann das Meer plötzlich sehr stark ansteigen. Kommt noch eine Springtide hinzu, werden große Gebiete überschwemmt ▪. Besonders verheerende Flutwellen treten im Zusammenhang mit Hurrikanen auf, denn wegen des niedrigen Luftdrucks ▪ im Auge des Sturmes kann das Meer dort um 5 m oder mehr ansteigen.

Siehe auch

Beaufort-Skala 142 • Cumulonimbus 148
Gezeiten 137 • Kaltfront 150 • Luftdruck 142 • Meteorologie 138
Tropen 35 • Überschwemmung 109
Wetter 139 • Wind 142

Blitz

Eine sichtbare elektrische Entladung während eines Gewitters

In Gewitterwolken lassen heftige Luftbewegungen weiche Hagelkörner mit Wassertröpfchen zusammenstoßen, wobei sie sich mit statischer Elektrizität aufladen. Negativ geladene Teilchen sinken in der Wolke nach unten; entsprechend steigen positiv geladene Teilchen nach oben, sodass zwischen Ober- und Unterseite der Wolke eine Ladungsdifferenz entsteht. Ist diese groß genug, entlädt sie sich in der Wolke als **Flächenblitz** von unten nach oben oder als Linienblitz zum Erdboden. Der Blitz nimmt den einfachsten Weg zu Boden, häufig über hohe Bäume oder Gebäude.

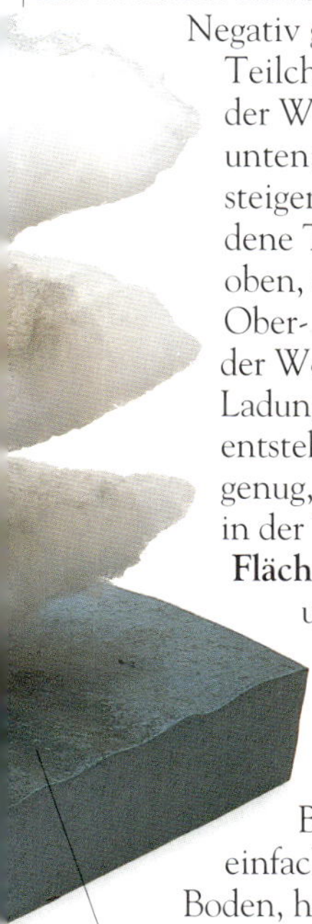

Die Energie, die den Sturm antreibt, stammt aus der im Meer festgehaltenen Wärme.

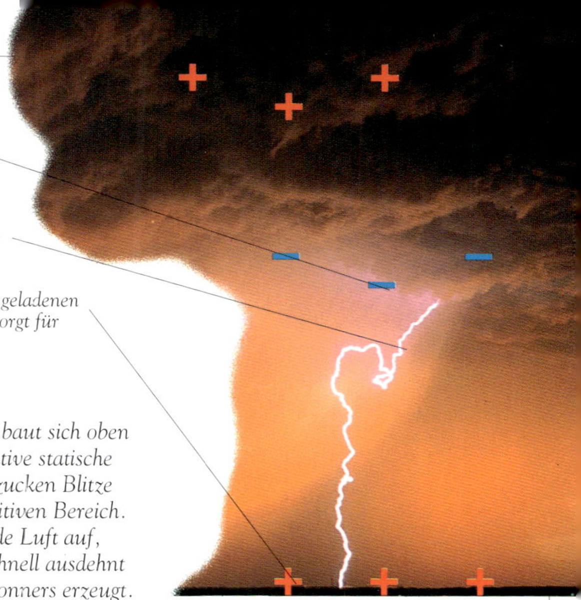

Blitz und Donner
In einer Gewitterwolke baut sich oben positive und unten negative statische Elektrizität auf. Dann zucken Blitze vom negativen zum positiven Bereich. Sie heizen die umgebende Luft auf, sodass diese sich sehr schnell ausdehnt und das Krachen des Donners erzeugt.

Linienblitz

Ein Blitz, der von einer Wolke zum Erdboden verläuft

Ein Linienblitz beginnt in der Regel mit einer schwach leuchtenden Entladung von der Wolkenunterseite zum Boden, die sich in 50-m-Schritten fortpflanzt. Dieser **Vorblitz** erzeugt den elektrisch leitenden Weg für den **Gegenblitz**, der einen Sekundenbruchteil später vom Boden zur Wolke zuckt. Der Gegenblitz ist zwar langsamer, aber viel heller und hat eine Stromstärke von rund 10000 Ampere.

Donner

Eine von einem Blitz erzeugte laut krachende Druckwelle

Ein Blitz kann die Luft sehr schnell auf über 25000 °C aufheizen. Die heiße Luft dehnt sich so plötzlich aus, dass sie eine laute Druckwelle erzeugt, die als Donner hörbar wird. Da Schall langsamer wandert als Licht, hört man den Donner erst nach dem Blitz – der Unterschied beträgt rund 3 Sekunden pro Kilometer Entfernung vom Gewitter.

Tornado

Ein kleiner, aber sehr heftiger Wirbelsturm

Tornados, in schwächerer Form auch **Windhosen** genannt, bilden sich unter Gewitterwolken. Sie wirbeln mit bis zu 400 km/h im Kreis. In ihrer Mitte herrscht sehr niedriger Luftdruck, und die Luft, die in diesen Bereich strömt, reißt alles mit, was sich ihr in den Weg stellt. Tornados sind meist sehr schmal, können aber am unteren Ende einen Durchmesser bis zu 100 m erreichen. Über dem Meer lässt ein Tornado eine **Wasserhose** entstehen.

Tornado und Wasserhose
Der Tornado links »saugt« Material vom Boden auf und hinterlässt eine Schneise der Zerstörung. Wasserhosen (rechts) sind oft weiger heftig als Tornados und dauern länger.

Klima

In manchen Gegenden ist es stets wärmer, feuchter, kühler oder trockener als in anderen. Die Tropen sind z. B. wärmer als die Arktis. Natürlich gibt es auch in den Tropen kühle und in der Arktis warme Tage, aber für tropisches Wetter ist die Hitze typisch. Ein solches typisches Wetter nennt man Klima.

Klima

Die durchschnittlichen Wetterbedingungen eines Gebietes über 30 Jahre oder mehr

Es gibt drei große Klimazonen: die warmen Tropen, die kalten Polargebiete und dazwischen die gemäßigten Breiten. Zum Klima gehören alle Wetterfaktoren. Zur Klimaeinteilung gibt es verschiedene Systeme, so das **Köppen-System**, das Klimazonen nach ihren Pflanzen definiert, und das **Thornthwaite-System**, das sich der Evapotranspiration ▪ bedient. Das typische Klima eines kleinen Gebietes nennt man **Mikroklima**. Es kann je nach Albedo ▪, Feuchtigkeit und Pflanzenbewuchs des Bodens auch auf wenigen Metern stark schwanken.

Klimadiagramm

Eine Reihe von Kurven, die das Klima eines Ortes oder einer Region darstellen

Für ein vollständiges Bild vom Klima eines Gebietes zeichnet man die Wetterbedingungen ein Jahr lang jeden Monat in dasselbe Diagramm ein (Klimadiagramm). Es zeigt normalerweise die monatlichen Durchschnittstemperaturen als Kurve und den monatlichen Niederschlag als Balkendiagramm.

Klima im Vergleich

Auf den Klimadiagrammen unten sieht man links die Werte für den monatlichen Niederschlag in mm und rechts die Werte für die monatlichen Durchschnittstemperaturen in °C.

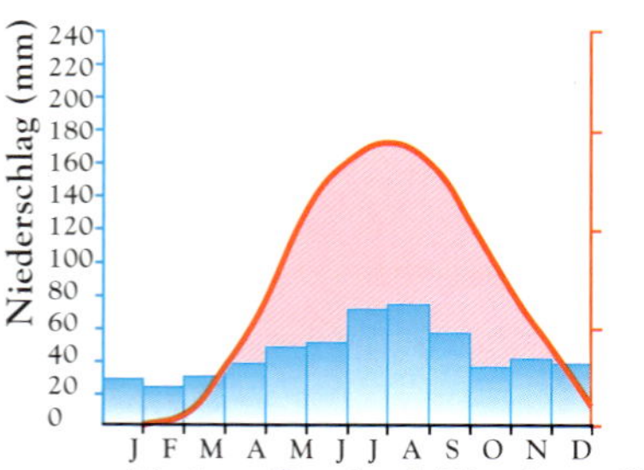

Moskau, Russland (Kontinental)

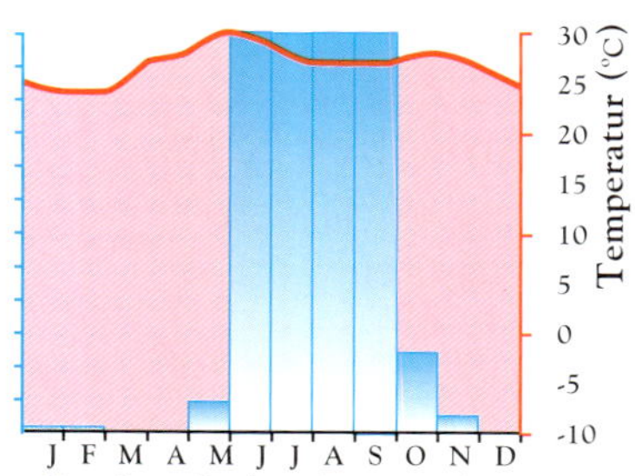

Bombay, Indien (Monsun)

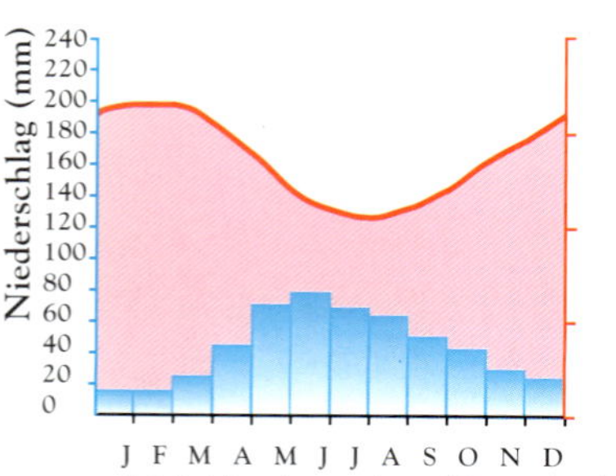

Adelaide, Australien (Gemäßigt)

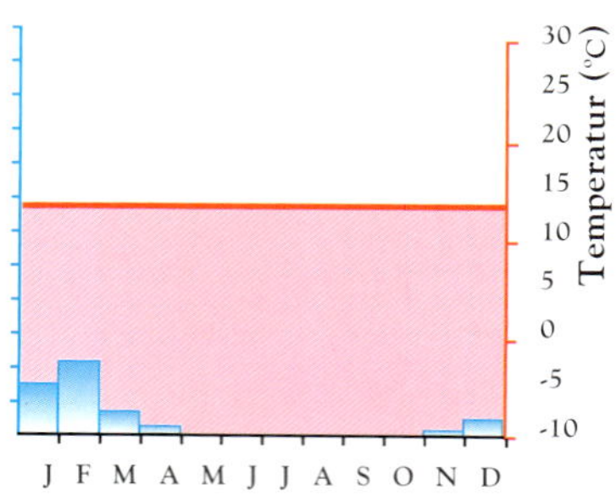

Arequipa, Peru (Wüste)

Tropisches Klima

Das typische Klima der Tropen

In den Tropen ist es warm. In Manaus (Brasilien) beträgt die Durchschnittstemperatur z. B. 27 °C, und unter 20 °C sinkt sie nur selten. Manche tropischen Gebiete, z. B. die Wüsten, sind auch sehr trocken; andere, so die tropischen Regenwälder ▪, sind feuchtwarm.

Indonesien im Regen

Ein Lastwagen fährt durch den Monsunregen auf Sumatra, Indonesien.

Monsunklima

Ein tropisches Klima mit ausgeprägter Regen- und Trockenzeit

Tropische Gebiete wie Indien, die von Monsunwinden ▪ betroffen sind, haben ein Monsunklima. In der indischen Trockenzeit weht der Wind zum Meer. In der Regenzeit ist der Wind landeinwärts gerichtet.

Wüstenklima

Typisches Klima trockener Gebiete

Viele Wüsten liegen unter subtropischen Hochs ▪, in denen die Luft absinkt, sodass sie warm und trocken ist. An der Westküste von Sahara und Atacama-Wüste kühlen kalte Meeresströmungen die Luft ab und sorgen so für eine weitere Verminderung der Niederschläge. In der Atacama-Wüste im Windschatten der Anden regnet es u. U. jahrhundertelang nicht. Über den Anden fällt orografischer Regen ▪, sodass die zur Atacama-Wüste fließende Luft sehr trocken ist.

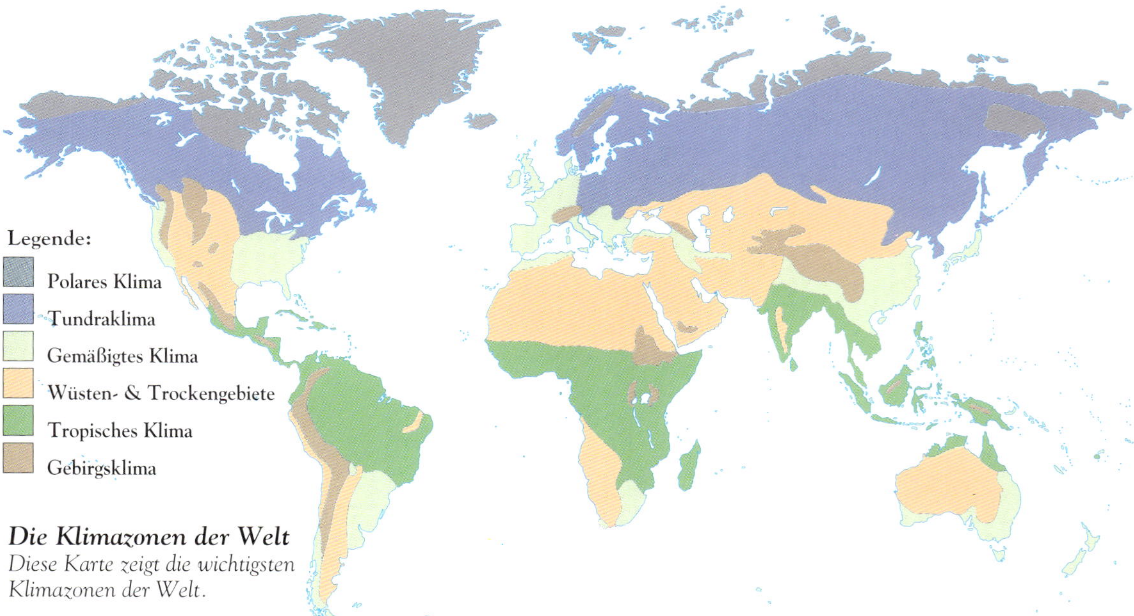

Die Klimazonen der Welt
Diese Karte zeigt die wichtigsten Klimazonen der Welt.

Polares Klima

Das typische Klima der Polarregionen

In Polnähe steht die Sonne immer tief über dem Horizont; im Winter geht sie kaum auf, sodass drei Monate lang Dämmerung herrscht. Es ist immer sehr kalt, und der Schnee schmilzt nur im Sommer. In der Antarktis bleibt die Temperatur sechs Monate im Jahr unter –50 °C. In den kalten Tundraregionen ■ herrscht **Tundraklima**: kühle, kurze Sommer und sehr kalte Winter mit Temperaturen bis unter –60 °C.

Gemäßigtes Klima

Das typische Klima der mittleren Breiten

Gebiete in mittleren Breiten, z. B. Japan, Europa, Südaustralien und die USA, haben warme Sommer und kalte Winter. Der Westwind bringt das ganze Jahr über Regen mit, der in polnäheren Gebieten als Schnee fallen kann. **Mediterranes Klima** herrscht im Westen der Kontinente zwischen 30 und 40 Grad nördlicher bzw. südlicher Breite. In solchen Gebieten (z. B. Mittelmeer, Kalifornien, Südafrika) ist der Sommer heiß und der Winter mild und feucht.

Gebirgsklima

Das typische Klima im Gebirge

Da die Lufttemperatur mit zunehmender Höhe sinkt, ist Gebirgsklima kalt. Es ist auch feuchter und windiger als im Flachland, aber die Bedingungen schwanken je nach der Ausrichtung ■ des Gebirges. Oberhalb der **Schneegrenze** liegt immer Schnee. Sie befindet sich in den Tropen in 5000 m Höhe, in den Alpen bei 2700 m und an den Polen auf Meereshöhe.

Ozeanisches Klima

Das typische Klima der Küstenregionen

In küstennahen Gebieten ist das Klima meist wechselhafter und feuchter als im Binnenland. Außerdem ist der Sommer oft kühler und der Winter wärmer, weil das Meer sich langsamer aufheizt und abkühlt. In Nordwesteuropa herrscht wegen der warmen, quer über den Atlantik ziehenden Meeresströmungen ein für diese geografische Breite recht mildes Klima. Das **kontinentale** ■ **Klima** im Inneren der Kontinente ist viel trockener; die Winter sind kälter und die Sommer heißer.

Klimaveränderung

Klimaschwankungen in Vergangenheit und Zukunft

Manchmal ändert sich das Klima drastisch, dies war z. B. während der Eiszeiten ■ der Fall. Heute erwärmt sich das Klima der Erde aufgrund der weltweiten Umweltverschmutzung.

Klimageschichte
Der breite Jahresring weist auf ein warmes Jahr mit gutem Wachstum hin.

Siehe auch

Albedo 141 • Ausrichtung 100
Eiszeit 121 • Evapotranspiration 108 • geografische Breite 37 • Kontinentalität 141
Monsun 145 • orografischer Regen 149
subtropisches Hoch 142 • tropischer Regenwald 162 • Tundra 163 • Wüste 116

Wettervorhersage

Ein erfahrener Beobachter kann das örtliche Wetter anhand einfacher Anzeichen vorhersagen. Die Wettervorhersage für große Gebiete dagegen stützt sich auf Supercomputer und viele tausend weltweit gleichzeitig angestellte Wetterbeobachtungen.

Wetterstation

Ein Zentrum für die Wetterüberwachung

Es gibt etwa 10 000 landgestützte Wetterstationen, manche auf Dächern von Gebäuden, andere auf abgelegenen Inseln oder Berggipfeln. Sie messen alle drei Stunden – zu den so genannten **synoptischen Terminen** – Niederschlag, Temperatur, Windrichtung und -stärke sowie Luftfeuchtigkeit. Die Daten werden an die 13 Wetterzentren der Weltorganisation für Meteorologie (WMO) übermittelt.

Wetterradar

Radarbeobachtung des Wettergeschehens

Da Radarsignale von jeder Feuchtigkeit in der Luft – auch von Schnee, Hagel und Regentropfen – reflektiert werden, vermittelt das Radar ■ ein gutes Bild von Ausmaß und Stärke des Niederschlages.

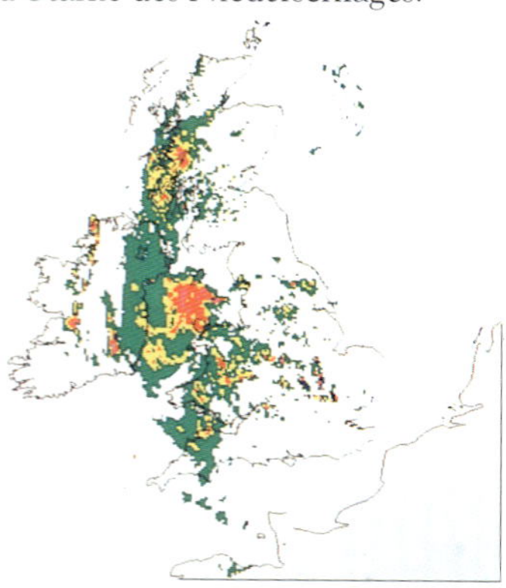

Niederschlag im Radarbild
Dieses Radarbild zeigt die Regenmenge in Millimetern (rot = 4 mm; grün = 2 mm; gelb = 1 mm).

Ballonstart
Ein Wetterballon steigt in die Luft und zieht dabei eine lange Leine mit Instrumenten hinter sich her. Meist verfolgt man Wettersatelliten mit dem Radar.

Wetterballon

Ein Ballon zur Überwachung der Wetterverhältnisse in den oberen Atmosphärenschichten

Jeden Tag am Mittag und um Mitternacht Greenwich-Zeit starten rund um die Erde mehrere hundert heliumgefüllte Wetterballons. Sie messen die atmosphärischen Bedingungen bis in eine Höhe von 20 000 m. Die mitgeführten Instrumente ermitteln automatisch Luftdruck ■, Windgeschwindigkeit, Temperatur und Luftfeuchtigkeit in großer Höhe. Die Messwerte werden per Funk zu den Wetterstationen übertragen.

Globales Telekommunikationssystem (GTS)

Ein weltweites Satellitennetz für den Austausch von Wetterdaten

Die Wettervorhersage erfordert eine ununterbrochene Versorgung mit neuesten Daten. Die Wetterstationen auf der ganzen Welt sind durch das GTS-Satellitennetz verbunden, das Daten von Ballons, Radar, Satelliten und anderen Quellen übermittelt.

Wetterkarte

Eine Karte der Wetterverhältnisse zu einem bestimmten Zeitpunkt

Wetterkarten stützen sich auf Wetterbeobachtungen, die zur gleichen Zeit angestellt wurden. Ist das nicht möglich, gleicht man die Zeitunterschiede durch Computerberechnungen aus.

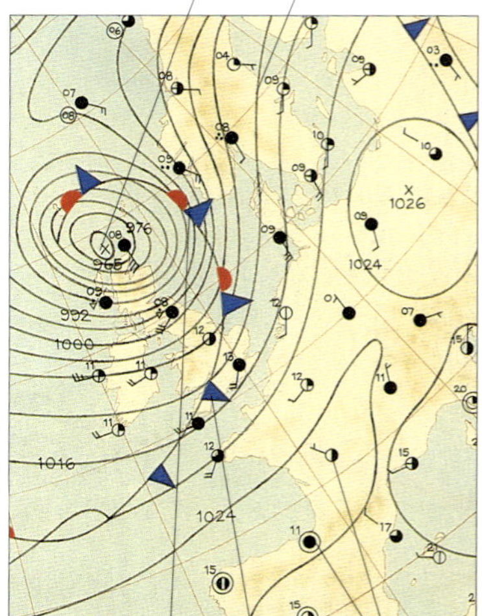

Wetterkarte
Isobaren verbinden Punkte mit gleichem Luftdruck und vermitteln einen guten Eindruck vom bevorstehenden Wetter. Hier ein Tief über den Britischen Inseln.

Satellitenmeteorologie

Die Beobachtung der Atmosphäre mit Satelliten

Strahlungsmesser in den Wettersatelliten liefern Bilder von Wolken, Land und Meer bei Sonnenlicht. Infrarotbilder zeigen Luft- und Oberflächentemperatur sowie die Wolken bei Tag und Nacht. Windgeschwindigkeit und -richtung lassen sich aus Änderungen der Wolkenposition ableiten, die alle halbe Stunde von geostationären Satelliten aufgezeichnet werden.

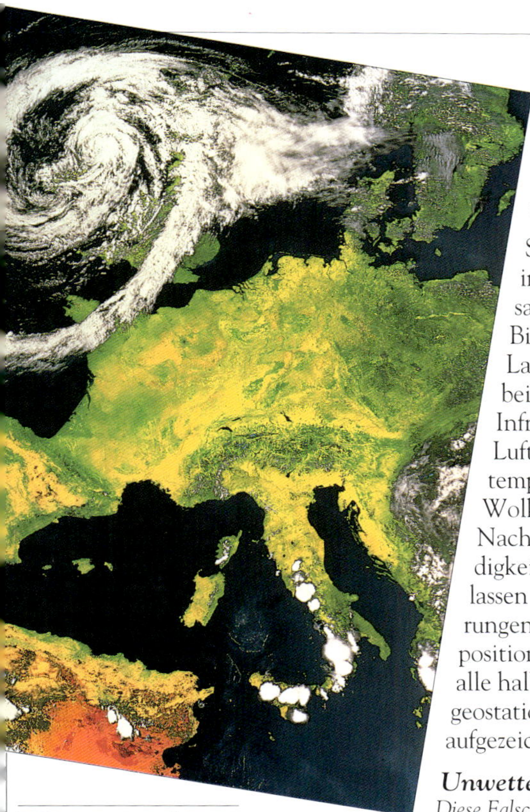

Unwetter im Satellitenbild
Diese Falschfarben-Satellitenaufnahme zeigt Europa und Nordafrika mit einem Sturmtief über den britischen Inseln; ansonsten ist Europa fast wolkenlos.

Numerische Vorhersagemethode

Wettervorhersage nach Daten aus einem Gitternetz

Moderne Wettervorhersagen stützen sich auf viele Millionen gleichzeitig angestellte Messungen von Temperatur, Luftfeuchtigkeit, Wind und Luftdruck. Die Werte werden in 15 festgelegten Höhen in der Atmosphäre an Gitternetzpunkten in gleichen Abständen rund um die Erde gewonnen. Aus den Daten berechnen Supercomputer zukünftige Werte.

Wettermodell

Ein theoretisches Bild des zukünftigen Wettergeschehens

Die Computer werden so programmiert, dass sich die errechneten Werte nicht nur auf die augenblickliche Entwicklung, sondern auch auf Wettermodelle stützen. Diese theoretischen Bilder zeigen, wie Wetterphänomene (z. B. Tiefs) sich entwickeln.

Wetterhütte

Ein weißer, belüfteter Kasten für Wetterinstrumente

Die Lufttemperatur muss im Schatten gemessen werden; Deshalb werden Thermometer in weißen Kästen vor der Sonne geschützt. Schlitze sorgen für ungehinderten Luftaustausch.

Geschützte Instrumente
Diese Wetterhütte enthält Instrumente zur Aufzeichnung für des Verlaufs von Temperatur und Luftdruck.

Natürlicher Indikator

Eine Veränderung in der Natur, die einen Wetterumschwung ankündigt

Bevor es die Meteorologie gab, schloss man aus verschiedenen natürlichen Anzeichen auf das kommende Wetter. Viele Pflanzen und Tiere reagieren auf Veränderungen der Luftfeuchtigkeit und warnen so vor Regen.

Natürliche Wetterpropheten
Seetang trocknet bei gutem Wetter aus und schrumpft, schwillt aber bei bevorstehendem Regen durch die Feuchtigkeit an. Wolle rollt sich bei Trockenheit ein, wird aber bei hoher Luftfeuchtigkeit wieder glatt. Kiefernzapfen schließen sich in feuchter Luft.

Langfristige Wettervorhersage

Vorhersage für mehr als fünf Tage

Wettervorhersagen sind auf 24 Stunden meist zutreffend und auf fünf Tage einigermaßen zuverlässig. Darüber hinaus nimmt die Unsicherheit zu.

Siehe auch

Infrarotfilm 26 • Luftdruck 142
Meteorologie 13 • Radar 27
Strahlungsmesser 26 • Tief 142
Wettersatellit 27

Lebewesen

Die Erde beherbergt als vielleicht einziger Planet des Universums Lebewesen. Sie bewohnen in großer Vielfalt den schmalen Bereich zwischen den untersten Atmosphärenschichten und dem Meeresboden. Jedes Lebewesen besetzt einen eigenen Platz.

Biosphäre

Der von Lebewesen bewohnte Teil der Erde

Die Biosphäre kann man sich als die Gesamtheit aller Pflanzen, Tiere und sonstigen Lebewesen auf der Erde vorstellen. Sie ist nicht von der unbelebten Welt getrennt, sondern steht mit Boden, Gestein, Atmosphäre und Wasser in vielfältiger Beziehung. Der Luftsauerstoff zum Beispiel, auf den heute so viele Lebewesen angewiesen sind, wurde vor Jahrmilliarden von winzigen Bakterien erzeugt.

Ökosystem

Ein mit seiner Umgebung verknüpftes System von Lebewesen

Die Biosphäre besteht aus vielen Millionen Ökosystemen, die zu verschiedenen biogeografischen Regionen (Biomen) gehören. Alle Lebewesen eines Ökosystems stehen in Wechselbeziehung zueinander, nutzen die gleichen Nährstoffe und verwerten sie innerhalb des System ständig wieder. Die lebenden Teile eines Ökosystems nennt man auch **biotisch**, die unbelebten heißen **abiotisch**.

Lebensraum

Die natürliche Heimat eines Lebewesens

Als Lebensraum oder **Habitat** bezeichnet man oft einfach die Umgebung, in der eine Tier- oder Pflanzenart natürlicherweise lebt. Der Boden ist z. B. der Lebensraum der Regenwürmer. Eine **Lebensgemeinschaft** besteht aus den Pflanzen und Tieren eines Lebensraumes. Dieser umfasst alle Bedingungen, welche sich auf die Lebensgemeinschaft auswirken, wie Klima, Bodenbeschaffenheit usw.

Art (Spezies)

Gruppe von Lebewesen, die sich in der Natur kreuzen können und fortpflanzungsfähige Nachkommen haben

In der Biologie teilt man Lebewesen in immer kleinere Gruppen ein. Ganz unten steht die Art, eine Gruppe von Lebewesen, die sich untereinander kreuzen können. Beispiele sind der Steinadler oder der Afrikanische Elefant. Eine **Population** ist eine Gruppe von Individuen einer Art im selben Lebensraum. Verschiedene Arten kreuzen sich unter natürlichen Umständen nur sehr selten. Nachkommen von Eltern verschiedener Arten nennt man **Bastarde**.

Ein selbstgebautes Ökosystem

In diesem Terrarium befindet sich ein kleines Ökosystem mit Pflanzen, Tieren, Boden und einer eigenen »Atmosphäre«.

Flora

Die Pflanzenwelt eines Gebietes

Zur Flora einer Gegend gehören alle dort lebenden Pflanzen, die **Fauna** besteht aus allen Tieren. Das Spektrum der Tier- und Pflanzenarten ist von Ort zu Ort unterschiedlich. Am reichhaltigsten ist es in den tropischen Regenwäldern ■.

Autotropher Organismus

Ein Lebewesen, das seine eigene Nahrung produziert

Lebewesen sind entweder autotroph oder heterotroph. Die autotrophen **Produzenten** stellen durch Photosynthese ihre eigenen Nährstoffe her. **Heterotrophe** Lebewesen – vor allem Tiere – beziehen ihre Nährstoffe letztlich von autotrophen: **Primärkonsumenten** sind **Pflanzenfresser, Sekundärkonsumenten** ernähren sich als **Fleischfresser** von Pflanzenfressern oder voneinander. **Destruenten** bauen tote Überreste anderer ab.

Produktion pflanzlicher Nährstoffe
Aus Sonnenlicht, Wasser und Kohlendioxid stellt eine Pflanze den Nährstoff Glucose her. Als Abfallprodukt entsteht Sauerstoff.

Photosynthese

Die Herstellung von Nährstoffen aus einfachen Substanzen mit Hilfe von Licht

Pflanzen stellen Nährstoffe aus Wasser und dem Kohlendioxid der Luft her. Dazu müssen sie Energie aus dem Sonnenlicht aufnehmen. Dies geschieht vor allem in den Blattzellen, die den grünen Farbstoff **Chlorophyll** enthalten. Das Chlorophyll nimmt die Sonnenenergie auf und zerlegt mit ihrer Hilfe das Wasser des Pflanzensaftes in Wasserstoff und Sauerstoff. Der Kohlenstoff aus dem durch die Spaltöffnungen oder **Stomata** der Blätter aufgenommenen Kohlendioxid verbindet sich mit dem Wasserstoff zu dem Zucker Glucose. Wird dieser Nährstoff in der **Zellatmung** verbraucht, entstehen wieder Kohlendioxid und Wasser.

Nahrungskette

Eine Reihe von Fressbeziehungen zwischen Lebewesen

Die Lebewesen eines Ökosystems ernähren sich voneinander, und deshalb ist jedes von ihnen in dem System wichtig. Auf einer Salzwiese z.B. fressen Schnecken das Gras, Spitzmäuse fressen die Schnecken, und Raubvögel fressen die Spitzmäuse. Man spricht man hier besser von einem **Nahrungsnetz**.

Weidennahrungskette

Der Kreis der Fressbeziehungen zwischen Pflanzen, Pflanzenfressern und Fleischfressern

Die Weidennahrungskette umfasst Pflanzen, ferner die Pflanzenfresser, die sich von ihnen ernähren, und die Fleischfresser, die Pflanzenfresser verzehren. **Detritus-Nahrungsketten** kommen meist im Boden vor und umfassen Destruenten wie Bakterien, Pilze und Milben. Die wichtigsten Stufen einer Nahrungskette sind die **trophischen Ebenen**.

EINFACHE NAHRUNGSKETTE

Die trophischen Ebenen einer einfachen Nahrungskette

Produzenten
Grünpflanzen wie der Grünkohl stellen durch Photosynthese Nährstoffe her.

Primärkonsumenten
Pflanzenfresser wie die Raupen des Rübenweißlings fressen die Produzenten.

Sekundärkonsumenten
Die Drossel (Fleischfresser) frisst Pflanzenfresser.

Destruenten
Pilze und andere zersetzen tote Pflanzen und Tiere sowie deren Exkremente; die in den Boden abgegebenen Mineralien werden später wieder von Produzenten aufgenommen.

Siehe auch

Atmosphäre 138 • Biom 162 • Boden 130
Gestein 80 • Klima 154 • Nährstoffe 161
tropischer Regenwald 162

Fortsetzung nächste Seite ➤

Stratifikation

Die horizontalen Schichten in einer Lebensgemeinschaft von Pflanzen

In pflanzlichen Lebensgemeinschaften gibt es meist mehrere Schichten **(Strata)**. In der Regel sind das: die Wurzelschicht, kriechende Pflanzen, höhere Kräuter und Gräser, Sträucher, Baumschößlinge, Baumstämme und Baumkronen. Jede Pflanze hat dabei eine Aufgabe – sie besetzt nicht nur in der Lebensgemeinschaft, sondern im gesamten Ökosystem ▪ eine **Nische**. Ebenso haben die Tiere eines Ökosystems ihre Nischen.

Konkurrenz

Der Wettbewerb um die Ressourcen eines Lebensraumes

Ändern sich die Bedingungen in einem Ökosystem, tauchen neue Tiere und Pflanzen auf, die miteinander um Ressourcen konkurrieren müssen. Pflanzen konkurrieren z. B. um Licht, und manche überrunden dabei ihre Nachbarn, indem sie schneller wachsen und die Konkurrenten in den Schatten stellen. Damit schaffen sie aber auch einen neuen Bereich für Schatten liebende Arten. Tiere können aus einem voll besetzten Lebensraum in ein anderes Gebiet **wandern**. Pflanzen verbreiten sich z. B., indem ihre Samen fortgeweht werden.

Sukzession

Natürlicher Entwicklungsweg einer pflanzlichen Lebensgemeinschaft

Die Pflanzenwelt einer Region durchläuft oft bestimmte Stadien, wobei die Pflanzen immer größer und komplexer werden. Diesen Vorgang nennt man Sukzession. In den Wäldern der gemäßigten Breiten ▪ z. B. beginnt sie mit einfachen **Pionierpflanzen**, meist Gräsern; auf diese folgen kleine Pflanzen, die den Mutterboden ▪ stabilisieren und organisches Material einbringen. Auf dem verbesserten Boden wachsen die ersten Sträucher, gefolgt von Kiefern und schließlich von Laubbäumen. Bis eine Sukzession alle diese Stadien durchlaufen hat, können 200 Jahre vergehen.

Von der Wiese zum Eichenwald

Die Abbildung zeigt, wie eine Sukzession in einem Waldgebiet der gemäßigten Breiten ablaufen kann: Es wandelt sich in 200 Jahren von einer Fläche mit Moosen und Flechten zu einem ausgewachsenen Eichenwald. In den ersten Jahren blüht das pflanzliche Leben auf; später verlangsamen sich Wachstum und Wandel.

Schlussgesellschaft

Das Endstadium einer Sukzession

Früher glaubte man, eine Sukzession führe stets zu einer Schlussgesellschaft mit der komplexesten Artenkombination, die in einem Lebensraum möglich ist. Man glaubte, danach finde kein weiterer Wandel mehr statt. Heute sind die meisten Fachleute überzeugt, dass Lebensgemeinschaften sich entsprechend den Umweltbedingungen auch weiterhin verändern.

Erstbesiedelung

Schnelles Wachstum zu Beginn einer Sukzession

In den ersten Stadien einer Sukzession sind die Pflanzen einfach, aber sie wachsen schnell und produzieren viel Biomasse. Später werden die Pflanzen größer und komplexer, aber ihr Wachstum verlangsamt sich: Ein Baum erreicht erst nach Jahrzehnten seine volle Größe.

◂ Fortsetzung von der vorherigen Seite

Nährstoff

Eine Substanz, die Pflanzen oder Tiere zum Wachsen brauchen

Pflanzen brauchen für ein normales Wachstum wahrscheinlich Verbindungen von mindestens 18 chemischen Elementen ■. Manche davon, z. B. Kohlenstoff, Sauerstoff, Stickstoff, Kalium, Phosphor, Calcium, Schwefel und Magnesium, werden in großen Mengen benötigt. Von anderen sind nur Spuren erforderlich. Alle diese Elemente stammen letztlich aus dem Gestein oder der Luft und gelangen auf verschiedenen Wegen in die Pflanzen: über den Boden, den Regen oder aber durch Einwirkung des Menschen. Den ständigen Nährstoffaustausch zwischen Lebewesen und ihrer Umwelt nennt man **biogeochemischen Zyklus**. Jeder Nährstoff hat seinen eigenen Kreislauf.

Kohlenstoffkreislauf

Der Austausch von Kohlenstoff mit der Atmosphäre

Pflanzen und manche Mikroorganismen nehmen bei der Photosynthese ■ Kohlendioxid aus der Luft auf. Einen Teil davon geben sie durch Zellatmung ■ und Verwesung wieder ab. Tiere fressen die Pflanzen und entlassen ebenfalls Kohlendioxid in die Luft. Ein Teil verwandelt sich aber auch mit den Pflanzen in fossile Brennstoffe ■. Einen eigenen Kreislauf gibt es in den Ozeanen: Kohlendioxid löst sich im Meerwasser. Ein Teil verdunstet in die Luft, einen Teil nehmen auch die Schalen der Meerestiere auf. Nach ihrem Tod bleibt der Kohlenstoff Jahrmillionen lang in Sedimenten gebunden.

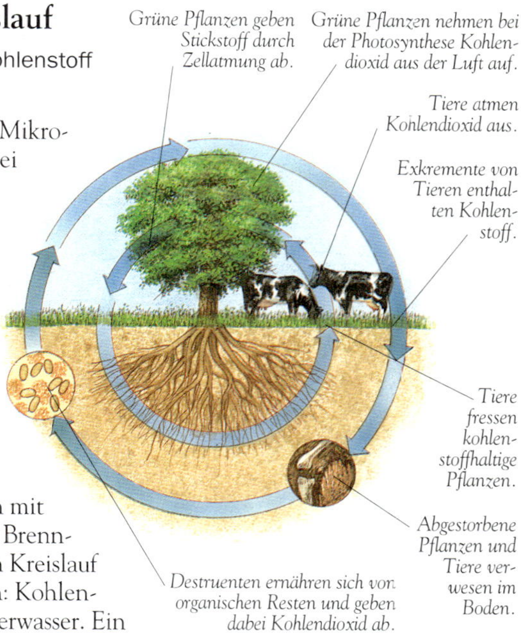

Kohlenstoff-Wiederverwertung
Alle Lebewesen enthalten das Element Kohlenstoff. Es stammt letztlich aus der Luft und kehrt dorthin zurück.

Stickstoffkreislauf

Der Stickstoffaustausch zwischen Lebewesen und ihrer Umwelt

Pflanzen können Luftstickstoff nicht unmittelbar aufnehmen. Er wird vielmehr von Bodenbakterien (die oft auf Algen oder Pilzen leben) durch **Stickstofffixierung** aufgenommen. Manche dieser Bakterien leben als **Symbionten** an den Pflanzenwurzeln. Die meisten Pflanzen beziehen Stickstoff in Form von **Nitraten**; diese werden von anderen Bakterien erzeugt, die sich von Stickstofffixierern ernähren (**Nitrifizierung**), und dann von den Pflanzen zu komplexen Verbindungen umgesetzt. Nach dem Tod der Pflanzen werden im Boden wieder die Nitrate frei, und Bakterien geben den darin enthaltenen Stickstoff in die Atmosphäre ab (**Denitrifizierung**).

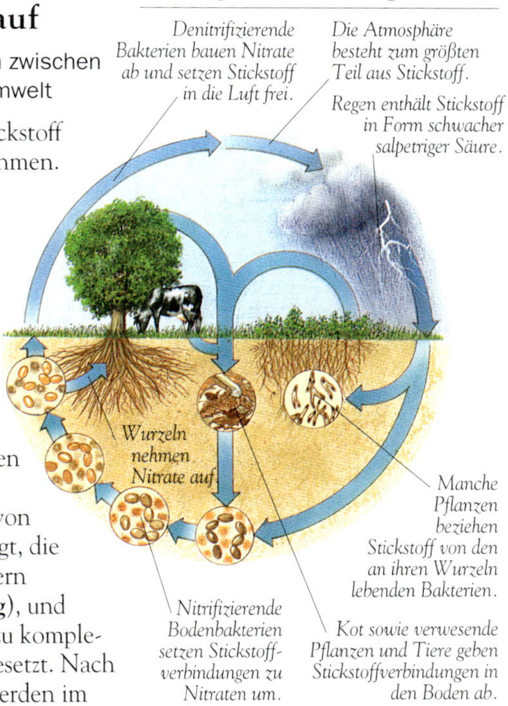

Stickstoff-Wiederverwertung
Der mit landwirtschaftlichem Kunstdünger in den Boden eingebrachte Stickstoff ist hier nicht dargestellt.

Phosphorzyklus

Austausch von Phosphor zwischen Lebewesen und ihrer Umwelt

Phosphor gelangt durch Verwitterung mancher Mineralien ■, z. B. Apatit und Ton, in den Boden. Pflanzen beziehen ihren Phosphor zum größten Teil aus dem im Bodenwasser ■ gelösten Phosphat. Von Tieren kehrt er insbesondere mit dem Kot in den Boden zurück. Durch den **Kaliumkreislauf** gewinnen Pflanzen ihr Kalium aus im Bodenwasser gelösten Mineralien wie Feldspat ■ und Glimmer ■. Mit dem Kot und bei der Verwesung von Pflanzen und Tieren kehrt es in den Boden zurück.

Siehe auch

Bodenwasser 130 • Element 42
Feldspat 83 • fossile Brennstoffe 170
Glimmer 82 • Mineralien 82
Mutterboden 131 • Ökosystem 158
Photosynthese 159 • Wälder gemäßigter Breiten 163 • Zellatmung 159

Biome der Welt

Zahlreiche Pflanzen- und Tiergruppen sind jeweils an eine bestimmte Umwelt angepasst. Das Spektrum dieser Biome oder »biogeografischen Gebiete« reicht von Wüsten bis zum tropischen Regenwald. Jedes Biom umfasst viele Ökosysteme.

Vegetationszone

Eine großes Gebiet der Erde mit recht einheitlicher Pflanzenwelt

Man kann auf der Erde mehrere große Gebiete mit ähnlicher Vegetation unterscheiden. Das **physiognomische Verfahren** unterteilt die Pflanzenwelt nach ihrer **Physiognomie**, d.h. nach Farbe, Dichte usw. Die Kontinente werden dabei in **Formationen** eingeteilt, Gruppen von Pflanzengesellschaften mit ähnlicher Physiognomie. Die Formationen kann man in **Assoziationen** einteilen, Gruppen ähnlicher Pflanzen, in denen jeweils eine oder zwei Arten vorherrschen.

Biom

Große Gruppe von Pflanzen und Tieren, angepasst ans Überleben in ihrem geografischen Gebiet

Boden und Tierwelt einer Region sind eng mit deren Pflanzenwelt verknüpft, die ihrerseits in engem Zusammenhang mit Klima und Umwelt steht. Ein solches System nennt man Biom. Extrembedingungen wie die Höhe in **Gebirgsbiomen** oder die Überflutung in **Feuchtgebieten** können in demselben Biom unterschiedliche Ökosysteme entstehen lassen. Oft werden Biome durch Eingriffe des Menschen verändert. Die Ozeane sind Biome mit **marinen Ökosystemen** wie dem offenen Meer, dem Küstengebiet (Litoral) und dem Meeresboden (Benthos) sowie mit Fels- und Sandküsten, Flussmündungen und Gezeitenbecken.

Tropischer Regenwald

Dichter Wald in niederschlagsreichen tropischen Gebieten

Die Regenwälder der Tropen bedecken 17 Prozent aller Landflächen. Mit Durchschnittstemperaturen von 21 °C und einer jährlichen Regenmenge von über 2000 mm beherbergt die vielfältige, üppige Vegetation etwa 40 Prozent aller Tier- und Pflanzenarten. Im Regenwald stehen oft über 100 Baumarten auf einem Hektar.

Stockwerke im Regenwald

Die Vegetationsschichten im tropischen Regenwald

Im Halbdunkel über der den Boden bedeckenden Vegetation befindet sich das **Unterholz** mit jungen Bäumen, kleinen, schmalen Bäumen und Sträuchern. Die hohen Bäume bilden 30–50 m über dem Boden das dichte, lückenlose **Kronendach** aus Ästen und Blättern. Über das Kronendach erheben sich einzelne, bis zu über 60 m hohe Bäume.

Afrikanische Savanne
Eine Herde grasender Elefanten im Samburu-Schutzgebiet in Kenia

Savanne

Weite tropische Graslandschaft

Savannen bedecken 20 Prozent der Landflächen; meist herrschen Seggen und Gräser vor; es gibt baumlose Wiesen, lockeren Baumbestand, Sträucher und grasbedeckten Boden. In Savannen gibt es meist ausgeprägte Trocken- und Regenzeiten. Die Niederschlagsmenge liegt zwischen 500 und 2000 mm im Jahr, die Temperatur sinkt selten unter 20 °C.

Wüstenbiom

Die Pflanzen, Tiere und Böden sehr trockener Gebiete

Trockene und halbtrockene Regionen machen 30 Prozent der Landflächen aus. Wirklich öde ist nur ein kleiner Teil von ihnen – meist sie sind mit Gras und Sträuchern bewachsen. Vom Rand zur Mitte einer Wüste sind die Holzpflanzen knorriger und breiter, die Blätter weniger zahlreich und schmaler; Büsche sind meist immergrün. Eine Fülle von Tieren, insbesondere Insekten, ist speziell an diese Verhältnisse angepasst.

Wüstenvegetation
In der Baja-Wüste in Kalifornien (USA) gedeiht eine Fülle von Kakteen.

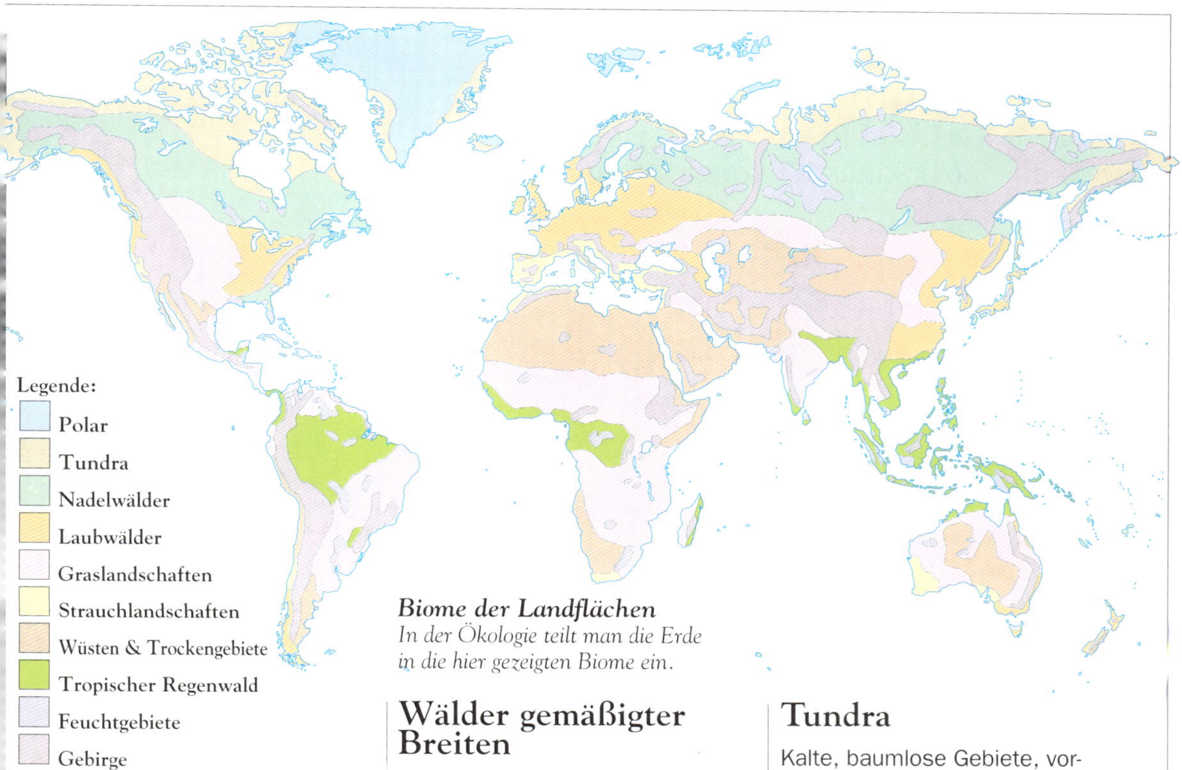

Biome der Landflächen
In der Ökologie teilt man die Erde in die hier gezeigten Biome ein.

Graslandschaften

Landschaften mittlerer Breiten

In den gemäßigten Breiten ▪ gibt es drei Arten von Graslandschaften: die russischen **Steppen**, die **Prärien** Nordamerikas und die **Pampas** in Uruguay. Sie waren früher riesige Naturlandschaften, werden aber heute vor allem in den USA intensiv landwirtschaftlich genutzt. Das kann verheerende Folgen haben, denn Graslandschaften sind sehr anfällig für Bodenerosion ▪. Nur die trockenen, fast wüstenartigen Ränder sind noch völlige Wildgebiete.

Prärie in Texas
In der texanischen Prärie gedeiht eine Fülle wilder Blumen.

Wälder gemäßigter Breiten

Waldgebiete mittlerer Breiten

Im kalten Norden Amerikas und Asiens findet man die **Taiga**, Nadelwälder mit Kiefern, Fichten und Lärchen sowie einem Unterholz aus Weiden und Erlen.
Am Rand der Tropen liegen die **immergrünen Wälder** aus Eichen, Magnolien, Stech- und anderen Palmen. Dazwischen befinden sich die **Laubwälder der gemäßigten Breiten** aus Eichen, Buchen und Hickory mit Unterholz aus Birken, Haselnusssträuchern und anderen. Im trockenen Mittelmeerklima gedeihen kleine **Hartlaubwälder**.

Wälder gemäßigter Breiten
Der Boden dieses Buchenwaldes in England ist von Blättern bedeckt.

Tundra

Kalte, baumlose Gebiete, vorwiegend nördlich des Polarkreises

In den sehr kalten Tundragebieten Sibiriens, Skandinaviens, Kanadas und Alaskas liegt die Temperatur 6–10 Monate im Jahr unter –10 °C. Wegen der extremen Kälte in diesen periglazialen ▪ Landschaften beschränkt sich die Vegetation in der Regel auf Moose, Flechten, Seggen und Simsen. Während des kurzen Sommers blüht aber eine Vielzahl kleiner Blumen und Zwergsträucher wie Erle und Birke. In den eigentlichen Polarregionen ist es so kalt, dass keine Pflanzen und nur wenige angepasste Tiere überleben können.

Siehe auch

Boden 130 • Bodenerosion 176
gemäßigtes Klima 155 • Klima 154
Gebirgsklima 155 • mediterranes Klima 155 • Ökosystem 158
periglaziale Landschaft 126
Polarklima 155
Tropen 35 • Wüste 116
Wüstenklima 154

Landwirtschaftliche Ökosysteme

In den gemäßigten Breiten gibt es kaum Landschaften ohne Spuren menschlicher Tätigkeit. Für Ackerland wurden Wälder abgeholzt; Graslandschaften wurden kultiviert und Feuchtgebiete trocken gelegt. Die so entstandenen Ökosysteme unterscheiden sich deutlich von natürlichen Landschaften.

Auswirkungen
In vielen Teilen Nordamerikas haben sich die Prärien mit ihrem hohen Gras (links) durch Landwirtschaft in eine Landschaft aus Weizenfeldern (oben) verwandelt.

Landwirtschaftliches Ökosystem

Ein von Bauern bewirtschaftetes Ökosystem

Landwirtschaft kann Ökosysteme ■ durch Verminderung der Artenzahl tief greifend verändern. Man holzt vielleicht einen artenreichen Wald ab, um Platz für eine einzige Nutzpflanzenart zu schaffen; später finden dort allerdings häufig noch einige andere Arten ihre Nische ■. Auch durch Unterbrechungen der Nahrungskette ■ gehen Arten verloren. Da Landwirtschaft die Nährstoffzyklen ■ unterbricht, wird der Boden ■ ausgelaugt; deshalb muss man ihn mit **Dünger** anreichern.

Getreideanbau

Die Produktion von Getreide

Getreide ist das wichtigste Nahrungsmittel der Welt. Die Getreidesorten sind Gräser, und die essbaren Teile sind die Samen – Blätter und Stängel lässt man verrotten, oder man füttert sie als **Gärfutter** dem Vieh. Zum Getreideanbau pflügt man das Land um und eggt es, um den Boden aufzulockern und andere Pflanzen zu entfernen. Auch bei der Ernte wird der Boden von Maschinen aufgebrochen. Mit Pestiziden hält man unerwünschte Tiere und Pflanzen fern, und mit Dünger sorgt man für einen hohen Ertrag.

Pestizid

Eine chemische Substanz zur Vernichtung von Unkraut oder Insekten

Der Verbrauch von Pestiziden – Unkraut-, Insekten- und Pilzbekämpfungsmitteln – hat in den letzten 40 Jahren drastisch zugenommen. Mittlerweile sammeln sie sich im abfließenden Wasser ■ und im Boden in großen Mengen an. Insbesondere Insektizide haben eine lange **Halbwertszeit** – das ist die Zeit, bis ihre Konzentration im Boden sich halbiert hat. Mit Pestiziden tötet man häufig auch nützliche Bodenbewohner.

Herbizid

Ein Unkrautvernichtungsmittel

Manche Herbizide töten alle Pflanzen ab, andere richten sich nur gegen einzelne Arten. Herbizide werden meist flüssig verspritzt.

Insektizid

Ein Insektenvernichtungsmittel

Die ersten Insektizide waren Pflanzenextrakte wie Pyrethrum und Nikotin. Seit den 1950er-Jahren verwendete man synthetische Gifte wie DDT. Dieses Mittel wurde in vielen Ländern verboten. Die heute verwendeten Carbamate und Organophosphate sind giftiger, haben aber eine kürzere Halbwertszeit.

Fungizid

Ein Pilzvernichtungsmittel

Pflanzen können durch Pilzerkrankungen wie Mehltau, Rost und Fäule zugrunde gehen. Die ersten Pilzgifte, z. B. Quecksilberchlorid und Kupfersulfat, brachte man auf die Blätter auf. An ihre Stelle sind heute meist synthetische Flüssiggifte getreten, die auf die Samen oder auf den Boden gespritzt und durch die Wurzeln aufgenommen werden.

Ackerbau ohne Bodenwenden

Landwirtschaftliches Verfahren, das Bodenzerstörung vermindern soll

Intensive Landwirtschaft schädigt den Boden. Deshalb praktizieren manche Bauern den Ackerbau ohne Bodenwenden: Man bringt den Samen in unbearbeiteten Boden ein.

Brache

Land, das unbestellt bleibt, damit es wieder fruchtbarer wird

Bei starker Nutzung lässt die Fruchtbarkeit des Bodens nach. Früher ließ man Felder deshalb mehrere Jahre lang brach liegen. Heute praktizieren viele Bauern den **Fruchtwechsel**: Die Hauptnutzpflanze wird immer wieder gegen andere ausgetauscht. Viele Betriebe sind aber auch **Monokulturen**: Man erzielt mit Kunstdünger über viele Jahre hinweg hohe Erträge mit derselben Nutzpflanze.

Zurück zur Natur
Land, das man sich selbst überlässt, wird von vielen Pflanzen neu besiedelt.

Eine Waldlichtung
Diese Lichtung im äquatorialen Regenwald Kenias wurde von Menschen durch Wanderackerbau geschaffen. Am Ende der Lichtung ist ein kleines Dorf entstanden.

Wanderackerbau

Ein landwirtschaftliches System der Tropen mit sehr langen Brachperioden

In den Tropen ist der Boden schnell erschöpft; deshalb praktizieren dort viele Bauern den Wanderackerbau: Man rodet ein Stück Land und baut dort nur wenige Jahre lang Nutzpflanzen an. Dann benutzt man wieder frischen Boden. Die aufgegebenen Gebiete brauchen oft 30 Jahre und mehr, um wieder fruchtbar zu werden.

Brandrodung

Ein landwirtschaftliches System mit wiederholter Rodung von Waldgebieten durch Feuer

Bei der Brandrodung fällt man die Bäume, beseitigt die meisten Baumstümpfe und verbrennt die übrigen Pflanzen. Das gerodete Land wird wenige Jahre genutzt, wobei die Asche als Dünger dient. Wenn der Ertrag sinkt und erste Wildpflanzen wachsen, gibt man das alte Stück Land zu Gunsten eines neuen auf, sodass das alte sich erholen kann. Mit wachsender Bevölkerungsdichte wird aber die Erholungszeit immer kürzer. Das Ökosystem geht zugrunde, und zur Aufrechterhaltung der Erträge braucht man immer mehr Dünger.

Wüstenbildung

Die Verwandlung fruchtbarer Flächen in Wüsten

Die Wüsten ■ der Erde weiten sich aus, weil ihre Ränder, wo es wenig regnet, in starkem Maße landwirtschaftlich genutzt werden. Auch niederschlagsarme Gebiete verwandeln sich in Wüsten, wenn sie durch Abweiden, Kultivierung und Holzgewinnung überbeansprucht werden, sodass der Boden völlig austrocknet.

Überweidung
Bei Bogoria (Kenia) haben Ziegen zur Überweidung beigetragen.

Grüne Revolution

Die Steigerung der Getreideerträge mit modernen Methoden

Ab den 1950er-Jahren bauten die Bauern der Industrieländer schnell wachsende, ertragreiche Weizen-, Reis- und Maissorten an, die zwei- bis dreimal im Jahr eine reiche Ernte ermöglichten. Auf die Entwicklungsländer übertragen, führten sie zu einer so starken Ertragssteigerung, dass man von einer »grünen Revolution« sprach. Die hohe Produktion war nur durch massiven Einsatz von Pestiziden, Maschinen, Dünger und Bewässerung ■ zu erreichen. Der Verbrauch an Stickstoffdünger hat sich seit der grünen Revolution verzehnfacht.

Siehe auch

Abfluss 108 • Bewässerung 172
Boden 130 • Nährstoff 161
Nahrungskette 159 • Nische 160
Ökosystem 158 • Wüste 116

Edelsteine & Metalle

Die Gesteine und Mineralien der Erde enthalten viele nützliche Rohstoffe. Aus manchen Mineralkristallen kann man durch Schleifen und Polieren Schmuckstücke machen. Auch Metalle findet man im Gestein. Sie sind wertvoll, weil man aus ihnen vielfältige Gegenstände herstellen kann.

Geode mit Amethysten

Wertvoller Stein

Ein wegen seiner Seltenheit und Langlebigkeit geschätztes Mineral

Manche wertvollen Steine sind transparente oder undurchsichtige Kristalle. Diese entstehen aus Mineralien, die in heißem, durch Vulkangestein ■ sickerndem Wasser gelöst sind. Manche wertvollen Steine bestehen auch aus organischem Material. Eine **Geode** ist ein runder, von Kristallen ausgekleideter Hohlraum im Gestein.

Edelstein

Ein besonders wertvoller Stein

Edelsteine sind selten, weil die zu ihrer Entstehung notwendigen Bedingungen ebenfalls nur selten gegeben sind. **Diamanten** entstehen unter sehr hohem Druck in Intrusionen ■, die zu dem Gestein **Kimberlit** erhärten. **Aquamarin**, grüner **Smaragd** und durchsichtiger **Beryll** bilden sich bei der Abkühlung und Erhärtung von Granitintrusionen ■ oder wenn Gestein sich durch starken Druck und Hitze verändert (Metamorphose). Das Mineral **Korund** entsteht in Basaltgestein ■ und in manchen metamorphen Gesteinsarten ■. Durch Chromspuren wird der Korund zum roten **Rubin**; Titan- und Eisenspuren machen ihn zum blauen, grünen oder gelben **Saphir**. Der **Opal** ist ein mehrfarbiger Stein, der sich langsam rund um heiße Quellen oder in Sedimentgestein ■ bildet.

Diamant

Beryll

Rubin

Smaragd

Blauer Saphir

Edelsteine
Fünf Edelsteine mit dem Gestein, in dem man sie findet. Die Kristalle werden geschliffen, poliert und zu Schmuck verarbeitet.

Rauchquarz

Chalcedon

Karneol

Jaspis

Onyx

Halbedelstein

Ein häufiger vorkommender wertvoller Stein

Halbedelsteine findet man in Vulkan-, Sediment- und metamorphem Gestein. Einer der häufigsten ist der **Quarz**. Er kommt in vielen Formen vor, so als Bergkristall, Rosenquarz und Amethyst. Der **Amethyst** verdankt seine violette Farbe kleinen Titan- und Eisenspuren. Die besten Amethyste sind in Vulkangesteinsgeoden aus Indien, Uruguay und Brasilien zu finden. **Chalcedon,** ein Halbedelstein aus Siliziumdioxidkristallen, kommt in Form kleiner Knollen in Lava ■-Hohlräumen vor, u. a. als blutroter **Karneol**, rostroter **Jaspis** oder braun gestreifter **Onyx**.

Künstlicher Edelstein

Ein im Labor hergestellter Edelstein

Natürliche Edelsteine enthalten manchmal kleine Fehler, synthetische Steine dagegen kann man ohne Makel herstellen. Saphire und Rubine hoher Qualität erzeugt man z. B., indem man Aluminiumoxidpulver schmilzt. Die Flüssigkeitstropfen werden beim Abkühlen zu **Einkristallen**.

Gagat

Bernstein

Biogene Schmucksteine

Ein aus lebenden oder toten Organismen entstandener Schmuckstein

Zu den biogenen Schmucksteinen gehören Gagat, Bernstein, Perlen und Korallen. **Gagat** ist feinkörniges, schwarzes Gestein, das ähnlich wie Kohle aus fossilem Holz entstanden ist. **Bernstein** ist fossiles Pflanzenharz. **Perlen** sind Kügelchen aus Carbonat, die sich in der Schale mancher Muscheln wie z. B. Austern bilden.

Metall

Ein glänzendes, meist hartes und widerstandsfähiges Element

Alle Metalle mit Ausnahme des Quecksilbers sind bei Raumtemperatur (20 °C) fest. Sie leiten Wärme und Elektrizität gut. Nützlich sind sie vor allem wegen ihrer Härte und weil sie sich gut bearbeiten lassen. Man kann Metalle »verbessern«, indem man sie zu **Legierungen** mischt. Durch Mischen von Kupfer und Zink entsteht z. B. die Legierung **Messing.**

Erz

Ein Gestein oder Mineral, aus dem man Metall gewinnen kann

Das Metall Eisen ist in dem Erz **Hämatit** enthalten; Blei findet man in **Bleiglanz**, Quecksilber in **Zinnober** und Kupfer in **Kupferkies**. Das aus dem Erz befreite Metall muss mit industriellen Verfahren gereinigt werden.

Kupferkies

Zinnober

Vulkanerz

Ein in Vulkangestein entstandenes Erz

Das aus dem Erdinneren aufsteigende Magma ist reich an metallhaltigen Mineralien. Zink, Eisen, Kupfer und Nickel verbinden sich leicht mit Schwefel und sammeln sich als schwefelhaltige Flüssigkeiten in den Magmaherden, wo sie schließlich kristallisieren. So sind Nickel- und Kupfervorkommen entstanden. Metalle, die sich leicht zu Silikaten verbinden, lösen sich in dem silikatreichen heißen Wasser, das bei der Abkühlung des Magmas entsteht. Bildet sich aus dem Magma z. B. Granit, kristallisieren Metalle wie Beryllium, Kalium, Uran, Lithium und Zinn in den Gesteinsspalten. **Porphyrerze**, kleine Kupfer-, Molybdän- und Goldadern, entstehen aus heißer Flüssigkeit, die unter Druck in die Spalten von Basaltgestein gepresst wird.

Sedimenterz

Erz, in Sedimentgestein entstanden

Gestein, das durch Verwitterung abgebaut wird, hinterlässt manchmal metallhaltige Reste. Das aluminiumhaltige **Bauxit** ist in den Tropen durch Verwitterung von Feldspat entstanden. Die Reste werden ins Meer gespült und sammeln sich an dessen Boden. So haben sich Kupfer- sowie Blei- und Zinklager gebildet.

Bauxit

Hämatit

Bleiglanz

Edelmetall

Ein seltenes, kostbares Metall

Gold, Silber und Platin werden vielfach zu Schmuck verarbeitet. Wegen ihrer Haltbarkeit, Schönheit und Seltenheit sind sie sehr teuer. **Unedle Metalle** sind häufiger und billiger; zu ihnen gehören Kupfer, Eisen, Blei, Zink und Zinn, allesamt Materialien für Alltagsgegenstände. Unedle Metalle sind in der Regel härter als Edelmetalle.

Quarz mit Goldadern

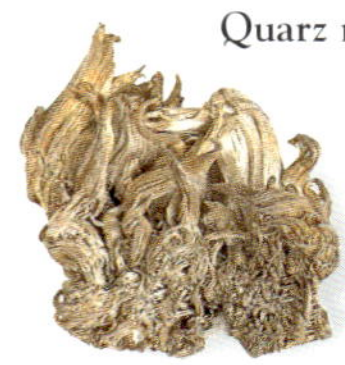

Silber

Platin

Seifenlagerstätte

Enthält wertvolle oder nützliche Mineralien

Manchmal spülen Flüsse verwittertes Gestein in Sand- und Kieslager, die dann häufig Metalle wie Gold, Zinn und Platin oder auch Diamanten enthalten. Seifenlagerstätten findet man unter Stromschnellen und Wasserfällen, in Teichen entlang eines Flusse, in Flussniederungen und in Deltas.

Siehe auch

Basalt 89 • Delta 115 • Feldspat 83
Granit 90 • Intrusion 56 • Kohle 168
Korallen 71 • Lava 55 • Magma 52
metamorphes Gestein 96 • Sedimentgestein 92 • Silikat 82 • Überflutungsebene 114 • Verwitterung 98
Vulkangestein 88

Fossile Brennstoffe

Die Energie, die wir nutzen, stammt zum größten Teil aus natürlich im Boden vorkommenden Brennstoffen, die fest (Kohle), flüssig (Öl) oder gasförmig (Erdgas) sein können. Diese Brennstoffe sind vor Jahrmillionen aus Pflanzen und Tieren entstanden.

Fossiler Brennstoff

Brennstoff aus Resten von Lebewesen

Kohle, Erdöl und Erdgas sind in Jahrmillionen entstanden. Reste von Tieren und Pflanzen verwandelten sich durch Druck und Hitze in Substanzen, aus denen man durch Verbrennen Energie gewinnen kann.

Erdöl

Ein dunkler, flüssiger fossiler Brennstoff

Erdöl ist aus kleinen Pflanzen und Tieren entstanden, die in warmen Meeren lebten. Sie wurden nach ihrem Tod am Meeresboden begraben, und als die Sedimente zu porösem ▪ Gestein ▪ wurden, verwandelten sich die Pflanzenreste in Öl. Erdöl wird als schwarzes **Rohöl** aus dem Boden gewonnen und dann durch Raffinieren zu Brennstoffen wie Benzin und Diesel verarbeitet.

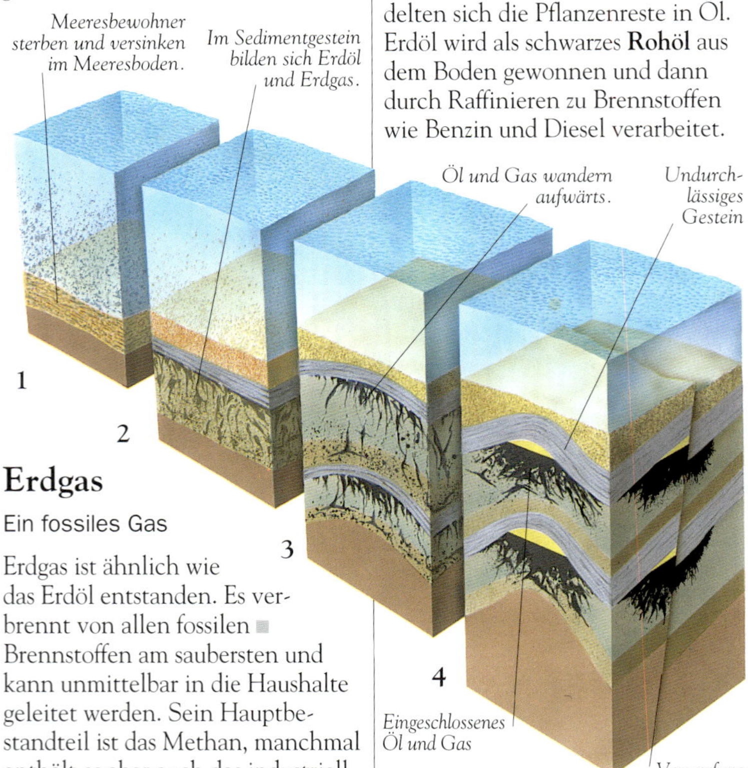

Erdöl und Erdgas
*Aus Tier- und Pflanzenresten (**1**), unter dem Meeresboden zusammengepresst (**2**), entstanden Öl und Gas, die später durch das poröse Gestein nach oben gedrückt wurden (**3**). Als sie auf undurchlässige Gesteinsschichten trafen, wurden sie in unterirdischen Lagerstätten eingeschlossen (**4**).*

Erdgas

Ein fossiles Gas

Erdgas ist ähnlich wie das Erdöl entstanden. Es verbrennt von allen fossilen ▪ Brennstoffen am saubersten und kann unmittelbar in die Haushalte geleitet werden. Sein Hauptbestandteil ist das Methan, manchmal enthält es aber auch das industriell nutzbare Helium.

Siehe auch

Fossil 70 • Karbonzeit 73

Porosität 107 • Gesteinsbildung 92

Kohle

Ein fester fossiler Brennstoff

Kohle besteht aus den Überresten von Pflanzen aus der Karbonzeit ▪. Sie stürzten nach ihrem Tod in den Sumpf und wurden vom Schlamm begraben, sodass sich **Torf** bildete, eine kompakte Schicht aus verwesenden Pflanzen. Der Torf wurde im Laufe der Jahrmillionen durch den darüber liegenden Schlamm verfestigt und verwandelte sich schließlich durch Druck und Hitze in Kohle.

Wie Kohle entstanden ist
*Vor Jahrmillionen wurden Pflanzenreste (**1**) begraben und zu Torf zusammengepresst (**2**). Als sie immer tiefer absanken, wurde der Torf durch Druck und Wärme zuerst zu Braunkohle (**3**), dann zu Steinkohle (**4**) und schließlich zu Anthrazit (**5**).*

Inkohlungsstufe

Die Qualität einer Kohle

Die Qualität einer Kohle hängt davon ab, wie tief sie liegt. Je tiefer sie begraben ist, desto besser brennt sie, weil sie mehr Kohlenstoff und weniger Wasser enthält. Die niedrigste Inkohlungsstufe hat die **Braunkohle**; sie liegt oft so dicht unter der Oberfläche, dass man sie im Tagebau gewinnen kann. **Steinkohle** enthält mehr Kohlenstoff und brennt besser. Den höchsten Kohlenstoffgehalt hat der **Anthrazit**.

Baustoffe

Gesteine und Sedimente der Erde liefern viele nützliche Materialien. Die meisten Städte bestehen fast vollständig aus diesen Baustoffen: Straßen sind aus Kies, Gebäude aus Ziegeln, Straßenpflaster aus Steinen, Fensterglas aus Sand, und so weiter.

Kaolinit

Ein Tonmineral, Rohstoff für Keramik- und Papierherstellung

Kaolinit

Ton, der das Mineral Kaolinit enthält, heißt **Kaolin**. Es bildet sich in bestimmten Arten von Granit durch chemische Verwitterung des Feldspats. Kaolin wird auch **Chinaerde** genannt, weil es erstmals in der chinesischen Provinz Kiangsi zur Keramikherstellung diente. Es ist neben **Montmorillonit, Illit** und **Vermiculit** eines der vier wichtigsten Tonmineralien. Illit dient zur Ziegelherstellung, Montmorillonit zur Säuberung von Wolle sowie zum Schmieren von Bohrlöchern und Vermiculit als Isolator. Ton kann man in feuchtem Zustand formen und dann in einem Ofen hart brennen.

Kiesgrube

Stelle, an der man kleine Steine aus einer lockeren Lagerstätte gewinnt

Am Ende der letzten Eiszeit spülten Flüsse an den Rändern der Eiskappen Sand und Kies zusammen. Diese **Sand-** und Kiesgruben dienen heute als Quellen für Baumaterial. Erhitzt man Sand mit Soda (Natriumoxid) und Kalk (Calciumoxid), erhält man Glas.

Zement

Ein Baustoff aus erhitztem, zerkleinertem Kalkstein und Ton

Zum Bauen wird der Zement mit Sand und Wasser vermischt. Die so entstehende Paste hält Ziegel und anderes Material nach dem Trocknen fest zusammen. Aus Zement, Sand, Kies und Wasser wird **Beton**, ein flüssiges Material, das man in eine Form gießen kann, bevor es erhärtet.

Baumaterial
In den meisten Ländern stammt Baumaterial aus den Mineralien und Gesteinen der Erde.

Ziegelsteine aus Ton
Fenster aus Glas
Zement
Dachziegel aus Ton
Betonblöcke
Sand und Kies

Siehe auch

Chemische Verwitterung 100
Eiskappe 121 • Eiszeit 121 • Evaporit 95
Feldspat 83 • Granit 90
Kalkstein 94 • Mineral 82 • Oxid 83
Sulfat 83 • Ton 93

Pigment

Ein Farbstoff

In prähistorischer Zeit mischten die Menschen Ton, Kreide und Erde zu einer tief braunen Farbe. Seit damals dienen viele Gesteine und Mineralien als Farbstoffe: **Azurit** ist dunkelblau, **Malachit** leuchtend grün, **Auripigment** dunkelgelb, **Zinnober** leuchtend rot und **Lapislazuli** dunkelblau.

Azurit
Azuritpulver
Blaue Azuritfarbe

Antikes Blau
Die Kupferverbindung Azurit war in der Antike ein beliebter blauer Farbstoff.

Pottasche

Ein kaliumreiches Mineral, das als Dünger dient

In Binnenmeeren steigt der Salzgehalt durch Verdunstung stark an. Trocknen sie schließlich aus, bleiben Evaporite zurück. Diese enthalten oft das Mineral Pottasche, den Grundstoff aller Kaliumdünger. Darüber hinaus findet man in Evaporiten auch Calciumsulfat, aus dem man gebrannten Gips macht, und Natriumchlorid (Kochsalz). Als urzeitliche Meere austrockneten und begraben wurden, entstanden große Mengen des unterirdischen **Steinsalzes**. Dieses gewinnt man heute durch Bergbau oder indem man Wasser in die Lagestätten pumpt und die dabei entstehende Sole wieder an die Oberfläche leitet.

Erkundung von Bodenschätzen

Die Erdkruste enthält eine Fülle von Bodenschätzen, ob fossile Brennstoffe wie Öl, Kohle und Erdgas oder vielfältige Metallerze. Die Lagerstätten findet man nur selten auf Anhieb. Deshalb hat man eine ganze Reihe an Erkundungsverfahren entwickelt.

Prospektion

Die Suche nach Bodenschätzen in der Erdkruste

Bodenschätze kommen normalerweise gehäuft an Orten vor, wo normale Mineralien durch besondere Umstände zu wertvollen Stoffen geworden sind. Die Prospektion zielt auf Gebiete, wo man mit solchen Anhäufungen rechnen kann. In der Regel findet man sie zunächst durch Fernerkundung ■. Satellitenbilder zeigen z. B. große Gesteinsstrukturen, die Minerallagerstätten enthalten könnten. Hat man ein solches Zielgebiet ausgemacht, untersucht man es mit anderen Methoden genauer.

Ölplattform in der Nordsee
Nachdem man Lagerstätten für fossile Brennstoffe oder Mineralien lokalisiert hat, muss man sie mit Ölplattformen, Bergwerken oder Tagebau ausbeuten.

Geochemische Untersuchung
In solchen Gesteinsproben vom Meeresboden sucht man chemische Substanzen, die auf Erdöllagerstätten hinweisen.

Geochemische Prospektion

Die Suche nach Bodenschätzen mit chemischen Hilfsmitteln

Mit geochemischen Gesteins- und Bodenuntersuchungen weist man Substanzen nach, die auf ein in der Nähe gelegenes Erzlager ■ hinweisen. Diese Substanzen verfolgt man dann zurück zu ihrer Quelle, um so die Lagerstätte ausfindig zu machen.

Magnetische Messungen
Verschiedene Gesteine erzeugen örtliche Abweichungen des Erdmagnetfeldes, die sich als charakteristische Messwerte des Magnetometers zeigen.

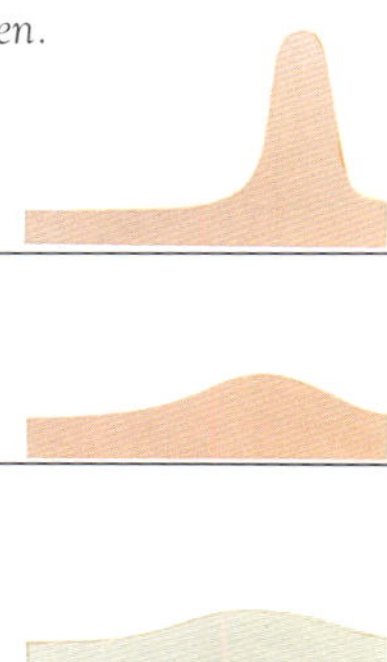

Geophysikalische Prospektion

Die Suche nach Bodenschätzen mit physikalischen Hilfsmitteln

In **geophysikalischen Übersichtsuntersuchungen** lokalisiert man Bodenschätze durch Messung physikalischer Parameter wie elektrische Leitfähigkeit, Gravitation, Magnetismus, Strahlung, Wassergehalt und Reflexion seismischer Wellen ■. Auch ganz allgemein kartiert man die Eigenschaften tieferer Schichten mit geophysikalischen Messungen.

Geomagnetische Vermessung

Geophysikalische Untersuchung, bei der man Schwankungen des Erdmagnetfeldes misst

Metallerze wie Eisenerz erzeugen Abweichungen des Erdmagnetfeldes ■. Solche **Anomalien** kann man an der Erdoberfläche messen. Bei der Auswertung der Ergebnisse muss man den örtlichen Einfluss des Muttergesteins ■ berücksichtigen. Verbleibende Anomalien könnten dann auf Metallerze zurückzuführen sein.

Untersuchung des Magnetismus

Gravimetrische Untersuchung

Übersichtsuntersuchung, die Unterschiede der Gesteinsdichte misst

Unterschiede der Gesteinsdichte unter der Erdoberfläche kann man mit einem **Gravimeter** messen, welches grundsätzlich aus einem an einer Spiralfeder aufgehängten Gewicht besteht, das man über das untersuchte Gebiet bringt. Je größer die Gesteinsdichte, desto stärker wird die Feder durch die Gravitationsanziehung gedehnt. Bei der Suche nach Erdöl ▪ interessiert man sich für Salzstöcke und andere Bereiche mit niedriger Dichte.

Geophysikalische Untersuchungen
Das Schema zeigt die vier Haupttypen geophysikalischer Untersuchungen. Instrumente und Verfahren sind je nach Größe und Tiefe des untersuchten Gebietes unterschiedlich. So erfährt man Neues über den Aufbau der Erdkruste und die Lage wertvoller Bodenschätze.

Elektrische Übersichtsuntersuchung

Übersichtsuntersuchung, die Unterschiede der elektrischen Tätigkeit im Boden misst

Manche elektrisch leitenden Erze kann man durch Messung der Elektrizität aufspüren. Elektroden im Gestein geben Hochspannungsimpulse ab, die in der Lagerstätte einen elektrischen Strom fließen lassen. Diesen kann man an der Oberfläche mit empfindlichen Geräten nachweisen. Auch mit Radiowellen aus Flugzeugen oder Atom-U-Booten kann man Ströme in Erzlagern erzeugen.

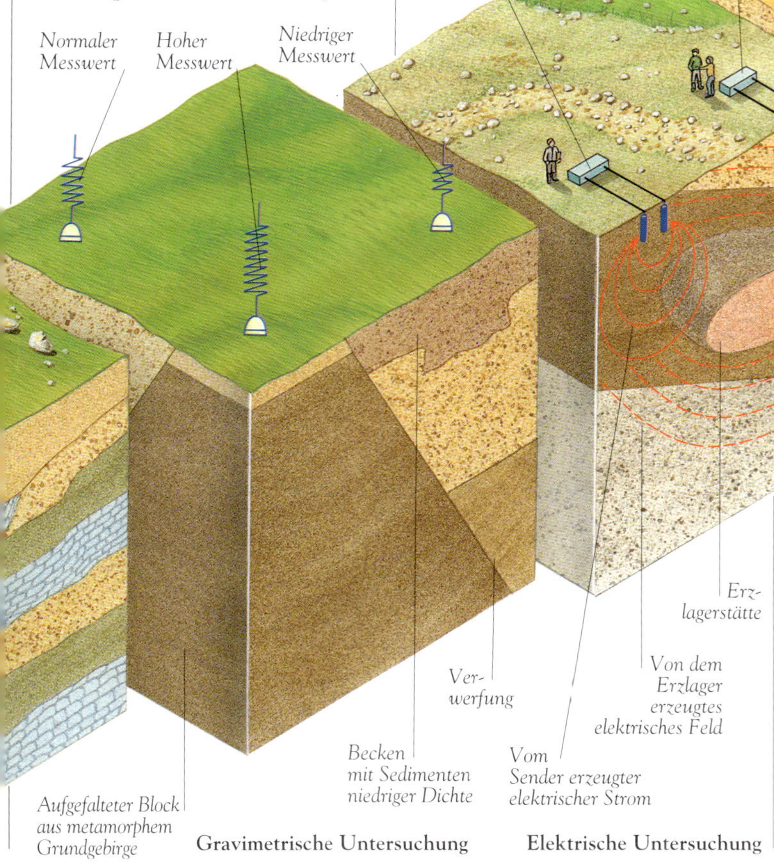

Gravimetrische Untersuchung

Elektrische Untersuchung

Siehe auch

Erdmagnetfeld 44 • Erdöl 168 • Erz 167
Fernerkundung 26 • Muttergestein 56
seismische Welle 58 • Seismograf 59

Seismische Übersichtsuntersuchung

Untersuchung durch Messung der Reflexion seismischer Wellen

Hierbei erzeugt man seismische Wellen, die von den darüber liegenden Gesteinsschichten reflektiert und mit einem Seismografen ▪ **(Geophon)** aufgefangen werden. An der Zeit, bis sie zurückkehren, erkennt man Tiefe, Art und Form der Gesteinsschichten.

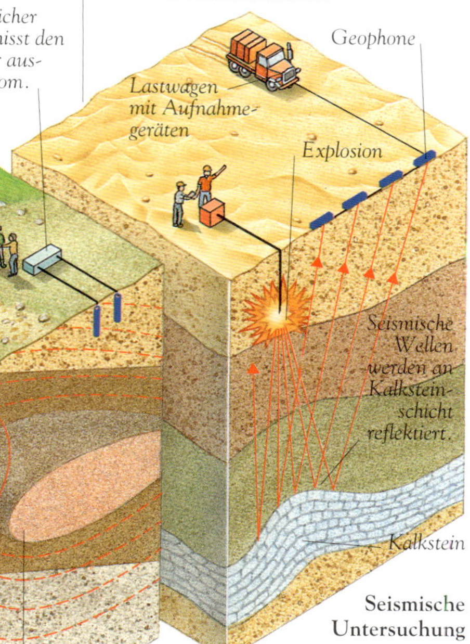

Seismische Untersuchung

Bohrlochmessung

Gesteinsuntersuchung mit Hilfe eines Bohrloches

Hat man unter der Oberfläche eine mutmaßliche Lagerstätte nachgewiesen, gewinnt man mit einem Bohrloch nähere Aufschlüsse. Mit Instrumenten, die in das Loch hinabgelassen werden, untersucht man physikalische Eigenschaften des Gesteins wie Wassergehalt und Radioaktivität.

Wasservorkommen

Wasser ist lebensnotwendig. Der Körper des Menschen besteht zu 75 Prozent aus Wasser und überlebt ohne es nur wenige Tage. Landwirtschaft und Industrie verbrauchen riesige Wassermengen. Ohne reichliche, zuverlässige Wasserversorgung könnte die Gesellschaft nicht funktionieren.

Eine Oase in Algerien
Oase im algerischen Taghit in einer sonst öden Wüstenlandschaft

Hydrosphäre

Das gesamte Wasser auf der Erde

Fast 75 % der Erdoberfläche sind von Wasser bedeckt: von Meeren, Flüssen, Seen usw. Auf der Erde gibt es mehr als 1,33 Milliarden km^3 Wasser. Aber nur ein kleiner Teil davon lässt sich leicht nutzen. Über 97 % davon macht das Salzwasser der Ozeane ■ aus. Nur 3 % sind Süßwasser; davon sind 2,24 % in den Gletschern ■ gefroren, und 0,6 % sind als Grundwasser ■ versteckt. Weniger als 0,01 % befinden sich in Seen und 0,001 % in Flüssen ■, wo man sie leicht nutzen kann.

Siehe auch

Abfluss 108 • artesischer Brunnen 109 Einzugsgebiet 109 • Evapotranspiration 109 • Gletscher 120 Grundwasser 108 • Grundwasserspiegel 108 • Ozean 134 • Wasser führende Schicht 109 • Wasserverschmutzung 175 • Versickerung 107

Wasservorkommen

Eine zuverlässige Wasserquelle

Das meiste Wasser fällt als Regen zu Boden und fließt dann in Flüsse und Seen oder versickert ■ im Boden. Da Regenwasser schnell abfließt, gewinnt man Grundwasser aus Wasser führenden Schichten ■; zur Speicherung von Oberflächenwasser baut man künstliche Seen oder **Reservoire**. Wenn in der Wüste der Grundwasserspiegel ■ die Oberfläche erreicht oder wenn Wasser durch einen artesischen Brunnen ■ nach oben steigt, entsteht eine feuchte **Oase**.

Wasserverbrauch

Von Menschen verbrauchtes Wasser

In Europa liegt der Pro-Kopf-Verbrauch insgesamt bei durchschnittlich 3000 l am Tag. In Afrika liegt er durchschnittlich bei nur 2 l am Tag.

Industrieller Wasserverbrauch

Die Nutzung des Wassers durch die Industrie

Um 1 kg Stahl zu erzeugen, braucht man bis zu 2500 l Wasser. Allein in den USA verbrauchen die Stahlwerke fünfmal so viel Wasser wie die Stadt New York.

Landwirtschaftlicher Wasserverbrauch

Die Nutzung des Wassers durch die Landwirtschaft

Die Landwirtschaft der Industrieländer verbraucht gewaltige Wassermengen. Schätzungsweise 10 000 l Wasser sind zur Erzeugung von 1 kg Lebensmitteln notwendig. Zur Herstellung von 1 kg Brot braucht man 1200 l Wasser für den Weizenanbau.

Bewässerung

Die künstliche Wasserversorgung von Feldern und Weiden

Nur selten herrscht ein so genaues Gleichgewicht zwischen Niederschlag und Evapotranspiration ■, dass der Getreideertrag sein Maximum erreicht. Um ihn zu steigern, bewässert man vielfach das Land. Die bewässerten Flächen haben insbesondere in Asien in jüngster Zeit stark zugenommen. Weltweit werden fast 20 % der landwirtschaftlichen Flächen bewässert, und auf ihnen wachsen 33 % aller Lebensmittel.

Bewässerung von Hand
In Bangladesch werden Reisfelder vielfach von Hand bewässert.

Wasservorkommen
Zur Wasserversorgung, -aufbereitung, -speicherung und -nutzung gehören viele Vorgänge.

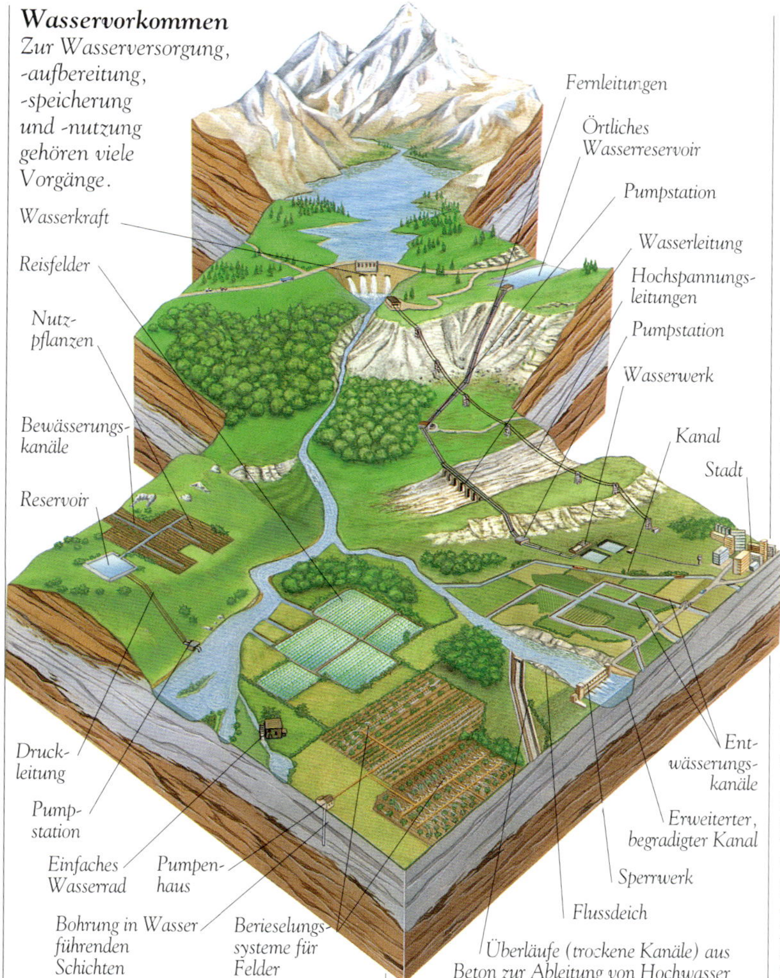

Wasserversorgung

Der Transport des Wassers an den Ort des Bedarfs

Das Wasser für Großstädte stammt vorwiegend aus drei Quellen: Reservoire in hoch gelegenen Gebieten mit starkem Niederschlag, Flüsse und Seen (auf dem Weg über ein Reservoir, das vor Verschmutzung ■ schützt und die Versorgung bei geringem Nachschub sichert) und Wasser führende Bodenschichten. Es wird durch ein Rohrnetz transportiert. Als **Wasseraufbereitung** bezeichnet man die Behandlung, die das Wasser gesundheitlich unbedenklich macht.

Wasserleitung

Eine Leitung, die Wasser über große Entfernungen transportiert

Die Römer bauten **Aquädukte** zur Wasserversorgung ihrer Städte. Heute sind Großstädte wie New York oder Los Angeles über große Rohrleitungen mit niederschlagsreichen Gebieten verbunden. Sofern das Gelände es zulässt, baut man sie mit einem Gefälle von 1 zu 6000, sodass das Wasser bergab fließt. In einem **Druckkreislauf** kann es, durch einen Siphon oder eine Pumpe bewegt, auch bergauf strömen. Damit die Rohre dem Druck standhalten, konstruiert man sie aus Stahl und Stahlbeton oder legt sie durch festes Gestein.

Wasserkraft

Stromerzeugung mit fließendem Wasser

Wasser treibt schon seit langem über Mühlräder unmittelbar Maschinen an. Seit dem 20. Jahrhundert verwendet man es auch zur Stromerzeugung. In Wasserkraftwerken werden Turbinen von fließendem Wasser angetrieben. Heute entfallen etwa 20 % der weltweiten Stromerzeugung auf Wasserkraft. Damit das Wasser die Turbinen mit ausreichender Kraft bewegen kann, muss es über eine bestimmte **Druckhöhe** hinunterfallen. Deshalb liegen Wasserkraftwerke meist an **Staumauern**, die das Wasser sammeln und für eine geeignete Druckhöhe sorgen.

Hochwasserschutz

Maßnahmen zur Eindämmung von Überschwemmungen

Die Überschwemmungsgefahr lässt sich auf vielerlei Weise vermindern. Man kann einen Fluss eindämmen oder umleiten. Durch künstlich erhöhte **Deiche** kann er mehr Wasser aufnehmen. Durch Begradigung, Kanalbau und Verstärkung des Gefälles fließt das Wasser schneller. Man kann Dämme bauen, **Überläufe** können Wasser aufnehmen, und man kann das Wasser in **Seitenkanäle** lenken. An Flussmündungen baut man auch **Sperrwerke**, die sich bei einer hohen Flut schließen.

Ein Sperrwerk
Das Themse-Sperrwerk soll London vor Überschwemmungen schützen.

Umweltverschmutzung

Die Menschen brauchen immer mehr Energie und andere Ressourcen, und entsprechend stärker wird die Erde verschmutzt. Autos und Kraftwerke geben Schadstoffe in die Luft ab, die Landwirtschaft vergiftet Boden und Flüsse, Tanker schädigen empfindliche marine Lebensräume mit Öl.

Industrielle Luftverschmutzung
Fabriken wie dieses Stahlwerk in Indien sind eine Hauptursache der Luftverschmutzung.

Siehe auch
Fossiler Brennstoff 168 • Kondensationskerne 146 • Stratosphäre 138
Treibhauseffekt 140 • Verbindung 42
Vulkan 52

Luftverschmutzung

Die Vergiftung der Luft durch Gase und Staubteilchen

Die Luftverschmutzung stammt zum größten Teil aus Autos, Fabriken, Kraftwerken und der Verfeuerung fossiler Brennstoffe in Privathaushalten. Auch Pflanzenschutzmittel und Staub aus Landwirtschaft und Bergbau können die Luft verschmutzen. Als natürliche Luftverschmutzer wirken Vulkane.

Luftschadstoff

Eine in die Luft abgegebene schädliche Substanz

Neben festen Luftschadstoffen wie Ruß und Staub gibt es viele schädliche Gase. **Schwefeldioxid** und **Stickoxide** entstehen durch Verbrennungsvorgänge in Fabriken, Kraftwerken und Müllverbrennungsanlagen. **Kohlenwasserstoffe** sind chemische Verbindungen, zu denen auch Erdöl, Benzin und Erdgas gehören. Werden diese in Fahrzeugen, Kohlekraftwerken und Raffinerien verbrannt, gelangt stets ein Teil unverbrannt in die Luft. Das Gas **Kohlenmonoxid** entsteht durch Fahrzeuge, Fabriken und Metallschmelzöfen. Weitere Schadstoffe bilden sich aus diesen Substanzen in Verbindung mit Luft. Reagieren Kohlenwasserstoffe z. B. unter Sonneneinwirkung mit Stickoxiden, entsteht das schädliche **Ozon**.

Ätzende Luft
Statue in einer Stadt, geschädigt durch Luftverschmutzung und sauren Regen

Luftverschmutzung in Städten

Die schlechte Qualität der Stadtluft

In vielen Großstädten gefährdet Luftverschmutzung die Gesundheit der Menschen, aber auch Gebäude, Tiere und Pflanzen. In Mexico City zu atmen, ist angeblich so gefährlich, als wenn man 40 Zigaretten am Tag raucht. Die Fabriken von Benxi (China) geben jedes Jahr 87 Mio. m^3 Luftschadstoffe sowie 213 000 t Rauch und Staub ab. Die Stadt ist deshalb auf Satellitenbildern nicht zu erkennen.

Dunstglocke
Obwohl Katalysatoren für Autos zwingend vorgeschrieben sind, leidet Los Angeles (USA) immer noch unter photochemischem Smog.

Smog

Dichter, schadstoffhaltiger, verfärbter Nebel

Durch die Luftverschmutzung kann sich in Städten ein erstickender Nebel bilden, weil die Schadstoffteilchen als Kondensationskerne wirken. Der Smog der britischen Hauptstadt London war berüchtigt, bis 1956 das Verfeuern von Kohle verboten wurde. Heute leiden z. B. São Paulo (Brasilien) und Bangkok (Thailand) unter starkem Smog. **Photochemischer Smog** entsteht, wenn Autoabgase im Sonnenlicht zu Ozon umgesetzt werden.

Saurer Regen

Regen, der verdünnte Säuren enthält

Regen ist immer ein wenig sauer, aber wenn Schwefeldioxid und Stickoxide im Sonnenlicht mit der Luftfeuchtigkeit reagieren, nimmt der Säuregehalt zu. Normaler Regen hat einen pH von 6,5; im sauren Regen liegt er zwischen 4,5 und 2,5. Saurer Regen schädigt Bäume, Gebäude und die Fische in Süßwasserseen.

Wasserverschmutzung

Die Verunreinigung des Wassers durch zugeführte Schadstoffe

Flüsse werden durch Industrie- und Haushaltsabwässer sowie durch Agrochemikalien verunreinigt. Völlig frei von Verschmutzungen sind heute nur noch die wenigsten Flüsse. Von 78 Flüssen, die man in China untersuchte, waren 54 stark mit unbehandelten Abwässern belastet. In Europa ist die Nitrat- und Phosphatkonzentration in den Flüssen durch Kunstdünger stark angestiegen. Die Schadstoffe gelangen schließlich ins Meer und schädigen dort ebenfalls die Lebewesen.

Abwasser
Aus Industrieanlagen gelangt verschmutztes Wasser in großer Menge in die Flüsse.

Abwasser

Flüssige Abfälle aus Haushalten, Industrie oder Landwirtschaft, die in die Umwelt gelangen

Eine offenkundige Umweltgefahr sind radioaktive oder giftige Abwässer. Aber auch heißes Wasser kann ein kühleres Ökosystem (z. B. einen Fluss) nachhaltig schädigen. Abwässer, die viel Sauerstoff binden, lassen Pflanzen und Tiere ersticken.

Gefährlicher Pflanzenschutz
Pflanzenschutzmittel werden vom Regen in Flüsse und Bäche gespült, wo sie Pflanzen und Tiere vergiften.

Globale Erwärmung

Die Erwärmung der Atmosphäre durch die Umweltverschmutzung

Durch die zunehmende Menge der Luftschadstoffe kann sich der Treibhauseffekt ▪ so weit verstärken, dass die Erde sich insgesamt erwärmt. Zu diesen so genannten **Treibhausgasen** gehören das Kohlendioxid, das beim Verfeuern fossiler Brennstoffe frei wird, sowie Ozon, Methan von Tieren und Fluorchlorkohlenwasserstoffe. Wächst die Menge dieser Gase wie bisher, ist es auf der Erde nach Ansicht vieler Experten Mitte des 21. Jahrhunderts um bis zu 4 °C wärmer als heute. Das würde zum Schmelzen der Eiskappen und zu gewaltigen Überschwemmungen führen.

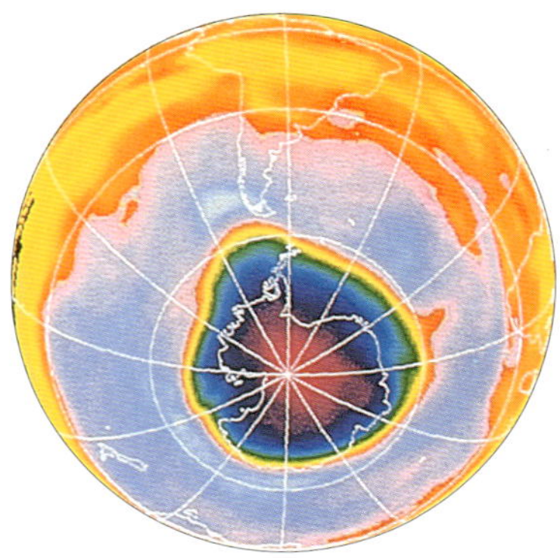

Ein Loch im Himmel
Die Satellitenaufnahme zeigt, wie dünn die Ozonschicht über der Antarktis im Frühjahr ist (violett und rosa).

Ozonloch

Eine Lücke in der schützenden Ozonschicht der Erde

Fluorchlorkohlenwasserstoffe (FCKWs) sind Gase, die bis vor wenigen Jahren in Spraydosen, Kühlschränken und zum Aufschäumen von Kunststoffen verwendet wurden. Sie greifen die Ozonschicht in der Stratosphäre ▪ an, die uns vor dem gefährlichen Teil der Sonnenstrahlung schützt. Die Ozonlöcher über den Polen werden jedes Jahr größer und bleiben länger erhalten.

Landschaftsveränderung

In vielen Teilen der Erde wurde die Landschaft fast bis auf den letzten Zentimeter durch den Menschen verändert. Wälder wurden abgeholzt, um Felder zu schaffen, Straßen und Bahnlinien durchziehen ländliche Gebiete, und riesige Flächen sind als Städte von Beton und Backsteinen bedeckt.

Entwaldung

Rodung von Wäldern und Gehölzen

Seit Anbeginn der Zivilisation wurden Wälder abgeholzt. Heute sind 50 Prozent der tropischen Regenwälder und 75 Prozent der Wälder gemäßigter Breiten zerstört. In gemäßigten Breiten geschah das z.T. schon vor langer Zeit: Europa hatte Ende des 14. Jahrhunderts bereits 80 Prozent seiner Wälder verloren. Heute werden jedes Jahr rund viele Millionen Hektar des tropischen Regenwaldes gerodet. Die gefällten Bäume werden oft zu Bauholz verarbeitet. Die gerodeten Flächen dienen nur wenige Jahre als Rinderweiden, aber die Wiederaufforstung dauert – wenn sie überhaupt stattfindet – Jahrhunderte.

Rodung von Regenwald
In Indonesien werden Bäume gefällt. Die Zerstörung der Regenwälder bringt das Gleichgewicht von Kohlendioxid und Sauerstoff in der Atmosphäre durcheinander.

Bodenerosion durch Entwaldung
Hier in Madagaskar ist es durch Abholzen zu starker Bodenerosion gekommen.

Bodenerosion

Die schnelle Abtragung des Bodens

Wird Vegetation zugunsten der Landwirtschaft gerodet, geht der Boden vor allem in trockenen und halbtrockenen Gebieten schnell verloren. Jedes Jahr verschwinden 5–7 Millionen Hektar Ackerland durch Bodenerosion. Der Boden wird auf dreierlei Weise weggespült. Bei der **Grabenerosion** (z.B. in den Badlands der USA) wird er durch tiefe, vom Regen gegrabene Kanäle weggewaschen. Bei der **Schichtfluterosion** verschwindet er flächenartig durch die Schichtflut. Bei der **Tropfenerosion** nehmen große Regentropfen den Boden mit. Auch Wind kann Boden abtragen, insbesondere wenn er in gerodeten Gebieten ungehindert weht. Im mittleren Westen der USA entstand in den 1930er-Jahren die »Staubschüssel«, weil man Graslandschaften rodete und intensive Landwirtschaft betrieb. Später trug der Wind den Mutterboden ab.

Aufforstung

Die Anpflanzung von Wäldern in zuvor unbewaldeten Gebieten

In allen Industrieländern mit Ausnahme der USA werden mehr Bäume angepflanzt als abgeholzt. Aber vielfach werden nicht die einheimischen Laubbäume angepflanzt, sondern schnell wachsende Nadelbäume für Papierherstellung und Bauzwecke.

Baumpflanzung von Hand
Entlang einer Reihe von Erdhaufen oder »Diguettes« werden in Burkina Faso (Westafrika) junge Bäume gepflanzt.

Terrassenanbau
Mit diesen Reisterrassen in Ubud (Bali, Indonesien) werden die fruchtbaren Flächen so effizient wie möglich genutzt. Umgeleitete Bäche bewässern die kleinen, stufenförmigen Felder, die einen intensiven Reisanbau ermöglichen.

Kultivierung

Die Nutzbarmachung von Flächen oder die Wiederherstellung ihres früheren Zustandes

Als Kultivierung bezeichnet man einerseits die Schaffung landwirtschaftlich nutzbarer Flächen, z. B. indem man überflutete Gebiete trockenlegt oder trockene Gebiete bewässert ■, und andererseits die auch **Rekultivierung** genannte Wiederherstellung des natürlichen Zustandes in Gebieten, die verschmutzt oder durch Industrie und Bergbau verwüstet wurden. Dazu gehört auch die Anlage von **Terrassen** zur Verminderung der Bodenerosion. Mit dem abgetragenen Material baut man die Stützmauern der Terrassen. Terrassen sind die effizienteste Art, fruchtbaren Boden zu nutzen, weil man mit ihnen die Oberfläche vergrößert. Terrassenanbau gibt es in vielen Teilen Asiens.

Küstenschutz

Die Verhütung der Erosion von Meeresküsten

Buhnen sind Zäune, die rechtwinklig zur Küste ins Meer ragen und die Abtragung von Sand sowie die Küstenversetzung ■ verhindern sollen. Andere Schutzmaßnahmen sind Wellenbrecher und Strandmauern. **Wellenbrecher** sind Barrieren aus Stein- oder Betonblöcken, die ins Meer ragen und Häfen oder Küsten schützen, indem sie den Wellen die Kraft nehmen. **Strandmauern** aus Stein errichtet man an der Küste, damit weiches Material nicht abgespült wird und küstennahe Gebäude nicht geschädigt werden.

Küstenschutz
Diese Buhnen bei Barton-on-Sea in Hampshire (England) müssen immer wieder erneuert werden.

Verstädterung

Die rasche Ausbreitung der Städte

Die Zahl der Stadtbewohner nimmt insbesondere in den Entwicklungsländern drastisch zu. Noch 1940 lebte nur einer von 100 Menschen in einer Großstadt, 1980 waren es 10 von 100, und heute dürften es über 20 sein. Am Ende des 20. Jahrhunderts hatte Mexico City über 11 Mio. und São Paolo (Brasilien) etwa 10 Mio. Einwohner. Städte beanspruchen vielfach wertvolles Ackerland. Von 1980 bis 2000 wuchsen die Stadtflächen in den Entwicklungsländern auf mehr als das Doppelte: von 80 000 auf 170 000 km^2.

Entsorgung

Beseitigung unerwünschter Stoffe

Die Abfallentsorgung ist ein wichtiges Problem. Industrie erzeugt immer Abfälle: Abraum aus dem Bergbau, Abwässer ■ aus Chemiefabriken, radioaktiver Müll aus Kernkraftwerken ■. Auch die Menge des Hausmülls nimmt zu. Meist wird Abfall abgelagert, vergraben oder verbrannt.

Mülldeponie

Eine große Grube, in der Haushaltsabfälle abgelagert werden

Müllverbrennung führt häufig zu Luftverschmutzung, und deshalb wird der Müll in vielen Ländern auf Deponien entsorgt. In einer **kontrollierten Deponie** wird der Müll zwischen Erde oder Kies gelagert, wo er sich dann zersetzt. In den USA landen mehr als drei Viertel des gesamten Mülls auf solchen Deponien. Da geeignetes Gelände knapp ist, füllt man auch alte Steinbrüche und Tongruben mit Müll auf.

Eine Müllkippe
Ein Bulldozer bewegt Abfälle auf einer Mülldeponie in Tucson (Arizona, USA).

Siehe auch

Abwasser 175 • Bewässerung 172
Kernenergie 178 • Küstenversetzung 128
Schichtflut 108 • tropischer Regenwald 162
Wälder gemäßigter Breiten 163
Windwirkung 118

Bewirtschaftung der Erde

Wir Menschen beherrschen die Erde wie keine Spezies zuvor, und unsere Bedürfnisse bedeuten für die begrenzten Ressourcen unseres Planeten eine gewaltige Belastung. Heute muss man sich fragen: Was können wir tun, um eine nachhaltige Lebensweise zu entwickeln, bevor es zu spät ist?

ENERGIEVERBRAUCH PRO TAG

Land	Pro-Kopf-Energieverbrauch (Kilojoule, kJ)
USA	34 Mio. kJ
GB	17,5 Mio. kJ
Australien	16,5 Mio. kJ
Chile	4 Mio. kJ
China	2,5 Mio. kJ
Indien	0,6 Mio. kJ
Äthiopien	0,1 Mio. kJ

Anmerkung: Die Zahlen beinhalten Energie aus allen Quellen einschließlich Nahrung, Elektrizität, Gas und Erdöl.

Hintergrundbild: *nächtlicher Straßenverkehr*

Weltenergieverbrauch

Die weltweit verbrauchte Energiemenge

Die Menschheit verbraucht heute über hundertmal so viel Energie wie 1806, bei nach wie vor steigender Tendenz. 1996 entsprach der Pro-Kopf-Energieverbrauch einer Menge von 1,4 t Öl im Jahr. Die Industrieländer, in denen noch nicht einmal ein Viertel der Weltbevölkerung lebt, verbrauchen 70 % der Energie. Ein Nordamerikaner verbraucht z. B. 340-mal so viel wie ein durchschnittlicher Äthiopier.

Siehe auch

Atom 42 • fossiler Brennstoff 168

Luftverschmutzung 174

Treibhauseffekt 140 • Wasserkraft 173

Erneuerbare Energien

Energiequellen, welche die Ressourcen der Erde nicht verbrauchen, sondern stets neu gebildet werden

Knapp 3 % des Weltenergieverbrauchs stammen aus erneuerbaren Quellen wie Wasserkraft, Wellen, Gezeiten, Wind und Sonne. Etwa 80 % liefern fossile Brennstoffe ■. Im Jahr 1996 stammten 35,3 % aus Öl, 24,0 % aus Kohle und 20,2 % aus Erdgas. Da fossile Brennstoffe in Jahrmillionen entstehen und unwiederbringlich abgebaut werden, sind sie **nicht erneuerbar**. Beim derzeitigen Verbrauch werden Kohle und Öl in 60 Jahren und Erdgas in 200 Jahren aufgebraucht sein, sodass es zu einer **Energiekrise** kommt. Die durch Atomkernspaltung entstehende **Kernenergie** ist nicht erneuerbar, verbraucht aber weniger Ressourcen als fossile Brennstoffe.

Recycling

Die Wiederverwertung von Abfällen

Die Probleme bei Ressourcenabbau und Müllentsorgung gaben den Anlass, sich um Wiederverwertung von Abfällen zu bemühen. Glasflaschen kann man reinigen und wieder befüllen; andere Materialien, z. B. Kunststoff, Metall und Papier, werden zu neuen Gegenständen verarbeitet. Solche Waren können aber von schlechter Qualität sein, und ihre Herstellung verbraucht viel Energie. Man sollte sich deshalb auch auf das Energiesparen konzentrieren.

Sonnenenergie, nutzbar gemacht
Wie hier in Kalifornien (USA) gewinnt man Sonnenenergie mit einem Solarthermiekraftwerk.

Alternative Energien

Andere Energien als fossile Brennstoffe und Kernenergie

Fossile Brennstoffe sind nicht erneuerbar und verursachen Umweltverschmutzung ■. Deshalb versucht man, erneuerbare, saubere Energieträger zu entwickeln. Die wichtigsten Alternativen sind Wind, Sonne, Wellen, Gezeiten, geothermische Energie und Wasserkraft ■. Den größten Anteil hat bisher die Wasserkraft. **Windenergie** nutzt man mit großen, propellergetriebenen Turbinen. **Wellenenergie** wird mit großen, von Wellen bewegten Sperrwerken genutzt, **Gezeitenenergie** ähnlich wie bei der Wasserkraft mit Hilfe stürzenden Wassers. **Geothermische Energie** ist Wärme aus dem Erdinneren, die Turbinen antreibt und so Elektrizität erzeugt.

Windpark
Eine Gruppe von 400-kW-Windturbinen in Cornwall (England) erzeugt Elektrizität aus Windenergie.

Wildnis in der Antarktis
Die Cuverville-Insel, wo diese Eselspinguine nisten, gehört zur Antarktis, dem letzten großen unversehrten Wildnisgebiet der Erde. Die wirtschaftliche Ausbeutung der fossilen Brennstoffe und Mineralien des Kontinents ist durch internationale Abkommen eingeschränkt.

Flächennutzungsplan

Gesetzliche Bestimmungen über die Verwendung von Landflächen

In den meisten Industrieländern dürfen Landflächen heute nicht mehr beliebig genutzt werden. Meist ist gesetzlich festgelegt, wie eine solche Nutzung auszusehen hat. Bergbau, Gesteinsabbau, Ölbohrungen und oft auch Probebohrungen sind nur mit behördlicher Genehmigung gestattet.

Schutzgebiet

Ein Gebiet, das vor den schlimmsten Folgen der wirtschaftlichen Ausbeutung geschützt ist

Etwa 5 % der Landflächen auf der Erde sind heute als Naturschutzgebiete, Nationalparks, Sondergebiete und Ähnliches ausgewiesen. Der erste Nationalpark war der 1872 gegründete Yellowstone-Park in den USA, aber die meisten Schutzgebiete gibt es noch nicht lange. Das Spektrum reicht vom riesigen Grönland-Nationalpark mit 700 Millionen Hektar bis zu winzigen Koralleninseln.

Fischereiquoten

Einschränkungen für den kommerziellen Fischfang

Die Fischerträge sind im Laufe der Jahrzehnte immer weiter angestiegen. Heute besteht die Gefahr, dass die Fischbestände in den Weltmeeren sich nie mehr erholen. Um das zu verhüten, hat man **ausschließliche Wirtschaftszonen** eingerichtet, die sich von der Küste der Anrainerstaaten 320 km weit ins Meer erstrecken. Dort hat der jeweilige Staat die Verfügungsgewalt über die Fischerei, aber da die Fischereiindustrie am Leben erhalten werden soll, haben die Wirtschaftszonen nur eine begrenzte Schutzwirkung.

Bis zum letzten Fisch?
Einige Bestände der am stärksten ausgebeuteten Fischarten werden sich vielleicht nie mehr erholen.

Gaia-Theorie

Die Vorstellung, die Erde verhalte sich wie ein einziges großes Lebewesen

Im Jahr 1979 formulierte **James Lovelock** (geb. 1919) die Gaia-Theorie. Danach sind die Erde und alle ihre Lebewesen wie Bestandteile eines einzigen Organismus miteinander verknüpft. Wie ein Lebewesen, so seine Idee, reguliert und organisiert die Erde sich selbst. Sie stellt sich auf Umweltveränderungen ein und erhält die richtigen Bedingungen für das Leben aufrecht. So sorgt sie z. B. dafür, dass Tiere genug Sauerstoff und Pflanzen genug Kohlendioxid haben und dass die Ozeane durch den Treibhauseffekt die richtige Temperatur beibehalten.

Pioniere der Geowissenschaft

Jean Louis Agassiz
Schweizerisch-amerikanischer Naturforscher, 1807–1873
Vertrat die Ansicht, Europa und Nordamerika hätten während einer Eiszeit unter einer dicken Eisschicht gelegen.

George Biddell Airy
Englischer Geophysiker, 1801–1892
Vertrat die Ansicht, dass Berge je nach ihrer Höhe unterschiedlich tief in den Erdmantel eintauchen.

Edward Appleton
Britischer Physiker, 1892–1965
Entdeckte Ionosphärenschichten, die Radiowellen reflektieren.

Aristarchos von Samos
Griech. Astronom, ca. 310–230 v. Chr.
Vermutete vielleicht als Erster, dass die Erde um die Sonne kreist.

Aristoteles
Griech. Philosoph, 384–322 v. Chr.
Betrieb Wissenschaft anhand von Beobachtungen. Wies nach, dass die Erde eine Kugel ist.

Avicenna (Ibn Sina)
Persischer Philosoph, 980–1037
Schrieb einflussreiche Werke über Mineralien, Erdbeben, die Erosion von Tälern und die Ablagerung von Sedimenten.

Francis Beaufort
Irischer Hydrograf, 1774–1857
Schuf die Beaufort-Skala der Windstärken.

Hugo Benioff *(siehe Seite 49)*

Vilhelm Bjerknes
Norw. Meteorologe, 1862–1951
Vertrat die Vorstellung von Luftmassen und Fronten.

Pierre Bougouer
Französischer Physiker, 1698–1758
Leitete eine Andenexpedition zum Nachweis der Form der Erde und stellte Anomalien der Erdschwerkraft fest.

Norman Levi Bowen
Amerik. Mineraloge (1887–1956)
Wies nach, wie Mineralien sich beim Abkühlen von Vulkangestein bilden.

William Buckland
Englischer Geologe, 1784–1856
Entwickelte die historische Geologie und die Vorstellung von der Vereisung.

Thomas Burnet
Englischer Philosoph, 1635–1715
Vertrat die Ansicht, die Erde habe eine feste Schale und einen Kern aus Wasser. Gebirge entstanden danach aus Wasserwellen, die aus dem Erdinneren aufbrandeten.

Jean de Charpentier
Schweizer Bergbauingenieur, 1786–1855
Entwickelte die Vorstellung von der Eiszeit in der Schweiz.

William Daniel Conybeare
Englischer Geologe, 1787–1857
Pionier der Stratigrafie.

Gaspar de Coriolis
Französischer Physiker, 1792–1843
Entdecker der Corioliskraft, die Gegenstände auf der Erdoberfläche durch die Erddrehung von geraden Bahnen ablenkt.

Georges de Cuvier
Französischer Zoologe, 1769–1832
Begründete die Paläontologie und die Klassifikation von Fossilien.

Reginald Daly
Amerikanischer Geologe, 1871–1957
Vertrat die Ansicht, Tiefseegräben würden durch turbulente Strömungen erzeugt.

James Dwight Dana
Amerikanischer Geologe, 1813–1895
Vertrat die Vorstellung von den Geosynklinalen und die heute aufgegebene Theorie, die Erde werde kleiner.

Charles Darwin
Britischer Naturforscher, 1809–1882
Entwickelte mit seinem Kollegen Alfred Russel Wallace (1823–1913) die Theorie der Evolution durch natürliche Selektion der Arten.

William Morris Davis
Amerikanischer Geologe, 1850–1934
Begründete die Geomorphologie (Wissenschaft der Geländeformen). Entwickelte Hookes Idee des Erosionskreislaufs weiter.

Clarence Edward Dutton
Amerik. Armeegeologe, 1841–1912
Einer der ersten Seismologen; prägte den Begriff »Isostasie«.

Eratosthenes *(siehe Seite 39)*

Maurice Ewing
Amerik. Geophysiker, 1906–1974
Entdeckte, dass der Meeresboden aus jungem Vulkangestein besteht.

Jean Fernel
Französischer Gelehrter, 1497–1558
Ermittelte den Erdumfang auf 0,1 % des tatsächlichen Wertes genau.

Benjamin Franklin
Amerikanischer Staatsmann und Wissenschaftler, 1706–1790
Wies nach, dass Blitze elektrischen Ursprungs sind, und entdeckte Meeresströmungen.

Archibald Geiki
Schottischer Geologe, 1835–1924
Untersuchte die Erosion durch Eis und Flüsse; versuchte daraus das Alter der Erde zu berechnen.

Grove Karl Gilbert *(siehe Seite 65)*

William Gilbert
Englischer Arzt (1544–1603)
Wies das Magnetfeld der Erde nach.

Jean Étienne Guettard
Französischer Geologe, 1715–1786
Erstellte die ersten mineralogischen Karten Frankreichs und Nordamerikas.

Beno Gutenberg
Deutscher Seismologe, 1889–1960
Ermittelte die Größe des Erdkerns und die Dicke der Asthenosphäre.

George Hadley
Englischer Meteorologe, 1685–1768
Erklärte, wie die tropischen Passatwinde durch die Luftzirkulation zwischen Äquator und Polen entstehen.

James Hall
Amerikanischer Geologe, 1811–1898
Entwickelte die Vorstellung von Geosynklinalen.

Edmond Halley
Englischer Astronom, 1656–1742
Wies nach, dass Wind durch Luftdruckunterschiede entsteht.

Harry Hammond Hess
Amerik. Geophysiker, 1906–1969
Vertrat die Theorie von der Ausbreitung des Meeresbodens und entdeckte die Guyots.

Hipparchos von Nikaia
Griech. Geograf, ca. 170–125 v. Chr.
Verbesserte die Methoden zur Berechnung der geografischen Länge und Breite.

Arthur Holmes
Britischer Geologe, 1890–1965
Entwickelte die Theorie der Konvektionsströmungen im Erdmantel.

Robert Hooke
Englischer Naturforscher, 1635–1703
Vermutete, Landschaften würden durch wiederholte Erosionskreisläufe geformt.

Edwin Hubble *(siehe Seite 30)*

Alexander von Humboldt
Preußischer Gelehrter, 1769–1859
Erforschte Vulkane, Klima, Meeresströmungen und Gebirge.

James Hutton
Schottischer Geologe, 1726–1797
Vermutete, Landschaften würden durch sanfte Vorgänge gestaltet. Wies nach, wie wichtig Diskordanzen sind.

Nikolaus Kopernikus *(siehe Seite 33)*

Philip Kuenen
Niederl. Geologe, 1902–1972
Pionierarbeiten über Sedimentation, Experte für Meeresgeologie.

Jean Lamarck
Franz. Naturforscher, 1744–1829
Vertrat die Ansicht, dass Arten sich durch Vererbung zu Lebzeiten erworbener Merkmale weiter entwickeln.

Inge Lehmann
Dänische Geophysikerin, 1888–1993
Vermutete, dass die Erde im Inneren einen festen Kern hat.

Xavier Le Pichon
Französischer Meeresgeologe, geb. 1937
Entwickelte Hess' Idee der Ausbreitung des Meeresbodens weiter. Geometrische Berechnungen zur Plattenverschiebung.

Willard Frank Libby *(siehe Seite 77)*

James Lovelock *(siehe Seite 179)*

Charles Lyell *(siehe Seite 74)*

Robert Mallet
Irischer Ingenieur, 1810–1881
Erforschte und kartierte Erdbeben.

Motonori Matuyama
Japanischer Geologe, 1884–1958
Wies nach, dass das Erdmagnetfeld sich in regelmäßigen Abständen umkehrt.

Matthew Maury
Amerik. Meeresforscher, 1806–1873
Erstellte die erste Landkarte des Meeresbodens im Nordatlantik.

Guiseppe Mercalli
Italienischer Naturforscher, 1850–1914
Entwickelte die Mercalli-Skala der Erdbebenstärke.

Gerardus Mercator *(siehe Seite 39)*

John Michell
Englischer Philosoph, 1724–1793
Entdeckte die Funktion des Epizentrums und der seismischen Wellen bei Erdbeben.

Milutin Milankovich
Jugoslawischer Physiker, 1879–1958
Vertrat die Ansicht, dass das Klima auf der Erde wegen Veränderungen in der Erdumlaufbahn um die Sonne zyklisch schwankt.

John Milne
Brit. Bergbauingenieur, 1850–1913
Entwickelte den ersten genauen Seismografen.

Andrija Mohorovicic
Kroatischer Geophysiker, 1857–1936
Entdeckte die heute als Mohorovicic-Diskontinuität bezeichnete Grenzschicht zwischen Erdkruste und Erdmantel.

Friedrich Mohs *(siehe Seite 84)*

Marie Morisawa
Amerikanische Hydrologin, geb. 1936
Erforschte gewundene Flussläufe.

Roderick Impey Murchinson
Britischer Geologe, 1857–1936
Pionierarbeiten in Fossilstratigrafie.

Albrecht und Walther Penck
Deutsche Geografen, Albrecht 1858–1945, Walther 1888–1923
Vater und Sohn; untersuchten die Entwicklung von Geländeformen.

Ptolemäus
Griech. Astronom, ca. 100–ca. 160
Schrieb über Astronomie, Geografie und Optik zusammenfassende Werke, die 1300 Jahre lang die Grundlage des abendländischen Wissens bildeten.

Pythagoras
Griech. Philosoph, ca. 570–ca. 500 v. Chr.
Erkannte als einer der Ersten, dass die Erde eine Kugel ist.

Charles Richter
Amerikanischer Geophysiker, 1900–1985
Entwickelte die Richter-Skala zur Beschreibung der Stärke oder »Größenordnung« von Erdbeben.

Carl-Gustav Rossby
Schwed.-amerik. Meteorologe, 1898–1957
Entdeckte die Jetstreams und die Rossby-Wellen.

Horace Saussure
Schweizer Naturforscher, 1740–1799
Untersuchte Gesteinsmetamorphosen in den Alpen.

Adam Sedgwick
Britischer Geologe, 1785–1873
Definierte die Schichtfugen zwischen den Schichten von Sedimentgestein.

William Smith *(siehe Seite 72)*

Nicolas Steno
Niederl. Geologe, 1638–1687
Formulierte das Prinzip der stratigrafischen Auflagerung.

Eduard Sueß
Österr. Geologe, 1831–1914
Vermutete, es habe einst einen großen Südkontinent gegeben (Gondwanaland).

Marie Tharp
Amerik. Meeresforscherin (geb. 1920)
Entdeckte die mittelozeanischen Rücken.

Evangelista Torricelli
Italienischer Physiker, 1608–1647
Entdeckte den Luftdruck und erfand das Quecksilberbarometer.

Jacobus van't Hoff
Niederl. Chemiker, 1852–1911
Pionier der Sedimentforschung; formulierte die Theorie der Salzablagerung.

Felix Vening-Meinesz
Niederl. Geophysiker, 1887–1966
Vertrat als einer der Ersten die Theorie der Kontinentalverschiebung.

Kiyoo Wadati *(siehe Seite 49)*

Alfred Lothar Wegener *(siehe Seite 47)*

Abraham Gottlob Werner
Deutscher Bergbaugeologe, 1749–1817
Pionier der Klassifikation von Mineralien.

John Tuzo Wilson
Kanadischer Geophysiker, 1908–1993
Prägte den Begriff »Platten« für Teile der Erdkruste. Formulierte die Theorie der Seitenverschiebung ozeanischer Rücken und der »Hotspot«-Vulkane auf den Pazifikinseln.

Register

In diesem Register sind alle Haupteinträge und Untereinträge mit den zugehörigen Seitenzahlen zu finden. Hinter den Untereinträgen steht der Haupteintrag in Klammern. Tabelleneinträge sind mit dem kursiven Wort *Tabelle* gekennzeichnet.

A

B

H

I

T

U

Dank

BILDNACHWEIS
t = oben, c = Mitte, b = unten, r = rechts, l = links, a = oberhalb

Aerofilms Ltd: 22tc, 24tc
The Ancient Art & Architecture Collection: 39tr
Peter Appel: 78cr
U.C.-Berkeley, California: Jules Le Baron 78tr
British Petroleum: 170b
Courtesy of the Archives, California Institute of Technology: 49c
Chief Constable of Cheshire: 76tr
John Cleare/Mountain Camera: 122c
Bruce Coleman Ltd: Mr Jules Cowan 12bl, 93tl, 117t; C.B. & D.W. Frith 12br; Norman Myers 36bra; C.B. Frith 48c; Dr Frieder Sauer 66br, 67tl; John Murray 67tc; Charlie Ott 89bl, 131br; Erwin & Peggy Bauer 98b, cover; Stephen Bond 101t; Jen & Des Bartlett 109cl; Jeff Foott 116tr; Steven Kaufman 116b; John Fennell 117cl; Stephen J. Krasemann 120–121tr, 155b; Gerald Cubitt 127cl, 176bl; Jan Taylor 129t; Fritz Prenzel 129br; Kim Taylor 137tr; Alain Compost 176–177t; Konrad Wothe 176c; Geoff Dore 177c; Mark Boulton 178–179b
Comstock: Georg Gerster 118t
Steven J. Cooling: 10bl, 16cl, 17cl, 20tl, 62–63b, 70tl, 90b, 98tr, 99tc, 99cl, 99br, 105br, 107l, 108tr, 109cr, 112b, 113b, 122br, 124bl, 129bl, 141bc, 141br, 170t
Crown copyright: 26b, 156bl
Ecoscene: Sally Morgan 18cl; Andrew Brown 164clb; Gryniewicz 165t; Meech 165cr
ELE International Ltd: 17t, 18tc, 19cl
Mary Evans Picture Library: 47tr
G.S.F. Picture Library: 14l, 96bc
Robert Harding Picture Library:169b; Geoff Renner 52tr; Krafft/Explorer: 55tl
Michael Holford: 97tl
Holt Studios: Nigel Cattlin 165bl
Christopher D. Howson: 35cr, 106t, 141bl
Hulton Deutsch: 33tr
The Hutchison Library: Tuck Goh 141bcr
The Image Bank: Fong Siu Nang 102t; Harald Sund 164cl; Larry Dale Gordon 147br, 179r; A.T. Willett 177br; Jake Rajs 178l
Images Colour Library: 13bc, 57r, 153tr
Landform Slides: 100r, 125tr, 129c
FLPA: S. McCutcheon 11bl; Silvestris 143tr; G. Nystrand 147cr
Mats Wibe Lund: 51t
P.J. May: 153bc
Microscopix Photo Library: Andrew Syred 69cr
Dr D.J. Mitchell: 17br, 18br
NASA: 138b
The Natural History Museum, London: 10cr; Geological Society 72tr
NHPA: Bryan & Cherry Alexander 126cl; B. Jones & M. Shimlock 135br; E.A. Janes 147tr
National Maritime Museum, London: 37br
National Rivers Authority: 173b
Nature Photographers Ltd: Paul Sterry 162t, 162b; Frank V. Blackburn 163br
Institute of Oceanographic Sciences Deacon Laboratory 134t
OSF: Charles Palek/Animals Animals 10tr; Tui De Roy 86b; G.I. Bernard 159c; C.M. Perrins 163bl; Colin Monteath 179t
Panos Pictures: Chris Stowers 154r; Ron Giling 172br; Fram Petit 174l; Jeremy Hartley 176br
Pictor International: 19t
P & O: 39b
Planet Earth Pictures: Robert Hessler 51cr; R. Chesher 153br
Rex Features Ltd: 157b; Butler/Bauer 58–59t; Donatello Brogioni/Agenzia Contrasto 174tr
Science Photo Library: David Weintraub 2br, 55br, cover; Dr Rudolph Schild 5c, 31cr; Joe Pasieka 5t, 16tr; NASA 7cl, 33b, 51bc, 175cr; D.A. Peel 11tr; ESA/PLI 12–13t; Stephen J. Krasemann 19cr; Restec, Japan 26tr; Geospace 27cr; US Naval Observatory 30–31t, cover; Royal Observatory, Edinburgh 31bc; George East 36br; Jack Finch 44–45b; Peter Menzel 54l; David Parker 60–61b; John Reader 78c; Alfred Pasieka 96bl; European Space Agency 157tl
Scripps Institution of Oceanography, University of California, San Diego: 11cl
Frank Spooner Pictures: Lovgren Torbjorn/ Gamma 156c; Zimberoff/Liaison 174cr
Tony Stone Images: 64–65t, 119tc, 178t Oliver Benn 94–95t; Arnulf Husmo 123tr; Robert Everts 172tl; David Woodfall 175t; Bruce Hands 175b
Telegraph Colour Library: Space Frontiers 110l
U.S. Geological Survey: 65tr
Tony Waltham: 48tr, 56l, 124br, 126tr
Woods Hole Oceanographic Institution: Rod Catanach 10br
Zefa: 13br, 35br, 88t, 147tl; Horst Zeidl 82–83c; Mehlig 101b

ILLUSTRATIONSNACHWEIS
Illustratoren:
Roy Flookes: 34–35t, 36t, 80bc, 80–81t, 138–139c, 140bc, 140rc, 148, 149b
Andrew Green: 14b, 15tl, 15bl, 58bl, 58br, 59bl, 72l, 73tl, 75tr, 130–131t
Nick Hall: 56–57b, 103r, 104–105
Christopher Howson: 106cl, 138cl, 153tr
John Hutchinson: 20tr, 20br, 21tr, 21br, 76–77b, 84tc, 89r, 91tl, 94c, 95b, 96c, 96b, 109rc, 110rc, 111tl,r, 119r, 136bl, 139br, 141b, 145br, 151r,tc, 168rc
Janos Marffy: 8–9c
Colin Rose: 30bl, 32–33, 40bc, 41tc, 42c, 49c, 50c
Colin Salmon: 11tl, 16b, 25t,c,b, 26bl, 27bc, 36bc, 37tc, 42bl, 43bc, 44cl, 45tr, 46br, 50bl, 53b, 60bl, 62tl, 63t, 63br, 79tr, 79rc, 79rb, 107bl, 107c, 107r, 108b, 120tl, 126br, 128c, 134t
Mike Saunders: 70bc, 72–73b, 92b, 100l, 112tr, 113tr, 114bl, 115tr, 121bl, 123t, 123c, 123b, 125t, 125c, 127cr, 127bl, 132cr, 132br, 133tl, 144cl, 144br, 146–147b, 161t, 161b, 168bl
Patrizio Sempori: 76bl
Raymond Turvey: 66–67, 170–171b, 173
Peter Visscher: 160b
John Woodcock: 159c, tc

NACHWEIS DER MODELLE
Dave Donkin: 1, 2tl, 2b, 14bl, 34–35t, 34bl, 36t, 38l, 47, 61r, 64c, 68–69, 80–81t, 102–103b, 114–115, 128, 134–135b, 137b, 143b, 144t, 149t, 152c, 150–151t,c,
Alison Donovan: 23t
Christopher Howson: 64b, 106, 136t, 158
Edward Lawrence Associates: 52–53c